Veit Steinkamp

Mathematische Algorithmen mit Python

Aufgaben vom Sieb des Eratosthenes bis zur RSA-Verschlüsselung

Rheinwerk
Computing

Liebe Leserin, lieber Leser,

in dem weitverbreiteten Urteil, dass Programmiererinnen und Programmierer gut in Mathematik sein müssen, steckt mehr als nur ein Fünkchen Wahrheit. Die Fähigkeiten, die benötigt werden, um guten, logisch kohärenten Code zu schreiben, ähneln stark dem Wissen, das Sie auch zur Lösung mathematischer Probleme brauchen. Es ist daher bestimmt kein Zufall, dass viele historische Koryphäen der Informatik eigentlich Mathematik studiert haben, denn das Denken in Algorithmen und Logikproblemen ist untrennbar mit Mathematik verbunden.

Sie wollen diese Fähigkeiten trainieren? Dann können Sie in diesem Buch zusammen mit Dr. Veit Steinkamp Aufgaben aus unterschiedlichen Bereichen der Mathematik bearbeiten. Sie erfahren nicht nur, wie Probleme elegant mit Python modelliert werden und welche wissenschaftlichen Zusatzmodule Ihnen viel Arbeit abnehmen, sondern Sie bauen auch selbst Algorithmen nach und verstehen durch diesen konkreten Ansatz mathematische Zusammenhänge, die sonst abstrakt und kompliziert blieben.

Zu jedem dieser Themen finden Sie in unserem Downloadbereich Codebeispiele sowie Übungen mit kommentierten Lösungen. Sie können so alle Beispiele komfortabel ausprobieren, die beschriebenen Lösungswege nachvollziehen und auf eigene Probleme anwenden.

Abschließend noch ein Wort in eigener Sache: Dieses Werk wurde mit großer Sorgfalt geschrieben, geprüft und produziert. Sollte dennoch einmal etwas nicht so funktionieren, wie Sie es erwarten, freue ich mich, wenn Sie sich mit mir in Verbindung setzen. Ihre Kritik und konstruktiven Anregungen sind jederzeit willkommen.

Ihr Dr. Christoph Meister
Lektorat Rheinwerk Computing

christoph.meister@rheinwerk-verlag.de
www.rheinwerk-verlag.de
Rheinwerk Verlag · Rheinwerkallee 4 · 53227 Bonn

Auf einen Blick

Wir hoffen, dass Sie Freude an diesem Buch haben und sich Ihre Erwartungen erfüllen. Ihre Anregungen und Kommentare sind uns jederzeit willkommen. Bitte bewerten Sie doch das Buch auf unserer Website unter **www.rheinwerk-verlag.de/feedback**.

An diesem Buch haben viele mitgewirkt, insbesondere:

Lektorat Christoph Meister
Fachgutachten Benjamin Greve
Korrektorat Friederike Daenecke, Zülpich
Herstellung Norbert Englert
Typografie und Layout Vera Brauner
Einbandgestaltung Julia Schuster
Satz III-Satz, Flensburg
Druck Beltz Grafische Betriebe GmbH, Bad Langensalza

Dieses Buch wurde gesetzt aus der TheAntiquaB (9,35/13,7 pt) in FrameMaker.

Gedruckt wurde es mit mineralölfreien Farben auf chlorfrei gebleichtem, FSC®-zertifiziertem Offsetpapier (90 g/m²).

Hergestellt in Deutschland.

Bibliografische Information der Deutschen Nationalbibliothek:
Die Deutsche Nationalbibliothek verzeichnet diese Publikation in der Deutschen Nationalbibliografie; detaillierte bibliografische Daten sind im Internet über *http://dnb.dnb.de* abrufbar.

ISBN 978-3-8362-8574-2

1. Auflage 2022

Informationen zu unserem Verlag und Kontaktmöglichkeiten finden Sie auf unserer Verlagswebsite **www.rheinwerk-verlag.de**. Dort können Sie sich auch umfassend über unser aktuelles Programm informieren und unsere Bücher und E-Books bestellen.

Inhalt

Materialien zum Buch

Auf der Webseite zu diesem Buch stehen folgende Materialien für Sie zum Download bereit:

- **Musterlösungen zu den Übungsaufgaben**
- **Python-Code der Beispiele**
- **Beispielgrafiken in Farbe**

Gehen Sie auf *www.rheinwerk-verlag.de/5379*. Klicken Sie auf den Reiter MATERIALIEN. Sie sehen die herunterladbaren Dateien samt einer Kurzbeschreibung des Dateiinhalts. Klicken Sie auf den Button HERUNTERLADEN, um den Download zu starten. Je nach Größe der Datei (und Ihrer Internetverbindung) kann es einige Zeit dauern, bis der Download abgeschlossen ist.

Kapitel 1
Einführung

Dieses Kapitel gibt Ihnen einen kurzen Überblick über die Inhalte des Buches. Es stellt außerdem zwei Entwicklungsumgebungen vor und beschreibt die Problematik der Rundungsfehler. Eine Übersicht über die Schlüsselwörter von Python soll die erste Orientierung erleichtern. Zum Ende des Kapitels werden verschiedene Aspekte des Algorithmusbegriffes analysiert.

Wenn Sie in die Welt der Algorithmen eintauchen wollen, dann möchten Sie sicherlich auch lernen, wie Sie Algorithmen in ein Computerprogramm umsetzen können. Dazu müssen Sie eine Programmiersprache beherrschen. Bei der Auswahl einer Programmiersprache haben Sie unglaublich viele Möglichkeiten, denn es gibt inzwischen Hunderte Sprachen für unterschiedliche Einsatzgebiete.

Die Entscheidung ist zwar mit dem Titel des Buches bereits gefallen, sie lässt sich aber leicht begründen, denn Python ist laut PYPL-Index (*PopularitY of Programming Languages*) die aktuell beliebteste Programmiersprache [Oktober 2021]. Dafür gibt es gute Gründe, denn:

- Python ermöglicht als interpretierende Programmiersprache eine interaktive Entwicklung von Programmen. Python ist deshalb für den Einstieg in das Programmieren besser geeignet als Compilersprachen, die erst in einem zweiten Schritt ausführbar gemacht werden.
- Der Syntax von Python ist im Vergleich zu anderen Programmiersprachen relativ einfach zu erlernen.
- Python ist durch Module (*Softwarebibliotheken*) erweiterbar. Das gilt zwar auch für viele andere Programmiersprachen. In Python gestaltet sich die Einbindung von Erweiterungsmodulen aber einfacher. Für numerische und symbolische Berechnungen sowie Computergrafik werden spezifische Module bereitgestellt, die ich Ihnen in diesem Buch vorstellen möchte.
- Python steht kostenlos zur Verfügung und läuft auf den Betriebssystemen Windows, Linux und macOS.

Das Konzept

Wenn Sie eine Programmiersprache erlernen wollen, dann gibt es verschiedene Wege, die zum Ziel führen. Sie könnten die Dokumentation der Programmiersprache durcharbeiten und versuchen, mit den so erworbenen Kenntnissen eigene Programme zu schreiben. Dieser Weg ist zwar denkbar, aber dann müssen Sie sich durch eine unübersichtliche Vielfalt an Informationen arbeiten, denn die Python-Dokumentation und die Unterlagen der Zusatzmodule haben einen Umfang von mehreren Tausend Seiten. Tutorials für den Programmiereinstieg können dieses Problem zwar abfedern, die dort behandelten Beispiele haben aber in der Regel keinen direkten Bezug zu dem konkreten Programmierproblem, das Sie gerade umtreibt, und benötigen damit eine ziemlich schwierige Transferleistung.

Ich habe die Erfahrung gemacht, dass ein anderer Lernweg besser ist: Konzentrieren Sie sich auf konkrete Inhalte aus der Praxis des wissenschaftlichen Arbeitens, und üben Sie damit das Programmieren. Das Lernen orientiert sich dann nicht an der Fachsystematik der Programmiersprache, sondern an der Fachsystematik einer wissenschaftlichen Disziplin, die Sie idealerweise bereits kennen.

Doch welche Wissenschaft sollte man aus dem reichhaltigen Angebot wählen? Hier bietet sich die Mathematik an, weil sie als Grundlagenwissenschaft der Natur- und Ingenieurswissenschaften von allen Fachkundigen ohnehin beherrscht werden muss. Wenn Sie also das Erlernen einer Programmiersprache mit den Inhalten der Mathematik verknüpfen, dann beherrschen Sie am Ende nicht nur das Programmieren, sondern haben auch noch Ihre Mathematikkenntnisse vertieft.

Dieser Weg hat jedoch auch einen Nachteil: Wenn sich das Erlernen einer Programmiersprache an den Inhalten der Mathematik orientiert, dann werden zwangsläufig nicht alle Möglichkeiten erfasst, die die Syntax einer Programmiersprache bietet. Es gibt hier aber einen einfachen Ausweg: Sollten beim Programmieren Probleme vorkommen, dann schlagen Sie gezielt die fehlenden Informationen in den entsprechenden Dokumentationen oder in einem einschlägigen Fachbuch nach. Wenn Sie bereits über grundlegendes Wissen verfügen, lässt sich nämlich viel zielgerichteter mit diesen Informationsquellen arbeiten.

Weil dieses Buch sich an der Fachsystematik der Mathematik orientiert, wiederholen sich zwangsläufig viele Programmierkonstruktionen, z. B. Summenalgorithmen in Schleifen oder Fallunterscheidungen in Verzweigungsstrukturen. Das muss jedoch kein Nachteil sein, denn durch die vielen Wiederholungen wird eine Schwäche unseres Gedächtnisses, nämlich das Vergessen, kompensiert.

Die Quelltexte werden, bis auf wenige Ausnahmen, vollständig mit der zugehörigen Ausgabe abgedruckt, damit sie auch ohne Nutzung des Computers analysiert werden können. Für das Verstehen des Codes eines Programms ist es besonders wichtig, die Ausgabe der Ergebnisse mit in die Quelltextanalyse einzubeziehen, denn nur durch die Einsicht in den kausalen Zusammenhang zwischen Struktur des Quelltextes und Ausgabe der Resultate kann der Quelltext vollständig verstanden werden.

Der Lernprozess beginnt mit der Analyse von zunächst einfachen Programmquelltexten. Es wird nicht immer die hinsichtlich Rechenaufwand effizienteste Lösung gewählt, sondern eher Wert auf Nachvollziehbarkeit des Algorithmus gelegt.

Erst wenn Sie einige Beispielprogramme vollständig verstanden und auch getestet haben, sollten Sie mit eigenen Programmierprojekten beginnen. Beim Testen von Programmbeispielen ist es mitunter sinnvoll, bewusst Fehler in den Quelltext einzubauen und nach dem Programmstart die Fehlermeldungen zu analysieren. Auch das Einfügen von eignen Ergänzungen in bestehende Quelltexte kann den Lernfortschritt unterstützen. Zögern Sie also nicht, den Code zu verändern und sich z. B. Zwischenergebnisse auf der Kommandozeile ausgeben zu lassen, wenn Sie den Ablauf eines Programms besser verstehen möchten.

Die Zielgruppe

Dieses Buch wendet sich an alle, die Python als erste Programmiersprache erlernen wollen. Als Leserkreis werden dabei besonders Studierende der Natur- und Ingenieurwissenschaften und der Informatik angesprochen. Das Buch kann aber auch für den Mathematikunterricht von großem Nutzen sein, wenn mathematische Begriffe, z. B. Grenzwertprozesse, durch Visualisierung dynamisch veranschaulicht werden sollen. Im Informatikunterricht könnten Programmierprojekte, die sich an den aktuellen Themen des Mathematikunterrichts orientieren, mathematische Lernprozesse unterstützen und zusätzlich das Lernen in der Programmierausbildung durch einen sinnhaften Anwendungsbezug stärker motivieren. Angesprochen werden auch Schülerinnen und Schüler der gymnasialen Oberstufe mit den Leistungskursen Mathematik und Informatik. Durch Synergieeffekte könnten Verständnisprobleme in beiden Fächern überwunden werden. Die Notwendigkeit, präzise Unterscheidungen zu treffen, könnte auch dazu beitragen, die Begriffsbildungen in den beiden Lerngebieten zu präzisieren.

Als Voraussetzung für das Verständnis der Inhalte des Buches sind Mathematikkenntnisse erforderlich, wie sie auf einem Gymnasium oder auf einer Fachoberschule vermittelt werden. Sie sollten die mathematischen Grundbegriffe *Funktion*, *Konvergenz*, *Grenzwert*, *Ableitung* und *Integral* kennen. Bei Verständnisschwierigkeiten können Sie Ihr Wissen mithilfe der Lehrbücher [Bossek] oder [Kammermeyer] auffrischen. Eine (ganz) kurze Zusammenfassung finden Sie auch im Anhang dieses Buches.

Ein kurzer Überblick über die Inhalte

Sie können bis auf die Kapitel 2 und 3 alle anderen Kapitel unabhängig voneinander lesen. Kapitel 2 und 3 sollten Sie jedoch intensiv studieren und die zugehörigen Aufgaben bearbeiten. Denn dort werden die Grundlagen für das Verständnis der nachfolgenden Kapitel gelegt.

In **Kapitel 2, »Datentypen und Datenstrukturen«**, werden die grundlegenden Datenstrukturen von Python behandelt, wie Tupel, Sets (Mengen), Listen und Dictionary. Bis auf Sets werden diese Datenstrukturen in allen folgenden Kapiteln wieder verwendet.

Kapitel 3, »Programmstrukturen«, beschreibt die Programmstrukturen Sequenz, Verzweigung und Wiederholung anhand einfacher Beispiele. Hier wird auch der Begriff der Laufzeitkomplexität eingeführt.

In **Kapitel 4, »Die Python-Erweiterungsmodule NumPy, Matplotlib, SymPy und SciPy«**, werden die Module `numpy`, `matplotlib`, `sympy` und `scipy` kurz vorgestellt. Methoden dieser Module, z. B. `solve()`, `dsolve()`, `diff()`, `integrate()` und `quad()`, werden später benutzt, um zu überprüfen, ob die selbst erstellten Algorithmen korrekte Berechnungen ausführen. Das Modul `matplotlib` wird verwendet, um 2D- und 3D-Funktionsplots zu erstellen und zu animieren.

Kapitel 5, »Zahlen«, handelt von Algorithmen mit Zahlen. Hier beschreibe ich, wie Sie mit dem euklidischen Algorithmus den größten gemeinsamen Teiler berechnen. Es wird gezeigt, wie das Sieb des Eratosthenes Primzahlen findet. Mit der Implementierung des RSA-Algorithmus wird die praktische Bedeutung der Primzahlen herausgestellt. Der Heron-Algorithmus berechnet näherungsweise Werte für irrationale Zahlen als Quadrat- und Kubikwurzeln. Die Kreiszahl π wird näherungsweise mit dem Algorithmus von Archimedes berechnet. Das Kapitel endet mit einem Überblick über die Eigenschaften der eulerschen Zahl e.

Kapitel 6, »Gleichungssysteme«, behandelt die numerische Lösung linearer und nichtlinearer Gleichungssysteme. Mit dem klassischen Gauß-Algorithmus und iterativen Verfahren wie dem Jakobi- und dem Gauß-Seidel-Verfahren werden lineare Gleichungssysteme gelöst. Nichtlineare Gleichungssysteme werden mit der SciPy-Methode `fsolve()` und der SymPy-Methode `nonlinsolve()` gelöst.

In **Kapitel 7, »Folgen«**, wird gezeigt, wie mit der Matplotlib-Methode `scatter()` arithmetische und geometrische Folgen visualisiert werden können. Im Mittelpunkt steht die grafische Veranschaulichung des Grenzwertbegriffes. Abschließend wird demonstriert, wie sich der Grenzwert einer Folge mit der SymPy-Methode `limit()` symbolisch berechnen lässt.

Kapitel 8, »Stetige Funktionen«, veranschaulicht die dynamische Veränderung von Parametern elementarer mathematischer Funktionen. Gezeigt wird, wie Sie mit dem Slider-Steuerelement die Kurvenformen von 2-D- und 3D-Funktionsplots dynamisch während der Programmlaufzeit ändern können. Wie Animationen von 2D- und 3D-Funktionsplots mit der Matplotlib-Methode `FuncAnimation()` erstellt werden können, wird zum Abschluss des Kapitels erklärt.

Kapitel 9, »Differenzialrechnung«, behandelt die klassischen Themen der Differenzialrechnung: Differenzenquotient, Differenzialquotient und Kurvendiskussion. Der Übergang einer Sekanten- zur Tangentensteigung wird als Grenzwertprozess mit dem Slider-Steuerelement simuliert. Es werden sowohl selbst erstellte Algorithmen als auch Methoden von SciPy und SymPy genutzt.

In **Kapitel 10, »Reihen«**, werden Reihenentwicklungen visualisiert. Veranschaulicht wird die Divergenz und Konvergenz von Reihen. Summen und Grenzwerte von Reihen werden mit den SymPy-Methoden `Sum()` und `limit()` symbolisch berechnet. Die SymPy-Methode `series()` berechnet Taylor-Reihen symbolisch. Das Konvergenzverhalten von Potenz- und Taylorreihen wird durch Funktionsplots veranschaulicht.

In **Kapitel 11, »Integralrechnung«**, werden die Begriffe Stammfunktion und bestimmtes Integral dynamisch mithilfe des Slider-Steuerelements veranschaulicht. Von den numerischen Integrationsverfahren wurden das Rechtecksummen-, das Trapezsummen- und das Simpson-Verfahren ausgewählt. Bogenlängen, Mantelflächen, Volumina von Rotationskörpern und Mehrfachintegrale werden mit selbst erstellten Algorithmen numerisch berechnet.

Kapitel 12, »Differenzialgleichungen«, beschreibt, wie Differenzialgleichung numerisch mit dem Euler-Verfahren und symbolisch mit der SymPy-Methode `dsolve()` gelöst werden können. Abschließend wird die Genauigkeit des Euler-Verfahrens an den Verfahren von Heun und Runge-Kutta gemessen.

Kapitel 13, »Ausgleichsrechnungen«, behandelt ausgewählte Themen der Ausgleichsrechnung wie lineare, exponentielle und potenzartige Regression. Für die Speicherung der Messdaten, für die Lösung der linearen Gleichungssysteme und für die erforderlichen Operationen auf Matrizen werden NumPy-Methoden verwendet.

In **Kapitel 14, »Algorithmen für die Berechnung statistischer Kennzahlen«**, werden Algorithmen für die Berechnung von Mittel- und Streuwerten sowie Formparameter wie Schiefe und Wölbung entwickelt. Da für die Berechnung des Medians die Messdaten sortiert vorliegen müssen, werden in einem Exkurs zwei einfache Sortieralgorithmen kurz beschrieben. Für die Berechnung der Spannweite wird in einem weiteren Exkurs gezeigt, wie das Maximum und Minimum aus einer Messreihe bestimmt werden kann.

In **Kapitel 15, »Fraktale«**, zeige ich Ihnen, wie Sie mithilfe der Turtle-Grafik von Python die Koch-Kurve, das Sierpinski-Dreieck und den Pythagoras-Baum zeichnen können. Bei der Darstellung der Mandlbrot- und Julia-Menge wird demonstriert, wie aus einer einfachen rekursiven Gleichung mit komplexen Variablen komplizierte Fraktale entstehen.

Am Ende des Buches werden Sie in der Lage sein, Algorithmen zur Lösung Ihrer eigenen praktischen Problemstellungen in Python zu programmieren. Den Code für einen Algorithmus tatsächlich selbst zu schreiben und sein Verhalten unter verschiedenen Anfangsbedingungen zu beobachten, hilft enorm dabei, das Verständnis seiner Funktionsweise zu vertiefen.

1.1 Entwicklungsumgebungen

Eine Python-Entwicklungsumgebung (IDE, kurz für *Integrated Developer Environment*) besteht aus einem Editor, einem Interpreter und einem Debugger. Im Editor wird der Quelltext des Programms eingegeben. Durch einen Mausklick auf den START- bzw. RUN-Button oder durch Betätigung der Funktionstaste F5 wird das Python-Programm mit einem Interpreter übersetzt. Das Resultat wird in einem Ausgabefenster, in der Shell oder in einer anderen Konsole angezeigt. Wenn das Programm Syntaxfehler enthält, dann wird eine Fehlermeldung ausgegeben. Der Debugger hilft Ihnen bei der Suche nach Programmierfehlern. In der Praxis werden Programme oft debuggt, indem man Zwischenergebnisse in der Kommandozeile ausgeben lässt und überprüft, ob diese die Werte haben, die man erwartet. Es lohnt sich dennoch, den Umgang mit einem Debugger zu erlernen, da dieser oft viele hilfreiche Werkzeuge mitbringt, die Ihnen die Suche nach Fehlern deutlich erleichtern.

Es gibt eine Vielzahl von Python-Entwicklungsumgebungen. Für den Einstieg empfehle ich, eine einfach zu bedienende Umgebung wie *IDLE* oder *Thonny* zu benutzen. Selbstverständlich gibt es auch professionelle Entwicklungsumgebungen, die Sie vielseitig unterstützen, aber wegen ihres Funktionsumfangs machen sie den Einstieg eher schwieriger als einfacher. Für komplexe Projekte ist der Umgang mit professionellen Entwicklungsumgebungen zwar notwendig, erste Lernerfolge stellen sich aber mit einfachen Werkzeugen schneller ein.

IDLE und Thonny werden von den verbreiteten Betriebssystemen wie Linux, macOS und Windows unterstützt. Beide Entwicklungsumgebungen stehen im Internet kostenlos als Download zur Verfügung. Dort finden Sie auch die Installations- und Bedienungsanleitungen.

1.1.1 IDLE

Die Abkürzung IDLE steht für *Integrated Development and Learning Environment*. Bei der Installation von Python wird diese Entwicklungsumgebung automatisch mitinstalliert.

Wichtige Leistungsmerkmale sind:

- Interaktive Python-Shell (Konsolenprogramm) mit Einfärbung der Schlüsselwörter und Ausgabe von Fehlermeldungen.
- Text-Editor mit automatischer Einrückung bei Verzweigungs- und Schleifenkonstrukten sowie Einfärbung der Schlüsselwörter. Im Menü EDIT gibt es unter anderem die Optionen Rückgängigmachen (UNDO), Suchen (FIND), Ersetzen (REPLACE) und Autovervollständigung (EXPAND WORD).
- Debugger mit Haltepunkten und schrittweisem Ausführen des Programms.

Unter dem Menü-Eintrag HELP • PYTHON DOCS oder mit der Funktionstaste [F1] finden Sie eine umfangreiche Hilfe zu Python.

Die Python-Shell (siehe Abbildung 1.1) starten Sie im Menü RUN • PYTHON SHELL.

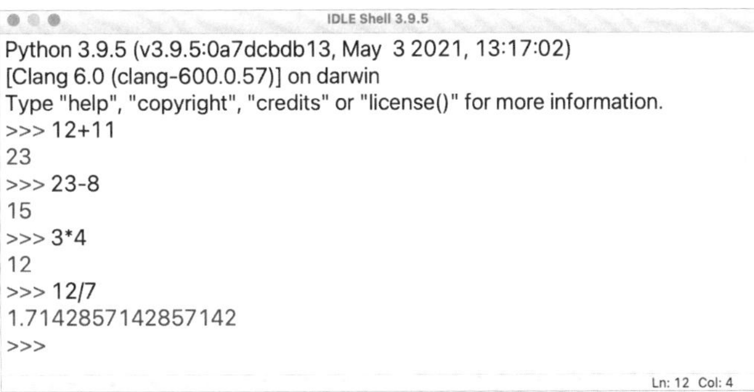

Abbildung 1.1 Die IDLE-Shell

Mit der Python-Shell können Sie alle Grundrechenarten durchführen und auch kleine interaktive Python-Programme testen. Die drei nach rechts weisenden Pfeilspitzen >>> stehen für die Eingabeaufforderung. Nach der Betätigung der [↵]-Taste übersetzt der Python-Interpreter die Eingaben, und das Ergebnis wird in der Shell angezeigt. Bei einer fehlerhaften Eingabe erscheint eine Fehlermeldung in der Shell.

Wenn Sie z. B. die Anweisung `a/b` in die Shell eingeben und den Variablen `a` und `b` vorher keinen Wert zugewiesen haben, erscheint eine Fehlermeldung:

```
>>> a/b
Traceback (most recent call last):
```

```
  File "<pyshell#0>", line 1, in <module>
    a/b
NameError: name 'a' is not defined
```

In den Editor von IDLE geben Sie den Quelltext Ihres Programms ein, beispielsweise so wie in Abbildung 1.2.

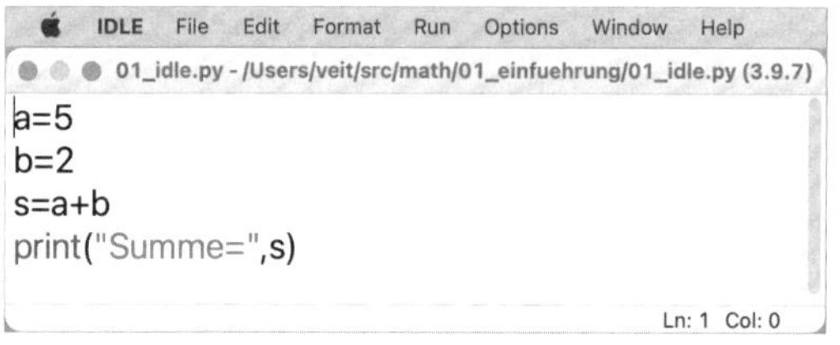

Abbildung 1.2 Der Editor von IDLE

Nach dem Programmstart mit der Funktionstaste [F5] oder mit Run • Run Module werden Sie aufgefordert, den Python-Quelltext unter einen selbst gewählten Dateinamen abzuspeichern. Das Ergebnis erscheint dann wie in Abbildung 1.3 in der IDLE-Shell.

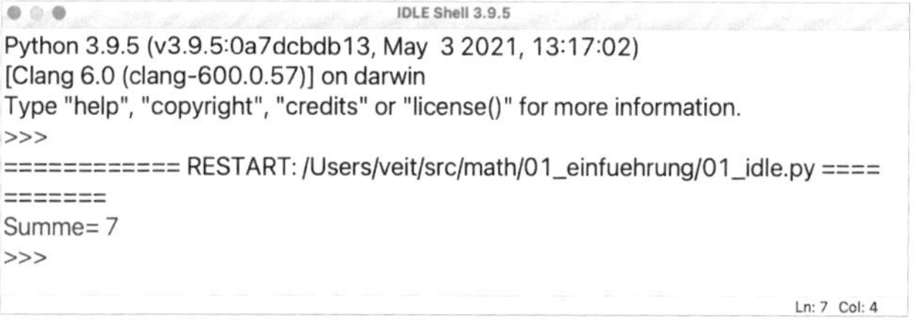

Abbildung 1.3 Die Ausgabe von IDLE in der Python-Shell

1.1.2 Thonny

Bei der Installation von Thonny wird ein Python-Interpreter bereits mitinstalliert. Dieser Interpreter arbeitet unabhängig von einer bereits installierten Python-Version. Den Installationsort können Sie sich mit Extras • Installationsverzeichnis von Thonny öffnen ... anzeigen lassen.

Thonny stellt Ihnen alle wesentlichen Funktionalitäten einer IDE zur Verfügung: Sie können komfortabel editieren, debuggen, suchen und automatisch ersetzen. Thonny unterstützt Sie auch mit der Autovervollständigung von Schlüsselwörtern und dem automatischen Einkommentieren und Auskommentieren von markierten Quelltextabschnitten. Abbildung 1.4 zeigt die Benutzeroberfläche der Entwicklungsumgebung unter macOS.

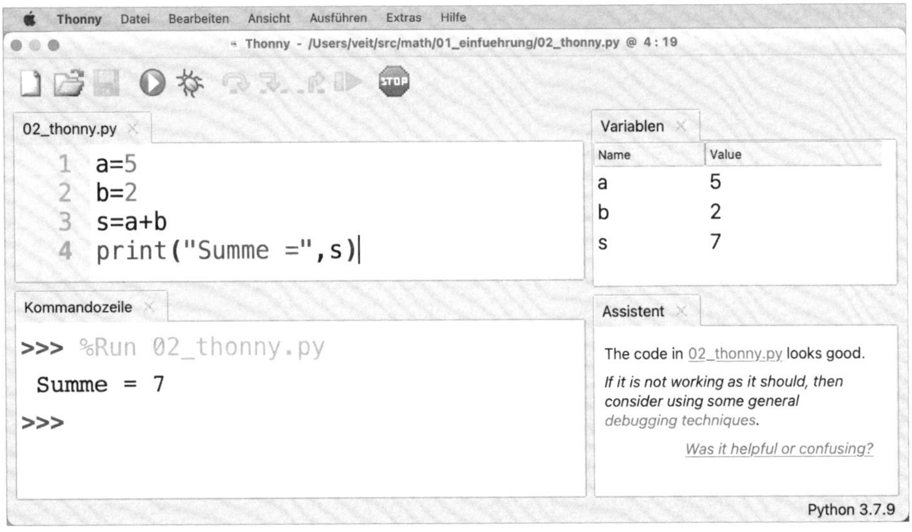

Abbildung 1.4 Die Entwicklungsumgebung von Thonny

Im linken Fenster geben Sie den Quelltext Ihres Programms ein. Wenn Sie im Editorfenster mehrere Reiter geöffnet haben, können Sie gleichzeitig auch verschiedene Quelltexte editieren. Mit einem Mausklick auf dem Start-Button oder mit der Funktionstaste F5 können Sie das Programm übersetzen. Beim Start des Programms öffnet sich ein Dateidialogfenster, das Sie auffordert, den Quelltext des Programms zu speichern. Wenn das Programm keine Syntaxfehler enthält, erscheint das Ergebnis in dem unteren Fenster KOMMANDOZEILE. Ansonsten wird eine Fehlermeldung ausgegeben. Wenn Sie im Menü ANSICHT die Optionen VARIABLEN und ASSISTENT aktiviert haben, erscheinen rechts oben im Fenster VARIABLEN die Namen und Werte der Variablen. Im Fenster ASSISTENT erscheint eine Meldung, die Ihnen mitteilt, ob das Programm bestimmte formale Kriterien erfüllt.

1.2 Die Installation der Module

Die Module `numpy`, `sympy` und `scipy` werden Sie in diesem Buch oft brauchen, um zu überprüfen, ob Ihre selbst erstellten Algorithmen die erwarteten Ergebnisse liefern. Das Modul `matplotlib` werden wir nutzen, um mathematische Funktionen als 2D- oder 3D-Funktionsplots auf dem Bildschirm darzustellen oder zu animieren. In Kapitel 4, »Die Python-Erweiterungsmodule NumPy, Matplotlib, SymPy und SciPy«, erfahren Sie mehr über die Funktionalität dieser Module.

Die Organisation der Module gibt die Reihenfolge der Installation vor (siehe Abbildung 1.5).

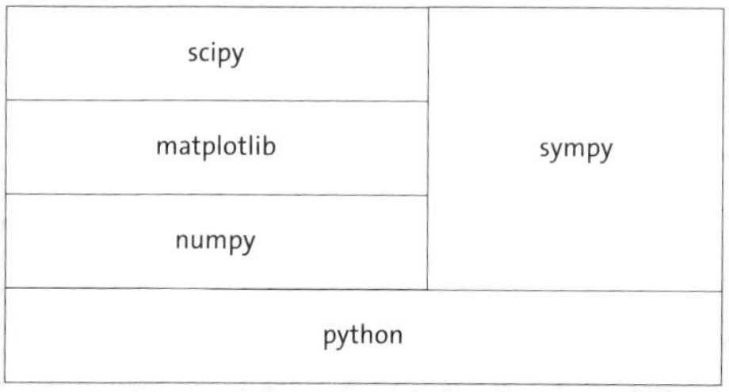

Abbildung 1.5 Die Organisation der Module

Die Programmiersprache Python ist die Basis aller Module. Das Modul für umfangreiche numerische Berechnungen `numpy` baut auf Python auf. Das Modul `matplotlib` verwendet in der Regel fast immer `numpy`. Die Module `numpy` und `matplotlib` sind wiederum die Basis für das Modul `scipy`, dem funktional umfangreichsten Modul von Python. Das Modul für symbolische Mathematik `sympy` ist unabhängig von den genannten Modulen.

Sie sollten die Module also in folgender Reihenfolge installieren:

1. `numpy`
2. `matplotlib`
3. `scipy`
4. `sympy`

Sie können diese Module mit dem Paketmanager *Python Package Index* `pip` im Terminal Ihres Betriebssystems installieren. Wenn Sie die Entwicklungsumgebung Thonny benutzen, dann entfällt die im Folgenden beschriebene Installation. Thonny benutzt zwar auch den Paketmanager `pip`, dieser wird aber bei der Installation der Module im Hintergrund ausgeführt; Sie müssen die Pakete also nicht von Hand installieren. Thonny bietet Ihnen eine grafische Oberfläche, auf der Sie die zu installierenden Pakete per Mausklick auswählen können. Wie das funktioniert, wird weiter unten beschrieben.

Den Paketmanager `pip` müssen Sie in der Regel nicht extra installieren, da er automatisch zusammen mit Python eingerichtet wird.

Wenn Sie z. B. das Modul `numpy` installieren möchten, dann geben Sie in Ihrem Terminal folgenden Befehl ein:

```
pip install numpy
```

Für die Installation der anderen Module ersetzen Sie `numpy` durch den entsprechenden Namen des Moduls.

Wenn Sie Module aktualisieren möchten, dann geben Sie in Ihrem Terminal diesen Befehl ein:

```
pip install --upgrade numpy
```

Diese Methode der Installation funktioniert unter den Betriebssystemen Linux, macOS und Windows. Bei macOS und manchen Linux-Distributionen kann es notwendig sein, dass Sie statt `pip` den Befehl `pip3` eingeben müssen. Mehr über `pip` erfahren Sie unter *https://pypi.org/project/pip/*.

Ein besonderer Vorteil von Thonny besteht darin, Python-Module einfach, d. h. ohne den Einsatz eines Terminals, installieren zu können. Dazu müssen Sie den Dialog EXTRAS • VERWALTE PAKETE ... öffnen (siehe Abbildung 1.6).

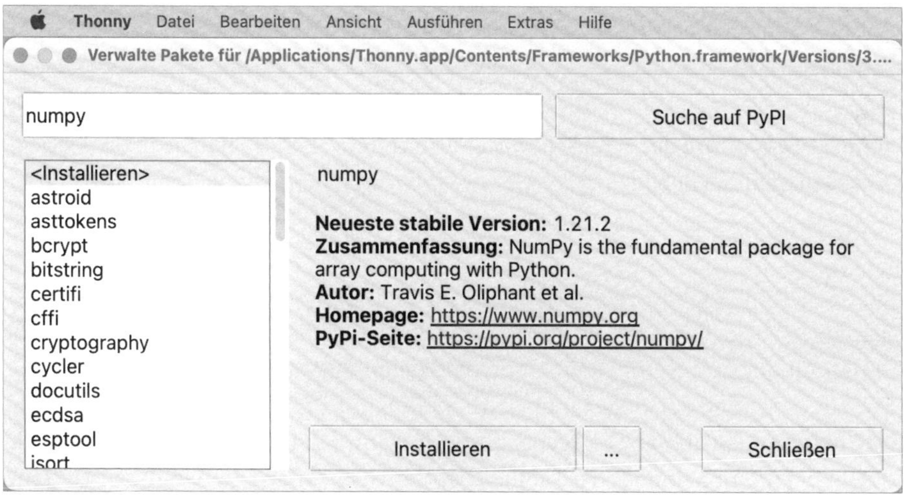

Abbildung 1.6 Die Installation von Modulen unter Thonny

Links oben geben Sie den Namen des Moduls in das Textfeld ein und klicken auf die Befehlsschaltfläche SUCHE AUF PYPI. Danach klicken Sie auf die Befehlsschaltfläche INSTALLIEREN, und die aktuelle Version des ausgewählten Moduls wird installiert. Rechts neben dem INSTALLIEREN-Button können Sie auch ältere Versionen eines Moduls auswählen und diese installieren. Wenn ein Modul schon installiert ist, können Sie es mit dem Button DEINSTALLIEREN wieder entfernen.

Thonny speichert die Module in einem eigenen Verzeichnis. So ist sichergestellt, dass es nicht zu Konflikten mit bereits bestehenden Installationen kommt.

1.3 Schlüsselwörter von Python

Eine Programmiersprache wird durch ihre Schlüsselwörter und ihre Syntax beschrieben. Mit den Schlüsselwörtern können Sie Programme erstellen, indem Sie die Schlüsselwörter zusammen mit Variablen und Operationen unter Beachtung der Syntaxregeln der Programmiersprache zu einer Sequenz von Anweisungen zusammenstellen, die dann als Computerprogramm ausgeführt werden kann. Wenn Sie das Programmieren mit Python erlernen wollen, sollten Sie sich als Erstes einen Überblick über die Schlüsselwörter verschaffen. Dazu müssen Sie zuerst das Modul `keyword` importieren. Anschließend können Sie sich mit dem Befehl `print(keyword.kwlist)` die Schlüsselwörter in der Konsole anzeigen lassen:

```
>>> import keyword
>>> print(keyword.kwlist)
['False', 'None', 'True', 'and', 'as', 'assert', 'async', 'await', 'break',
'class', 'continue', 'def', 'del', 'elif', 'else', 'except', 'finally', 'for',
 'from', 'global', 'if', 'import', 'in', 'is', 'lambda', 'nonlocal', 'not',
'or', 'pass', 'raise', 'return', 'try', 'while', 'with', 'yield']
```

Wenn Sie die Anzahl der Schlüsselwörter ermitteln wollen, geben Sie in die Python-Konsole folgenden Befehl ein:

```
>>> len(keyword.kwlist)
35
```

Sie müssen zu Beginn Ihres Lernprozesses nicht alle Schlüsselwörter kennen. Es reicht für den Anfang aus, wenn Sie sich nur eine kleine Auswahl einprägen, denn mit `if`, `else`, `for`, `while` und der eingebauten Python-Funktion `print` können Sie schon mächtige Programme schreiben. Es ist aber hilfreich, wenn Sie sich einen Überblick über die einzelnen Funktionalitäten der Schlüsselwörter verschaffen. Tabelle 1.1 enthält eine Übersicht, in der die Schlüsselwörter nach ihrer Funktionalität sortiert wurden.

Bedingte Anweisungen	Schleifen	Klassen Module Funktionen	Fehlerbehandlung
`if`	`for`	`class`	`try`
`else`	`in`	`def`	`except`

Tabelle 1.1 Übersicht über die Schlüsselwörter und eingebauten Funktionen von Python (Auswahl)

Bedingte Anweisungen	**Schleifen**	**Klassen Module Funktionen**	**Fehlerbehandlung**
`elif`	`while`	`global`	`raise`
`not`	`break`	`lambda`	`assert`
`or`	`as`	`nonlocal`	`with`
`and`	`continue`	`yield`	
`is`		`import`	
`True`		`return`	
`False`		`from`	
`None`			

Tabelle 1.1 Übersicht über die Schlüsselwörter und eingebauten Funktionen von Python (Auswahl) (Forts.)

Wenn Sie Informationen über ein Schlüsselwort suchen, geben Sie einfach in die Python-Konsole den Befehl `help('schluesselwort')` ein. Der folgende Konsolendialog zeigt die Informationen über das Schlüsselwort `for`:

```
>>> help('for')
The "for" statement
*******************
The "for" statement is used to iterate over the elements of a sequence
(such as a string, tuple or list) or other iterable object:
   for_stmt ::= "for" target_list "in" expression_list ":" suite
                ["else" ":" suite]
```

Sie dürfen Schlüsselwörter nicht als Bezeichner für Variablen verwenden. Wenn Sie sich nicht an diese Vorschrift halten, wird nach dem Programmstart in der Python-Konsole eine Fehlermeldung ausgegeben:

```
for=3
while=4
s=for + while
print(s)
```

Listing 1.1 Schlüsselwörter als Bezeichner lösen Fehler aus

Ausgabe

```
>>> %Run test.py
Traceback (most recent call last):
  File "/Users/.../test.py", line 1
    for=3
       ^
SyntaxError: invalid syntax
```

Merke

Schlüsselwörter dürfen nicht als Bezeichner für Variablen verwendet werden.

1.4 Maschinengenauigkeit, Rundungsfehler und Stellenauslöschung

Dezimalzahlen werden im Computer als Dualzahlen dargestellt, d. h. im Binärsystem. Die Darstellung ist nach dem Standard IEEE-754 genormt.

V	11 Bit Exponent	52 Bit Mantisse

Abbildung 1.7 Darstellung einer doppelt genauen Gleitpunktzahl

Dem Vorzeichenbit V folgen ein Exponent mit 11 Bit und eine Mantisse mit 52 Bit. Mit dieser Norm lassen sich Gleitpunktzahlen in der Größenordnung von etwa $2{,}2 \times 10^{-308}$ bis $1{,}8 \times 10^{308}$ darstellen.

Zwei etwa gleich große Zahlen können noch addiert werden:

```
>>> 1e300+1e300
2e+300
```

Wenn der Wertebereich überschritten wird, kommt es zu einem *Überlauf*:

```
>>> 1e308+1e308
inf
```

Ein Überlauf wird durch die Bitsequenz `inf` gekennzeichnet.

Wenn der Wertebereich unterschritten wird, kommt es zu einem *Unterlauf* und es wird mit 0 weitergerechnet.

Wenn sich die Zahlen jedoch um gewisse Größenordnungen unterscheiden, wird bei der Addition die kleinere Zahl einfach ignoriert:

```
>>> h=1e-9
>>> h+1
1.000000001
>>> h=1e-16
>>> h+1
1.0
```

Der Dialog zeigt, dass eine Zahl, die gleich oder kleiner als 10^{-16} ist, bei der Addition ignoriert wird. Weil die Anzahl der Binärstellen im Speicher begrenzt ist, werden alle Nachkommastellen abgeschnitten, die nicht mehr in den Speicherbereich »passen«. Behalten Sie das im Hinterkopf, und prüfen Sie Berechnungen, bei denen Sie Gleitkommazahlen stark unterschiedlicher Größenordnungen miteinander verrechnen. In den meisten praktischen Anwendungsfällen muss man nicht mit so großen oder so kleinen Zahlen arbeiten, dass diese Ungenauigkeit des Computers zu einem Problem wird.

1.4.1 Maschinengenauigkeit

Die kleinste darstellbare Zahl wird als *Maschinengenauigkeit* ε bezeichnet. Mit Listing 1.2 kann ε berechnet werden:

```
01 #01_maschinengenauigkeit
02 eps=1.
03 while (1.0+eps)!=1.0:
04     eps=eps/2.0
05 print(eps)
```

Listing 1.2 Berechnung der Maschinengenauigkeit

Ausgabe

```
1.1102230246251565e-16
```

Die `while`-Schleife wird so lange durchlaufen, bis der Python-Interpreter in Zeile 03 zwischen `1.0 + eps` und `1.0` keinen Unterschied mehr erkennen kann. Wenn das der Fall ist, gibt er den Wert für `eps` aus.

Nach IEEE-754 hat die Maschinengenauigkeit den Wert $\varepsilon = 1{,}11 \times 10^{-16}$. Sie kann auch aus der Anzahl der Bits (plus Vorzeichenbit) der Mantisse berechnet werden:

$$\varepsilon = 2^{-(52+1)} \approx 1{,}1 \cdot 10^{-16}$$

1.4.2 Rundungsfehler

Bei allen Berechnungen, die eine bestimmte Anzahl von Nachkommastellen verlangen, entstehen immer *Rundungsfehler*. Wenn Sie z. B. das Produkt

$$0{,}33 \cdot 0{,}66 = 0{,}2178$$

berechnen und auf zwei Nachkommastellen runden, dann entsteht ein Rundungsfehler von $0{,}22 - 0{,}2178 = 0{,}0022$. Die vom Computer erzeugten Rundungsfehler sind zwar wesentlich kleiner, sie dürfen aber ab einer bestimmten Anzahl der Rechenoperationen nicht mehr vernachlässigt werden.

Da die Anzahl der Bits, die die reellen Zahlen im Computer repräsentieren sollen, begrenzt ist, können reelle Zahlen immer nur näherungsweise als Maschinenzahlen im Computer dargestellt werden. Jede Repräsentation einer reellen Zahl durch eine Maschinenzahl ist also systembedingt immer fehlerbehaftet.

Zu diesem systembedingten Fehler addieren sich Fehler, die durch das Runden von Zwischenergebnissen entstehen. Wird die Rechnung mit Zwischenergebnissen weiter fortgesetzt, so werden die Rundungsfehler weiter durch die Rechnung getragen. Wenn auf $n + 1$ Stellen genau gerechnet wird, dann wird das Zwischenergebnis auf n Stellen gerundet. Da jedes einzelne Zwischenergebnis gerundet wird, addieren sich die Rundungsfehler zu einem Gesamtfehler [Knorrenschild:12]. Rundungsfehler vergrößern sich also mit der Anzahl der Rechenoperationen.

Zusätzlich entstehen bei der Ausführung von Algorithmen noch sogenannte *Verfahrensfehler*. Das sind alle diejenigen Fehler, die durch ein numerisches Rechenverfahren (Algorithmus) verursacht werden. Beispielsweise kann bei der numerischen Integration die Fläche unter einer Kurve durch Rechtecke, Trapeze oder Parabelbögen (dem *Simpson-Verfahren*) angenähert werden. Die Gesamtfläche wird innerhalb einer Schleife durch n-maliges Aufsummieren berechnet. Es ist leicht einsichtig, dass das Simpson-Verfahren kleinere Verfahrensfehler verursacht. Der Nachteil der Rechtecksummen kann aber in gewissen Grenzen durch eine Verkleinerung der Schrittweite h kompensiert werden. Dann erhöht sich aber die auch Anzahl der Rechenoperationen und der Anteil der Rundungsfehler steigt. Es muss also für die Anzahl der Rechenoperationen ein Optimum existieren, das im Schnittpunkt beider Kurven liegt.

Abbildung 1.8 zeigt den Zusammenhang zwischen Rundungs- und Verfahrensfehlern.

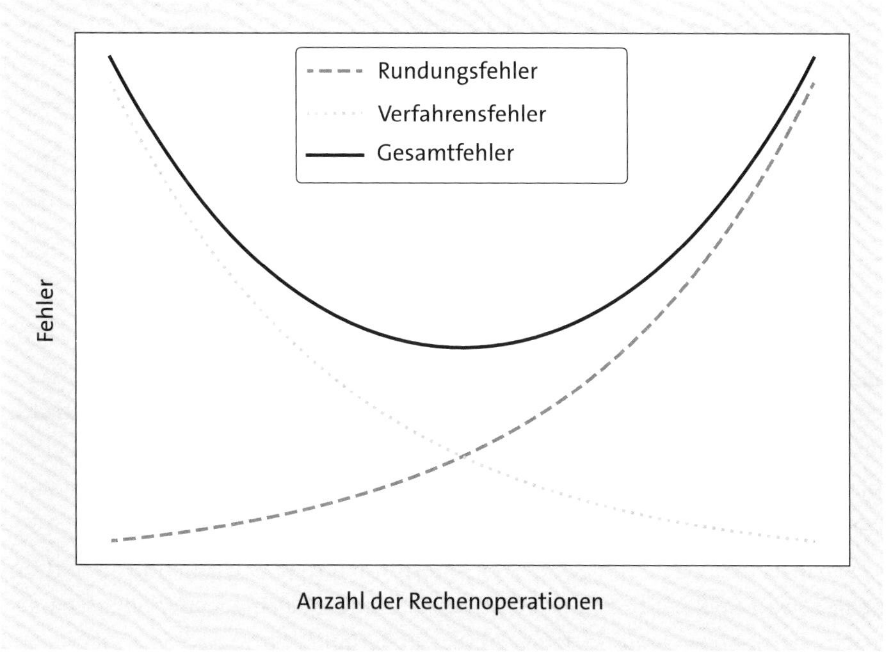

Abbildung 1.8 Zusammenhang zwischen Rundungs- und Verfahrensfehlern

In Abschnitt 9.2 wird für die numerische Differentiation gezeigt, wie die optimale Schrittweite *h* ermittelt werden kann.

1.4.3 Stellenauslöschung

Wenn wir mit unserem Taschenrechner oder gedanklich folgende Subtraktion durchführen

$$1{,}001 \cdot 10^{-12} - 1{,}000 \cdot 10^{-12} = 1 \cdot 10^{-15}$$

dann erhalten wir das richtige Ergebnis. Führen wir aber diese Operation in der Python-Konsole aus, erhalten wir ein hiervon abweichendes Ergebnis:

```
>>> 1.001e-12-1e-12
1.0000000000000967e-15
```

Dieses Phänomen tritt bei der Subtraktion von zwei fast gleich großen Zahlen auf. Es wird als *Stellenauslöschung* bezeichnet. Bei der Entwicklung von Algorithmen sollte diese Fehlerquelle berücksichtigt werden.

Fazit

Ein Computer kann aufgrund der beschränkten Stellenzahl nicht alle Zahlen exakt darstellen.

Außerdem kann er die gewünschten Berechnungen nicht exakt ausführen.

Der Vergleichsoperator == sollte nicht im Zusammenhang mit Gleitpunktzahlen verwendet werden.

1.5 Algorithmenbegriffe

Mit *Algorithmen* sind Sie seit der Schulzeit vertraut, möglicherweise ohne dass Sie diesen Begriff benutzt oder gekannt haben. Das war z. B. der Fall, als wir das schriftliche Multiplizieren oder Dividieren gelernt haben: Um richtige Ergebnisse zu erhalten, mussten wir genau vorgeschriebene Rechenschritte als Handlungsanweisungen befolgen. Diese Schritte machen einen Algorithmus aus.

Da es in diesem Buch darum gehen soll, Algorithmen zu entwickeln und als Python-Quelltext zu implementieren, ist es zunächst sinnvoll, sich genauer anzuschauen, wie der Begriff *Algorithmus* in der Fachliteratur definiert wird:

1. »Algorithmen sind eindeutige und endliche Handlungsvorschriften.« [Oldenburg:1]
2. »Ein Algorithmus ist eine detaillierte und explizite Vorschrift zur schrittweisen Lösung eines Problems.« [Gumm:91]
3. »Ein Algorithmus ist ein automatisierbares Verfahren, das einen Input zu einem Output verarbeitet. Diese Verarbeitung geschieht
   1. in endlich vielen Schritten, von denen jeder in endlicher Zeit zu einem Abschluss kommt, ... und
   2. so, dass jeder Schritt aus einer präzisen, unmissverständlichen und unzweideutig formulierten Anweisung besteht.« [Barth:8]
4. »Der Begriff Algorithmus wird in der Informatik verwendet, um ein Verfahren zur Lösung eines Problems zu beschreiben, das für die Realisierung in Form eines Programms geeignet ist.« [Sedgewick:22]

In der ersten Definition wird die Eindeutigkeit und Endlichkeit betont. Dass ein Algorithmus nicht die Bedingung der Endlichkeit erfüllt, kommt z. B. bei einer fehlerhaft programmierten `while`-Schleife vor.

Die zweite Definition hebt den schrittweisen Charakter der Problemlösung hervor. Das komplexe Ganze sollte in übersichtliche Teilprobleme zerlegt werden.

Die dritte Definition betont die Automatisierbarkeit. Das Problem muss so formuliert und beschrieben werden, dass es von einem Computer auch gelöst werden kann. Die Eingaben (*Input*) müssen immer die gewünschten Ausgaben (*Output*) erzeugen.

Die vierte Definition verweist auf die Programmierbarkeit des Problems. Der Algorithmus muss so beschrieben werden, dass er sich auch als Programm implementieren lässt. Der Quelltext eines Programms ist dann die formulierte Endversion des Algorithmus.

Algorithmen werden durch schrittweise Verfeinerung entwickelt. Zuerst wird das Problem ausführlich analysiert und beschrieben. Dann wird eine Grobstruktur festgelegt. Hierbei wird häufig Pseudocode verwendet. Unter *Pseudocode* versteht man eine knappe Beschreibung eines Problems mit reduzierten Sprachelementen, die unabhängig von der Syntax einer Programmiersprache gewählt werden, sich aber an deren Grundelementen orientieren. Pseudocode ist ein guter erster Schritt, um die eigenen Gedanken zu sortieren.

In einem nächsten Schritt wird das Problem mit einem *Programmablaufplan* (PAP) oder einem Struktogramm visualisiert. Es gibt Editoren für Struktogramme, die automatisch auch den Quelltext einer Programmiersprache erzeugen können. Allerdings muss der automatisch erzeugte Quelltext noch von menschlicher Hand ergänzt oder korrigiert werden.

In einem letzten Schritt wird der Quelltext in einen Editor eingegeben und anschließend wird das Programm, je nach Programmiersprache, mit einem Compiler oder Interpreter in Maschinensprache übersetzt, die von der Hardware des Computers ausgeführt werden kann. Ein Compiler erzeugt direkt ein ausführbares Programm, das unter Windows an der Dateiendung `.exe` erkennbar ist.

Ein Interpreter übersetzt den Quelltext Zeile für Zeile. Wenn Sie das Python-Programm `test.py` im Terminal ausführen wollen, dann müssen Sie den Befehl `python test.py` eingeben. Die Ausgabe erscheint dann im Terminal. Für das Erlernen des Programmierens sind interpretierende Programmiersprachen besser geeignet als Compilersprachen, weil die Entwicklungsumgebungen bei Programmierfehlern eine detaillierte Rückmeldung über die Art und den Ort des Fehlers schon während des Übersetzungsvorgangs im Konsolenfenster ausgeben.

Bei der Entwicklung von Algorithmen kommen grundsätzlich nur drei Strukturen vor: *Sequenz*, *Verzweigung* und *Wiederholung* – darauf werde ich in Kapitel 3, »Programmstrukturen«, eingehen. Es ist schon erstaunlich, dass mit nur drei Programmstrukturen alle lösbaren Probleme gelöst werden können.

Die Effizienz eines Algorithmus wird durch den Speicherplatzbedarf und die Laufzeitkomplexität (siehe Abschnitt 3.6) beschrieben. An der Anzahl der ineinander verschachtelten Schleifen kann schon die Komplexitätsklasse erkannt werden. Einfache Sortieralgorithmen bestehen immer aus zwei ineinander verschachtelten Schleifen. Sie haben deshalb eine quadratische Laufzeitkomplexität von $O(n^2)$. Das heißt: Wenn sich die Anzahl der zu sortierenden Elemente verdoppelt, vervierfacht sich die Laufzeit.

Viele Menschen bevorzugen ein Vorgehen, das durch Versuch und Irrtum geleitet ist. Scherzhaft wurde dieses Vorgehen auch als VHIT (**v**om **H**irn **i**ns **T**erminal) beschrieben. Ein ideales Vorgehen sollte aber immer aus einer ausführlichen Planung bestehen, die konservativ mit Papier und Bleistift beginnt.

Bevor Sie mit den Planungsschritten loslegen können, müssen Sie jedoch wissen, wie die Inhalte dieser Schritte strukturiert werden. In Kapitel 2 geht es daher um die Datenstrukturen, mit denen Python arbeitet.

Kapitel 2
Datentypen und Datenstrukturen

In diesem Kapitel werden die einfachen Datentypen String, Integer und Float beschrieben. Außerdem lernen Sie, welche Operationen Sie auf den Datenstrukturen Tupel, Set, List und Dictionary ausführen können.

Daten sind *Zeichen*, die eine Information enthalten. Sie werden aus Beobachtungen oder Messungen gewonnen.

Nun zwingt uns die Komplexität der Realität allerdings dazu, selektiv vorzugehen: Aus der Fülle der Daten wählen wir nur diejenigen aus, die zur Lösung eines Problems beitragen. Nach der Auswahl müssen die Daten noch geordnet werden, sie müssen also in eine Struktur gebracht werden. Sollen z. B. Informationen über lieferbare Bücher in einer Datenbank erfasst werden, dann sind der Name des Autors, der Buchtitel, das Erscheinungsjahr und der Preis relevante Daten. Diese Daten werden typischerweise in Form von Tabellen in Datenbanken gespeichert (siehe Tabelle 2.1).

Nr.	Autor	Titel	Jahr	Preis
1	Kofler	Python. Der Grundkurs	2020	14,90
2	Wirth	Algorithmen und Datenstrukturen	1999	37,99

Tabelle 2.1 Strukturierung von Daten

Wie die Daten strukturiert werden sollten, richtet sich nach ihrem Verwendungszweck. Wenn die Daten der realen Welt mit einem Computer verarbeitet werden sollen, müssen sie so modelliert werden, dass dies einfach möglich ist, denn ein Rechner kann nur mit bestimmten Strukturen effektiv arbeiten.

In der praktischen Informatik ist eine *Datenstruktur* eine Menge von *Objekten*, die nur mit genau festgelegten *Operationen* manipuliert werden dürfen. Auf eine Kurzformel gebracht: `Datenstruktur = Objekte + Operationen`. Die Daten werden in einer für die jeweilige Datenstruktur optimalen Art und Weise organisiert, um auf sie so effizient wie möglich zugreifen zu können.

Datenstrukturen kommen nicht isoliert vor; sondern sie sind immer in Computerprogramme integriert und mit Algorithmen verknüpft. Niklas Wirth, ein großer Pionier der Informatik, beschreibt sie sogar als Basis der Programmierung: »*Programme sind letztlich konkrete Formulierungen abstrakter Algorithmen, die sich auf bestimmte Darstellungen und Datenstrukturen stützen.*«

Python stellt die eingebauten Datenstrukturen *Tupel*, *Sets*, *Liste* und *Dictionary* zur Verfügung. Bis auf Sets werden diese Datenstrukturen in den folgenden Kapiteln intensiv genutzt. Ich möchte sie Ihnen daher in den nächsten Abschnitten vorstellen.

2.1 Tupel

Ein Tupel ist eine Sequenz von Elementen, die iterierbar sind, aber nicht verändert werden können. Die Elemente eines Tupels müssen nicht vom gleichen Typ sein. Die Unveränderbarkeit ist das entscheidende Merkmal eines Tupels.

Definiert wird ein Tupel, indem die Elemente durch Kommata getrennt in runde Klammern eingeschlossen werden.

Mit den eingebauten Python-Funktionen `type(...)` und `id(...)` können Sie den Typ und die Identität (Speicheradresse) eines Tupels ermitteln (siehe Abschnitt 3.5.1 und Abschnitt 3.4). Auf die einzelnen Elemente eines Tupels kann lesend mit dem [ ]-Operator zugegriffen werden.

Der folgende Konsolendialog demonstriert einen ersten Zugang:

```
>>> B=('Wirth','Datenstrukturen',1999,37.99)
>>> B[0]
'Wirth'
>>> B[1]
'Datenstrukturen'
>>> B[2]
1999
>>> type(B)
<class 'tuple'>
>>> type(B[0])
<class 'str'>       #Zeichenkette
>>> type(B[2])
<class 'int'>       #Ganzzahl
>>> type(B[3])
<class 'float'>     #Gleitpunktzahl
>>> id(B)
140560994071888
>>> id(B[0])
140560994033328
```

In der ersten Zeile wird ein Tupel erzeugt, indem die drei Elemente, durch Kommata getrennt, in runde Klammern eingeschlossen werden. Durch die Zuweisung mit dem Zuweisungsoperator `=` werden die Daten des Tupels in dem Objekt `B` gespeichert. Mit `B[0]` wird das erste Element des Tupels ausgelesen. Als Typ von `B` wird `<class 'tuple'>` ermittelt. Das bedeutet, dass `B` ein Objekt der Klasse `tuple` ist. `B[0]` ist ein Objekt der Klasse `str` (String: Zeichenkette), `B[2]` ist ein Objekt der Klasse `int` (Ganzzahl), `B[3]` ist ein Objekt der Klasse `float`.

Bei den mit der Funktion `id(...)` ermittelten Zahlen handelt es sich um die Identitäten der Objekte, die man sich als Speicheradressen im Arbeitsspeicher (RAM) vorstellen kann. Jedes Element des Tupels hat eine eigene Identität, also eine eigene Adresse im Arbeitsspeicher des Rechners.

Diese Analyse bringt die folgende zentrale Erkenntnis: In Python ist alles ein Objekt, unabhängig davon, ob es sich um eine »einfache« Ganzzahl oder um eine lange Zeichenkette (String) oder eine komplizierte Datenstruktur handelt. Jedes Objekt ist immer ein Exemplar einer Klasse `class`. Das interne Design der Programmiersprache Python orientiert sich durchgehend am Paradigma objektorientierter Sprachen: Objekte sind die grundlegende Abstraktion von Daten, und alle Daten werden von Python als Objekte bzw. als Relationen zwischen Objekten dargestellt. Jedes Objekt hat einen Wert, eine Identität und einen Typ. (Ausführliche Informationen dazu finden Sie in der Python-Dokumentation unter *https://docs.python.org/3/reference/datamodel.html*.)

Objekt

Ein Objekt hat einen bestimmten Wert, eine Identität und einen Typ. Der Typ gibt an, zu welcher Klasse ein Objekt gehört.

Abbildung 2.1 veranschaulicht diesen Zusammenhang.

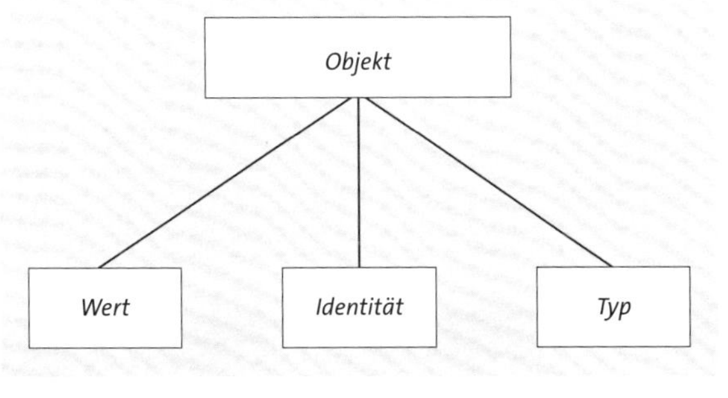

Abbildung 2.1 Bestandteile eines Objekts

2.1.1 Exkurs: Elementare Datentypen von Python

Die mit der eingebauten Funktion `type(...)` durchgeführte Analyse des Tupels `B` hat ergeben, dass sich das Objekt `B` aus drei elementaren Datentypen zusammensetzt. Das sind:

- String (Zeichenkette)
- Integer (Ganzzahlen)
- Float (Gleitpunktzahlen)

String

Ein *String* (Typ `<class str>`) ist eine Zeichenkette aus einer Folge von Ziffern oder Buchstaben, die in einfache oder doppelte Anführungszeichen `'...'` oder `"..."` eingeschlossen werden müssen. Zeichenketten können nicht verändert werden. Man sagt, sie sind *unveränderbar* (engl. *immutable*). Das heißt: In einem String-Objekt können Sie keine Zeichen einfügen oder entfernen. Der folgende Konsolendialog zeigt, wie Sie zwei Strings verketten und dessen Länge ermitteln können:

```
>>> A="Auto"
>>> B="fahren"
>>> C=A+B
>>> C
'Autofahren'
>>> C[5]
'a'
>>> len(C)
10
```

Ganzzahl

Ganzzahlen (Typ `<class int>`) repräsentieren die aus der Mathematik bekannten natürlichen Zahlen. Deren Wertebereich wird nur durch die Speicherkapazität Ihres Computers begrenzt. Wenn Sie z. B. in Ihrer Python-Konsole 2^{128} eingeben:

```
>>> 2**128
```

erhalten Sie folgende Ausgabe:

```
340282366920938463463374607431768211456
```

Den Exponenten können Sie so lange erhöhen, bis die Speicherkapazität Ihres Computers erschöpft ist.

Gleitpunktzahl

Gleitpunktzahlen (engl. *floating point numbers*) vom Typ `<class float>` sind Zahlen, die in der Sprache der Mathematik als Dezimalbrüche bezeichnet werden. Eine Gleitpunktzahl ist eine angenäherte Darstellung einer reellen Zahl. Die sonst noch gebräuchlichen Bezeichnungen »Gleitkommazahl« oder »Fließkommazahl« werden hier nicht verwendet, weil in der praktischen Informatik als Dezimaltrennzeichen ein Punkt und nicht ein Komma verwendet wird.

Gleitpunktzahlen werden im 64-Bit-Format dargestellt. Die größte darstellbare Zahl beträgt etwa $1{,}8 \times 10^{308}$. Wenn Sie in die Python-Konsole 10^{308} eingeben:

```
>>> 1e308
```

erhalten Sie als Ausgabe:

```
1e+308
```

Dieser Wert wird also noch akzeptiert. Wenn Sie dagegen

```
>>> 1.8e308
```

eingeben, dann erhalten Sie

```
inf
```

als Ausgabe. `inf` ist eine interne Konstante von Python. Sie steht für unendlich.

Die kleinste darstellbare Zahl, die größer als 0 ist, hat einen Wert von etwa 5×10^{-324}. Alle Zahlen zwischen 0 und dieser Zahl werden als `0.0` interpretiert:

```
>>> 3e-324
5e-324
>>> 5e-325
0.0
```

Diese Ober- und Untergrenzen werden Sie in den meisten praktischen Anwendungen selten erreichen. Da in der Mathematik aber häufig numerische Näherungslösungen als Grenzwerte gebildet werden, sollten Sie diese Einschränkung dennoch im Hinterkopf behalten.

Der Vergleich von Tupeln

In dem nächsten Konsolendialog werden drei Tupel miteinander verglichen:

```
>>> T1=(5,7,9)
>>> T2=(9,7,5)
>>> T3= 5,7,9
>>> T1==T3
True
>>> T1==T2
False
>>> T1<T2
True
>>> T1>T2
False
```

In Zeile 1 und 2 werden zwei Tupel T1 und T2 mit gleichen Einträgen erzeugt. Die Einträge unterscheiden sich jedoch in der Reihenfolge. Das Tupel T3 in Zeile 3 hat die gleichen Elemente wie T1. Der Vergleich von T1 und T3 zeigt, dass diese beiden Tupel gleich sind. Die runden Klammen können auch weggelassen werden (siehe: Tupel T3). Der Vergleich von T1 und T2 zeigt, dass diese beiden Tupel nicht gleich sind. Offenbar kommt es auf die Reihenfolge der Einträge an. Wenn sich die Reihenfolge der Einträge ändert, sind die Tupel nicht mehr gleich. Tupel sind nur dann gleich, wenn sie die gleichen Elemente haben und in der gleichen Reihenfolge angeordnet sind.

Das Tupel T1 ist kleiner als das Tupel T2. Zwei Tupel werden, beginnend mit dem ersten Element, elementweise miteinander verglichen.

Operationen auf Tupeln

Tupel können addiert und multipliziert werden: Die Elemente werden dann in ihrer ursprünglichen Reihenfolge aufgelistet. Gleiche Elemente können also mehrmals vorkommen:

```
>>> T1+T2
(5,7,9,9,7,5)
>>> 3*T1
(5, 7, 9, 5, 7, 9, 5, 7, 9)
>>> T1[0]=11
Traceback (most recent call last):
  File "<pyshell>", line 1, in <module>
TypeError: 'tuple' object does not support item assignment
```

Der Versuch, ein neues Element in ein Tupel einzufügen, scheitert. Das muss so sein, denn Tupel sind unveränderbar (engl. *immutable*). Es können weder Werte verändert noch hinzugefügt werden.

2.1.2 Würfelsimulation

Listing 2.1 simuliert ein Würfelspiel mit drei Würfeln, das zeigen soll, dass ein Tupel auch links vom Zuweisungsoperator stehen darf.

```
01 #01_tupel1.py
02 from random import randint
03 (a,b,c)=randint(1,6),randint(1,6),randint(1,6)
04 print("Würfelsimulation")
05 print("Würfel a:",a)
06 print("Würfel b:",b)
07 print("Würfel c:",c)
```

Listing 2.1 Würfelsimulation mit einem Tupel

Ausgabe

```
Würfelsimulation
Würfel a: 5
Würfel b: 4
Würfel c: 1
```

Analyse

In Zeile 02 wird die Methode `randint` aus dem Modul `random` importiert. Eine Methode ist ein Unterprogramm, die innerhalb einer Python-Klasse definiert wird. Die Methode `randint(a,b)` erzeugt ganze Zufallszahlen in dem Intervall von `a` bis `b`.

In Zeile 03 erzeugt die Methode `randint(1,6)` drei Zufallszahlen zwischen 1 und 6. Diese Zahlen werden in das Tuplel `(a,b,c)` gespeichert und in den Zeilen 05 bis 07 ausgegeben. Die runden Klammern sind optional.

2.1.3 Vertauschen von Objekten

In Sortieralgorithmen müssen zwei Zahlen miteinander getauscht werden, wenn der Nachfolger kleiner ist als sein Vorgänger. Wenn Sie in der Python-Konsole einem Tupel `a,b` zwei Werte zuweisen, dann können Sie die Reihenfolge des Wertepaars tauschen:

```
>>> a,b = 17,13
>>> a
17
>>> b
13
>>> a,b = b,a
```

```
>>> a
13
>>> b
17
```

Ein Tupel muss nicht unbedingt in Klammern eingeschlossen werden. In der ersten Zeile ist `a = 17` und `b = 13`. In der sechsten Zeile wird `a` der Wert von `b` zugewiesen und `b` der Wert von `a`. Jetzt ist `a = 13` und `b = 17`. Das dürfte aber eigentlich nicht funktionieren, denn Tupel sind unveränderbar. Listing 2.2 liefert die Erklärung:

```
01 #02_tuple2.py
02 a,b=17,13
03 T=(a,b)
04 print("---------vor dem Tausch-----------")
05 print("a = %i      | b = %i" %(a,b))
06 print("%i | %i" %(id(a),id(b)))
07 print("T =",T," id:",id(T))
08 a,b=b,a
09 print("---------nach dem Tausch----------")
10 print("a = %i      | b = %i" %(a,b))
11 print("%i | %i" %(id(a),id(b)))
12 print("T =",T," id:",id(T))
```

Listing 2.2 Elemente aus einem Tupel vertauschen

Ausgabe

```
---------vor dem Tausch-----------
a = 17     | b = 13
4446407968 | 4446407840
T = (17, 13)  id: 140371077495136
---------nach dem Tausch----------
a = 13     | b = 17
4446407840 | 4446407968
T = (17, 13)  id: 140371077495136
```

Analyse

In Zeile 02 werden dem Tupel `a,b` die Werte `17,13` zugewiesen. Die Werte von `a` und `b` werden in Zeile 03 dem Objekt `T` zugewiesen.

In den Zeilen 05 bis 07 werden die Werte der Variablen `a` und `b` sowie die Einträge des Tupels vor dem Tausch ausgegeben. In Zeile 07 wird auch noch die Identität des Tupels `id(T)` ausgegeben. In Zeile 08 findet der Tausch statt.

Die Ausgaben in den Zeilen 10 bis 12 zeigen, dass nur die Identitäten (Speicheradressen) von a und b getauscht werden. Die Identität des Tupels T hat sich nicht geändert.

2.2 Sets

Ein Set (dt. *Menge*) ist eine ungeordnete Sammlung von Elementen, die iterierbar und veränderbar sind. Doppelte Elemente kommen in einem Set nicht vor. Ein Set wird durch geschweifte Klammern definiert:

```
>>> M={1,3,5,7}
>>> type(M)
<class 'set'>
```

Ein leeres Set wird mit der eingebauten Python-Funktion set() erzeugt:

```
>>> M=set()
>>> M.add(23)
>>> M
{23}
```

Leere geschweifte Klammern erzeugen kein Set, sondern ein Dictionary:

```
>>> M={}
>>> type(M)
<class 'dict'>
```

Die Python-Funktion set() kann eine Liste L in ein Set umwandeln:

```
>>> L=[1,2,3,4,5,3]
>>> L
[1, 2, 3, 4, 5, 3]
>>> set(L)
{1, 2, 3, 4, 5}
```

Doppelt vorkommende Elemente werden bei dieser Operation entfernt.

Mit set() können Sie auch einen String in seine einzelnen Buchstaben zerlegen:

```
>>> M=set('Datenstrukturen')
>>> M
{'e', 'u', 'n', 's', 'a', 'r', 't', 'D', 'k'}
>>> len(M)
9
```

Dabei ändert sich allerdings die Reihenfolge der Buchstaben. Zwei sets sind gleich, wenn sie dieselben Elemente haben. Die Reihenfolge spielt dabei keine Rolle.

2.2.1 Mengenlehre

Die Python-Klasse `set` implementiert den aus der Mathematik bekannten Begriff der Menge. Folglich sind die drei Mengenoperationen *Vereinigung*, *Schnittmenge* und *Differenzmenge* möglich.

Sehen wir uns dazu ein Beispiel an: Es soll ein Programm erstellt werden, das an dem Beispiel von Teilmengen der ungeraden und geraden Zahlen sowie der Primzahlen die drei Mengenoperationen durchführt.

Gegeben sind die drei Teilmengen der ungeraden Zahlen

$$U = \{1, 3, 5, 7, 9, 11, 13\}$$

der geraden Zahlen

$$G = \{2, 4, 6, 8, 10, 12, 14\}$$

und der Primzahlen

$$P = \{1, 3, 5, 7, 11, 13, 17, 19, 23\}$$

Es sollen die Vereinigungsmenge, die Schnittmenge und die Differenzmenge bestimmt werden.

2.2.2 Vereinigungsmenge

Die *Vereinigungsmenge* vereinigt alle Elemente aus der Menge **A** und **B**. Es entsteht eine neue Menge, in der sowohl die Elemente aus der Menge **A** als auch die Elemente aus der Menge **B** vorkommen. Doppelt vorkommende Elemente werden gestrichen. Für die Vereinigungsmenge aus den ungeraden und geraden Zahlen gilt:

$$U \cup G = \{1, 2, 3, 4, 5, 6, 7, 8, 9, 10, 11, 12, 13, 14\}$$

2.2.3 Schnittmenge

Die *Schnittmenge* erfasst nur die Elemente, die in der Menge **A** und in der Menge **B** vorkommen. Für die Schnittmenge aus den ungeraden Zahlen und den Primzahlen gilt:

$$U \cap P = \{1, 3, 5, 7, 11, 13\}$$

2.2.4 Differenzmenge

Bei der Bildung der *Differenzmenge* werden diejenigen Elemente ausgeschlossen, die nicht mehr Bestandteil der Differenzmenge sein sollen. Für die Teilmenge der Primzahlen **P** ohne die Teilmenge der ungeraden Zahlen **U** gilt:

$$P \backslash U = \{17, 19, 23\}$$

Für die Teilmenge der Primzahlen **P** ohne die Teilmenge der ungeraden Zahlen **U** gilt:

$$U \backslash P = \{9\}$$

Python stellt für die Operationen auf Mengen Infix-Operatoren bereit: den Operator `|` für die Vereinigung, den Operator `&` für die Bildung der Schnittmenge und den Operator `-` für die Bildung der Differenzmenge. Zusätzlich zu diesen Operatoren gibt es noch sogenannte Methoden, die die gleichen Operationen durchführen. *Methoden* sind in der Begriffswelt der objektorientierten Programmiersprachen Funktionen, die einer bestimmten Klasse zugeordnet sind.

In Tabelle 2.2 sind alle Methoden aufgeführt, mit denen Operationen auf Sets durchgeführt werden können.

Methoden	Beschreibung
`M.add(e)`	Fügt das Element `e` als neues Element in die Menge `M` ein.
`M.clear()`	Entfernt alle Elemente aus der Menge `M`.
`M.copy()`	Kopiert die Menge `M`.
`M.discard(e)`	Das Element `e` wird aus der Menge `M` entfernt.
`M1.difference(M2)`	Berechnet die Differenzmenge aus `M1` und `M2`. Äquivalent zu `M1 - M2`.
`M1.intersection(M2)`	Berechnet die Schnittmenge aus `M1` und `M2`. Äquivalent zu `M1 & M2`.
`M1.union(M2)`	Berechnet die Vereinigungsmenge aus `M1` und `M2`. Äquivalent zu `M1 | M2`.

Tabelle 2.2 Methoden für die Operation auf Mengen

Unterschied zwischen Funktionen und Methoden

Eine Python-Funktion ist eine in sich geschlossene Programmeinheit, die eine bestimmte Aufgabe erfüllt. Das wesentliche Merkmal einer Funktion ist ihre Wiederverwendbarkeit. Funktionen haben die folgende Syntax:

```
funktionsname(parameter)
```

Eine Methode ist eine Funktion, die innerhalb einer Klasse definiert wird. Die Syntax von Methoden ist etwas komplizierter:

```
obj.methodenname(parameter)
```

Wenn eine Methode benutzt werden soll, muss zuvor ein Objekt `obj` erzeugt werden. Der Parameter kann bei Funktionen und Methoden auch fehlen. Die runden Klammern dürfen aber nicht fehlen.

Funktionen werden in Kapitel 3 ausführlich besprochen.

Listing 2.3 führt alle drei Mengenoperationen auf die Teilmengen der ungeraden Zahlen, der geraden Zahlen und der Primzahlen durch. Die zugehörigen Infix-Operationen sind als Kommentare mit angegeben, falls Sie diese Schreibweise bevorzugen.

```
#03_set.py
U={1,3,5,7,9,11,13}
G={2,4,6,8,12,14}
P={1,3,5,7,11,13,17,19,23}
#Operationen auf Mengen
V=U.union(G)          #U | G
S=U.intersection(P) #U & P
P_ohne_U = P.difference(U)  #P - U
U_ohne_P = U.difference(P)  #U - P
#Ausgaben
print("U =",U)
print("G =",G)
print("P =",P)
print("Vereinigungsmenge \nU \u222A G = ",V)
print("Schnittmenge\nU \u2229 P =",S)
print("Differenzmenge\nP \u2216 U =",P_ohne_U)
print("Differenzmenge\nU \u2216 P =",U_ohne_P)
```

Listing 2.3 Operationen auf Sets

Ausgabe

```
U = {1, 3, 5, 7, 9, 11, 13}
G = {2, 4, 6, 8, 12, 14}
P = {1, 3, 5, 7, 11, 13, 17, 19, 23}
Vereinigungsmenge
U ∪ G =  {1, 2, 3, 4, 5, 6, 7, 8, 9, 11, 12, 13, 14}
```

```
Schnittmenge
U ∩ P = {1, 3, 5, 7, 11, 13}
Differenzmenge
P \ U = {17, 19, 23}
Differenzmenge
U \ P = {9}
```

Analyse

In den Zeilen 02 bis 04 werden die drei Sets `U`, `G` und `P` definiert. In Zeile 06 bestimmt die Methode `U.union(G)` die Vereinigungsmenge `V` aus den Mengen `U` und `G`. In Zeile 07 berechnet die Methode `U.intersection(P)` die Schnittmenge `S` aus den Mengen `U` und `P`. In den Zeilen 08 und 09 ermittelt die Methode `P.difference(U)` und `U.difference(P)` die Differenzmengen `P_ohne_U` bzw. `U_ohne_P`. Die alternativen Operationen sind auskommentiert.

Die Ausgaben erfolgen in den Zeilen 11 bis 17.

2.3 Listen

Tupel können nicht verändert werden. In der Programmierpraxis werden aber Datenstrukturen benötigt, auf die Operationen wie das Einfügen, Anhängen und Sortieren von Elementen anwendbar sind. Für die Datenstruktur Liste sind diese Operationen und noch andere Operationen definiert (siehe Tabelle 2.4 und Tabelle 2.5). Eine *Liste* ist eine geordnete Zusammenfassung von Elementen. Als Elemente sind Objekte von unterschiedlichem Typ erlaubt. »Geordnet« bedeutet, dass jedem Element der Liste ein *Index* zugeordnet wird. Über diesen Index kann mit dem `[]`-Operator lesend und schreibend auf die Liste zugegriffen werden. Erzeugt wird eine Liste entweder mit der eingebauten Python-Funktion `list()` oder indem man die Listenelemente in eckige Klammern einschließt. Die einzelnen Listenelemente müssen durch Kommata getrennt werden. Der Index beginnt bei 0 und nicht bei 1.

Der erste Konsolendialog zeigt, wie eine leere Liste erzeugt und wie ein neues Element eingefügt werden kann:

```
L=list()
>>> type(L)
<class 'list'>
>>> L.append(23)
>>> L
[23]
```

Mit der Methode append(...) wird ein Element am Ende der Liste eingefügt.

Mit der Funktion range(anfangswert, endwert, schrittweite) können Sie Listen aus ganzen Zahlen erzeugen:

```
>>> L=list(range(2,10,2))
>>> L
[2, 4, 6, 8]
```

In dem nächsten Konsolendialog wird eine Liste aus Zahlen erzeugt, die Typen der Zahlen werden ermittelt, und es wird gezeigt, wie lesend auf die Elemente einer Liste zugegriffen werden kann:

```
>>> L=[4.7,3.1,8.5,6.3,9]
>>> type(L)
<class 'list'>
>>> type(L[0])
<class 'float'>
>>> type(L[4])
<class 'int'>
>>> L[0]
4.7
>>> L[2]
8.5
>>> L[5]
Traceback (most recent call last):
  File "<pyshell>", line 1, in <module>
IndexError: list index out of range
```

Bis auf das letzte Element handelt es sich bei den Elementen der Liste L um Gleitpunktzahlen vom Typ <class float>.

Die Liste L hat insgesamt 5 Einträge. Mit L[0] wird auf das erste Element und mit L[4] wird auf das letzte Element der Liste zugegriffen. Der Versuch, mit L[5] auf die Liste lesend zuzugreifen, löst eine Fehlermeldung aus.

Tabelle 2.3 veranschaulicht den Aufbau einer Liste durch ein Modell.

Index	0	1	2	3	4
Element	4.7	3.1	8.5	6.3	9

Tabelle 2.3 Modell für den Aufbau einer Liste

Auf Listen sind viele Operationen anwendbar. Tabelle 2.4 gibt eine Übersicht über die eingebauten Python-Funktionen für die Operationen auf Listen. Der Bezeichner L steht für ein Listenobjekt.

Funktion	Beschreibung
del L[start:ende]	Entfernt die Elemente zwischen start und ende.
len(L)	Ermittelt die Anzahl der Elemente der Liste L.
min(L)	Ermittelt das kleinste Element der Liste L.
max(L)	Ermittelt das größte Element der Liste L.
sorted(L)	Sortiert die Liste. Die Anordnung der Elemente der ursprünglichen Liste ändert sich nicht.
sum(L)	Berechnet die Summe der Listenelemente.
L3=zip(L1,L2)	Verbindet die Listenelemente aus der Liste L1 und L2 paarweise zu Tupeln.

Tabelle 2.4 Funktionen für die Operationen auf Listen

Neben den Funktionen gibt es noch Methoden für die Operationen auf Listen. Tabelle 2.5 gibt eine Übersicht über diese Methoden.

Methode	Beschreibung
L.append(e)	Das Element e wird an das Ende der Liste L angehängt.
L.clear()	Löscht die Liste L.
L.count(e)	Ermittelt, wie oft das Element e in der Liste L enthalten ist.
L1.extend(L2)	Die Liste L2 wird an das Ende der Liste L1 angehängt.
L.insert(i,e)	Das Element e wird in der Stelle i eingefügt.
L.pop(i)	Liest das Element der Liste L an der Position i und entfernt es.
L.remove(e)	Das Element e wird aus der Liste L entfernt.
L.reverse()	Die Reihenfolge der Listenelemente wird umgekehrt.
L.sort()	Sortiert die Liste L. Verändert die Anordnung der Elemente der ursprünglichen Liste L.

Tabelle 2.5 Methoden für die Operationen auf Listen

Der nachfolgende Konsolendialog zeigt die Anwendungen einiger Operationen auf Listen:

```
>>> L=[1,2,3,4,5]
>>> L.reverse()
>>> L
[5, 4, 3, 2, 1]
>>> L.sort()
>>> L
[1, 2, 3, 4, 5]
>>> L.append(3)
>>> L
[1, 2, 3, 4, 5, 3]
>>> L.count(3)
2
>>> L.insert(2,9)
>>> L
[1, 2, 9, 3, 4, 5, 3]
>>> L.remove(1)
>>> L
[2, 9, 3, 4, 5, 3]
```

Listing 2.4 zeigt, wie ausgewählte Operationen auf eine Liste mit ungeraden und geraden Zahlen angewandt werden können:

```
#04_liste1.py
U=[1,3,5,7,11,13,15]
G=[2,4,6,8,10,12,14]
R=list(reversed(G))
summe=sum(U)
UG = U + G
Z=list(zip(U,G))
print("U =",U)
print("G =",G)
print("G[2:5] =",G[2:5])
print("Reihenfolge von G umkehren\n",R)
print("Anzahl der Elemente von U: n =",len(U))
print("Summe von U =",summe)
print("Liste G an Liste U anfügen\n",UG)
print("Liste sortieren\n",sorted(UG))
print("Liste verketten\n",Z)
print(type(Z))
```

Listing 2.4 Operationen auf Listen

Ausgabe

```
U = [1, 3, 5, 7, 11, 13, 15]
G = [2, 4, 6, 8, 10, 12, 14]
G[2:5] = [6, 8, 10]
Reihenfolge von G umkehren
 [14, 12, 10, 8, 6, 4, 2]
Anzahl der Elemente von U: n = 7
Summe von U = 55
Liste G an Liste U anfügen
 [1, 3, 5, 7, 11, 13, 15, 2, 4, 6, 8, 10, 12, 14]
Liste sortieren
 [1, 2, 3, 4, 5, 6, 7, 8, 10, 11, 12, 13, 14, 15]
Liste verketten
 [(1, 2), (3, 4), (5, 6), (7, 8), (11, 10), (13, 12), (15, 14)]
<class 'list'>
```

Analyse

In den Zeilen 02 und 03 werden die Listen `U` und `G` erzeugt.

In Zeile 04 bewirkt die eingebaute Python-Funktion `reversed(G)`, dass die Reihenfolge von `G` umgekehrt wird. In Zeile 05 berechnet die eingebaute Python-Funktion `sum(U)` die Summe aus den Elementen der Liste `U`. In Zeile 06 wird die Liste `G` an die Liste `U` angehängt. In Zeile 07 verkettet die eingebaute Python-Funktion `zip(U,G)` die beiden Listen `U` und `G`. Die Listeneinträge bestehen jetzt aus Tupeln.

In Zeile 10 werden durch sogenanntes *Slicing* (dt. *Herausschneiden*) die Elemente mit dem Index 2 bis 5 ausgegeben.

Verschachtelte Listen

Mit Listen können auch n × m-Matrizen dargestellt werden. Die quadratische Matrix

$$A = \begin{pmatrix} a_{11} & a_{12} & a_{13} \\ a_{21} & a_{22} & a_{23} \\ a_{31} & a_{32} & a_{33} \end{pmatrix} = \begin{pmatrix} 3 & 2 & 1 \\ 4 & 5 & 6 \\ 9 & 8 & 7 \end{pmatrix}$$

soll als Python-Liste implementiert werden. Außerdem soll gezeigt werden, wie man auf einzelne Listenelemente zugreifen kann. Listing 2.5 zeigt die Umsetzung:

```
#05_liste2.py
a=[[3,2,1],
   [4,5,6],
   [9,8,7]]
print("3 x 3 Matrix")
```

```
06 print(a[0])
07 print(a[1])
08 print(a[2])
09 print("Elemente der Matrix")
10 print("a11 =",a[0][0])
11 print("a22 =",a[1][1])
12 print("a33 =",a[2][2])
13 print("a12 =",a[0][1])
14 print("a21 =",a[1][0])
```

Listing 2.5 Implementierung einer 3×3-Matrix mit Listen

Ausgabe

```
3 x 3 Matrix
[3, 2, 1]
[4, 5, 6]
[9, 8, 7]
Elemente der Matrix
a11 = 3
a22 = 5
a33 = 7
a12 = 2
a21 = 4
```

Analyse

In den Zeilen 02 bis 04 wird die quadratische Matrix `a` erzeugt. Jede Zeile der Matrix besteht aus einer Liste. Damit eine quadratische Liste erzeugt wird, müssen die drei Listen noch in zwei rechteckige Klammern eingeschlossen werden. Eine Matrix wird also als verschachtelte Liste definiert.

Die Matrix kann zeilenweise ausgegeben werden (Zeile 06 bis 08). Der Index 0 steht für die erste Zeile, der Index 1 für die zweite Zeile usw.

Mit `a[i][j]` kann auf die einzelnen Elemente der Matrix zugegriffen werden (Zeile 10 bis 14).

2.4 Dictionary

Ein *Dictionary* (dt. *Wörterbuch*) speichert Daten als Schlüssel-Wert-Paare. Erzeugt wird ein Dictionary, indem die Schlüssel-Wert-Paare in geschweifte Klammern eingeschlossen werden. Der Schlüssel (engl. *key*) wird durch einen Doppelpunkt von seinem Wert (engl. *value*) getrennt. Er wird entweder durch einen String oder ein Tupel repräsentiert. Der Wert kann einen beliebigen Typ haben. Mit den Methoden d.keys() und d.values() können Sie die Schlüssel bzw. die Werte des Dictionarys d ermitteln.

Der Konsolendialog zeigt, wie Sie ein Dictionary E für chemische Elemente mit den zugehörigen Ordnungszahlen erzeugen und wie Sie die Schlüssel und Werte ermitteln können:

```
>>> E={'C':6,'N':7,'O':8,'P':15}
>>> type(E)
<class 'dict'>
>>> E.keys()
dict_keys(['C', 'N', 'O', 'P'])
>>> E.values()
dict_values([6, 7, 8, 15])
>>> E.items()
dict_items([('C', 6), ('N', 7), ('O', 8), ('P', 15)])
>>> E['O']
8
```

Wichtige Methoden und Funktionen sind in Tabelle 2.6 aufgeschlüsselt.

Methode/Funktion	**Beschreibung**
d.keys()	Ermittelt alle Schlüssel des Dictionarys d.
d.values()	Ermittelt alle Werte des Dictionarys d.
d.items()	Gibt eine Liste mit Schlüssel-Wert-Paaren des Dictionarys d als Tupel zurück.
d.update({k:v})	Fügt in das Dictionary d ein neues Schlüssel-Wert-Paar ein oder überschreibt den Wert, falls der Schlüssel bereits existiert.
k in d	Überprüft, ob der Schlüssel k im Dictionary d enthalten ist.
del d[k]	Löscht das Schlüssel-Wert-Paar mit dem Schlüssel k aus dem Dictionary d.

Tabelle 2.6 Ausgewählte Methoden und Funktionen für Operationen auf Dictionarys

Als Anwendungsbeispiel soll ein Programm entwickelt werden, das die Ableitungen der mathematischen Funktionen aus Tabelle 2.7 mit einem Dictionary ermittelt.

$f(x)$	$\sin(x)$	$\cos(x)$	$\ln(x)$	$\sinh(x)$	$\cosh(x)$
$f'(x)$	$\cos(x)$	$-\sin(x)$	$1/x$	$\cosh(x)$	$\sinh(x)$

Tabelle 2.7 Ableitungen einiger ausgewählter Funktionen

Listing 2.6 zeigt die Umsetzung. Das Dictionary wird aus zwei Listen `f_x` und `f_1` mit der `zip`-Funktion erzeugt:

```
01 #06_dict1.py
02 f_x=['sin(x)', 'cos(x)', 'ln(x)','sinh(x)','cosh(x)']
03 f_1=['cos(x)', '-sin(x)', '1/x', 'cosh(x)','sinh(x)']
04 dicA=dict(zip(f_x,f_1))
05 print(dicA.keys())
06 print(dicA.values())
07 print(dicA)
08 print("Ableitungen")
09 print("1. Ableitung von sin(x):",dicA['sin(x)'])
10 print("1. Ableitung von cos(x):",dicA['cos(x)'])
11 print("1. Ableitung von ln(x):", dicA['ln(x)'])
12 print("1. Ableitung von sinh(x):",dicA['sinh(x)'])
13 print("1. Ableitung von cosh(x):",dicA['cosh(x)'])
```

Listing 2.6 Erzeugen eines Dictionarys aus zwei Listen

Ausgabe

```
dict_keys(['sin(x)', 'cos(x)', 'ln(x)', 'sinh(x)', 'cosh(x)'])
dict_values(['cos(x)', '-sin(x)', '1/x', 'cosh(x)', 'sinh(x)'])
{'sin(x)': 'cos(x)', 'cos(x)': '-sin(x)', 'ln(x)': '1/
x', 'sinh(x)': 'cosh(x)', 'cosh(x)': 'sinh(x)'}
Ableitungen
1. Ableitung von sin(x): cos(x)
1. Ableitung von cos(x): -sin(x)
1. Ableitung von ln(x): 1/x
1. Ableitung von sinh(x): cosh(x)
1. Ableitung von cosh(x): sinh(x)
```

Analyse

In Zeile 02 wird die Liste `f_x` aus trigonometrischen Funktionen erzeugt.

In Zeile 03 steht die Liste `f_1` mit den 1. Ableitungen dieser Funktionen.

In Zeile 04 verkettet die eingebaute Python-Funktion `zip(f_x,f_1)` beide Listen zu einer Liste aus Tupeln der trigonometrischen Funktionen und deren 1. Ableitungen.

Die eingebaute Python-Funktion `dict(...)` erzeugt daraus ein Dictionary.

Die eingebaute Python-Funktion `print(...)` gibt in Zeile 05 die Schlüssel `keys()` und in Zeile 06 die Werte `values()` des Dictionarys `dictA` aus.

In Zeile 07 werden alle Einträge des Dictionarys `dictA` ausgegeben.

Die Ausgabe der Werte (= 1. Ableitungen) von `dictA` erfolgt in den Zeilen 09 bis 13 über den Zugriff auf die Schlüssel (= trigonometrische Funktionen).

Listing 2.6 hat keinen praktischen Nutzen. Das Programm soll nun so ergänzt werden, dass der Benutzer in einem Dialog mit dem Programm überprüfen kann, ob er die Ableitungen von den mathematischen Funktionen, die das Programm auf dem Bildschirm ausgibt, kennt. Die Methode `choice` des Moduls `random` wählt nach dem Zufallsprinzip aus einem Dictionary eine mathematische Funktion aus und gibt sie als Eingabeaufforderung auf dem Bildschirm aus, also beispielsweise `Ableitung von: sin(x)?` Der Benutzer tippt die Ableitungsfunktion in die Konsole. Wenn die Eingabe richtig ist, erscheint die Meldung: `richtig!`, ansonsten wird die Meldung `falsch!` mit der richtigen Lösung ausgegeben, also `Ableitung von: sin(x) ist: cos(x)`. Nach jeder richtigen Antwort wird der Eintrag aus dem Dictionary gelöscht. Das Programm wird beendet, wenn alle Fragen richtig beantwortet wurden.

Das Programm besteht aus drei Teilen:

- einer Funktionsdefinition `frage(d)`, die zufällig einen Schlüssel aus dem Dictionary `dicA` auswählt
- einem Dictionary `dicA`, das die mathematischen Funktionen $f(x)$ als Schlüssel (*key*) und die zugehörige Ableitung $f'(x)$ als Wert (*value*) enthält
- einer `while`-Schleife, die so lange ausgeführt wird, bis alle Fragen richtig beantwortet wurden

Funktions- und Schleifenkonstrukte wurden zwar noch nicht behandelt. Trotzdem soll an dieser Stelle ein Programm (siehe Listing 2.7) mit diesen Konstrukten besprochen werden, um deren möglichen Einsatz in der Praxis aufzuzeigen. Die Details zu Funktionsdefinitionen und Schleifenkonstrukten werden in Kapitel 3, »Programmstrukturen«, besprochen und erklärt.

```
#07_dict2.py
from random import choice
def frage(d):
    a=choice(list(d.keys()))
```

```
    print("Ableitung von:",a,"?")
    aw=input("ist: ")
    if aw not in d[a]:
        print("falsch!")
        print("Ableitung von:",a,"ist: ",end="")
        for ableitung in d[a]:
            print(ableitung,end="")
        print() #Zeilenumbruch
    else:
        print("richtig!")
        del d[a]
#dictionary
dicA={'x':'1',
   'sin(x)':'cos(x)',
   'cos(x)':'-sin(x)',
   'ln(x)':'1/x',
   'exp(x)':'exp(x)',
   'cosh(x)':'sinh(x)',
   'sinh(x)':'cosh(x)',
   'sin(a*x)':'a*cos(a*x)',
   }
while dicA:
    frage(dicA)
print("Sie beherrschen alle Ableitungen!")
```

Listing 2.7 Test zu Ableitungen ausgewählter mathematischer Funktionen

Ausgabe

```
Ableitung von: sinh(x) ?
ist: cosh(x)
richtig!
Ableitung von: cosh(x) ?
ist: sinh(x)
richtig!
...
Ableitung von: x ?
ist: 1
richtig!
Sie beherrschen alle Ableitungen!
```

Analyse

Die Kontrollstrukturen, die in Listing 2.7 vorkommen, werden erst im nächsten Kapitel beschrieben. Trotzdem soll der Quelltext besprochen werden, weil dieses Anwendungsbeispiel zeigt, wie ein Python-Programm grundsätzlich aufgebaut ist: Es besteht in der Regel aus selbst erstellten Python-Funktionen, Wiederhol- und Verzweigungsstrukturen.

Das Programm besteht aus vier Teilen: einer Importanweisung, einer selbst definierten Funktion, einer Definition für ein Dictionary und einer `while`-Schleife.

In Zeile 02 wird die Methode `choice` aus dem Modul `random` importiert. Mit dieser Methode wird nach dem Zufallsprinzip ein Schlüssel aus dem Dictionary `dicA` (Zeile 17 bis 25) ausgewählt.

Der selbst definierten Python-Funktion `frage(d)` (Zeile 03 bis 15) wird beim Aufruf (Zeile 27) das Dictionary `dicA` übergeben. In Zeile 04 wird ein zufällig ausgewählter Schlüssel dem Objekt `a` zugewiesen. Dieser Schlüssel wird in Zeile 05 und 06 als Eingabeaufforderung `"Ableitung von:", f(x), "ist:"` auf dem Monitor ausgegeben.

Die eingebaute Python-Funktion `input()` erwartet eine Eingabe als String. Dessen Wert wird in das Objekt `aw` gespeichert. Wenn `aw` nicht in `d[a]` enthalten ist, dann wird die Meldung `falsch` ausgegeben und innerhalb der `for`-Schleife wird die richtige Antwort gesucht und anschließend auf dem Bildschirm angezeigt. Wenn die Antwort richtig war, wird der entsprechende Schlüssel in Zeile 15 aus dem Dictionary entfernt.

In den Zeilen 17 bis 25 wird das Dictionary `dicA={'key':'value'}` definiert. Der Schlüssel (*key*) ist die mathematische Funktion $f(x)$ und die 1. Ableitung $f'(x)$ ist der Wert (*value*) des Dictionarys.

Die `while`-Schleife (Zeile 26 bis 27) wird so lange durchlaufen, bis alle Schlüssel des Dictionarys abgefragt wurden.

Dictionarys können auch Tupel, Sets, Listen oder Objekte aus selbst definierten Klassen als Keys und Values haben.

Listing 2.7 gibt uns die Fragestellung für das nächste Kapitel mit auf den Weg: Wie funktionieren Verzweigungs- und Wiederholstrukturen genau, und wie können selbst definierte Python-Funktionen prinzipiell implementiert werden?

2.5 Zusammenfassung

Abbildung 2.2 gibt einen zusammenfassenden Überblick über die Datentypen und -strukturen von Python.

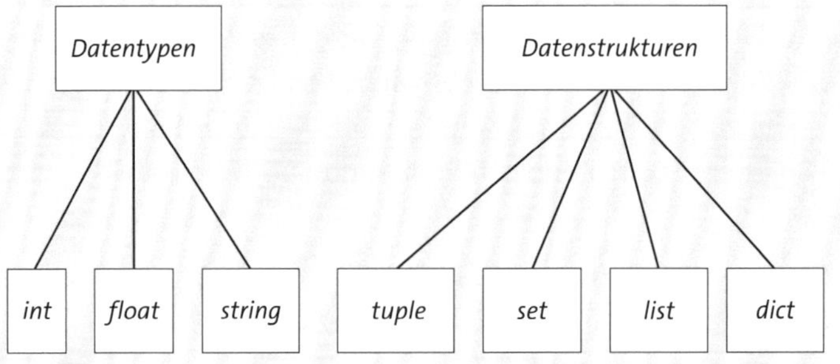

Abbildung 2.2 Unterschied zwischen Datentypen und Datenstrukturen von Python

Oftmals wird nicht zwischen *Datentypen* und *Datenstrukturen* unterschieden. Zur besseren Orientierung ist es aber sinnvoll, den Unterschied zwischen relativ einfach strukturierten Objekten (wie Zahlen oder Zeichenketten) und den komplexen Objekten (wie Tupeln, Mengen, Listen und Wörterbüchern) herauszuarbeiten. In der Python-Dokumentation werden `tuple`, `set`, `list` und `dict` als *Data Structures* (dt. *Datenstrukturen*) bezeichnet. Weitere Informationen finden Sie unter:

https://docs.python.org/3/tutorial/datastructures.html

2.6 Aufgaben

1. Berechnen Sie mit Infix-Operatoren die Vereinigungsmenge, die Schnittmenge und die Differenzmengen von:

   $A = \{a, b, c, d, e\}, \qquad B = \{d, e, f, g, h, i\}$

2. Stellen Sie die 2×3-Matrix

   $$A = \begin{pmatrix} 2.3 & 4.5 & 6 \\ 3.3 & 1.7 & 3.7 \end{pmatrix}$$

   mit der Datenstruktur `list` dar. Ermitteln Sie den Datentyp von a_{13} und a_{21}.

3. Für die in der Tabelle aufgelisteten Funktionen soll ein Programm geschrieben werden, das die Stammfunktionen mit einem Dictionary ermittelt. Der Benutzer soll in einem Dialog mit dem Programm überprüfen können, ob er die Bestimmung der Stammfunktionen beherrscht.

$f(x)$	a	$1/x$	$\exp(x)$	$\sinh(x)$	$\cosh(x)$	$\tan(x)$
$F(x)$	ax	$\ln(x)$	$\exp(x)$	$\cosh(x)$	$\sinh(x)$	$-\ln\lvert\cos(x)\rvert$

Kapitel 3
Programmstrukturen

In diesem Kapitel lernen Sie, wie Sie mit der linearen Programmstruktur, der Verzweigungs- und der Wiederholstruktur einfache Python-Programme schreiben und eigene Python-Funktionen definieren.

Elementare Bestandteile von Computerprogrammen sind Anweisungen, Zuweisungen, Variablen und Operationen. Grundsätzlich gilt, dass in jeder Programmzeile eine *Anweisung* (engl. *statement*) steht, die dem Interpreter mitteilt, welchen Befehl er ausführen soll. Das kann eine Zuweisung, eine Operation oder ein Funktionsaufruf sein. Eine *Zuweisung* bewirkt, dass ein Zahlenwert, eine Zeichenkette oder (allgemein formuliert) ein Objekt in eine Speicherzelle, die durch eine *Variable* repräsentiert wird, gespeichert werden soll. Sind die Zahlenwerte in Variablen gespeichert, dann können mit ihnen die üblichen Rechenoperationen durchgeführt werden. Für die Durchführung der mathematischen Grundoperationen stellt Python die *Operatoren* +, -, * und / zur Verfügung.

Es gibt nur drei elementare Programmstrukturen: die lineare Programmstruktur, die Verzweigungs- und die Wiederholstruktur. Diese drei Strukturen reichen aus, um jede berechenbare numerische Aufgabe mit einem Computerprogramm zu lösen.

In Abschnitt 3.1 stelle ich Ihnen zunächst kurz die Operatoren vor, die Sie das ganze Buch hinweg begleiten werden. Um die einzelnen Programmstrukturen geht es ab Abschnitt 3.2.

Da Ihre Programme jedoch schnell unübersichtlich und unverständlich werden, wenn Sie diese Strukturen nicht weiter gliedern, geht es in Abschnitt 3.5 um selbst erstellte Python-Funktionen, mit denen Sie Ihre Programme einfacher und übersichtlicher gestalten können.

Abschließend muss ich in Abschnitt 3.6 noch ein Thema ansprechen, das für kleine Programmierübungen noch nicht wichtig ist, aber eine zentrale Bedeutung bekommt, wenn Sie die Effektivität von Algorithmen einschätzen wollen: die Laufzeitkomplexität.

3.1 Mathematische Operatoren

Python beherrscht, wie jede andere Programmiersprache auch, die typischen mathematischen Grundoperationen Addition, Subtraktion, Multiplikation, Division, Potenzieren und Wurzelziehen auf Zahlen der Klassen `int` und `float`. Tabelle 3.1 enthält eine Übersicht über die Python-Operatoren, mit denen die mathematischen Grundoperationen durchgeführt werden können.

Operator	Beschreibung
+	Addition
-	Subtraktion
*	Multiplikation
/	Division. Das Ergebnis ist immer eine Gleitpunktzahl.
//	Ganzzahldivision
%	Moduloperation: Division mit Rest.
a**n	Potenz a^n
sqrt(x)	Berechnung der Wurzel aus x. Das Modul `math` muss importiert werden.
a**(1/n)	Berechnet die n-te Wurzel aus a.

Tabelle 3.1 Mathematische Operatoren

Mit der Python-Konsole können Sie die mathematischen Grundoperationen testen:

```
>>> 6/3
2.0       #Float
>>> 6//3
2         #Integer
>>> 7/3
2.3333333333333335 #Rundungsfehler
>>> 17%3
2
>>> 4+8/2+3*4
20.0
```

Beachten Sie, dass die Division `6/3=2.0` keine Ganzzahl ergibt, sondern eine Gleitpunktzahl, obwohl die Zahl 3 ein echter Teiler der Zahl 6 ist.

Der Python-Interpreter berechnet 16 Nachkommastellen, wobei die letzte Stelle falsch sein kann (eine 5 anstatt einer 3). Der Python-Interpreter beherrscht die Punkt-vor-Strich-Regel.

3.2 Die lineare Programmstruktur

Ein lineares Programm besteht aus einer Folge von Anweisungen, die Zeile für Zeile untereinander angeordnet sind. Grundsätzlich besteht ein Computerprogramm aus einem **E**ingabe-, einem **V**erarbeitungs- und einem **A**usgabeteil. Dieses Prinzip wird als EVA-Prinzip bezeichnet.

Wenn Sie eine Aufgabenstellung in Code überführen wollen, ist es oftmals sinnvoll, die Struktur umgangssprachlich zu formulieren, nämlich in *Pseudocode*. Ein Programm, das aus zwei Zahlen die Summe, die Differenz, das Produkt und den Quotienten berechnet, könnte in Pseudocode etwa so formuliert werden:

```
Weise der Variablen a einen Wert zu.
Weise der Variablen b einen Wert zu.
Berechne die Summe aus a und b.
Berechne die Differenz aus a und b.
Berechne das Produkt aus a und b.
Berechne den Quotienten aus a und b.
Gib die Ergebnisse auf dem Bildschirm aus.
```

Diese in Pseudocode formulierten Anweisungen müssen dann »nur noch« in die gültige Syntax von Python übertragen werden. Es ist zwar nicht zwingend notwendig, die einzelnen Anweisungen zeilenweise anzuordnen, denn sie könnten auch, jeweils durch ein Semikolon getrennt, in nur einer Programmzeile untergebracht werden. Diesen Programmierstil sollten Sie aber vermeiden, weil damit die Lesbarkeit des Quelltextes unnötig eingeschränkt würde. Orientieren Sie sich am Grundsatz, den ich bereits zum Einstieg dieses Abschnitts formuliert habe: eine Anweisung pro Programmzeile.

Versuchen Sie nun also, die zunächst umgangssprachlich formulierten Anweisungen in Python-Code zu überführen.

Einer Variablen `a` wird mit `a = 2.2` der Zahlenwert 2,2 zugewiesen und einer Variablen `b` wird mit `b = 7.5` der Zahlenwert 7,5 zugewiesen. Das Gleichheitszeichen = darf nicht mit dem mathematischen Operator in einer mathematischen Gleichung verwechselt werden. Eine Zuweisung mit dem Zuweisungsoperator `=` bewirkt, dass ein Zahlenwert mit der Variablen fest verknüpft wird. Eine Variable können Sie sich als symbolische

Adresse im Arbeitsspeicher (RAM) eines Computers vorstellen; sie repräsentiert eine bestimmte Speicherzelle im RAM.

Variable

Der aus der praktischen Informatik stammende Begriff *Variable* darf nicht mit dem Variablenbegriff der Mathematik verwechselt werden. In der Informatik steht eine *Variable* für die symbolische Bezeichnung einer Speicherzelle.

Es haben sich einige Konventionen für die Namensgebung von Variablen gebildet. Der erste Buchstabe eines Variablennamens (Bezeichner) sollte ein Kleinbuchstabe sein. Das erste Zeichen des Bezeichners darf keine Zahl sein.

In Python sind alle Variablen Objekte.

Das erste Programmbeispiel, das Sie in Listing 3.1 sehen, demonstriert, wie die mathematischen Grundoperationen als Python-Quelltext implementiert werden:

```
#01_operationen.py
#Eingabe
a=2.2
b=7.5
n=8
#Verarbeitung
s=a+b
d=a-b
m=a*b
q=a/b
p=2**n
w=a**0.5
#Ausgabe
print("Summe %3.3f + %3.3f = %3.3f" %(a,b,s))
print("Differenz %3.3f - %3.3f = %3.3f" %(a,b,d))
print("Multiplikation %3.3f*%3.3f = %3.3f " %(a,b,m))
print("Division %3.3f/%3.3f = %3.3f" %(a,b,q))
print("Potenz %i^%i = %i" %(2,n,p))
print("Wurzel %3.3f = %3.3f" %(a,w))
```

Listing 3.1 Mathematische Grundoperationen

Ausgabe

```
Summe 2.200 + 7.500 = 9.700
Differenz 2.200 - 7.500 = -5.300
```

```
Multiplikation 2.200*7.500 = 16.500
Division 2.200/7.500 = 0.293
Potenz 2^8 = 256
Wurzel 2.200 = 1.483
```


Analyse

Das Programm besteht aus drei Teilen: Eingabe, Verarbeitung und Ausgabe. Bei einem interaktiven Programm würde man die Zuweisungen in den Zeilen 03 und 04 durch die eingebaute Python-Funktion `a=input("Eingabe a:")` ersetzen. Der Typ der Variablen `a`, `b` und `n` wird in dem unten folgenden Konsolendialog ermittelt.

In dem Verarbeitungsteil (Zeile 07 bis 12) werden die mathematischen Grundoperationen angewendet. Wenn eine der Variablen auf der rechten Seite des Zuweisungsoperators vom Typ `float` ist, dann ist die Variable auf der linken Seite des Zuweisungsoperators auch vom Typ `float`.

Die Ausgabe (Zeile 14 bis 19) zeigt, wie die Ausgabe mit dem Operator `%` formatiert werden kann. Die Formatierungssequenz `%3.3f` bedeutet, dass vor und nach dem Dezimaltrennzeichen jeweils 3 Stellen als Platzhalter reserviert werden. Das `f` steht für die Formatierung einer Gleitpunktzahl. Wenn Sie eine ganze Zahl mit beispielsweise 5 Platzhaltern darstellen wollen, können Sie die Formatierungssequenz `%5i` oder `%5d` verwenden.

Wenn Sie z. B. nach dem Programmstart in die Konsole `>>> print(q)` eingeben, erhalten Sie das Ergebnis `0.29333333333333333` für `q`.

Nachdem das Programm gestartet wurde, können auch die Typen der Variablen abgefragt werden:

```
>>> type(a)
<class 'float'>
>>> id(a)
140557774208208
>>> type(b)
<class 'float'>
>>> id(b)
140557774651632
>>> type(n)
<class 'int'>
>>> id(n)
4444687360
```

Weil den Variablen `a` und `b` als Gleitpunktzahlen zugewiesen wurden, sind sie vom Typ `float`.

3.3 Verzweigungsstrukturen

Häufig muss ein Programm zwei Zahlenwerte miteinander vergleichen und mit dem größeren oder kleineren Wert weiterrechnen. Eine andere typische Situation verlangt die Überprüfung innerhalb einer Schleife, ob beispielsweise die Differenz $|a - b| < \varepsilon$ ist. Trifft dieser Fall zu, dann muss das Programm die Berechnung abbrechen.

Stehen mehrere Alternativen zur Auswahl – gibt es also eine *Mehrfachauswahl* –, müssen Sie abfragen können, welcher Fall zutrifft. Das kommt beispielsweise vor, wenn in einem Menü mehrere Alternativen zur Auswahl vorgesehen sind.

Für die Fallabfragen stellt Python die Vergleichsoperatoren aus Tabelle 3.2 zur Verfügung.

Vergleichsoperator	Bedeutung
==	gleich
!=	ungleich
a > b	a ist großer b
a < b	a ist kleiner b
a >= b	a ist größer gleich b
a <= b	a ist kleiner gleich b

Tabelle 3.2 Vergleichsoperatoren

Bei der Überprüfung auf Gleichheit von zwei Objekten sollten Sie darauf achten, dass Sie den Operator == nicht mit dem Zuweisungsoperator = verwechseln. Für Fallabfragen werden mitunter auch logische Operatoren gebraucht. Diese sind in Tabelle 3.3 aufgelistet.

Operator	Bedeutung
and	Konjunktion
or	Disjunktion
not	Negation

Tabelle 3.3 Logische Operatoren

3.3.1 Einfachauswahl

Bei einer Einfachauswahl wird überprüft, ob eine Bedingung zutrifft, also wahr ist. Trifft diese Bedingung zu, dann wird die Anweisung 1 ausgeführt; trifft sie nicht zu, dann wird Anweisung 2 ausgeführt.

Eine einfache Fallabfrage, die eine mit einem Zufallszahlengenerator erzeugte Zahl `a` mit einer Zahl `b` vergleicht, könnte in Pseudocode etwa so formuliert werden:

```
erzeuge einen Zufallswert für a
initialisiere b mit einem Wert
wenn a > b, dann
     Ausgabe: a ist größer als b
sonst
     Ausgabe: a ist kleiner als b
```

Auffällig an diesem Pseudocode sind die für Python typischen Einrückungen, die den Quelltext strukturieren.

Einrückungen

Charakteristisch für das Programmieren mit Python ist das Einrücken von Programmzeilen bei Fallabfragen mit `if ... else`, nach einer Funktionsdefinition oder nach Definitionen von `for`- und `while`-Schleifen. Hier sind Einrückungen immer zwingend notwendig. Wenn sie nicht den gleichen Abstand haben, kommt es bei der Programmausführung zu Fehlermeldungen. Die Einrückungen werden automatisch vom Python-Editor nach Eingabe des Doppelpunktes und einem Zeilenumbruch mit der [↵]-Taste angelegt.

Solche Fallunterscheidungen werden in Python mit dem Konstrukt `if ... else` implementiert.

Listing 3.2 erzeugt nach jeden Programmstart eine neue Zufallszahl `a`. Mit einer `if`-Abfrage werden beide Zahlen miteinander verglichen. Sie erfahren anschließend, welche der beiden Zahlen größer oder kleiner ist.

```
#02_einfachauswahl.py
from random import random
a=random()
b=0.5
#Fallabfrage
if a > b:
    print(a,">",b)
```

```
08        print("a ist größer als b")
09    else:
10        print(a,"<",b)
11        print("a ist kleiner als b")
```

Listing 3.2 Einfachauswahl

Ausgabe

```
    a                b
0.32767912073835026 < 0.5
a ist kleiner als b
```

Analyse

In Zeile 02 wird die Methode `random` aus dem Modul `random` importiert. In Zeile 03 wird eine Zufallszahl zwischen 0 und 1 generiert und in die Variable `a` gespeichert. In Zeile 04 wird die Variable `b` mit dem Wert `0.5` initialisiert. In Zeile 06 ermittelt die `if`-Anweisung, ob `a` größer als `b` ist. Wenn das der Fall ist, dann wird `a ist größer als b` ausgegeben (Zeile 08). Wenn `a` nicht größer als `b` ist, wird der `else`-Zweig in Zeile 09 ausgeführt und die Ausgabe lautet `a ist kleiner als b`. Nach jedem neuen Programmstart kann der Größenvergleich ein anderes Resultat ergeben.

Das Programm hat einen Mangel: Es erfasst nicht den Fall, ob `a` gleich `b` ist. Mit sehr großer Wahrscheinlichkeit wird dieser Fall nicht eintreten. In der Praxis sollte man auch keine Gleitpunktzahlen auf Gleichheit überprüfen. Dieses Programm dient aber dazu, die prinzipielle Funktionsweise der Einfachauswahl zu demonstrieren.

3.3.2 Mehrfachauswahl

Bei einer Mehrfachauswahl muss das Programm überprüfen, welcher Fall von mehreren möglichen Fällen zutrifft. Als Erstes muss eine Variable definiert werden, die die Aufgabe des Selektors übernimmt. Der Wert des Selektors entscheidet darüber, welche Anweisung ausgeführt werden soll.

Es soll ein Programm entwickelt werden, das einen Würfelwurf simuliert. Die Variable `a` soll die Aufgabe des Selektors übernehmen. In Pseudocode könnte man das Problem wie folgt lösen:

```
Erzeuge eine Zufallszahl zwischen 1 und 6
wenn a==1, dann
    Ausgabe: Es wurde eine 1 gewürfelt
wenn a==2, dann
    Ausgabe: Es wurde eine 2 gewürfelt
```

```
wenn a==3, dann
     Ausgabe: Es wurde eine 3 gewürfelt
wenn a==4, dann
     Ausgabe: Es wurde eine 4 gewürfelt
wenn a==5, dann
     Ausgabe: Es wurde eine 5 gewürfelt
wenn a==6, dann
     Ausgabe: Es wurde eine 6 gewürfelt
```

Eine Mehrfachauswahl wird mit dem Konstrukt `if ... elif` implementiert. Das Programm aus Listing 3.3 simuliert einen Würfel. Es erzeugt mit einem Zufallszahlengenerator ganze Zahlen zwischen 1 und 6. Welche Zahl generiert wurde, wird durch eine Fallabfrage ermittelt.

```
01 #03_mehrfachauswahl.py
02 from random import randint
03 a=randint(1,6)
04 #Fallabfragen
05 if a==1:
06     print("Es wurde eine 1 gewürfelt")
07 elif a==2:
08     print("Es wurde eine 2 gewürfelt")
09 elif a==3:
10     print("Es wurde eine 3 gewürfelt")
11 elif a==4:
12     print("Es wurde eine 4 gewürfelt")
13 elif a==5:
14     print("Es wurde eine 5 gewürfelt")
15 elif a==6:
16     print("Es wurde eine 6 gewürfelt")
17 else:
18     print("Fehler")
```

Listing 3.3 Mehrfachauswahl

Ausgabe

```
Es wurde eine 4 gewürfelt
```

Analyse

In Zeile 03 werden Zufallszahlen zwischen 1 und 6 erzeugt und in die Variable `a` gespeichert. Die Mehrfachauswahl beginnt in Zeile 05 mit der `if`-Anweisung. Danach folgen die `elif`-Verzweigungen. Der Wert der Variablen `a` bestimmt, welcher Zweig ausgeführt wird.

Zur Sicherheit kann zum Programmende noch ein `else`-Zweig eingefügt werden, der nicht vorgesehene Fälle abfragt.

3.4 Wiederholstrukturen

Wenn eine Berechnung mehrmals mit anderen Werten neu durchgeführt werden muss, dann kommen Schleifenkonstrukte zum Einsatz. Python stellt dazu zwei Schleifentypen zur Verfügung: die kopfgesteuerte `while`-Schleife und die zählergesteuerte `for`-Schleife.

3.4.1 Die while-Schleife

Eine `while`-Schleife wird nur ausgeführt, wenn die Bedingung zutrifft und solange sie zutrifft. Wenn die Eintrittsbedingung also nicht zutrifft, wird die `while`-Schleife nicht ausgeführt. Innerhalb des Schleifenrumpfs ändert sich die Bedingung ständig. Wenn die Bedingung nicht mehr zutrifft, dann wird der Programmablauf unterbrochen und unterhalb des Schleifenrumpfs fortgesetzt.

Die while-Schleife

Eine `while`-Schleife besteht aus zwei Teilen: dem Schleifenkopf und dem Schleifenrumpf. Die Programmzeile des Schleifenkopfes endet mit einem Doppelpunkt. Im Schleifenkopf wird die Bedingung festgelegt, unter der die Anweisungen im Schleifenrumpf ausgeführt werden sollen. Der Schleifenrumpf muss eingerückt werden.

Für eine Normalparabel $y = x^2$ sollen Sie eine Wertetabelle für $x = 0$ bis 10 berechnen. Als Pseudocode formuliert, hätte das Programm etwa folgende Struktur:

```
x=0
solange x < 10, wiederhole:
   y=x^2
   Ausgabe: x, y
   Erhöhe x um 1
```

Listing 3.4 zeigt die Umsetzung des Pseudocodes in einen Python-Quelltext. Sie sehen hier anschaulich, wie einfach die Python-Syntax ist, da sie sich sehr nahe am Pseudocode bewegt. Wenn Sie ein Problem gut in Pseudocode strukturieren können, ist die Umwandlung in Python-Code meistens die kleinere Aufgabe.

```
01 #04_while_schleife1.py
02 x=0
03 print("Wertetabelle für y=x^2")
04 print("x |  y")
05 print("-------")
06 while x<10:
07     y=x**2
08     print(x,"|",y)
09     x=x+1
```

Listing 3.4 Wertetabelle mit while-Schleife

Ausgabe

```
x |  y
-------
0 | 0
1 | 1
2 | 4
3 | 9
4 | 16
5 | 25
6 | 36
7 | 49
8 | 64
9 | 81
```

Analyse

Die Zählvariable `x` muss mit einem Anfangswert initialisiert werden (Zeile 02). Die `while`-Schleife beginnt in Zeile 06. Sie wird so lange ausgeführt, wie die Bedingung `x < 10` wahr ist. Wenn `x` den Wert 9 erreicht, wird die `while`-Schleife nicht mehr ausgeführt. In Zeile 07 wird das Quadrat von `x` berechnet, und der Variablen `y` zugewiesen. In Zeile 08 erfolgt die Ausgabe der Wertetabelle. In Zeile 09 wird bei jedem neuen Schleifendurchlauf die Zählvariable `x` um eins erhöht. Anstatt `x=x+1` können Sie auch `x+=1` schreiben. Bei der Anweisung in Zeile 09 handelt es sich nicht um eine mathematische Gleichung, sondern um eine Zuweisung. Jeder neue Wert von `x` (links vom Zuweisungsoperator) wird aus dem alten Wert von `x` (rechts vom Zuweisungsoperator) berechnet.

Summenalgorithmus

Die Summe der natürlichen Zahlen von 1 bis *n* kann entweder mit der Summenformel

$$1+2+3+\cdots+n=\sum_{i=1}^{n} i=\frac{n(n+1)}{2}$$

oder rekursiv berechnet werden:

$$s_{i+1}=s_i+1$$

Links vom Gleichheitszeichen steht der neue Wert. Er wird durch die Anwendung der jeweils gleichen Operation auf der rechten Seite vom Gleichheitszeichen *i*-mal berechnet. Dieses mathematische Konzept kann einfach durch den Zuweisungsoperator mit der Anweisung `s=s+1` innerhalb einer Schleife realisiert werden.

Aus mathematischer Sicht ist dieser Ausdruck falsch, denn der Wert, der links vom Zuweisungsoperator steht, stimmt nicht mit dem Wert überein, der auf der rechten Seite des Gleichheitszeichens steht.

Der Wert, der auf der linken Seite des Zuweisungsoperators steht, wird als Links-Wert (L-Wert) bezeichnet. Entsprechend heißt der Wert auf der rechten Seite des Zuweisungsoperators Rechts-Wert (R-Wert). Der neue L-Wert wird immer aus dem alten R-Wert berechnet. Diesen Algorithmus bezeichnet man auch als *Summenalgorithmus*. Der Wert, der zum R-Wert hinzuaddiert wird, heißt *Inkrement*. Das Inkrement kann auch kleiner oder größer 1 sein. Der Summenalgorithmus nimmt in diesem Buch eine zentrale Stellung ein. Er kommt in Kapitel 10, »Reihen«, und in Kapitel 11, »Integralrechnung«, vor.

Listing 3.5 berechnet die Summe der Zahlen von 1 bis 9 mit dem Summenalgorithmus:

```
#05_while_schleife2.py
n=9
i=0
s=0
print("i\tL-Wert\tR-Wert")
while i < n:
    i=i+1
    sr=s #R-Wert
    s=s+i
    print(i,s,sr,sep='\t')
```

Listing 3.5 Summenalgorithmus mit while-Schleife

Ausgabe

```
i    L-Wert   R-Wert
1    1        0
2    3        1
3    6        3
4    10       6
5    15       10
6    21       15
7    28       21
8    36       28
9    45       36
```

Analyse

Die `while`-Schleife wird insgesamt neunmal durchlaufen (Zeile 02 und 06). In Zeile 07 wird die Laufvariable `i` um das Inkrement `1` hochgezählt. Beim ersten Schleifendurchlauf beträgt ihr Wert 1, weil sie in Zeile 03 mit dem Wert 0 initialisiert wurde. Der Schleifenrumpf wird nicht sofort unterbrochen, sobald `i=9` ist. Er wird bis zum Ende ausgeführt. Erst dann findet die nächste Prüfung der Bedingung im Schleifenkopf statt und die Schleife wird abgebrochen.

In Zeile 08 wird der Rechtswert `sr` gespeichert. In Zeile 09 berechnet der Summenalgorithmus `s=s+i` die Summe aus den Ganzzahlen von 1 bis 9.

In Zeile 10 gibt die `print`-Funktion die Werte der Laufvariablen für den Links- und Rechtswert aus. Damit zwischen den einzelnen Ausgaben Platz freigelassen wird, erzeugt der Separator `sep='\t'` mit dem Tabulator `t` einen Abstand von 8 Zeichen.

3.4.2 Die for-Schleife

Eine `for`-Schleife ist eine zählergesteuerte Schleife, d. h., ein Zähler gibt vor, wie oft ausgewählte Anweisungen ausgeführt werden sollen. Sie wird immer dann angewendet, wenn die Anzahl der Schleifendurchläufe von vornherein bekannt ist. In Python kann eine `for`-Schleife auch über eine Liste iterieren, wie folgender Konsolendialog zeigt:

```
>>> for x in [1.1,2.2,3.3,4.4]:
        print(x ,end='\t')
1.1     2.2     3.3     4.4
```

Wenn die `range`-Funktion verwendet wird, kann noch ein Anfangswert, ein Endwert und die Schrittweite für die Iteration festgelegt werden:

```
for i in range(anfangswert, endwert, schrittweite):
    anweisungen
```

Die for-Schleife

Eine `for`-Schleife besteht aus zwei Teilen: dem Schleifenkopf und dem Schleifenrumpf. Der Schleifenkopf endet mit einem Doppelpunkt. Im Schleifenkopf wird festgelegt, wie oft die Anweisungen im Schleifenrumpf ausgeführt werden sollen. Der Schleifenrumpf muss eingerückt werden.

Die Variable `i` wird als *Laufvariable* bezeichnet. Das Schlüsselwort `in` überprüft, ob `i` in der von der Funktion `range(...)` erzeugten Zahlenfolge enthalten ist.

Die Funktionsweise von `range(...)` zeigt der folgende Konsolendialog:

```
>>> a=range(12)
>>> list(a)
[0, 1, 2, 3, 4, 5, 6, 7, 8, 9, 10, 11]
>>> b=range(1,12,2)
>>> list(b)
[1, 3, 5, 7, 9, 11]
```

Eine Wertetabelle mit einer for-Schleife erstellen

Für die Normalparabel $y = x^2$ soll für den Bereich $0 < x < 10$ eine Wertetabelle mit einer `for`-Schleife erstellt werden.

Die `for`-Schleife hat die allgemeine Struktur:

```
für x wiederhole im Bereich 0 bis 10:
   y=x**2
   Ausgabe x,y
```

Listing 3.6 zeigt die Umsetzung:

```
#06_for_schleife1.py
print("Wertetabelle für y=x^2")
print("x | y")
print("-------")
for x in range(10):
    y=x**2
    print(x,"|",y)
```

Listing 3.6 for-Schleife für Wertetabelle

Ausgabe

```
Wertetabelle für y=x^2
x | y
-------
0 | 0
1 | 1
2 | 4
3 | 9
4 | 16
5 | 25
6 | 36
7 | 49
8 | 64
9 | 81
```

Analyse

In Zeile 05 durchläuft die Laufvariable x in der for-Schleife die Werte von 0 bis 9 mit der Schrittweite 1. Das ist die Standardeinstellung der range-Funktion. Für die obere Grenze gilt immer x < n und nicht x <= n.

Summenalgorithmus mit for-Schleife

Listing 3.7 berechnet die Summen der ungeraden und geraden Zahlen für eine vorgegebene obere Schranke mit einer for-Schleife. Gezeigt werden soll, wie die Anfangs- und Endwerte die Berechnungen beeinflussen.

```
#07_for_schleife2.py
N=12
#Summe der geraden Zahlen
su=0
for n in range(1,N,2):
    su=su+n
#Summe der ungeraden Zahlen
sg=0
for n in range(2,N+1,2):
    sg=sg+n
#Ausgabe
print("Die Summe der ungeraden Zahlen von 1 bis",N,"ist",su)
print("Die Summe der geraden Zahlen von 2 bis",N,"ist",sg)
```

Listing 3.7 for-Schleifen mit verschieden Anfangswerten

Ausgabe

```
Die Summe der ungeraden Zahlen von 1 bis 12 ist 36
Die Summe der geraden Zahlen von 2 bis 12 ist 42
```

Analyse

Bei der Berechnung der Summe der ungeraden Zahlen von `1` bis `N` in den Zeilen 05 und 06 muss der Anfangswert auf `1` gesetzt werden. Für den Endwert gilt: `n < N`. Die Schrittweite beträgt `2`, weil zwischen den ungeraden Zahlen der Abstand 2 betragen muss.

Bei der Berechnung der Summe der geraden Zahlen von `2` bis `N` in den Zeilen 09 und 10 muss der Anfangswert auf `2` gesetzt werden. Für den Endwert gilt jetzt: `n < = N`.

Die Variablen `su` (Zeile 04) und `sg` (Zeile 08) müssen mit `0` initialisiert werden.

Die Fakultät mit einer for-Schleife berechnen

Ein typisches Beispiel für eine Iteration ist die Berechnung der Fakultät:

$$1! = 1$$

$$2! = 1 \cdot 2 = 2$$

$$3! = 1 \cdot 2 \cdot 3 = 6$$

$$4! = 1 \cdot 2 \cdot 3 \cdot 4 = 24$$

Dieser Algorithmus kann in einen Python-Quelltext mit einer `for`-Schleife umgesetzt werden (siehe Listing 3.8):

```
#08_for_schleife3.py
n=5
f=1
print("Fakultät berechnen")
for i in range(1,n+1):
    f=f*i
    print(i,"! =",f)
```

Listing 3.8 Die Fakultät mit einer for-Schleife berechnen

Ausgabe

```
Fakultät berechnen
1 ! = 1
2 ! = 2
```

```
3 ! = 6
4 ! = 24
5 ! = 120
```

Analyse

In Zeile 02 können Sie eintragen, für welche Zahl `n` Sie die Fakultät berechnen wollen. Die Variable `f` muss mit `1` initialisiert werden (Zeile 03). In Zeile 06 wird die Fakultät `f=f*i` berechnet. Zu beachten ist, dass der Endwert für die Laufvariable `i` auf `n+1` gesetzt werden muss (Zeile 05). Sie durchläuft den Wertebereich von 1 bis 5.

Zweifach verschachtelte for-Schleifen

Es kommt in der Praxis nicht selten vor, dass `for`-Schleifen ineinander verschachtelt sind. Das nächste Beispiel aus Listing 3.9 zeigt die Erzeugung einer Wahrheitstabelle für die logischen Verknüpfungen *Konjunktion* und *Disjunktion*. Die äußere Schleife durchläuft genauso wie die innere Schleife das Tupel `(False, True)`.

```
01 #09_for_schleife4.py
02 print("Logische Verknüpfungen")
03 print("a\tb\tUND\tODER")
04 for a in (False,True):
05     for b in (False,True):
06         y1=a and b
07         y2=a or b
08         print(a,b,y1,y2,sep='\t')
```

Listing 3.9 Wahrheitstabelle mit zweifach verschachtelter for-Schleife

Ausgabe

```
Logische Verknüpfungen
a       b       UND     ODER
False   False   False   False
False   True    False   True
True    False   False   True
True    True    True    True
```

Analyse

Die boolesche Variable `a` der äußeren `for`-Schleife (Zeile 04) kann ebenso wie die boolesche Variable `b` der inneren `for`-Schleife (Zeile 05) die Werte `False` und `True` annehmen. Die beiden verschachtelten Schleifen erzeugen die vier Ausgabezeilen in vier Schritten:

1. Schritt: In der äußeren Schleife wird der Variablen a der Wert False zugewiesen. In der inneren Schleife wird der Variablen b auch der Wert False zugewiesen. In den Zeilen 06 und 07 werden beide Variablen mit den Operatoren and und or verknüpft. Das aktuelle Ergebnis wird direkt in Zeile 08 ausgegeben.
2. Schritt: In der inneren Schleife wird der Variablen b der Wert True zugewiesen. Die innere Schleife wird so lange durchlaufen, bis alle Elemente des Tupels (False,True) erfasst wurden.
3. Schritt: In der äußeren Schleife wird der Variablen a der Wert True zugewiesen. In der inneren Schleife wird der Variablen b der Wert False zugewiesen.
4. Schritt: In der äußeren Schleife wird der Variablen a der Wert True zugewiesen. In der inneren Schleife wird der Variablen b der Wert True zugewiesen.

Alle möglichen Kombinationen sind nun erfasst und das Programm wird beendet.

Listenabstraktion

Eine Listenabstraktion (engl. *list comprehension*) wird für Listing 3.10 benötigt. Darunter versteht man Anweisungen, die auch innerhalb einer Liste [anweisung1, anweisung2, ...] ausgeführt werden können. Ein typisches Beispiel ist eine for-Schleife, mit der innerhalb einer Liste eine Wertetabelle erstellt wird. Der Konsolendialog zeigt die Berechnung der Quadratzahlen von 1 bis 9.

```
>>> a=[x**2 for x in range(1,10)]
>>> a
[1, 4, 9, 16, 25, 36, 49, 64, 81]
```

Eine Matrix transponieren

Unter dem *Transponieren einer Matrix* versteht man das Vertauschen der Zeilen: Alle Zeilen werden in Spalten umgewandelt. Oder anders formuliert: Die Elemente werden an der Hauptdiagonalen gespiegelt. Diese Operation kommt in Kapitel 13, »Ausgleichsrechnungen«, häufig vor. Wenn beispielsweise die folgende Matrix transponiert werden soll

$$A = \begin{pmatrix} 1 & 2 & 3 \\ 4 & 5 & 6 \\ 7 & 8 & 9 \end{pmatrix}$$

erhalten Sie folgendes Ergebnis:

$$A^T = \begin{pmatrix} 1 & 4 & 7 \\ 2 & 5 & 8 \\ 3 & 6 & 9 \end{pmatrix}$$

Der Algorithmus für das Transponieren besteht aus zwei ineinander verschachtelten `for`-Schleifen (siehe Listing 3.10):

```
01 #10_for_schleife5.py
02 a=[[1,2,3],
03    [4,5,6],
04    [7,8,9]]
05 m=len(a) #Anzahl der Zeilen
06 #Leere (m,m)-Liste erzeugen
07 c=[[0]*m for i in range(m)]
08 for i in range(m):     #Zeilen
09     for j in range(m):#Spalten
10         c[j][i]=a[i][j]
11 #Ausgabe
12 print("Anzahl der Zeilen m =",m)
13 for i in range(m):print(a[i])
14 print("Transponierte")
15 for i in range(m):print(c[i])
```

Listing 3.10 Transponierte einer Matrix

Ausgabe

```
Anzahl der Zeilen m = 3
[1, 2, 3]
[4, 5, 6]
[7, 8, 9]
Transponierte
[1, 4, 7]
[2, 5, 8]
[3, 6, 9]
```

Analyse

In den Zeilen 02 bis 04 wird die quadratische Matrix `a` als verschachtelte Liste definiert. Zu beachten ist, dass diese Listendefinition mit zwei eckigen Klammern beginnen und auch enden muss.

In Zeile 05 ermittelt die eingebaute Python-Funktion `len(a)` die Anzahl der Zeilen.

Das Konstrukt in Zeile 07 wird als Listenabstraktion (engl. *list comprehension*) bezeichnet. Innerhalb der Listendefinition erzeugt eine `for`-Schleife die leere Liste `c`.

In den zwei verschachtelten for-Schleifen (Zeile 08 bis 10) wird die Matrix a transponiert. Der Index i der äußeren Schleife durchläuft die Zeilen der Matrix und der Index j der inneren Schleife durchläuft die Spalten der Matrix. In Zeile 10 werden die Zeilen- und Spaltenindexe vertauscht.

Matrixprodukt

Die Multiplikation von Matrizen kommt im Kapitel 13, »Ausgleichsrechnungen«, vor. Sie wird wie folgt durchgeführt:

$$c_{ij} = \sum_{j=1}^{m} a_{ij}\, b_{jk}$$

Der Algorithmus für die Berechnung des Matrixprodukts benötigt drei ineinander verschachtelte for-Schleifen. In Abschnitt 4.1 zeige ich Ihnen, wie Sie das Matrixprodukt manuell berechnen können. Hier geht es zunächst nur um die prinzipielle Arbeitsweise einer dreifach verschachtelten for-Schleife. Listing 3.11 benutzt Listen für die Implementierung der Matrizen.

Die Berechnung des Matrixprodukts mit Listen ist nicht besonders effektiv. In Abschnitt 4.1 werden dazu NumPy-Arrays benutzt.

```
#11_for_schleife6.py
a=[[1,2,3],
   [4,5,6],
   [7,8,9]]
b=[[9,8,7],
   [6,5,4],
   [3,2,1]]
m=len(a) #Anzahl der Zeilen
#Leere (m,m)-Liste erzeugen
c=[[0]*m for i in range(m)]
for i in range(m):          #Zeilen
    for j in range(m):      #Spalten
        for k in range(m): #Spalten A; Zeilen B
            c[i][j]=c[i][j]+a[i][k]*b[k][j] #Produktsumme
#Ausgaben
print("Anzahl der Zeilen m =",m)
print("Matrix A\n",a)
print("Matrix B\n",b)
print("Matrixprodukt\n",c)
```

Listing 3.11 Matrixprodukt

Ausgabe

```
Anzahl der Zeilen m = 3
Matrix A
 [[1, 2, 3], [4, 5, 6], [7, 8, 9]]
Matrix B
 [[9, 8, 7], [6, 5, 4], [3, 2, 1]]
Matrixprodukt
 [[30, 24, 18], [84, 69, 54], [138, 114, 90]]
```

Analyse

Die Multiplikation der beiden Matrizen `a` und `b` erfolgt im Inneren (Zeile 14) der drei ineinander verschachtelten `for`-Schleifen (Zeile 11 bis 14).

Die Produktsumme des Matrixprodukts `c[i][j]` wird durch den Summenalgorithmus `c[i][j]=c[i][j]+a[i][k]*b[k][j]` berechnet.

3.5 Unterprogrammtechnik mit Funktionen

Eine bekannte Problemlösungsstrategie besteht darin, komplexe Probleme in ihre Teilprobleme zu zerlegen. Jedes Teilproblem wird einzeln für sich mit einem *Unterprogramm* gelöst. Nach dem Programmstart ruft das *Hauptprogramm* dann diese Unterprogramme in der angegebenen Reihenfolge auf und führt die Berechnungen schrittweise aus. Der Begriff Hauptprogramm wird in Python seltener verwendet als in den anderen verbreiteten Programmiersprachen, z. B. Pascal, C oder C++. Gemeint ist der Teil des Quelltextes, der den Funktionsdefinitionen folgt.

In der Terminologie von Python heißen diese Unterprogramme *Funktionen*. In der praktischen Informatik sind Funktionen ein wichtiges Mittel, um Programme übersichtlicher zu strukturieren. Einmal erstellte und getestete Funktionen können in anderen Programmen wiederverwendet werden.

Anschaulich kann man eine Python-Funktion als Blackbox mit mehreren Ein- und Ausgängen beschreiben. Die Blackbox fragt die Zustände (Werte) der Eingänge E permanent ab, führt die einprogrammierten Berechnungen aus und gibt die Ergebnisse an die Ausgänge A weiter (siehe Abbildung 3.1).

Abbildung 3.1 Blockschaltbild einer Python-Funktion mit mehreren Rückgabewerten

Bemerkenswert ist, dass eine Python-Funktion auch mehrere Ergebnisse an das Hauptprogramm zurückgeben kann. Das ist keineswegs selbstverständlich, denn andere Programmiersprachen bieten diese Möglichkeit in der Regel nicht. Darauf gehe ich kurz in Abschnitt 3.5.5 ein.

3.5.1 Eingebaute Funktionen

Python stellt 68 eingebaute Funktionen zur Verfügung, von denen Sie nicht genau wissen müssen, wie sie intern funktionieren. Tabelle 3.4 enthält eine Übersicht über einige ausgewählte Python-Funktionen. Diese Funktionen geben nur einen Wert zurück.

Funktion	Argument	Beschreibung
`abs()`	Integer, Float	Ermittelt den Absolutbetrag des Arguments.
`eval()`	String	Wertet einen String als mathematischen Ausdruck aus.
`float()`	Zahl oder Zeichenkette	Konvertiert das Argument in ein Gleitpunktzahlobjekt.
`id()`	Objekt	Gibt den Integer-Wert `Identität` des Objekts zurück.
`int()`	Zahl oder Zeichenkette	Konvertiert das Argument in ein Integer-Objekt.
`input()`	String	Liest eine Zeichenkette aus der Standardeingabe aus und gibt sie zurück.

Tabelle 3.4 Auswahl eingebauter Python-Funktionen

Funktion	Argument	Beschreibung
print()	Objekte	Gibt Werte aus.
range(a,b,s)	Integer, Integer, Integer	Erzeugt eine Liste aus ganzen Zahlen mit dem Anfangswert a, dem Endwert b und der Schrittweite s.
round(z,n)	Float	Rundet eine Gleitpunktzahl z auf n Nachkommastellen.
str()	Integer, Float	Konvertiert das Argument in eine Zeichenkette (String).
super()	Objekt	Gibt ein Objekt zurück, das Methodenaufrufe an eine übergeordnete Klasse delegiert.
type()	Objekt	Gibt den Typ des Objekts zurück.

Tabelle 3.4 Auswahl eingebauter Python-Funktionen (Forts.)

Eine Übersicht aller eingebauten Funktionen finden Sie unter: *https://docs.python.org/3/library/functions.html*

Wenn Sie Python-Programme ausführlich analysieren und testen wollen, dann ist die `type`-Funktion besonders wichtig. Diese Funktion können Sie auch innerhalb der `print`-Funktion aufrufen. Außerdem können Sie mit `type(...)` den Typ eines Objekts für alle Python-Module ermitteln.

3.5.2 Selbst erstellte Funktionen

Natürlich decken die mitgelieferten Funktionen nicht alle Problemstellungen ab. Sie müssen in der Programmierpraxis, je nach Aufgabenstellung, eigene Python-Funktionen definieren, mit denen Sie Probleme lösen. Je strukturierter Sie dabei vorgehen, desto übersichtlicher und verständlicher wird Ihr Programm.

Eine Funktionsdefinition wird mit dem Schlüsselwort `def` eingeleitet, gefolgt von einem frei wählbaren Bezeichner für den Namen der Funktion. Sie hat den folgenden allgemeinen Aufbau:

```
def funktionsname(parameter1, prameter2, ...,default=x):
    ergebnis1=berechnungen mit den parametern
    ergebnis2=berechnungen mit den parametern
                        ...
    ergebnisn=berechnungen mit den parametern
    return ergebnis1, ergebnis2, .... ergebnisn
```

Die erste Programmzeile einer Funktionsdefinition muss mit einem Doppelpunkt abgeschlossen werden. In den runden Klammern stehen, durch Kommata getrennt, die formalen Parameter. Als Parameter kann auch ein Default-Wert `x` vorgegeben werden. Bei einem Funktionsaufruf werden an diesen Positionen die Werte der aktuellen Parameter übergeben. Die innerhalb einer Funktion deklarierten und verwendeten Variablen haben nur eine *lokale* Gültigkeit, d. h., auf sie kann in einer anderen Funktion oder im Hauptprogramm weder lesend noch schreibend zugegriffen werden.

Der Funktionsbegriff von Python darf nicht mit dem Funktionsbegriff der Mathematik verwechselt werden, obwohl es, wie Sie später sehen werden, durchaus gewisse Ähnlichkeiten gibt.

Funktionen

Eine Python-Funktion ist ein Unterprogramm, das ein Teilproblem löst. Eine Funktionsdefinition besteht aus zwei Teilen: dem *Funktionskopf* und dem *Funktionskörper* (oder »Funktionsrumpf«). Der Funktionskopf wird mit dem Schlüsselwort `def` eingeleitet und endet mit einem Doppelpunkt. Auch wenn die Funktion keine Parameter benötigt, muss der Funktionsname immer mit runden Klammern abgeschlossen werden. Die runden Klammern umschließen die Parameterliste. Funktionsnamen sollten immer mit einem Kleinbuchstaben beginnen. Es gelten die gleichen Regeln wie für Variablenbezeichner.

Der Funktionsrumpf besteht aus einzelnen Anweisungen. Er muss eingerückt werden. Wenn die Funktion einen Wert oder mehrere Werte an das Hauptprogramm zurückgeben soll, muss der Funktionsrumpf mit einer `return`-Anweisung abgeschlossen werden. Mathematische Operationen können auch direkt hinter der `return`-Anweisung notiert werden.

Die `return`-Anweisung hat zwei Aufgaben: Sie übergibt bei einem Funktionsaufruf die von der Funktion berechneten Werte als Objekt an das Hauptprogramm und sie beendet die Ausführung der Funktion.

3.5.3 Funktionen ohne Rückgabewert

Betrachten wir zunächst Python-Funktionen ohne Rückgabewert. Die Teilaufgaben werden in einzelne Funktionen ausgelagert. Die einzelnen Funktionen führen die geforderten Berechnungen aus. Die Ergebnisse werden mit der `print`-Funktion dann ausgegeben, wenn die Python-Funktion innerhalb des Hauptprogramms aufgerufen wird. Der Aufruf einer Funktion erfolgt einfach dadurch, dass man ihren Namen hinschreibt. Diese Art von Funktionsaufruf nennt man *impliziten Funktionsaufruf*. Listing 3.12 zeigt, wie so etwas funktioniert:

```
01 #12_funktion1.py
02 #erste Funktionsdefinition
03 def addition(a,b):
04     s=a+b
05     print(a,"+",b,"=",s)
06 #zweite Funktionsdefinition
07 def multiplikation(a,b):
08     p=a*b
09     print(a,"*",b,"=",p)
10 #Vorgabe der Werte
11 a1,b1=11,42
12 #Funktionsaufrufe
13 addition(a1,b1)
14 multiplikation(a1,b1)
```

Listing 3.12 Funktionsdefinitionen ohne Rückgabewert

Ausgabe

```
11 + 42 = 53
11 * 42 = 462
```

Analyse

In den Zeilen 03 bis 05 wird die Funktion `addition(a,b)` definiert. Das Schlüsselwort `def` leitet die Funktionsdefinition ein. Danach folgt der Bezeichner für den Funktionsnamen. In den runden Klammern stehen die formalen Parameter. Bei einem Funktionsaufruf werden an diesen Positionen die aktuellen Parameter übergeben. In Zeile 04 steht die Berechnungsvorschrift für die Addition, und in Zeile 05 erfolgt die Ausgabe des Ergebnisses.

Eine Funktion ohne Rückgabewert wird im Hauptprogramm aufgerufen, indem man ihren Namen so in den Quelltext einfügt, als wäre sie eine gewöhnliche Anweisung. In den runden Klammern stehen, durch Kommata getrennt, die aktuellen Parameter (Zeile 13 und 14). In Zeile 11 werden die Werte für die aktuellen Parameter festgelegt.

3.5.4 Funktionen mit einem Rückgabewert

Listing 3.13 zeigt, wie Python-Funktionen mit einem Rückgabewert definiert und aufgerufen werden. Beim Funktionsaufruf `summe=addition(a1,b1)` wird die Python-Funktion `addition(a1,b1)` dem Objekt `summe` zugewiesen. Das Ergebnis (der Rückgabewert) wird somit in dem Objekt `summe` gespeichert und kann nun mit der print-Funktion ausgegeben oder an anderer Stelle des Programms benutzt werden. Diese Art von Funktionsaufruf nennt man *expliziten Funktionsaufruf*.

```
01 #13_funktion2.py
02 #erste Funktionsdefinition
03 def addition(a,b):
04     return a+b
05 #zweite Funktionsdefinition
06 def multiplikation(a,b):
07     return a*b
08 #Vorgabe der Werte
09 a1,b1=11,42
10 #Funktionsaufrufe
11 summe = addition(a1,b1)
12 produkt = multiplikation(a1,b1)
13 #Ausgabe
14 print("a1 =",a1,"b1 =",b1)
15 print("Addition:", summe)
16 print("Multiplikation:", produkt)
```

Listing 3.13 Funktionsdefinitionen mit einem Rückgabewert

Ausgabe

```
a1 = 11 b1 = 42
Addition: 53
Multiplikation: 462
```

Analyse

Der Unterschied zu Listing 3.12 besteht einfach darin, dass an der Stelle, wo die print-Funktion stand, eine return-Anweisung eingefügt wird (Zeile 04 und 07).

Aufgerufen wird eine selbst erstellte Python-Funktion (Zeile 11 und 12), indem man sie einer Variablen zuweist, also praktisch wie eine gewöhnliche Variable behandelt. In den Objekten summe und produkt sind die Ergebnisse der Addition und Multiplikation abgespeichert.

3.5.5 Funktionen mit mehreren Rückgabewerten

Sie können in Python auch Funktionen definieren, die ein Tupel- oder ein Listenobjekt zurückgeben. In Listing 3.14 wird die Python-Funktion berechnung(a,b) definiert. Sie addiert und multipliziert zwei Zahlen und gibt das Ergebnis als Tupel zurück.

```
01 #14_funktion3.py
02 def berechnung(a,b):
03 '''Die Funktion berechnet die Summe
04    und das Produkt aus zwei Zahlen.'''
05     s=a+b
06     p=a*b
07     return (s,p)
08 #Vorgabe der Werte
09 a1,b1=11,42
10 #Funktionsaufruf
11 summe,produkt = berechnung(a1,b1)
12 #Ausgabe
13 print("a1 =",a1,"b1 =",b1)
14 print("Summe:", summe)
15 print("Multiplikation:", produkt)
```

Listing 3.14 Funktion mit mehreren Rückgabewerten

Ausgabe

```
a1 = 11 b1 = 42
Summe: 53
Multiplikation: 462
```

Analyse

In den Zeilen 03 und 04 steht ein sogenannter *Docstring*. Er beschreibt die Aufgabe der Python-Funktion. Mit der eingebauten Python-Funktion `help(funktionsname)` können Sie sich nach dem Programmstart den Docstring in der Python-Konsole ausgeben lassen:

```
>>> help(berechnung)
Help on function berechnung in module __main__:
berechnung(a, b)
    Die Funktion berechnet die Summe
    und das Produkt aus zwei Zahlen.
```

In den Zeilen 05 und 06 stehen die Rechenoperationen. Die `return`-Anweisung gibt das Ergebnis der Addition und Multiplikation als Tupel (Zeile 07) zurück. In Zeile 11 erfolgt der Funktionsaufruf durch Zuweisung. Das Ergebnis für die Addition und Multiplikation wird in die Variablen `summe` und `produkt` gespeichert.

In Zeile 14 und 15 werden die Ergebnisse ausgegeben.

3.5.6 Rekursion: Eine Funktion ruft sich selbst auf

Es ist möglich, Funktionen zu definieren, die sich selbst aufrufen. Man spricht dann von einer *rekursiv definierten Funktion*. Dabei ist es wichtig, dass die Funktion eine Abbruchbedingung enthält, die früher oder später erreicht wird. Ansonsten entsteht eine Endlosschleife, die irgendwann mit der Fehlermeldung `RecursionError: maximum recursion depth exceeded` abbricht.

Manchmal sind rekursiv geschriebene Funktionen besser lesbar und verständlicher. Meistens führen sie aber zu höherem Rechenaufwand und längeren Laufzeiten als vergleichbare iterativ geschriebene Algorithmen, die stattdessen Schleifen verwenden.

Listing 3.15 zeigt die Implementierung der Fakultätsberechnung:

```
01 #15_funktion4.py
02 def fakultaet(n):
03     if (n--1 or n==0):
04         return 1
05     else:
06         return n*fakultaet(n - 1)
07 N = 5
08 print(N,"! =",fakultaet(N))
```

Listing 3.15 Rekursiver Funktionsaufruf

Ausgabe

```
5 ! = 120
```

Analyse

Nach dem Programmstart wird zuerst der `else`-Zweig in Zeile 05 ausgeführt. In Zeile 06 ruft die Funktion `fakultaet(n-1)` sich selbst auf. Zurückgegeben wird `n*fakultaet(n-1)`. Bei jedem neuen Funktionsaufruf wird `n` um `1` reduziert, bis der Ausdruck `n-1` 0 wird. Dann wird der `if`-Zweig in Zeile 03 ausgeführt und die Rekursion wird beendet.

3.6 Laufzeitkomplexität

Jeder Algorithmus benötigt für seine Ausführung eine bestimmte Laufzeit. Unter Laufzeit versteht man diejenige Zeit, die zwischen Programmstart und Programmende vergeht: $\Delta t = t_2 - t_1$.

Python stellt in dem Modul `time` die Funktion `time()` zur Verfügung, mit der Sie die Laufzeit eines Algorithmus messen können. Dieses Messverfahren ist aber einerseits von der individuellen Hardware abhängig und berücksichtigt andererseits nicht die Struktur des Algorithmus – die Messung sagt schlicht aus, wie lange die Berechnung auf Ihrem Computer dauert.

Um Algorithmen unabhängig von der Hardware vergleichen zu können, wurde der Begriff der *Laufzeitkomplexität* eingeführt. Darunter versteht man das Wachstum der Laufzeit in Abhängigkeit von der Anzahl n der Datenelemente, auf denen Operationen ausgeführt werden sollen. Die Laufzeitkomplexität wird mit der sogenannten O-Notation (auch *Landau-Notation*, nach dem Mathematiker Edmund Landau) beschrieben. Sie teilt Algorithmen in bestimmte Klassen ein: Es gibt Algorithmen, deren Zeitbedarf linear, logarithmisch, quadratisch, kubisch und exponentiell mit der Anzahl der Datenelemente wächst.

Bei der Einordnung von Algorithmen in eine bestimme Komplexitätsklasse wird grundsätzlich immer der ungünstigste Fall angenommen (engl. *worst case*), den ein Algorithmus benötigt, um alle notwendigen Operationen auszuführen. Bei der Angabe der Laufzeitkomplexität für einen bestimmten Algorithmus handelt es sich also nur um eine grobe Schätzung seiner Laufzeit.

Bei einem Summenalgorithmus steigt die Laufzeit proportional zu der Anzahl der Schleifendurchläufe. Anders ausgedrückt: Eine Verdopplung in der Anzahl der zu summierenden Elemente führt zu einer Verdopplung der Laufzeit. Die Laufzeitkomplexität beträgt hier $O(n)$.

Die Transponierung einer Matrix wird in der inneren Schleife von zwei ineinander verschachtelten Schleifen durchgeführt. Hier steigt die Laufzeit quadratisch mit der Anzahl der Schleifendurchläufe. Die Laufzeitkomplexität beträgt also $O(n^2)$. Eine Verdopplung der Dimension der Matrix würde in diesem Fall zu einer Vervierfachung der Laufzeit führen.

Das Matrixprodukt einer quadratischen Matrix wird in der inneren Schleife von drei ineinander verschachtelten Schleifen berechnet. Hier steigt die Laufzeit kubisch mit der Anzahl der Schleifendurchläufe. Die Laufzeitkomplexität beträgt also $O(n^3)$. Verdoppelt man bei diesem Algorithmus die Dimension der Matrix, so erhöht sich die Laufzeit sogar um den Faktor 8.

Abbildung 3.2 veranschaulicht die lineare, die quadratische und die kubische Laufzeitkomplexität.

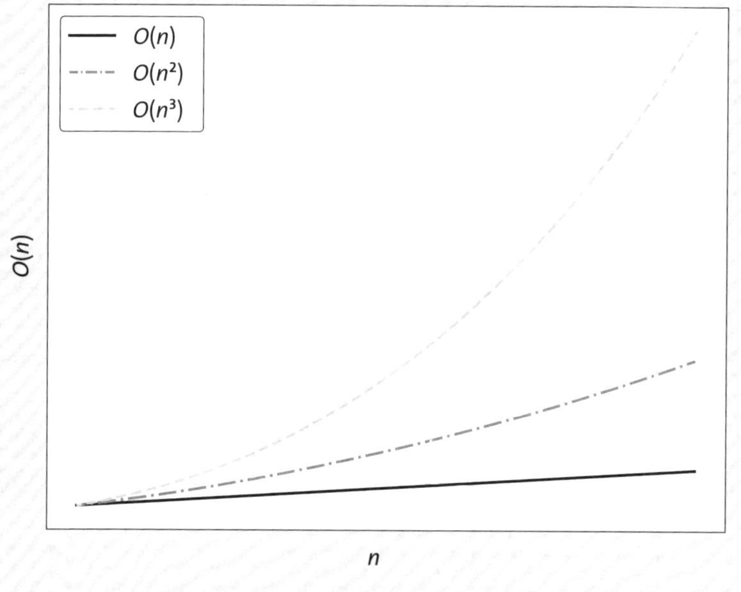

Abbildung 3.2 Vergleich der linearen, quadratischen und kubischen Laufzeitkomplexitäten

Abbildung 3.2 hilft Ihnen nur bei einer qualitativen Einschätzung der Laufzeitkomplexitäten. Um dies genauer auszuführen, habe ich in Tabelle 3.5 für 1000 Datenelemente die Laufzeiten angegeben, die der Rechner für Algorithmen mit linearer, quadratischer und kubischer Laufzeitkomplexität benötigt. Es wird angenommen, dass der Rechner für eine Operation 1 ns (Nanosekunde) benötigt.

Komplexitätsklasse	Zeit für eine Operation in Sekunden	Anzahl der Datenelemente	Laufzeit	Beispiel
$O(n)$	10^{-9}	10^3	1 µs	Summenalgorithmus
$O(n^2)$	10^{-9}	10^3	1 ms	Transponieren einer Matrix
$O(n^3)$	10^{-9}	10^3	1 sec	Multiplikation von zwei quadratischen Matrizen

Tabelle 3.5 Auswirkung der Komplexitätsklasse auf die Laufzeit

Es deutlich zu erkennen, dass sich mit aufsteigender Komplexitätsklasse die Laufzeit jeweils um das Tausendfache erhöht. Ab einer bestimmten Anzahl von Datenelementen würde auch die leistungsfähigste Hardware bei der Komplexität $O(n^3)$ scheitern. Das gilt besonders für die Komplexitätsklassen $O(2^n)$ und $O(n!)$.

3.7 Aufgaben

1. Schreiben Sie ein Python-Programm, das den Wert für

   $$c = \frac{a \cdot b}{a + b}$$

   berechnet. Als Eingaben sind beliebige Gleitpunktzahlen zugelassen. Das Programm soll die Berechnung nur durchführen, wenn der Nenner ungleich 0 ist.
2. Schreiben Sie ein Programm, das die Fakultät mit einer `while`-Schleife berechnet.
3. Schreiben Sie ein Programm, das den Tilgungsverlauf eines Ratenkredits mit einer `while`-Schleife berechnet. Eingaben sind der Kreditbetrag und die monatliche Höhe der Rate in Euro. Der Zinssatz soll in Prozent eingegeben werden.
4. Schreiben Sie ein Programm, das für alle ungeraden Zahlen von 1 bis 19 die Quadratzahlen mit einer `for`- und einer `while`-Schleife berechnet.
5. Schreiben Sie ein Programm, das die Wahrheitstabelle für die Konjunktion und Disjunktion mit drei Variablen berechnet.
6. Schreiben Sie ein Programm, das mithilfe einer Wahrheitstabelle das Gesetz von De Morgan

   $$\overline{a \wedge b} = \overline{a} \vee \overline{b}$$

   beweist.
7. Schreiben Sie ein Programm, das mit einer selbst definierten Python-Funktion die Hypotenuse c, die Hypotenusenabschnitte q, p und die Höhe h eines rechtwinkligen Dreiecks mit dem Satz des Pythagoras berechnet. Die Funktion soll mit einem Docstring dokumentiert werden. Falls Sie den Satz des Pythagoras nicht mehr kennen: Die Formeln (und einige weitere Grundlagen) finden Sie im Anhang.
8. Schreiben Sie ein Programm, das für ein beliebiges Dreieck mit den Seiten a, b und c mit einer Python-Funktion den Umfang, den Flächeninhalt und die Winkel berechnet. Auch diese Formeln finden Sie im Anhang.

Kapitel 4

Die Python-Erweiterungsmodule NumPy, Matplotlib, SymPy und SciPy

In diesem Kapitel lernen Sie, wie Sie mit NumPy Matrizen multiplizieren, mit Matplotlib Funktionsgraphen darstellen, mit SymPy grundlegende symbolische Berechnungen durchführen und mit SciPy eine quadratische Gleichung numerische lösen sowie numerisch Integrieren können. Damit erhalten Sie eine Übersicht über die grundlegende Funktionalität der oben aufgezählten Python-Module.

Bereits die Grundfunktionen von Python bringen einen umfangreichen Werkzeugkasten nützlicher Erweiterungen mit, die allerdings nicht alle Aufgabenbereiche abdecken können. Daher gibt es für fast alle Probleme vorgefertigte Hilfsmittel, die in sogenannten *Modulen* stecken. Anstelle der Bezeichnung »Modul« ist auch die Bezeichnung *Bibliothek* (engl. *library*) üblich.

Jedes Modul, das ich Ihnen hier vorstellen möchte, ist auf einen bestimmten mathematischen Aufgabenbereich fokussiert. Mit NumPy können Sie aufwendige numerische Berechnungen durchführen, mit Matplotlib lassen sich Funktionsgraphen ohne großen Programmieraufwand druckfertig erstellen und mit SymPy können Sie symbolische Berechnungen durchführen. Das Modul SciPy stellt eine umfangreiche Sammlung von Methoden für die numerische Differentiation und Integration, für numerisches Lösen nichtlinearer Gleichungssysteme, für Optimierungsaufgaben und für umfangreiche statistische Berechnungen zur Verfügung.

Diese Module sind sehr umfassend dokumentiert. Auf den Projektseiten finden Sie detaillierte Beschreibungen, die mehrere Tausend Seiten umfassen. Ich werde Ihnen daher hier nicht alle Funktionen im Detail vorstellen. Dieses Kapitel soll aber demonstrieren, wie Sie diese Module einsetzen und was bereits mit wenigen Zeilen Code möglich ist.

In der Praxis ist es selbstverständlich sinnvoll, auf diese getesteten und etablierten Hilfsmittel zurückzugreifen – das Rad neu zu erfinden macht nur in ganz wenigen Ausnahmefällen Sinn. Wenn Sie die verwendeten Algorithmen und die grundlegende Mathematik dahinter aber verstehen wollen, sollten Sie den Weg zu Fuß nicht scheuen, auf dem ich Sie in den folgenden Kapiteln begleiten werde. Mithilfe dieser Module können Sie stets feststellen, ob Ihre selbst erstellten Algorithmen korrekt ausgeführt werden.

4.1 NumPy

Das Akronym NumPy steht für **num**erisches **Py**thon. Dieses Modul stellt viele grundlegende Datenstrukturen und Methoden für numerische Berechnungen bereit. Der Kern von NumPy ist in der Programmiersprache C geschrieben. Deshalb werden NumPy-Programme besonders schnell ausgeführt.

Im Internet finden Sie eine Anleitung zur Installation und eine ausführliche Dokumentation unter *https://numpy.org*.

Importiert wird NumPy üblicherweise mit der Anweisung `import numpy as np`. Über den Alias `np` können Sie dann mit dem Punktoperator auf alle NumPy-Methoden zugreifen. Bei Verwendung der Sinusfunktion lautet die Anweisung beispielsweise `y = np.sin(x)`.

Die Importanweisung `from numpy import *` ist zwar einfach zu handhaben und würde auch funktionieren. Sie sollten sie trotzdem nicht verwenden, denn es könnte eventuell zu Namenskonflikten kommen: Verschiedene Module verwenden gleiche Bezeichner für mathematische Konstanten (z. B. `pi`) und mathematische Funktionen (z. B. `sin`, `cos`); es kommt also zu Problemen, wenn Sie NumPy zusammen mit den Modulen `matplotlib` und `scipy` verwenden. Wenn Sie in Ihren Programmen durchgängig für jedes Modul einen einheitlichen Alias verwenden, dann sind Ihre Quelltexte besser lesbar.

Für die Lösung von Aufgaben aus der linearen Algebra stellt NumPy beispielsweise das Untermodul `linalg` zur Verfügung. Soll nur ein lineares Gleichungssystem gelöst werden, nutzen Sie die Importanweisung `from numpy.linalg import solve`.

4.1.1 Wichtige NumPy-Methoden

Die hohe Anzahl der von NumPy zur Verfügung gestellten Methoden kann beim Einstieg sehr verwirrend sein. Deshalb ist es ratsam, zunächst eine gezielte Auswahl zu treffen, die sich an den Themen dieses Buches sowie an den wichtigsten Einsatzzwecken orientiert. Tabelle 4.1 enthält eine Zusammenstellung wichtiger NumPy-Methoden.

Methode	Beschreibung
`array([a0,a1,a2,...])`	Erzeugt ein eindimensionales 1×5-Array.
`array([[a00,a01,a02], [a10,a11,a12], [a20,a21,a22]])`	Erzeugt ein zweidimensionales 3×3-Array.
`arange(start, stop,step, ...)`	Gibt gleichmäßig verteilte Werte innerhalb des Intervalls `start` bis `stop` mit der Schrittweite `step` zurück.
`linspace(start, stop,num, ...)`	Gibt gleichmäßig verteilte Zahlen innerhalb des Intervalls `start` bis `stop` mit der Anzahl `num` zurück.
`logspace(start, stop, num,... base,...)`	Gibt Zahlen in gleichmäßigen Abständen auf einer logarithmischen Skala zurück.
`dot(a,b)`	Berechnet das Skalarprodukt der Vektoren **a** und **b**. Vektoren werden mit der Methode `array(...)` implementiert.
`cross(a,b)`	Berechnet das Kreuzprodukt der Vektoren **a** und **b**.
`matmul(A,B)`	Berechnet das Produkt aus den Matrizen **A** und **B**. Statt einer Matrix kann B natürlich auch ein Vektor sein.
`A.flatten()`	Wandelt ein mehrdimensionales Array `A` in ein eindimensionales Array um. Das Array wird »flach gemacht«. Die Methode `flatten()` liefert immer eine Kopie zurück.
`A.ravel()`	Wandelt ein mehrdimensionales Array `A` in ein eindimensionales Array um. Die Methode `ravel()` liefert keine Kopie zurück. Sie ist deshalb schneller als `flatten()`.
`linalg.solve(A,b)`	Löst das lineare Gleichungssystem $\mathbf{x} = \mathbf{A}^{-1}\mathbf{b}$.
`linalg.inv(A)`	Berechnet die Inverse der Matrix **A**.
`linalg.det(A)`	Berechnet die Determinante der Matrix **A**.

Tabelle 4.1 Ausgewählte NumPy-Methoden

Die letzten drei Methoden stammen aus dem Untermodul `linalg` von NumPy.

Ausgewählte mathematische NumPy-Funktionen

Die in NumPy implementierten mathematischen Funktionen unterscheiden sich von den im Python-Modul `math` definierten Funktionen dadurch, dass sie nicht nur auf einfache Zahlen, sondern ohne Verwendung von Schleifen direkt auf Arrays beliebiger Dimension anwendbar sind, wobei die Funktion auf jedes Element des Arrays angewendet wird. Für die Berechnung einer Wertetabelle reichen somit zwei Programmzeilen aus (siehe Listing 4.1).

Funktion	Beschreibung
`exp(x)`	Berechnet den Wert der e-Funktion für das Argument *x*.
`log(x)`	Berechnet den Wert des natürlichen Logarithmus für das Argument *x*.
`cos(x)`	Berechnet den Wert der Kosinus-Funktion für das Argument *x*.
`arccos(x)`	Berechnet den Wert der Umkehrfunktion von cos(*x*) für das Argument *x*.
`sin(x)`	Berechnet den Wert der Sinus-Funktion für das Argument *x*.
`arcsin(x)`	Berechnet den Wert der Umkehrfunktion von sin(*x*) für das Argument *x*.
`tan(x)`	Berechnet den Wert der Tangens-Funktion für das Argument *x*.
`arctan(x)`	Berechnet den Wert der Umkehrfunktion von tan(*x*) für das Argument *x*.
`cosh(x)`	Berechnet den Wert der Kosinus-hyperbolicus-Funktion für das Argument *x*.
`arccosh(x)`	Berechnet den Wert der Umkehrfunktion von cosh(*x*) für das Argument *x*.
`sinh(x)`	Berechnet den Wert der Sinus-hyperbolicus-Funktion für das Argument *x*.
`arcsinh(x)`	Berechnet den Wert der Umkehrfunktion von sinh(*x*) für das Argument *x*.
`tanh(x)`	Berechnet den Wert der Tangens-hyperbolicus-Funktion für das Argument *x*.
`arctanh(x)`	Berechnet den Wert der Umkehrfunktion von tanh(*x*) für das Argument *x*.

Tabelle 4.2 Wichtige mathematische NumPy-Funktionen

NumPy-Konstanten

NumPy stellt Ihnen insbesondere die mathematischen Konstanten e und π zur Verfügung. Für die numerische Berechnung eines uneigentlichen Integrals wird außerdem die Konstante `inf` benötigt.

Konstante	Beschreibung
e	Repräsentiert die eulersche Zahl e = 2,718281828459045...
pi	Repräsentiert die Kreiszahl π = 3,141592653589793...
inf	Repräsentiert nach IEEE 754 die Gleitpunktdarstellung von (positiv) unendlich. Beispiel: Der Funktionsaufruf np.log(0) gibt -inf zurück.
nan	Repräsentiert nach IEEE 754 die Gleitpunktdarstellung von Not a Number (NaN). Beispiel: Der Funktionsaufruf np.log(-1) gibt nan zurück.

Tabelle 4.3 Konstanten von NumPy

4.1.2 Wertetabellen für mathematische Funktionen erstellen

Wie einfach es ist, mit NumPy Wertetabellen für mathematische Funktionen $y = f(x)$ zu erstellen, zeigt Listing 4.1. Hierfür wird entweder die Methode linspace(...) oder arange(...) für die Festlegung des Definitionsbereichs benötigt. Für die Definition der mathematischen Funktion reicht eine Programmzeile (Zeile 05) aus.

```
01 #01_numpy1.py
02 import numpy as np
03 x=np.linspace(1,9,9)
04 #x=np.arange(1,10,1)
05 y=x**2
06 print("x:",x)
07 print("y:",y)
```

Listing 4.1 Wertetabelle mit NumPy

Ausgabe

```
x: [1. 2. 3. 4. 5. 6. 7. 8. 9.]
y: [1. 4. 9. 16. 25. 36. 49. 64. 81.]
```

Analyse

In Zeile 02 wird das Modul numpy importiert. Mit dem Alias np kann auf alle NumPy-Methoden zugegriffen werden.

In Zeile 03 erzeugt die Methode linspace(...) ein Array mit neun Elementen vom Typ <class 'numpy.float64'>. Das Array hat den Typ <class 'numpy.ndarray'>. Den Typ der Elemente und den Typ des Arrays können Sie mit type(x[i]) bzw. type(x) ermitteln. Der Index i ist frei wählbar, er muss nur innerhalb der Intervallgrenzen liegen.

Eine Alternative zu `linspace(...)` ist die auskommentierte Methode `arange(...)` in Zeile 04. Beide Methoden haben die gleiche Funktionalität. Beachten Sie aber, dass bei der Methode `arange(...)` die obere Intervallgrenze nicht mit einbezogen wird. Für die Methode `linspace(a, b, num)` gilt $a \leq x \leq b$ und für `arange(a,b,step)` gilt $a \leq x < b$.

4.1.3 Die Datenstruktur von ndarray

NumPy stellt mit der Basisklasse `ndarray` einen *n*-dimensionalen Array-Typ zur Verfügung. Ein Array ist eine Datenstruktur, die mehrere Elemente eines Datentyps in einer geordneten Reihenfolge speichert. Über einen Index kann auf die gespeicherten Elemente zugegriffen werden. Ein eindimensionales Array kann als Vektor bzw. Tupel aufgefasst werden, ein zweidimensionales Array als Matrix.

Das `ndarray` ist ein Container für Elemente desselben Datentyps. Die einzelnen Elemente werden als Sequenz im Arbeitsspeicher gespeichert. Jedem Element wird ein Index zugeordnet.

Ein separates Datentypobjekt (*header*) beschreibt die Anzahl, den Datentyp (`Integer`, `Float`), die Form (engl. *shape*) und die Dimension des Arrays. Durch spezielle Methoden (`shape`, `size`, `ndim`) können diese Eigenschaften ermittelt werden.

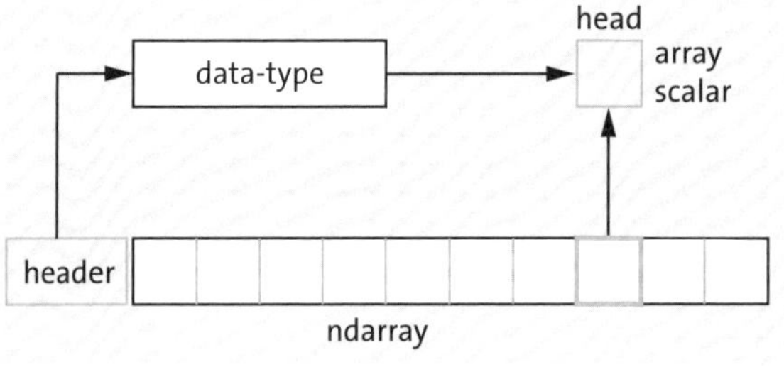

Abbildung 4.1 Datenstruktur für »ndarray«

Abbildung 4.1 beschreibt den prinzipiellen Aufbau eines `ndarray`. Mit dem `[i]`-Operator kann auf die einzelnen Elemente lesend und schreibend zugegriffen werden.

4.1.4 Rechnen mit Matrizen

Matrizen werden als NumPy-Arrays implementiert. Es gibt zwar noch die Klasse `matrix`, sie gilt aber inzwischen als überholt. Obwohl sie noch zur Verfügung gestellt wird, sollte sie nicht mehr benutzt werden, denn sie wird in naher Zukunft nicht mehr unterstützt:

https://numpy.org/doc/stable/reference/generated/numpy.matrix.html

Verwechselungsgefahr

In der mathematischen Fachliteratur werden für die Gestalt von Matrizen unterschiedliche Bezeichnungen verwendet:

- Eine rechteckige Anordnung von Zahlen mit *m* Zeilen und *n* Spalten wird »Matrix vom *Typ* *(m,n)*« genannt [Bossek: 362].
- Die *Ordnung* (Größe, Format) einer Matrix ist durch die Anzahl ihrer Zeilen und Spalten festgelegt [Gramlich: 22].
- Die *Dimension* einer Matrix (*m*×*n*) ist die definierende Eigenschaft. Wir werden sehen, dass die Dimension entscheidet, ob man Matrizen addieren oder multiplizieren (oder keines von beidem) kann.

[*https://www.mathematik.de/algebra/74-erste-hilfe/algebra/matrizen/2425-eigenschaften-von-matrizen*]

In NumPy wird unter Dimension eines `ndarray` die Eigenschaft `ndim` verstanden. Die Eigenschaft `shape` entspricht dem, was in der mathematischen Literatur als Typ, Ordnung oder als Dimension bezeichnet wird.

Das Matrixprodukt

Für die Multiplikation von zwei 2×2-Matrizen gilt folgende Berechnungsvorschrift:

$$\begin{pmatrix} a_{11} & a_{12} \\ a_{21} & a_{22} \end{pmatrix} \cdot \begin{pmatrix} b_{11} & b_{12} \\ b_{21} & b_{22} \end{pmatrix} = \begin{pmatrix} a_{11}b_{11} + a_{12}b_{21} & a_{11}b_{12} + a_{12}b_{22} \\ a_{21}b_{11} + a_{22}b_{21} & a_{21}b_{12} + a_{22}b_{22} \end{pmatrix}$$

Es ist leicht zu erkennen, dass der Rechenaufwand stark ansteigt, wenn die Gestalt der Matrix auf eine *n*×*n*-Matrix vergrößert wird.

Am Beispiel einer 3×3-Matrix soll gezeigt werden, wie zwei Matrizen miteinander multipliziert werden:

$$\begin{pmatrix} 1 & 2 & 3 \\ 4 & 5 & 6 \\ 7 & 8 & 9 \end{pmatrix} \cdot \begin{pmatrix} 9 & 8 & 7 \\ 6 & 5 & 4 \\ 3 & 2 & 1 \end{pmatrix} = \begin{pmatrix} 1\cdot 9 + 2\cdot 6 + 3\cdot 3 & 1\cdot 8 + 2\cdot 5 + 3\cdot 2 & 1\cdot 7 + 2\cdot 4 + 3\cdot 1 \\ 4\cdot 9 + 5\cdot 6 + 6\cdot 3 & 4\cdot 8 + 5\cdot 5 + 6\cdot 2 & 4\cdot 7 + 5\cdot 4 + 6\cdot 1 \\ 7\cdot 9 + 8\cdot 6 + 9\cdot 3 & 7\cdot 8 + 8\cdot 5 + 9\cdot 2 & 7\cdot 7 + 8\cdot 4 + 9\cdot 1 \end{pmatrix}$$

$$= \begin{pmatrix} 30 & 24 & 18 \\ 48 & 69 & 54 \\ 138 & 114 & 90 \end{pmatrix}$$

Das Matrixprodukt ist nicht kommutativ:

$$A \cdot B \neq B \cdot A$$

Für die Multiplikation von Matrizen stellt NumPy den Infix-Operator @ zur Verfügung.

Matrixprodukt

Wenn A1, A2 und A3 multiplizierbare Matrizen sind, dann sind die folgenden Codezeilen austauschbar und führen zu demselben Ergebnis:

```
A = np.matmul(A1,A2)
A = A1.dot(A2).dot(A3)
A = multi_dot([A1,A2,A3])
```

Mit A.T kann eine Matrix transponiert werden. Für transponierte Matrizen gilt die Eigenschaft

$$(A \cdot B)^T = B^T \cdot A^T$$

Listing 4.2 zeigt, wie Matrizen transponiert und wie sie mit dem Infix-Operator @ multipliziert werden. Außerdem wird gezeigt, dass die oben behaupteten Eigenschaften gelten.

```
#02_matrixprodukt.py
import numpy as np
A=np.array([[1,2,3],
            [4,5,6],
            [7,8,9]])
B=np.array([[9,8,7],
            [6,5,4],
            [3,2,1]])
#Matrizenmultiplikation
C1=A@B            #Infixoperator
C2=B@A
#C=np.matmul(A,B) #Methode
#Ausgaben
print("Matrix A\n",A)
print("Zugriff auf A[1,1] =",A[1,1])
print("Transponierte von A\n",A.T)
print("Matrix B\n",B)
print("Transponierte von B\n",B.T)
print("Multiplikation A@B\n",C1)
print("Multiplikation B@A\n",C2)
```

```
print("Multiplikation (A@B).T\n",(A@B).T)
print("Multiplikation B.T@A.T\n",B.T@A.T)
```

Listing 4.2 Multiplikation von Matrizen mit dem Infix-Operator @

Ausgabe

```
Matrix A
 [[1 2 3]
 [4 5 6]
 [7 8 9]]
Zugriff auf A[1,1] = 5
Transponierte von A
 [[1 4 7]
 [2 5 8]
 [3 6 9]]
Matrix B
 [[9 8 7]
 [6 5 4]
 [3 2 1]]
Transponierte von B
 [[9 6 3]
 [8 5 2]
 [7 4 1]]
Multiplikation A@B
 [[ 30  24  18]
 [ 84  69  54]
 [138 114  90]]
Multiplikation B@A
 [[ 90 114 138]
 [ 54  69  84]
 [ 18  24  30]]
Multiplikation (A@B).T
 [[ 30  84 138]
 [ 24  69 114]
 [ 18  54  90]]
Multiplikation B.T@A.T
 [[ 30  84 138]
 [ 24  69 114]
 [ 18  54  90]]
```

Analyse

Die Ausgabe in Zeile 15 zeigt, dass die Zählung bei NumPy-Arrays mit dem Index 0 beginnt. Soll beispielsweise der Koeffizient a_{22} ausgelesen werden, dann muss mit `A[1,1]` auf dieses Element zugegriffen werden.

Das Ergebnis des in Zeile 10 berechneten Matrixproduktes `C1=A@B` stimmt mit dem manuell berechneten Ergebnis überein. Das in Zeile 11 berechnete Matrixprodukt `C2=B@A` liefert dagegen ein anderes Resultat. Das Matrixprodukt ist also nicht kommutativ.

Die Ausgaben in den Zeilen 21 und 22 veranschaulichen, dass gilt: `(A@B).T == B.T@A.T`.

4.2 Matplotlib

Mit den Methoden des Moduls `matplotlib` können Sie Funktionsgraphen, Linien, geometrische Figuren und Histogramme darstellen. Auch interaktive Programme mit Textfeldern, Befehlsschaltflächen (Buttons), Radiobuttons und Schiebereglern (Slidern) können Sie mit diesem Modul schreiben. Hinweise zur Installation, ein einführendes Tutorial, eine ausführliche Dokumentation und eine umfangreiche Sammlung von Beispielen finden Sie im Internet unter *https://matplotlib.org/*.

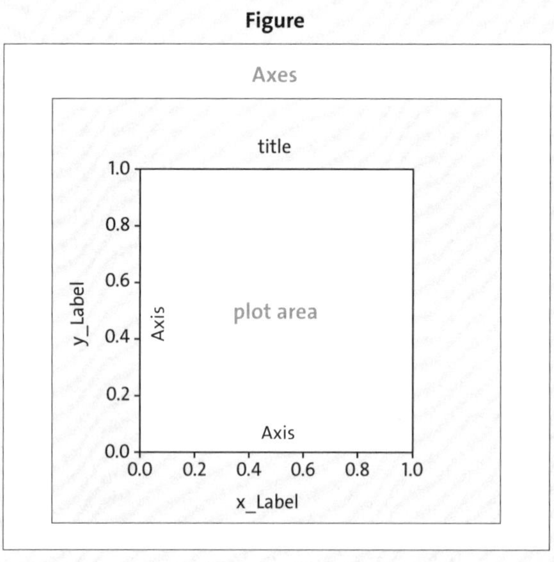

Abbildung 4.2 Die Zeichenfläche von Matplotlib

Importiert wird das Modul in der Regel zusammen mit NumPy, und zwar wie folgt:

```
import numpy as np
import matplotlib.pyplot as plt
```

`pyplot` ist ein Untermodul von `matplotlib`. Mit den Alias `plt` können Sie auf alle Methoden von `pyplot` zugreifen.

Die Zeichenfläche wird in zwei Bereiche (`Figure`, `Axes`) aufgeteilt (siehe Abbildung 4.2).

Der Bereich `Figure` umfasst die gesamte Zeichenfläche. Ein `Figure`-Objekt können Sie mit `fig = plt.figure()` erzeugen.

Der Bereich `Axes` verwaltet die Darstellungsoptionen des Funktionsplots wie Skalierung und Beschriftung der Koordinatenachsen. Mit der Anweisung `fig, ax = plt.subplots()` können Sie ein Tupel `(fig, ax)` eines `Figure`- und eines `Axes`-Objekts erzeugen.

Die pyplot-API

Das Untermodul `pyplot` enthält eine Sammlung von Methoden zur Gestaltung des Diagrammdesigns. Jede `pyplot`-Methode verändert die Gestalt der Zeichenfläche, legt einen Zeichenbereich fest, zeichnet Linien in diesen Bereich und beschriftet den Funktionsplot.

Das Untermodul `pyplot` ist hauptsächlich für einfache Funktionsplots konzipiert worden. Tabelle 4.4 zeigt ausgewählte `pyplot`-Methoden.

Methode	Beschreibung
`plot(x,y)`	Berechnet die Daten der *x*,*y*-Koordinaten einer mathematischen Funktion.
`title('....')`	Legt eine Überschrift für den Funktionsplot fest.
`xlabel(...)`	Beschriftet die *x*-Achse.
`ylabel(...)`	Beschriftet die *y*-Achse.
`grid(True)`	Zeichnet ein Gitternetz.
`xlim(...)`	Legt den Darstellungsbereich auf der *x*-Achse fest.
`ylim(...)`	Legt den Darstellungsbereich auf der *y*-Achse fest.
`legend(loc='best')`	Kennzeichnungen von Funktionsgraphen, Darstellung von Funktionsgleichungen (auch in LaTeX-Notation). Die Beschriftungen werden an der bestmöglichen Stelle auf der Zeichenfläche positioniert.

Tabelle 4.4 Wichtige »pyplot«-Methoden

Methode	Beschreibung
`text(x,y,"text")`	Gibt einen Text auf dem Bildschirm aus.
`savefig('name.png')`	Speichert den Funktionsplot im png-Format auf die Festplatte. Andere mögliche Formate sind `.svg`, `.jpg`, `.pdf` und `.eps`. Das Speicherformat wird automatisch durch die Dateiendung erkannt.
`show()`	Stellt den Funktionsplot auf den Bildschirm dar.

Tabelle 4.4 Wichtige »pyplot«-Methoden (Forts.)

LaTeX-Notation

Für Beschriftungen kann auch die LaTeX-Notation verwendet werden. Der LaTeX-Quelltext muss in Dollarzeichen eingebettet werden. Für die Normalparabel $y_1 = x^2$ gilt beispielsweise: `$y_{1}=x^{2}$`.

Ein Matplotlib-Programm hat folgende Grobstruktur:

- Einbinden der Module
- Festlegen des Definitionsbereichs
- Definition der mathematischen Funktion
- Berechnung der *x*,*y*-Koordinaten
- Darstellung des Funktionsgraphen

4.2.1 Einfache 2D-Funktionsplots

Die wichtigste Methode des Untermoduls `pyplot` ist `plot(...)`. Ihr kann, zusätzlich zu den Daten der *x*,*y*-Koordinaten, eine Vielzahl von Argumenten übergeben werden:

```
plot(x, f(x), linewidth, linestyle, color, label)
```

Für die ersten beiden Parameter, die Werte für die *x*,*y*-Koordinaten, müssen die Argumente übergeben werden. Um Funktionen zu veranschaulichen, wird das Array x der Eingabewerte typischerweise mit den NumPy-Methoden `linspace(...)` oder `arrange(...)` erzeugt. Die *y*-Werte werden beim Aufruf der mathematischen Funktion berechnet. Die anderen Parameter sind optional, also nicht zwingend notwendig. Wenn mehrere Funktionsgraphen dargestellt werden, dann generiert `plot(...)`, sofern die Linienfarben nicht festgelegt wurden, automatisch unterschiedliche Farben. Beim Aufruf erzeugt die plot-Methode eine Liste des Typs <class 'list'>. Eine Übersicht über detaillierte Gestaltungsmöglichkeiten finden Sie im Anhang oder im Internet unter:

https://matplotlib.org/stable/api/_as_gen/matplotlib.lines.Line2D.html#matplotlib.lines.Line2D

Listing 4.3 zeigt die Minimalversion eines Funktionsplots für eine Normalparabel:

```
01  #03_funkplot1.py
02  import numpy as np
03  import matplotlib.pyplot as plt
04  x = np.linspace(0, 10, 500)
05  y = x**2
06  plt.plot(x,y,linewidth=2,linestyle='-',color='b')
07  plt.show()
```

Listing 4.3 Minimalversion eines Funktionsplots

Ausgabe

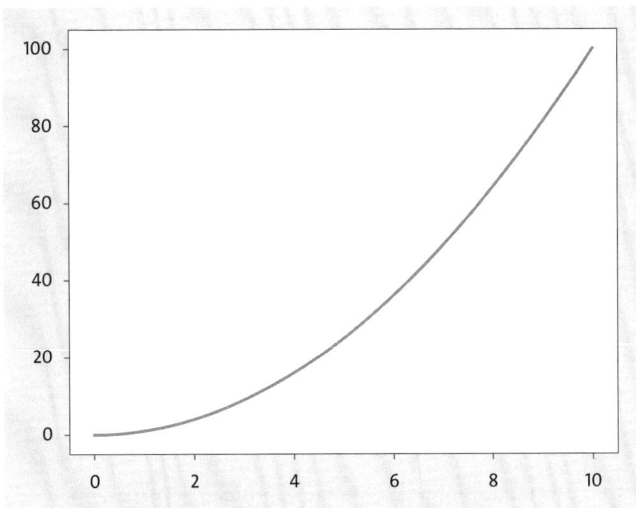

Abbildung 4.3 Minimalversion eines Funktionsplots

Analyse

In den Zeilen 02 und 03 werden das Modul numpy und das Untermodul pyplot importiert. Mit dem Alias np kann auf alle NumPy-Methoden und mit dem Alias plt kann auf alle pyplot-Methoden zugegriffen werden.

In Zeile 04 erzeugt die NumPy-Methode `linspace(...)` ein 1-dimensionales Array vom Typ `<class 'numpy.ndarray'>` mit 500 Gleitpunktzahlen für den Wertebereich der unabhängigen Variablen `x`.

In Zeile 05 können Sie jede zulässige mathematische Formel eintragen. Der Python-Interpreter skaliert die *y*-Achse automatisch.

In Zeile 06 berechnet die `pyplot`-Methode `plot(x,y)` die *x,y*-Koordinatenwerte und speichert sie in ein temporäres Objekt `<matplotlib.lines.Line2D object at 0x7fd690602a90>`. Die Adresse `0x7fd690602a90` des Objekts ändert sich natürlich nach jedem neuen Programmstart und hat auf Ihrem Computer einen anderen Wert. Die gespeicherten Werte der *x,y*-Koordinaten sind vom Typ `<class 'list'>`.

Erst der implizite Aufruf der Methode `show()` in Zeile 07 bewirkt, dass der Funktionsgraph auf dem Monitor angezeigt wird. Wenn Sie die Methode `show()` auskommentieren, dann wird der Funktionsgraph auch nicht auf dem Bildschirm dargestellt.

4.2.2 Die objektorientierte API

Im Kern ist das Modul `matplotlib` objektorientiert programmiert. Die Entwickler von Matplotlib empfehlen, direkt mit den `Axes`-Objekten zu arbeiten, weil so die Funktionsplots wesentlich flexibler gestaltet werden können.

Tabelle 4.5 enthält eine Zusammenstellung ausgewählter `Axes`-Methoden.

Methode	Beschreibung
`set_title('....')`	Legt eine Überschrift für den Funktionsplot fest.
`set_xlabel(...)`	Beschriftet die *x*-Achse.
`set_ylabel(...)`	Beschriftet die *y*-Achse.
`grid(True)`	Zeichnet ein Gitternetz.
`set_xlim(...)`	Legt den Darstellungsbereich auf der *x*-Achse fest.
`set_ylim(...)`	Legt den Darstellungsbereich auf der *y*-Achse fest.
`set_xticks(...)`	Skalierung der *x*-Achse
`set_yticks(...)`	Skalierung der *y*-Achse
`set_aspect('equal')`	Die *x*- und die *y*-Achse haben den gleichen Maßstab.

Tabelle 4.5 Wichtige Methoden für die Erzeugung von Axes-Objekten

Für Facharbeiten und wissenschaftliche Dokumente reicht die Minimalversion eines Funktionsplots nicht aus. In der Praxis müssen mehrere Funktionsplots in einem Diagramm dargestellt werden. Um die Funktionsgraphen voneinander unterscheiden zu können, sollte man sie aussagekräftig mit Legenden markieren.

Die LaTeX-Notation ermöglicht ein professionelles Design der Beschriftungen. Kurvenverläufe sollten durch unterschiedliche Farben, Formen und Breiten der Linien optisch ansprechender visualisiert werden.

Listing 4.4 zeigt, wie `Axes`-Objekte für die Beschriftung von Funktionsplots verwendet werden können:

```
#04_funkplot2.py
import numpy as np
import matplotlib.pyplot as plt
#x-Werte
x = np.linspace(0, 10, 500)
#mathematische Funktionen definieren
y1 = x**2
y2=-10*x+100
#Funktionsplot
fig, ax = plt.subplots(figsize=(6,6))
ax.set_title("Funktionsplot")
ax.plot(x,y1,'r--',lw=2,label='$y_1=x^{2}$')
ax.plot(x,y2,'b-',lw=2,label='$y_2=-10\cdot x+100$')
ax.plot(6.18,38.2,'ro')
ax.set_xlabel('x')
ax.set_ylabel('y',rotation=True)
ax.legend(loc='best')
ax.text(6.5,37,"Schnittpunkt")
ax.set_xticks(np.arange(0, 11, 1))
ax.set_yticks(np.arange(0, 110, 10))
ax.grid(True)
plt.show()
```

Listing 4.4 Funktionsplot mit Beschriftungen

Ausgabe

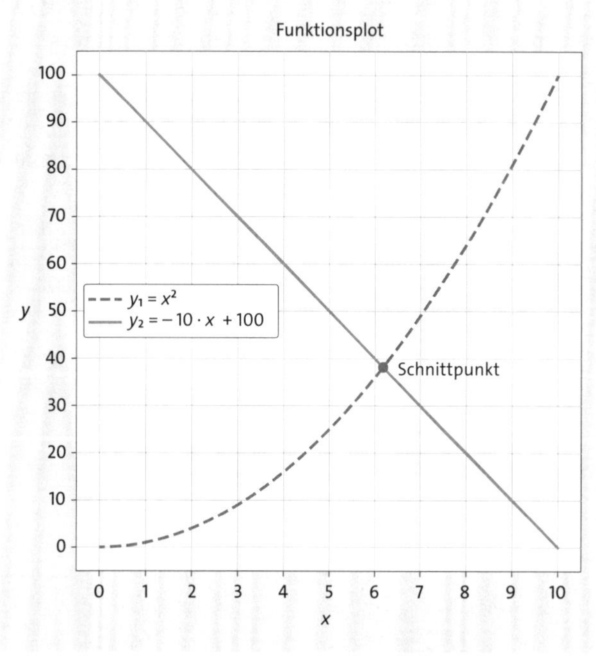

Abbildung 4.4 Funktionsplot mit Beschriftungen

Analyse

In Zeile 10 erzeugt die `pyplot`-Methode `subplots(...)` die Objekte `fig` und `ax` als Tupel. Die Zeichenfläche hat eine Abmessung von 6 mal 6 Inch. Der erste Wert legt die Breite und der zweite Wert legt die Höhe der Zeichenfläche fest. Mit dem `ax`-Objekt kann jetzt auf alle Methoden von `Axis` zugegriffen werden.

Die Argumente der `plot`-Methoden bestimmen die Eigenschaften der Kurvenformen (Zeile 12 und 13). In Zeile 12 bewirkt die Eigenschaft `'r--'`, dass die Parabel als roter gestrichelter Linienzug gezeichnet wird. Die lineare Funktion wird als durchgezogene blaue Linie dargestellt (wegen `'b-'`). Die Eigenschaft `lw=2` legt die Linienbreite fest. In Zeile 14 bewirkt die Eigenschaft `'ro'`, dass der Schnittpunkt der Funktionsgraphen als roter Punkt markiert wird. Die Eigenschaft `label='$...$'` ermöglicht auch die Darstellung mathematischer Funktionen in LaTeX-Notation.

In den Zeilen 15 und 16 beschriften die Methoden `set_xlabel(...)` und `set_ylabel(...)` die Koordinatenachsen.

In Zeile 17 legt die Methode `legend(loc='best')` die optimale Position für die Beschriftungen auf der Zeichenfläche fest.

Mit der Methode `text(x,y,"Text")` können Sie einen beliebigen Text auf der Zeichenfläche an der Stelle `x`, `y` platzieren.

Interessant sind die Skalierungsmöglichkeiten in den Zeilen 19 und 20. Durch die NumPy-Methode `arange(...)` lassen sich die *x*- und die *y*-Achse benutzerdefiniert skalieren.

4

In Zeile 21 bewirkt die Methode `grid(True)`, dass ein Gitternetz für die vorgegebene Skalierung angezeigt wird. Der Parameter `True` ist optional.

4.3 SymPy

Mit dem Modul SymPy können Sie symbolische Berechnungen durchführen. Hinweise zur Installation, ein einführendes Tutorial, eine ausführliche Dokumentation und eine umfangreiche Sammlung von Beispielen finden Sie im Internet unter *https://sympy.org/*.

Tabelle 4.6 zeigt eine Übersicht über wichtige SymPy-Methoden.

Methode	**Beschreibung**
`apart(p)`	Zerlegt das Polynom *p* in seine Partialbrüche.
`cancel(p)`	Erzeugt aus Partialbrüchen *p* eine ganzrationale Funktion.
`diff(f,x,k)`	Berechnet die *k*-te Ableitung einer Funktion *f*.
`dsolve(eq,f(x))`	Löst eine gewöhnliche Differenzialgleichung *eq* für die Funktion *f*(*x*).
`expand(T)`	Berechnet den Term T.
`integrate(f,x)`	Berechnet die Stammfunktion *F*(*x*) der Funktion *f*(*x*).
`limit(y,x,g)`	Berechnet den Grenzwert g einer Folge oder Funktion. Als Grenze g kann `0` oder `oo` für Unendlich eingegeben werden.
`simplify(term)`	Vereinfacht einen Term.
`solve(...,...)`	Löst ein lineares oder nichtlineares Gleichungssystem.
`N(x,n)` oder `x.evalf(n)`	Konvertiert den genauen Wert von *x* in einen numerischen Wert mit *n* Ziffern.

Tabelle 4.6 Ausgewählte SymPy-Methoden

Wichtige mathematische Konstanten sind pi (Kreiszahl π) und E (die eulersche Zahl e). Die imaginäre Einheit wird mit I gekennzeichnet. Diese Konstanten dürfen Sie nicht als Bezeichner für Variablen verwenden.

Importieren können Sie alle Methoden und Konstanten von SymPy mit der Anweisung from sympy import *. Wenn Sie anstelle des Asterisk-Symbols * die Namen der Methoden, die Sie verwenden wollen, einsetzen, wird das Programm beim ersten Programmstart schneller ausgeführt.

4.3.1 Symbolische Operationen mit Matrizen

Für die Addition und Multiplikation verwendet SymPy die Operatoren + und *. Die SymPy-Methode Matrix([[...], [...], ...]) erzeugt eine Matrix. Als Einträge sind Zahlen oder symbolische Variablen erlaubt. Welche symbolischen Variablen verwendet werden sollen, muss mithilfe der SymPy-Methode symbols(...) im Quelltext vereinbart werden.

Listing 4.5 berechnet die symbolischen Werte der Summe A + B und des Matrizenprodukts A*B aus den beiden 2×2-Matrizen:

$$A = \begin{pmatrix} a_{11} & a_{12} \\ a_{21} & a_{22} \end{pmatrix}, \qquad B = \begin{pmatrix} b_{11} & b_{12} \\ b_{21} & b_{22} \end{pmatrix}$$

Für die symbolischen Variablen können Sie beliebige Bezeichner verwenden, sofern Sie die vorgeschriebene Python-Notation beachten.

```
#05_sympy1.py
from sympy import symbols, Matrix
a11,a12,a21,a22 = symbols('a11,a12,a21,a22')
b11,b12,b21,b22 = symbols('b11,b12,b21,b22')
A=Matrix([[a11,a12],
          [a21,a22]])
B=Matrix([[b11,b12],
          [b21,b22]])
S=A + B
P=A*B
##Ausgabe
print("A:",A)
print("B:",B)
print("Summe\n",S)
print("Matrixprodukt\n",P)
```

Listing 4.5 Operationen auf Matrizen

Ausgabe

```
A: Matrix([[a11, a12], [a21, a22]])
B: Matrix([[b11, b12], [b21, b22]])
Summe
 Matrix([[a11 + b11, a12 + b12], [a21 + b21, a22 + b22]])
Matrixprodukt
 Matrix([[a11*b11 + a12*b21, a11*b12 + a12*b22],
        [a21*b11 + a22*b21, a21*b12 + a22*b22]])
```

Analyse

In der Zeile 02 werden die Methode `symbols` und die Klasse `Matrix` importiert. Mit `print(type(symbols))` und `print(type(Matrix))` können Sie den jeweiligen Typ ermitteln. Die Methode `symbols` ist vom Typ `<class 'function'>` und für die Klasse `Matrix` lautet die Typbestimmung `<class 'type'>`.

In den Zeilen 03 und 04 generiert die Methode `symbols(...)` die symbolischen Variablen.

In den Zeilen 05 und 06 erzeugt der Konstruktor `Matrix([[...]])` der SymPy-Klasse `Matrix` die 2×2-Matrizen `A` und `B` für die symbolischen Variablen a_{ij} und b_{ij}.

In Zeile 09 werden beide Matrizen addiert. Das Ergebnis wird in dem Objekt `S` gespeichert. Die Anweisung in Zeile 10 berechnet das Matrix-Produkt mit dem Infix-Operator `*`. Das Ergebnis wird in dem Objekt `P` gespeichert.

Die Ausgaben der Zeilen 14 und 15 bestätigen die erwarteten Ergebnisse.

4.3.2 Symbolisches Differenzieren und Integrieren

Die Linearfaktoren des Polynoms

$$p(x) = (x - 1) \cdot (x - 2) \cdot (x - 3)$$

sollen ausmultipliziert werden. Anschließend sollen die 1. Ableitung $f'(x)$, die Stammfunktion $F(x)$ und die Nullstellen des Polynoms $p(x)$ berechnet werden. Listing 4.7 zeigt die Umsetzung:

```
#06_sympy2.py
from sympy import symbols,expand,solve,diff,integrate
x = symbols('x')
f=(x-1)*(x-2)*(x-3)
p=expand(f)
df=diff(p,x,1)
F=integrate(p,x)
```

```
08 L=solve(p,x)
09 print("Polynom      p(x) =",p)
10 print("1. Ableitung f'(x) =",df)
11 print("Stammfunktion F(x) =",F)
12 print("Nullstellen",L)
```

Listing 4.6 Differenzieren und Integrieren mit SymPy

Ausgabe

```
Polynom       p(x) = x**3 - 6*x**2 + 11*x - 6
1. Ableitung f'(x) = 3*x**2 - 12*x + 11
Stammfunktion F(x) = x**4/4 - 2*x**3 + 11*x**2/2 - 6*x
Nullstellen [1, 2, 3]
```

Analyse

Alle in Zeile 02 importierten Methoden sind vom Typ <class 'function'>.

In Zeile 04 wird die Funktion f aus drei Linearfaktoren definiert.

In Zeile 05 berechnet die Methode expand(f) aus den Linearfaktoren den Term des Polynoms p.

In Zeile 06 berechnet die Methode diff(...) die 1. Ableitung des Polynoms p, und in Zeile 07 berechnet die Methode integrate(...) die Stammfunktion F des Polynoms p.

In Zeile 08 berechnet die Methode solve(...) die Nullstellen des Polynoms p. Das Ergebnis wird in dem Objekt L gespeichert. Das Objekt L ist vom Typ <class 'list'>. Mit L[0], L[1] und L[2] können Sie auf die Elemente der Liste lesend zugreifen. Alternativ könnten Sie die Nullstellen auch mit der SymPy-Methode nonlinsolve([p],x) berechnen. Dann würden Sie als Ergebnis FiniteSet((1,),(2,),(3,)) vom Typ <class 'sympy.sets.sets.FiniteSet'> erhalten.

Die Ausgaben (Zeile 09 bis 12) bestätigen die erwarteten Ergebnisse.

4.4 SciPy

Das Akronym SciPy steht für **Sci**entific **Py**thon. SciPy ist eine Python-basierte Sammlung von Open-Source-Software für Mathematik, Natur- und Ingenieurwissenschaften. Das sind insbesondere die Kernmodule:

- numpy: Basispaket für das Rechnen mit *n*-dimensionalen Arrays
- scipy: SciPy-Bibliothek; die eigentliche Grundlagenbibliothek für wissenschaftliches Rechnen

- `matplotlib`: umfassende Bibliothek für 2D- und 3D-Funktionsplots
- `sympy`: Bibliothek für symbolische Mathematik
- `pandas`: Bibliothek für aufwendige statistische Analysen großer Datenmengen

Mit der SciPy-Bibliothek können Sie nichtlineare Gleichungssysteme lösen, numerisch differenzieren und integrieren und umfangreiche statistische Berechnungen durchführen.

Hinweise zur Installation, ein einführendes Tutorial und eine ausführliche Dokumentation finden Sie im Internet unter der URL *https://www.scipy.org/*.

Das Modul SciPy ist in Untermodule aufgeteilt. Methoden können mit

```
from scipy.untermodul import methode1, method2, ...
```

aus einem Untermodul importiert werden.

Ein Untermodul kann mit

```
from scipy import untermodul
```

aus dem Modul SciPy importiert werden.

Alle Statistik-Untermodule können Sie beispielsweise mit der Anweisung `from scipy.stats import *` importieren. Diese Vorgehensweise ist selbstverständlich auch bei anderen Untermodulen anwendbar.

Tabelle 4.7 enthält eine Zusammenstellung wichtiger SciPy-Methoden.

Methoden	**Beschreibung**
`optimize.fsolve(...)`	Löst ein nichtlineares Gleichungssystem.
`optimize.newton(...)`	Löst ein nichtlineares Gleichungssystem mit dem Newton-Verfahren.
`misc.derivative(f,x0,n)`	Berechnet die n-te Ableitung der Funktion f an der Stelle x_0.
`integrate.quad(f,a,b)`	Berechnet das Integral von f in den Grenzen a bis b.
`integrate.dblquad(...)`	Berechnet Zweifachintegrale.
`integrate.tplquad(...)`	Berechnet Dreifachintegrale.
`integrate.solve_ivp(...)`	Löst lineare und nichtlineare Differentialgleichungssysteme.

Tabelle 4.7 Ausgewählte SciPy-Methoden

Methoden	Beschreibung
`stats.mode(a)`	Berechnet den Modalwert des Arrays a.
`stats.tmean(a)`	Berechnet den arithmetischen Mittelwert des Arrays a.
`stats.hmean(a)`	Berechnet den harmonischen Mittelwert des Arrays a.
`stats.gmean(a)`	Berechnet den geometrischen Mittelwert des Arrays a.
`stats.tstd(a)`	Berechnet die Standardabweichung des Arrays a.
`stats.skew(a)`	Berechnet die Schiefe des Arrays a.

Tabelle 4.7 Ausgewählte SciPy-Methoden (Forts.)

Die folgenden zwei Programme zeigen exemplarisch, wie man mit SciPy Nullstellen finden und ein bestimmtes Integral berechnen können.

4.4.1 Nullstellen berechnen

Mit der Methode

```
fsolve(func, x0, args = (), fprime = None, full_output = 0,
  col_deriv = 0, xtol = 1.49012e-08, maxfev = 0, Band = None,
  epsfcn = None, Faktor = 100, DIAG = None)
```

können Sie die Nullstellen nichtlinearer Gleichungen oder Gleichungssysteme berechnen lassen. Als erstes Argument muss eine selbst definierte Python-Funktion `func` übergeben werden. In dieser Funktion steht der Code der zu lösenden Gleichung oder des zu lösenden Gleichungssystems. Zur Erinnerung: In Python werden Funktionen wie Variablen behandelt. Bei dem Parameter `x0` handelt es sich um einen geschätzten Startwert. Die Verwendung der anderen Parameter ist optional.

Listing 4.7 berechnet von der Funktion

$$f(x) = x^2 + 10x - 100$$

eine Nullstelle mit der Methode `fsolve(...)`.

```
#07_scipy1.py
from scipy.optimize import fsolve,newton
def f(x):
    return x**2+10*x-100
#Nullstelle berechnen
```

```
06 x01,x02=fsolve(f,[5,-20])
07 #x01,x02=newton(f,[5,-20])
08 #Ausgabe
09 print("Nullstellen:",x01,x02)
```

Listing 4.7 Nullstellen mit SciPy berechnen

Ausgabe

```
Nullstellen: 6.180339887499715 -16.18033988749894
```

Analyse

In Zeile 02 werden aus dem Untermodul `optimize` des Moduls `scipy` die Methoden `fsolve` und `newton` importiert. Beide haben den Typ `<class 'function'>`.

In Zeile 06 berechnet die Methode `fsolve(...)` die Nullstellen der in den Zeilen 03 und 04 definierten mathematischen Funktion `f(x)`. Als erstes Argument wird der Name `f` der Funktion ohne den Parameter `x` übergeben. Als zweites Argument müssen Startwerte `[5,-20]` übergeben werden. Die Lösungen werden in die Objekte `x01` und `x02` gespeichert. Diese Objekte haben den Typ `<class 'numpy.float64'>`. Alternativ kann die quadratische Gleichung auch mit der Methode `newton(...)` gelöst werden (Zeile 07).

4.4.2 Numerisches Integrieren

Mit der Methode

```
quad(func, a, b, args=(), full_output=0, epsabs=1.49e-08,
  epsrel=1.49e-08, limit=50, points=None, weight=None,
  wvar=None, wopts=None, maxp1=50, limlst=50)
```

können Sie bestimmte Integrale berechnen. Als erstes Argument wird der Name der mathematischen Funktion `func` übergeben. Bei den Parametern `a` und `b` handelt es sich um die Unter- und Obergrenzen. Die Benutzung der anderen Parameter ist optional.

Listing 4.8 berechnet das bestimmte Integral von

$$f(x) = x^2 + 10x - 100$$

in den Grenzen von 7 bis 10 mit der SciPy-Methode `quad(...)`:

```
#08_scipy2.py
from scipy.integrate import quad
def f(x):
```

```
04      return x**2+10*x-100
05  #Nullstelle berechnen
06  A=quad(f,7,10)
07  #Ausgabe
08  print("bestimmtes Integral:",A)
```

Listing 4.8 Numerisches Integrieren mit SciPy

Ausgabe

```
bestimmtes Integral: (174.0, 1.9317880628477724e-12)
```

Analyse

In Zeile 02 wird die Methode `quad` aus dem Untermodul `integrate` importiert. Sie hat den Typ `<class 'function'>`.

In Zeile 06 berechnet die Methode `quad(...)` das bestimmte Integral der in den Zeilen 03 und 04 definierten mathematischen Funktion `f(x)`. Als erstes Argument wird der Name der Funktion `f` ohne den Parameter `x` übergeben. Bei dem zweiten und dritten Parameter handelt es sich um die untere und obere Integrationsgrenze. Das Ergebnis wird in dem Objekt `A` gespeichert. Es ist vom Typ `<class 'tuple'>`.

Das erste Element des Tupels enthält eine Näherungslösung des bestimmten Integrals (Flächeninhalt). Bei dem zweiten Element handelt es sich um eine Fehlerabschätzung. Da diese einen sehr kleinen Wert hat, können wir uns darauf verlassen, dass das numerisch bestimmte Ergebnis tatsächlich genau ist.

Viele Funktionen in Python geben neben dem eigentlichen Ergebnis zusätzliche Informationen zurück. Um nur das gewünschte Ergebnis – in diesem Fall den Wert des Integrals – zu erhalten, könnte in Zeile 08 das erste Element mittels `quad(f,7,10)[0]` ausgewählt werden. Alternativ kann man in Zeile 08 nur das erste Element `A[0]` an die `print`-Funktion übergeben

4.5 Aufgaben

1. Berechnen Sie mit NumPy das Matrixprodukt von:

$$\begin{pmatrix} 22 & 23 & 32 & 11 \\ 47 & 56 & 16 & 29 \\ 76 & 81 & 95 & 43 \end{pmatrix} \cdot \begin{pmatrix} 95 & 88 & 73 \\ 61 & 54 & 42 \\ 31 & 29 & 18 \\ 42 & 32 & 17 \end{pmatrix}$$

2. Schreiben Sie ein Matplotlib-Programm, das die Sinus- und Kosinus-Funktion für einen Wertebereich von 0 bis 360° zeichnet. Die Amplitude hat einen Wert von 10. Die x-Achse soll in 30°-Schritten und die y-Achse soll in 2er-Schritten skaliert werden.
3. Berechnen Sie mit SymPy das Matrixprodukt von:

$$\begin{pmatrix} a_{11} & a_{12} & a_{13} \\ a_{21} & a_{21} & a_{23} \end{pmatrix} \cdot \begin{pmatrix} b_{11} & b_{12} \\ b_{21} & b_{22} \\ b_{31} & b_{32} \end{pmatrix}$$

4. Berechnen Sie mit SymPy die 1. Ableitung und die Stammfunktion von:

$y_1 = \sin ax$

$y_2 = \cos ax$

Kapitel 5
Zahlen

In diesem Kapitel werden der euklidische Algorithmus, das Sieb des Eratosthenes, der Heron-Algorithmus und ausgewählte Algorithmen für die Berechnung der Kreiszahl π und der eulerschen Zahl e behandelt.

Mathematiker haben die natürlichen Zahlen $\mathbb{N}$, die ganzen Zahlen $\mathbb{Z}$, die rationalen Zahlen $\mathbb{Q}$, die reellen Zahlen $\mathbb{R}$ und die komplexen Zahlen $\mathbb{C}$ erfunden. Zahlen sind also nicht naturgegeben, sondern ein Konstrukt des menschlichen Geistes. Daher hat der uns heute als selbstverständlich erscheinende Zahlenbegriff eine lange Geschichte.

In der griechischen Mathematik hatte das Wort *Zahl* seit Pythagoras (ca. 580–500 v.Chr.) die Bedeutung einer positiv natürlichen Zahl. Leonardo von Pisa, auch bekannt als Fibonacci, (1170–1240) führte in seinem Buch *Liber Abbaci* (1202) die uns heute geläufigen indisch-arabischen Ziffern einschließlich der 0 ein [Stewart:150]. Michael Stifel (1487–1567) überlegte sich, ob Brüche und irrationale Zahlen wahre oder fingierte Zahlen sind. Er stellte die Hypothese auf, dass zwischen zwei ganzen Zahlen unendlich viele Brüche, aber auch unendlich viele irrationale Zahlen liegen müssen [Gericke:245 f.]. Simon Stevin (1548–1620) schlug 1585, auf der Suche nach einer präzisen Buchführungsmethode, eine Dezimalschreibweise als Ersatz für die zu seiner Zeit noch gebräuchlichen Brüche vor. Er betonte die besondere praktische Bedeutung seines Systems:

> *»Alle geschäftsmäßigen Berechnungen lassen sich unter alleiniger Nutzung ganzer Zahlen und ohne Hilfe von Brüchen durchführen.« [Stewart:151]*

Nachdem Leonhard Euler 1777 das Symbol i als Darstellung für $\sqrt{-1}$ veröffentlichte [Stewart:188], schlug Caspar Wessel 1797 die Darstellung komplexer Zahlen in der komplexen Zahlenebene vor. Carl Friedrich Gauß formulierte 1799 in seiner Dissertation, unabhängig von Wessel, dieselbe Idee [Stewart:192]. Die Bezeichnung *komplexe Zahl* hat Gauß erst 1831 eingeführt. Obwohl Cardano (1501–1576) diese Bezeichnung noch nicht kannte, löste er die gemischt quadratische Gleichung $x^2 - 10x + 40 = 0 (x_{1,2} = 5 \pm \sqrt{-15})$. Er bezeichnete $\sqrt{-15}$ als *quantitas sophistica*. Gericke übersetzt diesen Ausdruck mit *formale Größe* [Gericke: 238].

Ein ähnliches Phänomen zeigt sich auch bei dem Umgang mit negativen Zahlen und der Null. Es hat sehr lange gedauert bis diese Zahlen (etwa bis zum 19. Jh.) als echte Zahlen anerkannt wurden, obwohl man mit ihnen zuvor schon Rechenoperationen ausgeführt hatte. Stifel bezeichnet negative Zahlen als *numeri absurdi* und *numeri ficti infra nihil*, er sagt aber auch, dass diese Fiktion einen großen Nutzen für die Mathematik hat [Gericke: 248].

Abbildung 5.1 veranschaulicht die aktuell bekannten Zahlen als Mengendiagramm.

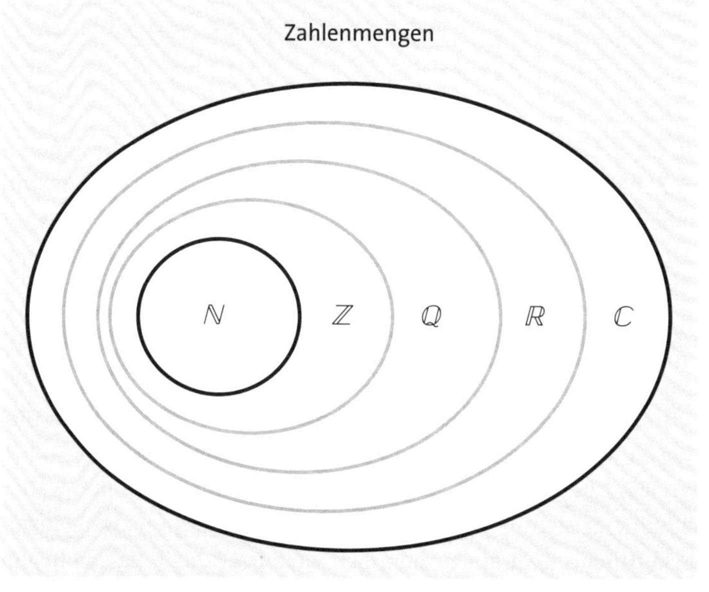

Abbildung 5.1 Strukturierung der Zahlen

Die natürlichen Zahlen $\mathbb{N}$ sind eine Teilmenge der ganzen Zahlen $\mathbb{Z}$. Diese sind eine Teilmenge der rationalen Zahlen $\mathbb{Q}$. Diese sind wiederum eine Teilmenge der reellen Zahlen $\mathbb{R}$, und diese sind letztendlich eine Teilmenge der komplexen Zahlen $\mathbb{C}$.

Mathematiker formulieren diesen Zusammenhang mit den Symbolen der Mengenlehre so:

$$\mathbb{N} \subset \mathbb{Z} \subset \mathbb{Q} \subset \mathbb{R} \subset \mathbb{C}$$

Zahlen wurden zunächst erfunden, um praktische Probleme des Alltags zu bewältigen: das Zählen, Teilen, Rechnen und das Lösen von Gleichungen.

Die folgenden fünf Gleichungen verdeutlichen, wie die Menge der natürlichen Zahlen erweitert werden muss, um diese Gleichungen lösen zu können:

(1) $x - 2 = 0$

(2) $x + 2 = 0$

(3) $3x - 2 = 0$

(4) $x^2 - 2 = 0$

(5) $x^2 + 2 = 0$

Natürliche Zahlen

Durch Umstellen erhält man die Lösungen der Gleichungen. Die Lösung der Gleichung (1) ist eine natürliche Zahl $x = 2$. Wenn für x der Wert 2 eingesetzt wird, ist die Gleichung erfüllt. Die Aussage der Gleichung ist wahr, wenn $x = 2$ ist, denn es gilt: $2 - 2 = 0$. Für die Menge der natürlichen Zahlen schreibt man:

$$\mathbb{N} = \{1, 2, 3, 4, 5, 6, 7, 8, 9, 10 \ldots\}$$

Ganze Zahlen

Die Lösung der Gleichung (2) ist eine negative Zahl: $x = -2$. Um Gleichung vom Typ $x + a = 0$, mit $a \in \mathbb{N}$, lösen zu können, müssen negative Zahlen eingeführt werden. Die Menge der natürlichen Zahlen wird durch alle negativen ganzen Zahlen erweitert. Diese neu entstandene Menge wird als die *Menge aller ganzen Zahlen* $\mathbb{Z}$ bezeichnet. Für die Menge der ganzen Zahlen gilt:

$$\mathbb{Z} = \{\ldots, -3, -2, -1, 0, 1, 2, 3, \ldots\}$$

Rationale Zahlen

Gleichung (3) ist nicht mehr innerhalb der Menge der ganzen Zahlen lösbar. Diese Gleichung hat die Lösung $x = 2/3$. Um Gleichungen vom Typ $a \cdot x - b = 0$, mit $a, b \in \mathbb{Z}$ lösen zu können, müssen Brüche eingeführt werden. Diese Brüche bezeichnet man als *rationale Zahlen* $\mathbb{Q}$. Für die Menge der rationalen Zahlen gilt:

$$\mathbb{Q} = \left\{\frac{m}{n} | m, n \in \mathbb{Z}, n \neq 0\right\}$$

Reelle Zahlen

Gleichung (4) hat die Lösung $x = \sqrt{2} = 1{,}4142135623730951 \ldots$ Diese Gleichung ist nicht innerhalb der Menge der rationalen Zahlen lösbar. Die Menge der rationalen Zahlen $\mathbb{Q}$ muss um die *Menge der irrationalen Zahlen* $\mathbb{I}$ erweitert werden, um Gleichungen vom Typ $x^2 - a = 0$, mit a = 2, 3, 5, 6, 7, 8, 10, 11, 12, ... lösen zu können.

Weil sich Wurzeln wie z. B. $\sqrt{2}, \sqrt{3}, \sqrt{5}, \sqrt{6}, \sqrt{7}, \sqrt{8}, \sqrt{10}, \sqrt{11}, \sqrt{12}, \ldots$ nicht als rationale Zahlen (Brüche) darstellen lassen, bezeichnet man diese Zahlen auch als *irrationale Zahlen* $\mathbb{I}$. Die Menge der reellen Zahlen $\mathbb{R}$ erhält man, wenn man die Menge der rationalen Zahlen $\mathbb{Q}$ mit der Menge der irrationalen Zahlen $\mathbb{I}$ vereinigt. In Mengenschreibweise formuliert:

$$\mathbb{R} = \{a \cup b | a \in \mathbb{Q}, b \in \mathbb{I}\}$$

Komplexe Zahlen

Um Gleichungen vom Typ $x^2 + a = 0$ mit Wurzeln aus negativen Zahlen lösen zu können, wurde die imaginäre Einheit i eingeführt. Es gilt: $\mathrm{i}^2 = -1$. Die Gleichung (5) hat demnach die Lösungen $x_1 = \sqrt{2}\mathrm{i}$ und $x_2 = -\sqrt{2}\mathrm{i}$. Die gemischt quadratische Gleichung

$$x^2 - 4x + 29 = 0$$

hat die Lösungsmenge:

$$x_{1,2} = 2 \pm \sqrt{-25} = 2 \pm 5\mathrm{i}$$

Die Lösung setzt sich aus einem Real- und einem Imaginärteil zusammen. Diese Zahlen sind Teilmengen der komplexen Zahlen $\mathbb{C}$. Um Gleichungen von diesem Typ $x^2 + p{\cdot}x + q = 0$ mit $(p/2)^2 - q < 0$ lösen zu können, muss die Menge der reellen Zahlen um die Menge der komplexen Zahlen $\mathbb{C}$ erweitert werden. Der Konsolendialog zeigt die Lösung der gemischt quadratischen Gleichung mit SymPy:

```
>>> from sympy import *
>>> x=symbols('x')
>>> y=x**2-4*x+29
>>> solve(y,x)
[2 - 5*I, 2 + 5*I]
```

Formal schreibt man für die Menge der komplexen Zahlen:

$$\mathbb{C} = \{z = a + b\mathrm{i} | a \in \mathbb{R}, b \in \mathbb{R}, \mathrm{i}^2 = -1\}$$

Darstellung im Dezimalsystem

In allen Kulturen werden Zahlen durch Ziffern repräsentiert. Die Ziffern des dezimalen Zahlensystems stammen aus Indien, sie werden hintereinander in eine Reihe notiert. Die Stelle, an der eine Ziffer steht, bestimmt den Wert der Zahl.

Wählt man eine Ziffer in der Mitte der Ziffernfolge aus, dann repräsentiert die weiter links von der gewählten Ziffer stehende Ziffer einen höheren Zahlenwert als die rechts davon stehende Ziffer. Aus der Anordnung der Ziffern entsteht ein Zahlensystem. Weil die Stelle einer Ziffer den Wert einer Zahl bestimmt, heißt dieses Konstrukt auch *Stellenwertsystem*. Im *dezimalen Zahlensystem* wird der Wert einer Ziffer berechnet, indem man die Ziffer a aus dem Ziffernvorrat {0,1,2,3,4,5,6,7,8,9} mit einer ganzzahligen Potenz der Basis $a \cdot 10^n$ multipliziert. Die ganze Zahl n repräsentiert den Stellenwert. Gezählt wird von 0 bis n, aber nicht von links nach rechts, sondern umgekehrt, beginnend mit der letzten Ziffer, von rechts nach links: Einer, Zehner, Hunderter, Tausender usw.

Um den Wert der Zahl zu bestimmen, muss man diese einzelnen Produkte aus Ziffernwert und n-te Potenz addieren. Diese Operation müssen Sie selbstverständlich nicht ausführen, denn ihr Wert ist bereits durch ihre dezimale Darstellungsform gegeben.

5.1 Natürliche Zahlen

Die Menge der natürlichen Zahlen

$$\mathbb{N} = \{1, 2, 3, 4, 5, 6, 7, 8, 9, 10 \ldots\}$$

ist eine Folge von Zahlen, die mit der Zahl 1 als erstem Element beginnt. Jedes nachfolgende Element wird dadurch erzeugt, dass die Zahl 1 zum Vorgänger addiert wird. Dieser Prozess der fortlaufenden Operation endet nie. Es gibt also unendlich viele natürliche Zahlen.

Die Operationen der Addition und der Multiplikation mit natürlichen Zahlen ergeben wieder natürliche Zahlen. Die Division von zwei natürlichen Zahlen muss nicht aufgehen, es kann ein Rest entstehen. Um den euklidischen Algorithmus und das Sieb des Eratosthenes zu verstehen, muss das Problem der Teilbarkeit näher untersucht werden.

5.1.1 Teilbarkeit

Die Teilbarkeit ist eine mathematische Beziehung zwischen zwei natürlichen Zahlen. Eine natürliche Zahl ist durch eine andere natürliche Zahl teilbar, wenn sich bei der Division kein Rest ergibt. Wenn b ein Teiler von a ist, schreibt man abgekürzt: $b \mid a$.

Auch andere Formulierungen sind üblich:

- b teilt a.
- b misst a.
- b ist ein Teiler von a.
- a ist ein Vielfaches von b.

Es gibt einfache Regeln, mit denen überprüft werden kann, ob eine Zahl durch die Zahlen von 2 bis 10 ohne Rest teilbar ist. Eine Zahl ist durch

- 2 teilbar, wenn ihre letzte Stelle eine 0 oder eine gerade Zahl ist.
- 3 teilbar, wenn ihre Quersumme durch 3 teilbar ist.
- 4 teilbar, wenn die letzten beiden Stellen durch 4 teilbar sind.
- 5 teilbar, wenn ihre letzte Stelle eine 0 oder 5 ist.
- 6 teilbar, wenn sie durch 2 und ihre Quersumme durch 3 teilbar ist.
- 7 teilbar: Hier gibt es keine einfache Regel!
- 8 teilbar, wenn die letzten 3 Stellen durch 8 teilbar sind.
- 9 teilbar, wenn ihre Quersumme durch 9 teilbar ist.
- 10 teilbar, wenn die letzte Stelle eine 0 ist.

Gerade und ungerade Zahlen

Alle geraden Zahlen lassen sich ohne Rest durch 2 teilen. Trifft dies nicht zu, dann ist die Zahl ungerade. Ob eine Zahl $n > 10$ gerade oder ungerade ist, erkennt man an ihrer letzten Stelle. Wenn die letzte Ziffer einer ganzen Zahl sich durch 2 teilen lässt oder eine 0 ist, handelt es sich um eine gerade Zahl.

Listing 5.1 wertet die letzte Ziffer einer Zahl daraufhin aus, ob sie gerade oder ungerade ist. Diese Vorgehensweise ist nicht besonders elegant; sie dient dazu, die oben beschriebene Regel auszuprobieren. Mit der Modulo-Operation `n%2` kann einfacher überprüft werden, ob eine Zahl gerade oder ungerade ist (siehe Aufgabe 1).

```
#01_gerade_ungerade.py
def gerade_ungerade(zahl):
    strZahl=str(zahl)
    letzteZiffer=strZahl[-1]
    lz=int(letzteZiffer)
    if (lz==0)or(lz==2)or(lz==4)or(lz==6)or(lz==8):
        return "gerade Zahl"
    else:
        return "ungerade Zahl"
#Hauptprogramm
#z=1234
z=234563
print(z,"ist eine",gerade_ungerade(z))
```

Listing 5.1 Gerade oder ungerade Zahlen ermitteln

Ausgabe

```
234563 ist eine ungerade Zahl
```

Analyse

In Zeile 04 wird das letzte Zeichen der Stringvariablen `strZahl` ermittelt. Dieses Zeichen wird in Zeile 05 in eine numerische Variable `lz` vom Typ Integer umgewandelt.

In Zeile 06 erfolgt die Fallabfrage, ob die letzte Ziffer eine gerade Zahl ist. Wenn das der Fall ist, dann wird der String `gerade Zahl` zurückgegeben (Zeile 07). Wenn die letzte Ziffer keine gerade Zahl ist, wird die `return`-Anweisung in Zeile 09 ausgeführt.

Quersumme

Die Quersumme einer natürlichen Zahl ist die Summe ihrer Ziffernwerte. Mit Quersummen kann z. B. überprüft werden, ob eine Zahl durch 3 oder 9 teilbar ist. Einfache Prüfverfahren benutzen Quersummen, um zu überprüfen, ob ein Nachrichtenkanal eine Ziffernfolge fehlerfrei überträgt. Für die Zahl 123456789 beträgt die Quersumme $1 + 2 + 3 + 4 + 5 + 6 + 7 + 8 + 9 = 45$. Mit Listing 5.2 können Sie die Quersummen beliebiger natürlicher Zahlen berechnen:

```
#02_quersumme.py
#Division mit Rest
def quersumme1(z):
    qs=0
    while z!=0:
        qs=qs+z%10
        z=z//10
    return qs
#typische Lösung mit Python
def quersumme2(z):
    strZahl=str(z)
    qs=0
    for ziffer in strZahl:
        qs=qs+int(ziffer)
    return qs
#Hauptprogramm
zahl=123456789
#q=quersumme1(zahl)
q=quersumme2(zahl)
print("Die Quersumme von",zahl,"ist",q)
```

Listing 5.2 Berechnung von Quersummen

Ausgabe

```
Die Quersumme von 123456789 ist 45
```

Analyse

Die Quersumme der Zahl z soll berechnet werden. Dazu wird ihr Divisionsrest z%10 in Zeile 06 zu der Quersumme qs aufaddiert. In Zeile 07 erfolgt eine Ganzzahldivision z//10. Diese Division wird so lange ausgeführt, bis z ungleich 0 ist (Zeile 05). Die ist die klassische Lösung. Mit Python geht das eleganter.

In Zeile 11 wandelt die eingebaute Python-Funktion str(z) die Zahl z in einen String um. In Zeile 14 erfasst die Laufvariable ziffer alle Zeichen des Strings strZahl. In Zeile 15 wird das Zeichen ziffer in eine Ganzzahl umgewandelt und zur Summe qs aufaddiert.

Division mit Rest

Der folgende Konsolendialog zeigt eine Ganzzahl-Division mit dem Operator //, eine Modulo-Division mit dem Operator % und eine Division mit der eingebauten Funktion divmod(17,5), die das Ergebnis beider Operationen als Tupel zurückgibt:

```
>>> 17//5
3
>>> 17%5
2
>>> divmod(17,5)
(3, 2)
```

Die Zahl 5 ist kein echter Teiler von 17. Wenn 17 durch 5 geteilt wird, ergibt sich ein Rest von 2. Abbildung 5.2 veranschaulicht diesen Sachverhalt.

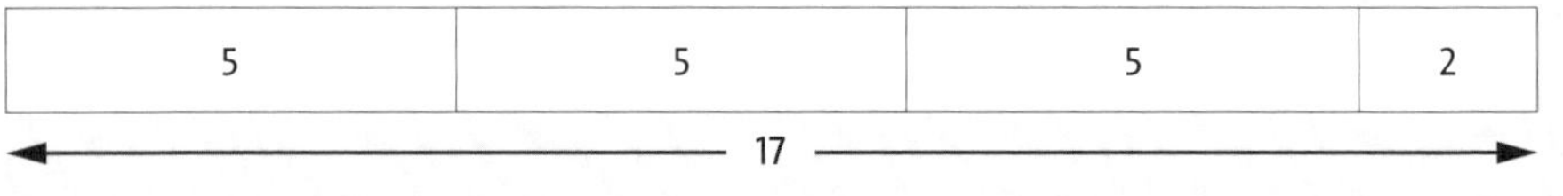

Abbildung 5.2 Veranschaulichung der Division mit Rest

Die Zahl 5 ist in der Zahl 17 also 3-mal enthalten. Wenn von der Zahl 17 die Zahl 5 fortlaufend subtrahiert wird, dann kann diese Operation 3-mal durchgeführt werden, ohne dass das Ergebnis negativ wird. Es bleibt ein Rest von 2.

Für die Division mit dem Dividend a und dem Divisor b gilt allgemein:

$$a = m \cdot b + r$$

In dem Beispiel »17 *geteilt durch* 5« ist $a = 17$, $m = 3$, $b = 5$ und $r = 2$. Der Quotient m ist eine nichtnegative ganze Zahl.

Für den Divisionsrest r gilt allgemein: $0 \leq r < b$.

In der Schreibweise der modularen Arithmetik wird der *Rest* r mit dem *Modul* m als Division mit Rest berechnet:

$$a \bmod m = r$$

Für alle $a, r, m \in \mathbb{Z}$ und $m > 0$ wird geschrieben

$$a \equiv r \bmod m$$

wenn gilt: m teilt $a - r$ bzw. $m \mid a - r$.

Exkurs: Kongruenz

Zwei ganze Zahlen a und b heißen *kongruent modulo m*, wenn die Division von a und b durch m den gleichen Rest r lässt. Im obigen Beispiel sind 2, 7, 12 und 17 alle kongruent, da bei Division durch 5 in allen Fällen der Rest 2 übrigbleibt.

Der folgende Konsolendialog zeigt, ob zwei Kongruenzen übereinstimmen:

```
>>> def kongruent(a,b,m):
    return a%m==b%m

>>> kongruent(12,17,5)
True
>>> kongruent(12,22,5)
True
>>> kongruent(27,22,5)
True
```

Rechenregeln für mod m:

$$(a + b) \bmod m = \big((a \bmod m) + (b \bmod m)\big) \bmod m$$

$$(a - b) \bmod m = \big((a \bmod m) - (b \bmod m)\big) \bmod m$$

$$(a \cdot b) \bmod m = \big((a \bmod m) \cdot (b \bmod m)\big) \bmod m$$

Der folgende Konsolendialog demonstriert die Anwendung der Rechenregeln:

```
>>> a=11
>>> b=17
>>> m=5
```

```
>>> (a+b)%m
3
>>> ((a%m)+(b%m))%m
3
>>> (a-b)%m
4
>>> ((a%m)-(b%m))%m
4
>>> (a*b)%m
2
>>> ((a%m)*(b%m))%m
2
```

Mit Listing 5.3 soll die Division mit Rest veranschaulicht werden. Das Programm berechnet die Division mit Rest iterativ durch fortlaufende Subtraktion:

```
01 #03_modulo.py
02 def mod(a,b):
03     i=0
04     while a>=b:
05         a=a-b
06         i=i+1
07     return i,a
08 #Hauptprogramm
09 z1=17
10 z2=5
11 ganz,rest=mod(z1,z2)
12 print(z1,"geteilt durch",z2,"ergibt:",ganz,"Rest",rest)
13 print("Mit divmod berechnet:",divmod(z1,z2))
```

Listing 5.3 Division mit Rest

Ausgabe

```
17 geteilt durch 5 ergibt: 3 Rest 2
Mit divmod berechnet: (3, 2)
```

Analyse

In Zeile 05 wird von der Zahl a die Zahl b so lange subtrahiert, bis die Subtraktion nicht mehr aufgeht. Dieser Vorgang wird in Zeile 06 gezählt. Die Variable i repräsentiert das Ergebnis der Division. Übrig bleibt der Rest a. Beide Werte werden in Zeile 07 zurückgegeben.

Exkurs: Neunerprüfung

Mit der Neunerprüfung kann überprüft werden, ob das Produkt zweier Zahlen *a* und *b* das richtige Ergebnis liefert. Dazu müssen folgende Operationen ausgeführt werden:

- Berechne das Produkt $a \cdot b$.
- Berechne die Quersummen $Q(a)$, $Q(b)$ und $Q(a{\cdot}b)$.
- Berechne das Produkt der Quersummen $Q(a){\cdot}Q(b)$.
- Prüfe: $Q(a){\cdot}Q(b) \equiv (a{\cdot}b) \pmod 9$ [Ziegenbalg: 106].

Bei der Neunerprüfung handelt es sich nur um eine Plausibilitätsprüfung. Sie liefert nur eine notwendige und keine hinreichende Bedingung dafür, ob das Ergebnis auch korrekt ist.

5.1.2 Der größte gemeinsame Teiler

Der größte gemeinsame Teiler (*ggT*) wird benötigt, wenn Sie bei der Addition von Brüchen den Hauptnenner bilden müssen. Den größten gemeinsamen Teiler von zwei natürlichen Zahlen können Sie ermitteln, indem Sie alle Teiler dieser Zahlen aufschreiben und die Teiler auswählen, die für beide Zahlen gleich sind und den größten Wert haben. Tabelle 5.1 zeigt die Teiler der Zahlen 78 und 174.

78	2	3	6	13	26	39
174	2	3	6	29	58	87

Tabelle 5.1 Die Teiler von zwei Zahlen

Aus Tabelle 5.1 können Sie jetzt ablesen, dass 6 der größte gemeinsame Teiler von 78 und 174 ist. Abgekürzt schreibt man: $ggT(78,174) = 6$.

Listing 5.4 berechnet die in Tabelle 5.1 aufgelisteten Teiler:

```
#04_teiler.py
def berechneTeiler(zahl):
    teiler=[]
    for t in range(2,zahl//2+1):
        if zahl%t==0:
            teiler.append(t)
        else:
            continue
```

```
09      return teiler
10  #Hauptprogramm
11  z1=78
12  z2=174
13  print("Teiler von",z1,"=",berechneTeiler(z1))
14  print("Teiler von",z2,"=",berechneTeiler(z2))
```

Listing 5.4 Teiler von zwei Zahlen berechnen

Ausgabe

```
Teiler von 78  = [2, 3, 6, 13, 26, 39]
Teiler von 174 = [2, 3, 6, 29, 58, 87]
```

Analyse

In Zeile 03 wird eine leere Liste `teiler` erzeugt. In Zeile 04 wird die `for`-Schleife von `2` bis `zahl//2+1` ausgeführt. Wenn der Divisionsrest gleich 0 ist (Zeile 05), dann wird der Teiler `t` an die Liste `teiler` angehängt (Zeile 06). Ansonsten wird die Schleife weiter durchlaufen (Zeile 07 und 08).

Der euklidische Algorithmus

Das Verfahren, alle Teiler von zwei Zahlen in eine Tabelle einzutragen, um dann aus den Einträgen den größten gemeinsamen Teiler zu ermitteln, ist sehr umständlich. Einfacher geht es mit dem euklidischen Algorithmus. Euklid von Alexandria (ca. 365 – 300 v. Chr.) hat ihn in seinem berühmten Buch *Die Elemente*, das noch bis in die zweite Hälfte des 19. Jahrhunderts als Mathematiklehrbuch genutzt wurde, als Prozess einer fortlaufenden Subtraktion beschrieben:

Nimmt man abwechselnd immer das Kleinere vom Größeren weg, dann muß der Rest schließlich die vorhergehende Größe messen ... [Zehntes Buch, §3].

Von der größeren Zahl wird die kleinere subtrahiert. Für die Subtraktion gilt:

Minuend – Subtrahend = Differenzwert

Von dem Ergebnis, also dem Differenzwert, wird dann wieder die kleinere Zahl subtrahiert. Diese Operation wird so lange fortgesetzt, bis die Teilung abgeschlossen ist. Wenn der Subtrahend größer als der Minuend ist, werden beide Zahlen vertauscht. Dieses Verfahren wird auch als *Wechselwegnahme* [Scheid: 28] bezeichnet.

Am Beispiel der Zahlen 78 und 174 soll gezeigt werden, wie der euklidische Algorithmus funktioniert:

$$174 - 78 = 96$$
$$96 - 78 = 18$$
$$78 - 18 = 60$$
$$60 - 18 = 42$$
$$42 - 18 = 24$$
$$24 - 18 = 6$$
$$18 - 6 = 12$$
$$12 - 6 = 6$$

Der größte gemeinsame Teiler von 78 und 174 ist also, wie oben bereits ermittelt wurde, die Zahl 6.

Python verfügt über die eingebaute Funktion `gcd(a,b)` (**g**reatest **c**ommon **d**ivisor). Mit dem folgenden Konsolendialog wird das Ergebnis überprüft:

```
>>> from math import gcd
>>> gcd(78,174)
6
```

Wenn zwei Zahlen keinen gemeinsamen Teiler haben, dann ist der gemeinsame Teiler gleich 1: z. B. $ggT(7,8) = 1$. Für Primzahlen gilt grundsätzlich: $ggT(prim_1, prim_2) = 1$. Der nachfolgende Konsolendialog zeigt zwei Beispiele:

```
>>> gcd(7,8)
1
>>> gcd(17,19)
1
```

In Pseudocode übersetzt, lässt sich der euklidische Algorithmus wie folgt formulieren:

```
solange a ungleich b:
   Ausgabe a und b
   wenn a > b:
        a = a - b
   sonst:
        b = b - a
```

Listing 5.5 berechnet den größten gemeinsamen Teiler der Zahlen 78 und 174 durch Wechselwegnahme. Die einzelnen mathematischen Operationen werden mit ausgegeben.

```
01 #05_euklid.py
02 a=78
03 b=174
04 while a!=b:
05     if a>b:
06         print(a,"-",b,"=",a-b)
07         a=a-b
08     elif b>a:
09         print(b,"-",a,"=",b-a)
10         b=b-a
```

Listing 5.5 Der euklidische Algorithmus

Ausgabe

```
174 - 78 = 96
96 - 78 = 18
78 - 18 = 60
60 - 18 = 42
42 - 18 = 24
24 - 18 = 6
18 - 6 = 12
12 - 6 = 6
```

Analyse

Die `while`-Schleife (Zeile 04 bis 10) wird so lange durchlaufen, wie `a` ungleich `b` ist. Wenn `a` größer `b` ist (Zeile 05), dann wird die Differenz `a-b` berechnet (Zeile 07). Ansonsten wird `b-a` berechnet (Zeile 10).

Den größten gemeinsamen Teiler mit dem Modulo-Operator berechnen

Das Verfahren der Wechselwegnahme ist aufwendig. Durch die Division mit Rest kann der größte gemeinsame Teiler wesentlich schneller berechnet werden. Zuerst wird die größere Zahl a (Dividend) durch die kleinere Zahl b (Divisor) dividiert: $a : \mathrm{b} = m$ Rest r. Das Ergebnis (Wert des Quotienten) wird zusammen mit dem Rest r notiert. Das Ergebnis wird zum Dividenden und der Rest wird zum Divisor. Diese Operation wird so lange wiederholt, bis die Division aufgeht. Es handelt sich also um ein rekursives Rechenverfahren. Die praktische Umsetzung wird am Beispiel von $ggT(78{,}174)$ gezeigt:

174 : 78 = 2 Rest 18

78 : 18 = 4 Rest ***6*** (= Ergebnis)

18 : 6 = 3 Rest 0

Ergebnis: $ggT(78{,}174) = 6$

Die Wechselwegnahme hat einen Aufwand von 8 Operationen, die Division mit Rest benötigt dagegen nur 3 Operationen.

In Listing 5.6 berechnen Python-Funktionen den größten gemeinsamen Teiler mit der Wechselwegnahme (ggT1 und ggT2) und mit der Modulo-Operator (ggT3).


```
#06_ggT.py
#Euklidischer Algorithmus
def ggT1(a, b):
    '''Euklidischer Algorithmus: Wechselwegnahme.'''
    while a!=b:
        if a>b:
            a=a-b
        elif b>a:
            b=b-a
    return a
#Variablentausch
def ggT2(a, b):
    while a!=b:
        if  a<b:
            a,b=b,a
        a=a-b
    return a
#Division mit Rest
def ggT3(a, b):
    while b != 0:
        a, b = b, a % b
    return a
#Hauptprogramm
z1=78
z2=174
#t=ggT1(z1,z2)
#t=ggT2(z1,z2)
t=ggT3(z1,z2)
print("Größter gemeinsamer Teiler von %i und %i ist %i" %(z1,z2,t))
```

Listing 5.6 Berechnung des größten gemeinsamen Teilers

Ausgabe

```
Größter gemeinsamer Teiler von 78 und 174 ist 6
```

Analyse

In Zeile 21 wird der Wert von b der Variablen a zugewiesen. Der Divisionsrest a%b wird der Variablen b zugewiesen. Dieser Vorgang wird so lange wiederholt, wie b ungleich 0 ist. Bei der Python-Funktion ggT3(...) in Zeile 19 handelt es sich um eine typische Python-Lösung. Sie ist wesentlich kürzer als die Vorgängerversionen.

5.1.3 Primzahlen

Primzahlen sind das Fundament moderner Verschlüsselungsverfahren. Im Jahr 1977 entdeckten Ronald Rivest, Adi Shamir und Leonard Adleman ein Verschlüsselungsverfahren, in dem Primzahlen die entscheidende Funktion für eine sichere Verschlüsselung übernehmen.

Primzahl

Eine Primzahl ist eine natürliche Zahl größer 1, die *nur* durch 1 und durch sich selbst teilbar ist. Es gibt unendlich viele Primzahlen.

Schon im antiken Griechenland waren Primzahlen Gegenstand mathematischer Untersuchungen. Eratosthenes fand eine Methode, mit der Primzahlen bestimmt werden konnten. Alle Zahlen von 1 bis n werden in eine Tabelle eingetragen und es wird geprüft, ob sie durch eine Zahl von 2 bis $\sqrt{n}$ teilbar sind. Wenn das der Fall ist, wird diese Zahl gestrichen. Übrig bleiben die Primzahlen. Tabelle 5.2 zeigt die herausgesiebten Primzahlen.

	2	3		5		7			
11		13				17		19	
		23						29	
31						37			
41		43				47			

Tabelle 5.2 Die Primzahlen von 1 bis 50

Zwischen den natürlichen Zahlen von 1 bis 50 gibt es 15 Primzahlen. Aus der Darstellung in Tabelle 5.2 geht deutlich hervor, dass die Primzahlen unregelmäßig verteilt sind. Es ist kein Muster erkennbar, folglich gibt es auch kein Bildungsgesetz, mit dem Primzahlen aus ihrem Vorgänger einfach ermittelt werden können.

Die Menge der Primzahlen von 2 bis 50 lautet also:

$$\mathbb{P} = \{2, 3, 5, 7, 11, 13, 17, 19, 23, 29, 31, 37, 41, 43, 47\}$$

Die selbst erstellten Algorithmen können Sie mit den zahlentheoretischen Methoden von SymPy überprüfen. Tabelle 5.3 enthält eine Übersicht über Methoden, mit denen der Primzahltest und Primzahlsuchen durchgeführt werden können.

Methode	Beschreibung
`isprime(n)`	Überprüft, ob die Zahl `n` eine Primzahl ist.
`prime(n)`	Gibt die *n*-te Primzahl zurück. Die *n*-te Primzahl ist ungefähr `n*log(n)`.
`primefactors(z)`	Ermittelt die Primfaktoren der Zahl `z`.
`primepi(n)`	Ermittelt die Anzahl der Primzahlen von 2 bis `n`.
`sieve.primerange(n1,n2)`	Erzeugt eine Liste von Primzahlen, mit dem Algorithmus »Sieb des Eratosthenes«.

Tabelle 5.3 SymPy-Methoden für Primzahlen

Naiver Primzahltest

Um zu prüfen, ob eine Zahl `zahl` eine Primzahl ist, kann man über die Menge aller potenziellen Teiler `k` von 2 bis zur nächsten natürlichen Zahl nach `sqrt(zahl)` iterieren und prüfen, ob man einen echten Teiler findet, d. h. ein `k`, bei dem nach der Modulo-Operation `zahl%k` kein Rest übrig bleibt. In diesem Fall wäre `k` ein Teiler von `zahl` und `zahl` damit keine Primzahl. Findet man kein solches `k`, dann wäre damit gezeigt, dass es sich bei `zahl` um eine Primzahl handelt.

In Listing 5.7 wird die Modulo-Operation (Zeile 06) innerhalb einer `for`-Schleife durchgeführt. Das Modul `k` durchläuft den Wertebereich von 2 bis `sqrt(zahl)`. Dieser Algorithmus ist naiv, weil er unnötige Divisionen durchführt. Hat man beispielsweise bereits festgestellt, dass `k` nicht durch 2 teilbar ist, dann könnte man sich die Prüfung für `k = 4, 6, 8, ...` und alle weiteren Vielfachen von 2 sparen.

```
01 #07_primtest_naiv.py
02 from math import sqrt,ceil
03 def istPrim(zahl):
04     kmax=ceil(sqrt(zahl))
05     for k in range(2,kmax):
06         if zahl%k==0:           #ohne Rest teilbar
```

```
07            return zahl, False #also keine Primzahl
08        return zahl, True #ist eine Primzahl
09    #Hauptprogramm
10    for z in [11,191,499,9091,333667,2**11-1]:
11        print(istPrim(z))
```

Listing 5.7 Naiver Primzahltest

Ausgabe

```
(11, True)
(191, True)
(499, True)
(9091, True)
(333667, True)
(2047, False)
```

Analyse

In Zeile 04 berechnet die eingebaute Python-Funktion `ceil(sqrt(n))` die kleinste ganze Zahl `kmax`, die größer oder gleich `sqrt(n)` ist. Die Probedivisionen brauchen nur bis `kmax`, der nächsten natürlichen Zahl nach der Wurzel aus `zahl`, durchgeführt werden (Zeile 04 und 05).

Die Laufvariable `k` ist der Divisor. Wenn sich die Zahl `zahl` ohne Rest durch `k` teilen lässt, ist `zahl` keine Primzahl und die `return`-Anweisung in Zeile 07 wird ausgeführt.

Bleibt bei der Division immer ein Rest, wird nach dem letzten Schleifendurchlauf die `return`-Anweisung in Zeile 08 ausgeführt. Die Zahl `zahl` ist eine Primzahl.

Primzahltest mit SymPy

Bei der RSA-Verschlüsselung müssen zwei sehr große Primzahlen miteinander multipliziert werden. Diese Primzahlen können mit der Formel von Mersenne berechnet werden: $M_n = 2^n - 1$. Mit den Exponenten $n = \{2, 3, 5, 7, 13, 17, 19, 31\}$ erhält man die Mersenne-Primzahlen $p = \{3, 7, 31, 127, 8191, 131071, 524287, 2147483647\}$.

Da ein Computer 2er-Potenzen einfach berechnen kann, eignet sich die Mersenne-Formel besonders gut dazu, große Primzahlen zu finden. Die Formel liefert aber nicht für alle n eine Mersenne-Primzahl M_n. So sind z. B. die Zahlen M_{11}, M_{23} M_{29} und M_{37} keine Primzahlen. Deshalb muss eine Zahl, die mit der Mersenne-Formel berechnet wurde, darauf überprüft werden, ob sie prim ist.

In seinem Buch »Unglaubliche Zahlen« hat Ian Stewart [Stewart: 416] die Rekorde der Mersenne-Primzahlen aufgelistet. Eine Auswahl wurde in Listing 5.8 übernommen.

Sie können die Leistungsfähigkeit Ihres Computers testen, indem Sie die Kommentare ab Zeile 07 entfernen. Der Primzahltest wird mit der SymPy-Methode `isprime(M)` in Zeile 18 durchgeführt. Das Programm berechnet die Mersenne-Primzahl und ermittelt auch die Anzahl ihrer Stellen.

```
01 #08_primtest_sympy.py
02 from sympy import isprime
03 #n=17        #Cataldi 1588
04 #n=19        #Cataldi 1588
05 #n=31        #Euler 1772
06 #n=127       #Lucas 1876
07 n=2281       #Robinson 1952
08 #n=11213     #Gillies 1963
09 #n=19937     #Tuckerman 1971
10 #n=23209     #Noll 1979
11 #n=44497     #Nelson & Slowinski 1979
12 #n=86243     #Slowinski 1982
13 #n=132049    #Slowinski 1983
14 #n=24036583 #Findley 2004
15 #n=32582657 #Cooper, Boone 2006
16 M=2**n-1 #Mersenne-Primzahl
17 print("Ist die Zahl\n",M,"\nmit",len(str(M)),"Stellen eine Primzahl?")
18 print(isprime(M))
```

Listing 5.8 Primzahltest mit SymPy

Ausgabe

```
Ist die Zahl
446087557183758429571151706402101809886208632412859901111991219963404685792820
473369112545269003989026153245931124316702395758705693679364790903497461147071
065254193353938124978226307947312410798874869040070279328428810311754844108094
878252494866760969586998128982645877596028979171536962503068429617331702184750
324583009171832104916050157628886606372145501702225925125224076829605427173573
964812995250569412480720738476855293681666712844831190877620606786663862190240
118570736831901886479225810414714078935386562497968178729127629594924411960961
386713946279899275006954917139758796061223803393537381034666494402951052059047
968693255388647930440925104186817009640171764133172418132836351
mit 687 Stellen eine Primzahl?
True
```

Analyse

Wie gesagt: Sie können das Programm benutzen, um die Leistungsfähigkeit Ihres Computers zu beurteilen. Mein Rechner mit einem Apple-M1-Prozessor kann gerade noch überprüfen, ob M_{2281} eine Mersenne-Primzahl ist (Zeile 07). Das gelang schon Raphael Robinson (1911–1995) im Jahr 1952 mit einem Röhrencomputer, dem SWAC (**S**tandards **W**estern **A**utomatic **C**omputer).

In Zeile 17 ermittelt die eingebaute Python-Funktion `len(...)` die Anzahl der Stellen. In Zeile 18 überprüft die SymPy-Methode `isprime(M)`, ob es sich bei `M` um eine Primzahl handelt.

Mit der Tastenkombination Strg+C können Sie die Ausführung des Programms in der Kommandozeile jederzeit abbrechen, falls die Berechnung zu lange dauert.

Primzahlen finden

Zahlentheoretiker gingen der Frage nach, wie viele Primzahlen in einem bestimmten Intervall vorkommen: Wie viele Primzahlen gibt es in dem Intervall von 0 bis 100.000 oder in dem Intervall von 100.000 und 200.000 usw.? Nimmt die Dichte der Primzahlen mit der Größe der Intervalle ab? Oder bleibt sie eventuell konstant? Diese Fragen beantwortet die Darstellung der Primzahlverteilung in Tabelle 5.4.

Listing 5.9 ermittelt Primzahlen und deren Anzahl `n` für ein vorgegebenes Intervall mit einer unteren Schranke `us` und einer oberen Schranke `os`. Die Intervallgrenzen können Sie in den Zeilen 19 und 20 ändern. Der selbst erstellte Algorithmus arbeitet mit dem naiven Primzahltest. Zur Kontrolle wird das Ergebnis mit der SymPy-Methode `primerange(u,o)` überprüft.

```
01 #09_primgenerator.py
02 from sympy import sqrt, primerange
03 def primzahl(us,os):
04     primZahlen=[]
05     istPrim=False
06     n=0
07     for zahl in range(us,os):
08         istPrim=True
09         kmax=int(sqrt(zahl))+1 #größter Teiler
10         for k in range(2,kmax):
11             if zahl%k==0:     #ohne Rest teilbar
12                 istPrim=False #also keine Primzahl
13                 break
```

```
14          if istPrim:
15              n=n+1 #zähle Primzahlen
16              primZahlen.append(zahl)
17      return primZahlen,n
18  #Hauptprogramm
19  u=2
20  o=50
21  pz=primzahl(u,o)
22  pz_sympy=[i for i in primerange(u,o)]
23  print(pz)
24  print("",pz_sympy,len(pz_sympy))
```


Listing 5.9 Primzahlengenerator

Ausgabe

```
([2, 3, 5, 7, 11, 13, 17, 19, 23, 29, 31, 37, 41, 43, 47], 15)
 [2, 3, 5, 7, 11, 13, 17, 19, 23, 29, 31, 37, 41, 43, 47] 15
```

Analyse

Die selbst erstellte Python-Funktion `primzahl(us,os)` besteht aus zwei ineinander verschachtelten `for`-Schleifen (Zeile 07 bis 13). In der äußeren Schleife werden die Zahlen `zahl` zwischen `us` und `os` erzeugt. In der inneren Schleife wird überprüft, ob die Zahl `zahl` ohne Rest teilbar ist (Zeile 11). Ist das der Fall, dann ist sie keine Primzahl (Zeile 12) und der Schleifendurchlauf wird mit `break` unterbrochen (Zeile 13).

Wenn die boolesche Variable `istPrim` den Wert `True` hat (Zeile 14), wird der Zähler *n* um 1 erhöht und die gefundene Primzahl wird in Zeile 16 an die Liste `primZahlen` angehängt. Zurückgegeben werden die Primzahlen `primZahlen` und die Anzahl der Primzahlen `n` in Zeile 17.

Zur Kontrolle ermittelt in Zeile 22 die SymPy-Methode `primerange(u,o)` die Primzahlen in dem Intervall zwischen `u` und `o`.

Das Sieb des Eratosthenes

Der Algorithmus von Eratosthenes wurde anhand von Tabelle 5.2 beschrieben. In Listing 5.10 wird diese Tabelle durch die Python-Liste `gestrichen[n]` erzeugt. Diese Liste wird mit dem booleschen Wert `False` initialisiert (Zeile 08). Wenn eine Zahl aus dieser Liste einen Teiler hat, dann wird an dieser Stelle der Wert auf `True` gesetzt und damit »herausgesiebt«. Anschließend werden aus dieser Liste die nicht gestrichenen Werte ermittelt und ausgegeben (Zeile 14 bis 16).

```
01 #10_eratosthenes.py
02 from math import sqrt,ceil
03
04 def sieb(n):
05     '''Sieb des Eratosthenes'''
06     kmax=ceil(sqrt(n))
07     prim=[]
08     gestrichen=[False]*n
09     for i in range(2,kmax):
10         if not gestrichen[i]:
11             for j in range(i**2,n,i):
12                 gestrichen[j]=True
13                 #print(i,j)
14     for i in range(2,n):
15         if not gestrichen[i]:
16             prim.append(i)
17     return prim
18 #Hauptprogramm
19 N=100
20 print(sieb(N))
```

Listing 5.10 Das Sieb des Eratosthenes

Ausgabe

```
[2, 3, 5, 7, 11, 13, 17, 19, 23, 29, 31, 37, 41, 43, 47, 53, 59, 61, 67, 71,
73, 79, 83, 89, 97]
```

Analyse

Die leere Liste `prim` hat die Aufgabe, die herausgesiebten Primzahlen aufzunehmen (Zeile 07). In Zeile 08 wird die mit `n` booleschen Werten als `False` initialisierte Liste `gestrichen` erzeugt.

Die äußere `for`-Schleife iteriert die Teiler von 2 bis √n. Wenn an der Position `i` noch keine Zahl gestrichen wurde, wird die innere `for`-Schleife in Zeile 11 ausgeführt. Da alle kleineren Vielfachen bereits gestrichen wurden, reicht es aus, bei jedem neuen Schleifendurchlauf der inneren Schleife die Iteration mit dem Quadrat von `i` zu beginnen. Bei jedem neuen Schleifendurchlauf der inneren Schleife erhöht sich auch die Schrittweite. In Zeile 12 wird an der Position `j` der boolesche Wert von `gestrichen` auf `True` gesetzt. Das heißt, die Zahl, die an dieser Stelle steht, ist also keine Primzahl und muss deshalb gestrichen werden.

In den Zeilen 14 bis 16 werden alle Zahlen, die nicht gestrichen wurden (Zeile 15) gesammelt und an die Liste `prim` angehängt (Zeile 16). In Zeile 17 werden die herausgesiebten Primzahlen als Liste zurückgegeben.

Um den Ablauf besser nachvollziehbar zu machen, können Sie sich in der innersten `for`-Schleife in Zeile 13 die Werte von `i` und `j` per `print(i, j)` ausgeben lassen.

Verteilung der Primzahlen

Wie häufig kommen Primzahlen innerhalb eines bestimmten Intervalls vor? Diese Frage stellten sich schon der 15-jährige Carl Friedrich Gauß 1793 und Adrien-Marie Legendre 1798. Sie soll zunächst empirisch mithilfe des Primzahlgenerators aus Listing 5.9 beantwortet werden.

Tabelle 5.4 zeigt die Verteilung der Primzahlen für die ersten Hunderttausender-Intervalle.

Intervall	Anzahl der Primzahlen in dem Intervall
0 – 100.000	9592
100.000 – 200.000	8392
200.000 – 300.000	8013
400.000 – 500.000	7863
500.000 – 600.000	7560
600.000 – 700.000	7445
700.000 – 800.000	7408
800.000 – 900.000	7323
900.000 – 1.000.000	7224

Tabelle 5.4 Anzahl der Primzahlen in den ersten »Hunderttausender-Intervallen«

Mit zunehmender Größe der Intervalle scheint die Dichte der Primzahlen leicht abzunehmen.

Gauß fand 1793 eine Formel, die den Zusammenhang zwischen der Anzahl der Primzahlen $\pi(n)$ und dem natürlichen Logarithmus von n näherungsweise beschreibt:

$$\pi(n) = \frac{n}{\ln n}$$

Anmerkung: Es besteht kein logischer oder inhaltlicher Zusammenhang zwischen der Notation $\pi(n)$ und der Kreiszahl π. Die Notation $\pi(n)$ hat sich historisch durchgesetzt.

Wenn wir die Formel von Gauß für $n = 10^5$ in einem Konsolendialog anwenden, erhalten wir für $\pi(10^5)$ einen Wert von etwa 8686 Primzahlen:

```
>>> from math import log
>>> n=100000
>>> n/log(n)
8685.889638065037
```

Laut Tabelle 5.4 kommen in dem Intervall von 0 bis 100.000 genau 9592 Primzahlen vor. Die Formel von Gauß erlaubt also nur eine grobe Abschätzung.

Abbildung 5.3 zeigt die Primzahlverteilung in dem Intervall von 10^2 bis 10^9.

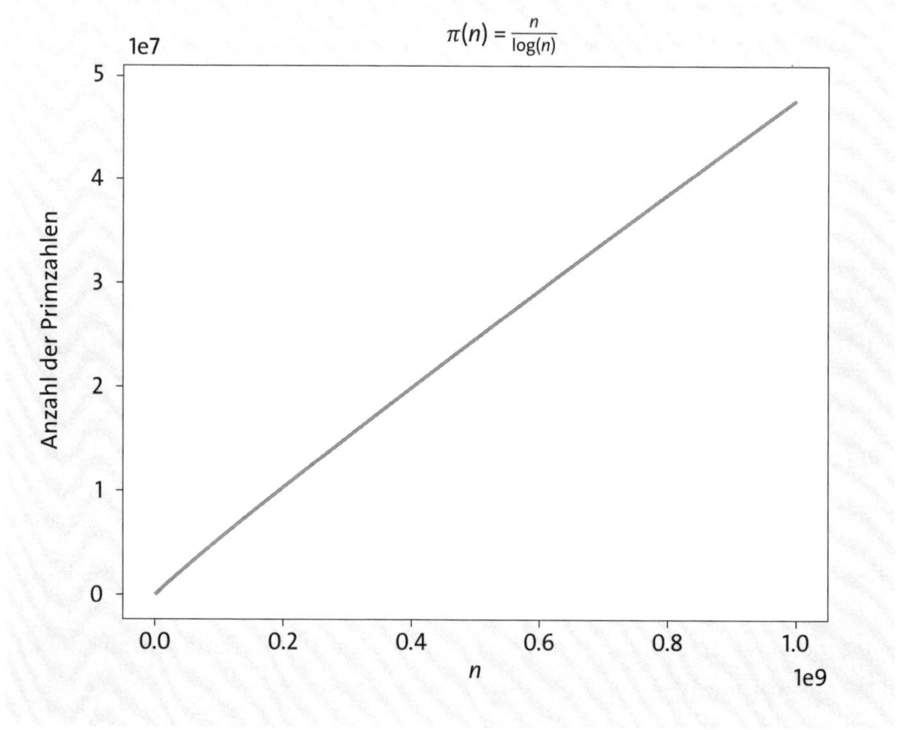

Abbildung 5.3 Verteilung der Primzahlen von 10^2 bis 10^9

Aus dem Funktionsgraphen in Abbildung 5.3 kann man ablesen, dass bis zu der Zahl $n = 10^9$ etwa $5 \cdot 10^7$ Primzahlen vorkommen.

Die SymPy-Methode `primepi(n)` ermittelt die Anzahl der Primzahlen von 2 bis n. Mit dem folgenden Konsolendialog kann der Wert für $\pi(10^9) \approx 5 \cdot 10^7$ bestätigt werden:

```
>>> from sympy import primepi
>>> primepi(1000000000)
50847534
```

Primfaktorzerlegung

Jede natürliche Zahl kann als Produkt aus anderen Zahlen dargestellt werden. Abbildung 5.4 zeigt exemplarisch, wie die Zahl 210 in ihre Faktoren zerlegt werden kann.

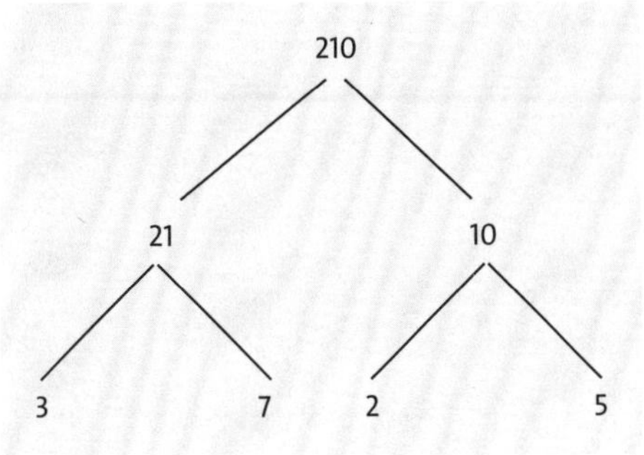

Abbildung 5.4 Primfaktorzerlegung

Das Produkt 21·10 kann weiter zerlegt werden in 3·7 und 2·5. Die Zerlegung wird so lange fortgesetzt, bis nur noch Primzahlen als Faktoren vorkommen. Als Formel geschrieben, lautet die Berechnungsvorschrift:

$$n = \prod_{i=1}^{m} p_i := p_1 \cdot p_2 \cdot \ldots \cdot p_m$$

Diese Berechnungsvorschrift wird als *Hauptsatz der elementaren Zahlentheorie* bezeichnet.

Hauptsatz der elementaren Zahlentheorie

Jede ganze Zahl lässt sich eindeutig als Faktoren aus Primzahlen darstellen. Bis auf die Reihenfolge der Faktoren ist diese Darstellung eindeutig.

Bisher wurde noch kein effizienter Faktorisierungsalgorithmus gefunden. Diese Einschätzung ist wichtig, weil die Sicherheit des RSA-Verschlüsselungsverfahrens darauf beruht, dass ein Produkt aus zwei sehr großen Primzahlen nicht in akzeptabler Zeit in deren Primfaktoren zerlegt werden kann. Es ist zwar sehr leicht zu prüfen, dass eine

Zahl das Produkt zweier gegebener Primzahlen ist, aber umgekehrt deutlich aufwendiger, die Zahl in ihre Primfaktoren zu zerlegen, wenn man diese nicht kennt.

Die erste Implementierung verwendet den Algorithmus aus der Algorithmensammlung zur Zahlentheorie von Wikipedia:

https://de.wikibooks.org/wiki/Algorithmensammlung:_Zahlentheorie:_Primfaktorisierung

Listing 5.11 überprüft mit dem Modulo-Operator `%` bis zur $\sqrt{n}$, ob die Zahl `n` einen Teiler `t` hat. Wenn das der Fall ist, dann wird dieser Teiler zu einer Liste `f[]` hinzugefügt. Dieser Prozess wird so lange fortgesetzt, bis alle Primfaktoren gefunden wurden. Das Ergebnis wird mit der SymPy-Methode `primefactors(n)` überprüft.

```
01 #11_primfaktoren1.py
02 from sympy import primefactors
03 def primfaktoren(n):
04     f=[]
05     t=2
06     while t**2<=n:
07         if n%t==0:
08             f.append(t)
09             n=n//t
10         else:
11             t=t+1
12     f.append(n)
13     return f
14 
15 z=1234566789
16 print("Primfaktoren von",z," sind:")
17 print(primfaktoren(z))
18 print(primefactors(z),"SymPy")
```

Listing 5.11 Einfacher Algorithmus für die Primfaktorzerlegung

Ausgabe

```
Primfaktoren von 1234566789  sind:
[3, 53, 151, 51421]
[3, 53, 151, 51421] SymPy
```

Analyse

In die leere Liste `f` sollen alle Primfaktoren gespeichert werden (Zeile 04). Der Teiler `t` wird mit `2` initialisiert (Zeile 05).

Die Iteration beginnt mit dem Quadrat des Teilers t**2 und endet bei n. Wenn sich n durch t teilen lässt, liegt ein Faktor vor (Zeile 07) und t wird an die Liste f angehängt. In Zeile 09 erfolgt die Ganzzahldivision n=n//t. Das heißt, bei jedem neuen Schleifendurchlauf wird der Wert von n reduziert. Wenn sich n nicht teilen lässt, wird der Wert des Teilers t um 1 erhöht (Zeile 11).

In Zeile 12 wird der letzte Wert von n noch an die Liste f angehängt. Die Primfaktoren werden als Liste zurückgegeben (Zeile 13). Wenn Sie das Programm mit sehr großen Zahlen testen, werden Sie feststellen, dass Sie mit Ihrem Computer diese Zahlen nicht mehr in ihre Primfaktoren zerlegen können. Selbst die leistungsstärksten Computer sind nicht in der Lage, sehr große Zahlen in einer noch akzeptablen Zeit in ihre Primfaktoren zu zerlegen. Darauf beruht die Sicherheit des RSA-Verschlüsselungsverfahrens (siehe Abschnitt 5.1.4).

Verbesserte Version

Die zweite, verbesserte Version (in Listing 5.12) stammt ebenfalls aus der oben zitierten Wikipedia-Quelle. Sie verwendet die Python-Funktion chain(...) aus dem Modul itertools. Mit dieser Funktion wird ein *Iterator* erzeugt. Ein Iterator ist ein Zeiger, der die Elemente einer Liste durchläuft, bis alle Elemente erfasst wurden. Die Funktion chain(...) entspricht in etwa dem Konstrukt aus zwei verschachtelten for-Schleifen:

```
def chain(iterables):
    #chain('ABC', 'DEF') --> A B C D E F
    for it in iterables:
        for element in it:
            yield element
```

Die Anweisung yield gibt alle erfassten Elemente zurück.

Die Funktion chain(...) wird verwendet, um aufeinanderfolgende Sequenzen als eine einzelne Sequenz zu verarbeiten.

Das Ergebnis wird wieder mit der SymPy-Methode primefactors(n) überprüft.

```
#12_primfaktoren2.py
from itertools import chain
from sympy import primefactors

def primfaktoren(n):
    f = []
    for i in chain([2], range(3, n//2+1, 2)):
        while n % i == 0:
```

```
09              f.append(i)
10              n = n // i
11          if i > n:
12              break
13      return f
14
15  z=1234566789
16  print("Primfaktoren von",z," sind:")
17  print(primfaktoren(z))
18  print(primefactors(z),"SymPy")
```

Listing 5.12 Primfaktorzerlegung mit »chain«

Ausgabe

```
Primfaktoren von 1234566789  sind:
[3, 53, 151, 51421]
[3, 53, 151, 51421] SymPy
```

Analyse

Die Anzahl der Iterationen in der äußeren `for`-Schleife wird bei jedem neuen Schleifendurchlauf halbiert (Zeile 07).

Die innere `while`-Schleife überprüft die Teilbarkeit der Zahl `n` (Zeile 08). Wenn sich `n` ohne Rest durch `i` teilen lässt, wird `i` an die Liste `f` angehängt. In Zeile 10 erfolgt die Verkleinerung von `n` durch eine Ganzzahldivision `n=n//i`. Wenn `i` größer `n` ist, wird die `while`-Schleife abgebrochen.

5.1.4 RSA-Verschlüsselung

Die RSA-Verschlüsselung ist ein asymmetrisches Verschlüsselungs-verfahren. Es wurde 1977 von Ronald Rivest, Adi Shamir und Leonard Adleman erfunden. Dieses Verfahren umgeht das Problem des Schlüsseltausches der symmetrischen Verfahren. Bei den symmetrischen Verfahren muss der Schlüssel vom Sender **A** zum Empfänger **B** transportiert werden. Da Übertragungswege wie Bote, Post und Internet prinzipiell unsicher sind, sind symmetrische Verschlüsselungsverfahren leicht angreifbar und deshalb eigentlich nicht praxistauglich. Wenn ein Angreifer das Schlüsselwort in Erfahrung bringt, kann er den Geheimtext leicht entschlüsseln. Das Problem der Schlüsselübertragung lässt sich mit einem asymmetrischen Verfahren leicht umgehen. Der Empfänger des Geheimtextes generiert drei Schlüssel: zwei öffentliche Schlüssel e und n sowie einen geheimen Schlüssel d. Die öffentlichen Schlüssel veröffentlicht er z. B. auf seiner Webseite. Der Sender **A** verschlüsselt seinen

Text mit den öffentlichen Schlüsseln e und n. Der Empfänger **B** entschlüsselt dann den Geheimtext mit seinem privaten Schlüssel d und dem öffentlichen Schlüssel n. Abbildung 5.5 veranschaulicht diesen Prozess.

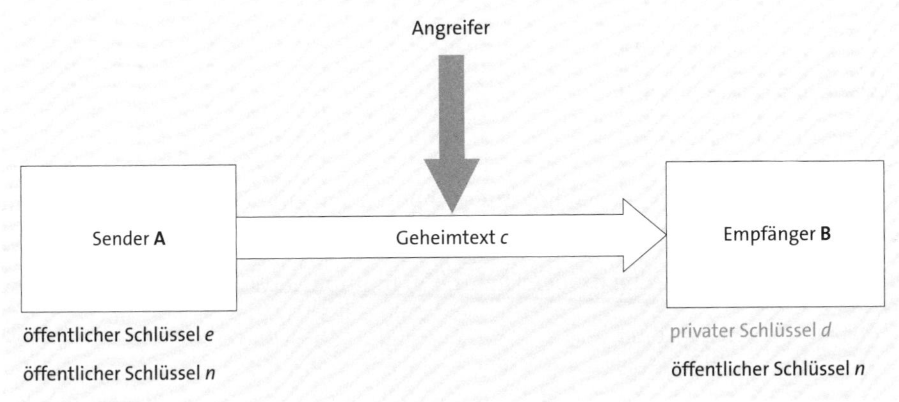

Abbildung 5.5 Das Prinzip der asymmetrischen Verschlüsselung

Entscheidend für die Sicherheit der asymmetrischen Verfahren ist, dass kein Schlüsseltausch zwischen **A** und **B** stattfindet. Es gibt aber andere Angriffsmöglichkeiten, die weiter unten noch diskutiert werden.

Verschlüsselt wird die Nachricht (Klartext) m (m steht für *message*) mit den öffentlichen Schlüsseln e (e steht für *encrypt*) und n:

$$c = m^e \bmod n$$

Der Einfachheit halber nehmen wir zunächst an, dass es sich bei der zu verschlüsselnden Nachricht m nur um eine Zahl handelt. Es ist wesentlich komplizierter, Text zu verschlüsseln. In der Praxis wird dabei nur der Schlüssel selbst asymmetrisch verschlüsselt, der dann genutzt wird, um den Text symmetrisch zu verschlüsseln.

Entschlüsselt wird der Geheimtext c mit dem privaten Schlüssel d (d steht für *decrypt*) und dem öffentlichen Schlüssel n:

$$m = c^d \bmod n$$

Die Zahl n wird als *Modul* bezeichnet. Es ist das Produkt aus zwei sehr großen Primzahlen p und q:

$$n = p \cdot q$$

Die Gleichungen für die Verschlüsselung und Entschlüsselung werfen die Fragen auf, warum das RSA-Verfahren überhaupt funktioniert und wie die Schlüssel e und d berechnet werden. Dazu müssen die eulersche φ-Funktion $\varphi(n)$ und der Satz von

Euler näher untersucht werden, denn die RSA-Verschlüsselung ist eine direkte Anwendung des Satzes von Euler [Beutelspacher2002: 101]. Die eulersche φ-Funktion gibt die Anzahl der teilerfremden natürlichen Zahlen von n an. Für zwei Primzahlen gilt:

$$\varphi(n) = (p-1)(q-1)$$

Der Satz von Euler lautet:

$$m^{\varphi(n)} \bmod n = 1$$

Wenn man eine natürliche Zahl m mit $\varphi(n)$ potenziert und durch n dividiert, dann erhält man immer den Rest 1.

Beide Seiten der Gleichung werden jetzt mit m multipliziert:

$$m \cdot m^{\varphi(n)} \bmod n = 1 \cdot m$$

und man erhält:

$$m^{1+\varphi(n)} \bmod n = m$$

Allgemein gilt für jede natürliche Zahl k:

$$m^{k\cdot(p-1)(q-1)+1} \bmod n = m$$

Die Zahl m muss kleiner n sein: $m < n$. Das Modul n ist das Produkt aus zwei Primzahlen p und q.

Die entscheidende Idee des RSA-Verfahrens besteht darin, den Exponenten durch das Produkt aus öffentlichem Schlüssel e und geheimem Schlüssel d zu ersetzen:

$$e \cdot d = 1 + k \cdot \varphi(n)$$

Der öffentliche Schlüssel e ist frei wählbar. Er muss größer 1 und kleiner ?(n) sein. Außerdem muss er teilerfremd zu $\varphi(n)$ sein. Es gilt also:

$1 < e < \varphi(n)$ und $\mathrm{ggT}(e, \varphi(n)) = 1$

Für den privaten Schlüssel d gilt die Bedingung:

$$e \cdot d \bmod \varphi(n) = 1$$

Er wird entweder mit dem erweiterten euklidischen Algorithmus oder mit der modularen Inversen berechnet. SymPy stellt hierfür die Methode

```
d = mod_inverse(e,phi)
```

bereit.

Der folgende Konsolendialog zeigt, wie die Nachricht $m = 2$ mit den beiden Primzahlen $p = 11$ und $q = 13$ verschlüsselt und entschlüsselt werden kann:

```
>>> from sympy import mod_inverse
>>> p=11
>>> q=13
>>> n=p*q
>>> n
143
>>> phi=(p-1)*(q-1)
>>> phi
120
>>> e=7  #7 ist teilerfremd zu 120
>>> d = mod_inverse(7,120)
>>> d
103
>>> c=2**7%143
>>> c
128
>>> m=128**103%143
>>> m
2
```

Bevor der RSA-Algorithmus vollständig implementiert wird, soll zunächst der Satz von Euler mit Listing 5.13 getestet werden. Sie können in den Zeilen 02 und 03 den Variablen `p` und `q` verschiedene Primzahlen zuweisen und auch ausprobieren, was passiert, wenn Sie keine Primzahlen zuweisen. In Zeile 06 können Sie verschiedene Werte für `k` ausprobieren. Sie sollten auch testen, ob das Programm noch korrekt rechnet (Zeile 08), wenn Sie in Zeile 07 der Variablen `m1` größere Zahlen zuweisen.

```
01 #13_rsa1.py
02 p=499 #Primzahl
03 q=547 #Primzahl
04 n=p*q #Modul
05 phi=(p-1)*(q-1) #Euler-Funktion
06 k=1
07 m1=2525 #m < n
08 m2=m1**(1+k*phi)%n #Satz von Euler
09 print("Modul n =",n)
10 print("Anzahl der zu n teilerfremden Zahlen =",phi)
11 print("m1 =",m1)
12 print("m2 =",m2)
```

Listing 5.13 Test des Satzes von Euler

Ausgabe

```
Modul n = 275688
Anzahl der zu n teilerfremden Zahlen = 274638
m1 = 2525
m2 = 2525
```

Analyse

In Zeile 07 steht die Nachricht (engl. *message*) `m1` im Klartext. In Zeile 08 wird auf diese Nachricht der Satz von Euler angewendet: Erzeugt wird das Objekt `m2`. Dass `m1` und `m2` gleich sind, zeigen die Ausgaben in den Zeilen 11 und 12.

Berechnung der Schlüssel

Die Schlüssel des RSA-Verfahrens werden mit folgendem Algorithmus berechnet:

```
bestimme zwei sehr große Primzahlen p und q
berechne das Modul n: n = p*q
berechne φ(n): phi=(p-1)*(q-1)
bestimme e mit 1 < e < phi und ggT(e,phi)=1
berechne d aus e und phi: d = mod_inverse(e,phi)
```

Mit Listing 5.14 können Sie das RSA-Verfahren testen. Weisen Sie in Zeile 03 den Variablen `p` und `q` verschiedene Primzahlen zu. Probieren Sie auch aus, was passiert, wenn keine Primzahlen zugewiesen werden. Das Programm zeigt außerdem, dass die Gleichung

$$e \cdot d = 1 + k \cdot \varphi(n)$$

gilt (Zeile 20).

In Zeile 06 können Sie das Programm mit verschiedenen öffentlichen Schlüsseln `e` testen.

```
01 #14_rsa2.py
02 from sympy import mod_inverse
03 p,q=53, 97           #1.Schritt: zwei Primzahlen bestimmen
04 n=p*q                #2.Schritt: Modul berechnen
05 phi=(p-1)*(q-1)      #3.Schritt: eulersche Funktion berechnen
06 e=101                #4.Schritt: öffentlichen Schlüssel wählen
07 d=mod_inverse(e,phi) #5.Schritt: geheimen Schlüssel berechnen
08 m1=2525  #Nachricht
09 c=m1**e%n #verschlüsseln
10 m2=c**d%n #entschlüsseln
```

```
11 m3=m1**(e*d)%n #Test
12 #Ausgaben
13 print("öffentliche Schlüssel e =",e,", n =",n)
14 print("phi =",phi)
15 print("privater Schlüssel d =",d)
16 print("Nachricht:",m1)
17 print("verschlüsselte Nachricht:",c)
18 print("entschlüsselte Nachricht:",m2)
19 print("Test m**(e*d) mod n     :",m3)
20 print("k = (e*d-1)//phi = ",(e*d-1)//phi)
```

Listing 5.14 Test des RSA-Verfahrens

Ausgabe

```
öffentliche Schlüssel e = 101 , n = 5141
phi = 4992
privater Schlüssel d = 2669
Nachricht: 2525
verschlüsselte Nachricht: 1019
entschlüsselte Nachricht: 2525
Test m**(e*d) mod n     : 2525
k = (e*d-1)//phi =  54
```

Analyse

In Zeile 09 findet die Verschlüsselung der Nachricht `m1` mit dem öffentlichen Schlüssel `e` statt. In Zeile 10 wird diese Nachricht mit dem geheimen Schlüssel `d` zu der Nachricht `m2` entschlüsselt. In Zeile 11 wird eine Nachricht `m3` aus dem öffentlichen Schlüssel `e` und dem geheimen Schlüssel `d` erzeugt. Sie muss mit der ursprünglichen Nachricht `m1` übereinstimmen.

Die Ausgaben (Zeile 17 bis 19) bestätigen, dass das RSA-Verfahren funktioniert.

Texte verschlüsseln

Die bisher entwickelten Programme sollten zeigen, wie das RSA-Verfahren prinzipiell funktioniert. Wegen des hohen Rechenaufwandes wird es in der Praxis nicht für die Verschlüsselung von längeren Texten verwendet. Stattdessen wird nur der geheime Schlüssel d mit dem RSA-Verfahren verschlüsselt. Die Verschlüsselung des Geheimtextes erfolgt mit symmetrischen Verfahren.

Ein praxisnahes Beispiel ist die Übertragung einer Kreditkartennummer bei Interneteinkäufen. Die in Zeile 25 von Listing 5.15 eingetragene Zeichenkette soll mit dem

RSA-Verfahren verschlüsselt werden. Das Programm berechnet das öffentliche Schlüsselpaar mit einer separaten Python-Funktion (Zeile 09). Der geheime Schlüssel wird auf der Empfängerseite (Zeile 18) ebenfalls innerhalb einer separaten Python-Funktion berechnet.

```
01 #15_rsa3.py
02 from sympy import prime, mod_inverse
03 #------Sender A---------#
04 def verschluesseln(klartext):
05     e,n,phi=schluessel()
06     c = [(ord(i)**e)%n for i in klartext]
07     return c
08 #------Empfänger B------#
09 def schluessel(): #öffentliche Schlüssel berechnen
10     p,q=prime(50),prime(60)
11     n=p*q             #öffentlicher Schlüssel
12     phi=(p-1)*(q-1) #Anzahl der teilerfremden Zahlen von n
13     e=47              #öffentlicher Schlüssel: 1<e<phi
14     return e,n,phi
15 
16 def entschluesseln(geheim):
17     e,n,phi=schluessel()
18     d=mod_inverse(e,phi)  #geheimer Schlüssel, decrypt
19     mi = [(geheim[i]**d)%n for i in range(len(geheim))]
20     m=''
21     for i in range(len(mi)):
22         m=m+chr(mi[i])
23     return m
24 #Hauptprogramm
25 z='5234.1562.3398.6976'
26 s=schluessel()
27 print("öffentliche Schlüssel e =",s[0],", n =",s[1])
28 print("Nachricht")
29 print(z)
30 print("verschlüsselte Nachricht")
31 print(verschluesseln(z))
32 print("entschlüsselte Nachricht")
33 print(entschluesseln(verschluesseln(z)))
```

Listing 5.15 Texte mit dem RSA-Verfahren verschlüsseln und entschlüsseln

Ausgabe

```
öffentliche Schlüssel e = 47 , n = 64349
Nachricht
5234.1562.3398.6976
verschlüsselte Nachricht
[62048, 51415, 40477, 51517, 28018, 14178, 62048, 49661, 51415, 28018, 40477,
40477, 60899, 20939, 28018, 49661, 60899, 54490, 49661]
entschlüsselte Nachricht
5234.1562.3398.6976
```

Analyse

Die Funktion `verschluesseln(klartext)` in Zeile 04 verschlüsselt die Kreditkartennummer. In Zeile 05 werden den Variablen `e` und `n` die Werte für die öffentlichen Schlüssel zugewiesen. Da die Kreditkartennummer als String gegeben ist (Zeile 25), wird sie in Zeile 06 mit der eingebauten Python-funktion `ord(i)` in eine Liste aus Ganzzahlen umgewandelt. Die verschlüsselte Nachricht ist in dem Objekt `c` gespeichert.

In Zeile 09 berechnet die Funktion `schluessel()` den öffentlichen Schlüssel `n` (Zeile 11) und die Anzahl der teilerfremden Zahlen `phi` (Zeile 12). Der öffentliche Schlüssel `e` (Zeile 13) wird vorgegeben.

In Zeile 16 entschlüsselt die Funktion `entschluesseln(geheim)` die verschlüsselte Nachricht `geheim`. Die verschlüsselte Nachricht besteht aus einer Liste mit ganzen Zahlen. Zunächst muss die SymPy-Methode `mod_inverse(e,phi)` den geheimen Schlüssel `d` berechnen (Zeile 18). In Zeile 19 werden die Elemente der verschlüsselten Nachricht `geheim[i]` in einer Listenabstraktion elementweise entschlüsselt. Das Ergebnis wird in das Objekt `mi` gespeichert. In den Zeilen 21 und 22 wird das Objekt `mi` in eine Zeichenkette `m` (engl. *message*) umgewandelt.

Der Funktionsaufruf in Zeile 33 gibt die ursprüngliche Nachricht aus.

Angriffsmöglichkeiten

Wenn man in der Lage wäre, die Primzahlen p und q aus dem Modul $n = p \cdot q$ durch Faktorisierung zu ermitteln, dann kann der geheime Schlüssel d mit der eulerschen φ-Funktion $\varphi(n)$

$$e \cdot d = 1 + k \cdot [(p-1)(q-1)]$$

berechnet werden.

Da aber aktuell kein effektiver Algorithmus bekannt ist, mit dem es gelänge, das Modul m in akzeptabler Zeit in seine Faktoren zu zerlegen, bleibt das RSA-Verschlüsselungsverfahren vor Hacker-Angriffen (noch) sicher.

Eine andere Angriffsmöglichkeit besteht darin, aus der Entschlüsselungsformel

$$m = c^d \bmod n$$

den geheimen Schlüssel d mit dem diskreten Logarithmus zu berechnen. Auch das ist bisher noch nicht gelungen.

Hinweis

Auch wenn Sie nun die Grundlagen hinter der RSA-Verschlüsselung kennen: Verwenden Sie in der Praxis niemals selbst erstellte Programm für die Verschlüsselung Ihrer geheimen Botschaften! Diese lassen sich von erfahrenen Hackern fast immer leicht knacken, denn es ist eine große Kunst, einen Verschlüsselungsalgorithmus richtig zu implementieren. Benutzen Sie daher immer professionelle Verschlüsselungsprogramme, deren Quellcode offen liegt und die von einer großen Community gepflegt werden! Der hier vorgestellte RSA-Algorithmus sollte nur die prinzipielle Funktionsweise erklären.

5.2 Rationale Zahlen

Eine rationale Zahl $\mathbb{Q}$ ist eine Zahl, die sich als Bruch, d. h. in der Form $x = a/b$, darstellen lässt, wobei a und b ganze Zahlen sind. In diesem Zusammenhang nennt man den Dividenden a über dem Bruchstrich *Zähler* und den Divisor b unter dem Bruchstrich *Nenner*.

Die Bezeichnung *rational* kommt vom lateinischen Wort *ratio*, was auch *Verhältnis* bedeuten kann. Abbildung 5.6 zeigt eine Veranschaulichung von rationalen Zahlen.

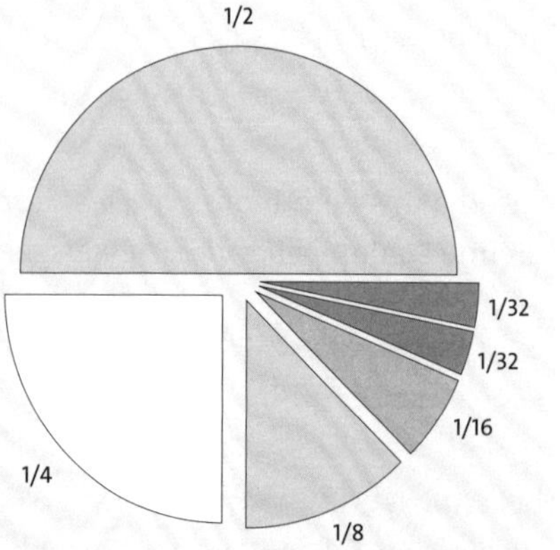

Abbildung 5.6 Veranschaulichung von rationalen Zahlen

Rechenoperationen, wie Addition, Subtraktion, Multiplikation und Division mit rationalen Zahlen können mit der Methode Fraction aus der Klasse fractions durchgeführt werden.

Listing 5.16 zeigt, wie man zwei Brüche mit Python addiert, subtrahiert, multipliziert und dividiert.


```
01 #16_bruch1.py
02 from fractions import Fraction
03 a=Fraction(1,2)
04 b=Fraction(2,7)
05 s=a+b
06 d=a-b
07 p=a*b
08 q=a/b
09 print(a,"+",b,"=",s)
10 print(a,"-",b,"=",d)
11 print(a,"*",b,"=",p)
12 print(a,"/",b,"=",q)
```

Listing 5.16 Brüche mit »Fraction« berechnen

Ausgabe

```
1/2 + 2/7 = 11/14
1/2 - 2/7 = 3/14
1/2 * 2/7 = 1/7
1/2 / 2/7 = 7/4
```

Analyse

In Zeile 02 wird aus dem Modul fractions die Methode Fraction importiert.

In den Zeilen 03 und 04 können Sie die Werte für zwei Brüche vorgeben.

In diesen Zeilen erzeugt die Methode Fraction(...,...) die beiden Objekte a und b. Diese Objekte repräsentieren Brüche mit Zähler und Nenner.

In den Zeilen 05 bis 08 werden die mathematischen Grundoperationen auf den Brüchen durchgeführt.

Die Ausgaben in den Zeilen 09 bis 12 zeigen, dass Python auch mit Brüchen rechnen kann. Der Bruchstrich wird in der Ausgabe mit dem Schrägstrich / symbolisiert. Hauptnenner brauchen nicht explizit bestimmt zu werden. Die Methode Fraction() beherrscht sogar das Kürzen (Zeile 11).

Anwendungsbeispiel: Bruchrechentrainer

Mit Listing 5.17 können Sie Ihre Fähigkeiten im Bruchrechnen trainieren. Das Programm generiert innerhalb einer `while`-Schleife zwei Zufallsbrüche. Diese Brüche werden auf dem Bildschirm angezeigt und Sie sollen dann die Summe aus diesen beiden Brüchen berechnen. Eine Eingabeaufforderung verlangt die Eingabe des Ergebnisses. Bei Eingabe des richtigen Ergebnisses wird ein Punkt vergeben. Die Punkte werden gezählt und am Programmende ausgegeben.

Das Programm lässt sich leicht so erweitern, dass auch andere Rechenoperationen wie Subtraktion, Multiplikation und Division von Brüchen trainiert werden können. Es eignet sich deshalb auch für den Einsatz im Mathematikunterricht. In den Zeilen 08 und 09 können Sie auch die Zahlenbereiche für die Nenner oder Zähler der Brüche ändern.

```
01 #17_bruch2.py
02 from random import randint
03 from fractions import Fraction
04 i=0
05 p=0 #Punkte
06 pmax=5
07 while i<pmax:
08     z1,n1=randint(1,9),randint(1,9)
09     z2,n2=randint(1,9),randint(1,9)
10     a=Fraction(z1,n1)
11     b=Fraction(z2,n2)
12     s=a+b
13     print(a,"+",b,"= ?")
14     e=Fraction(input("Ergebnis: "))
15     if e==s:
16         print("Richtig!")
17         p=p+1
18     else:
19         print("Falsch!")
20         print("Richtiges Ergebnis:",s)
21     i=i+1
22 print("Erreichte Punktzahl:",p," von ", pmax)
```

Listing 5.17 Bruchrechentrainer

Ausgabe

```
3/2 + 1 = ?
Ergebnis: 5/2
```

```
Richtig!
7/3 + 1/3 = ?
Ergebnis: 8/3
Richtig!
6 + 7/3 = ?
Ergebnis: 25/3
Richtig!
2/5 + 3/5 = ?
Ergebnis: 1
Richtig!
3/5 + 5/3 = ?
Ergebnis: 33/15
Falsch!
Richtiges Ergebnis: 34/15
Erreichte Punktzahl: 4  von  5
```


Analyse

In den Zeilen 08 und 09 erzeugt die Python-Funktion `randint(1,9)` Zufallszahlen zwischen 1 und 9. In den Zeilen 10 und 11 werden aus diesen Zufallszahlen zwei Brüche `a` und `b` erzeugt. In Zeile 12 werden diese beiden Brüche addiert.

In Zeile 13 werden die beiden Brüche einschließlich der mathematischen Operation + auf dem Bildschirm angezeigt.

Nach dem Programmstart gibt die eingebaute Python-Funktion `input(...)` (Zeile 14) den Text `Eingabe` in der Konsole aus. Der Eingabeprompt der Konsole fordert den Benutzer auf, über die Tastatur einen Bruch einzugeben. Alle Tastatureingaben werden von der `input`-Funktion als String interpretiert. Deshalb muss die Methode `Fraction(...)` den Eingabestring in einen Bruch umwandeln.

In Zeile 15 wird die Eingabe `e` mit dem Ergebnis `s` verglichen. Wenn Eingabe und Ergebnis übereinstimmen, wird die Meldung `"Richtig!"` ausgegeben und der Punktzähler wird um einen Punkt hochgezählt.

5.3 Irrationale Zahlen

Irrationale Zahlen sind Zahlen, die sich nicht durch Brüche darstellen lassen. Die Zahl $\sqrt{2}$, also die Quadratwurzel aus 2, ist ein typisches Beispiel einer irrationalen Zahl. Aber auch andere Wurzeln, wie $\sqrt{3}$, $\sqrt{5}$, $\sqrt{7}$, $\sqrt{8}$, $\sqrt{10}$, $\sqrt{11}$ ..., sind irrationale Zahlen. Abbildung 5.7 veranschaulicht die Position von $\sqrt{2}$ auf dem Zahlenstrahl.

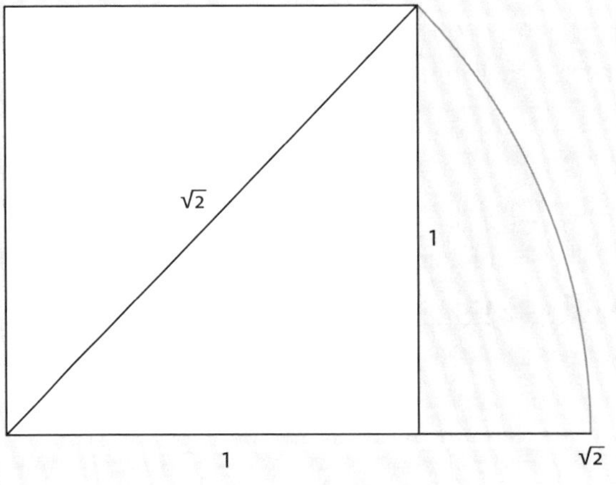

Abbildung 5.7 Diagonale eines Quadrates

Wenn jede Seite des Quadrates eine Länge von 1 hat, dann hat die Diagonale nach dem Satz des Pythagoras einen Wert von $\sqrt{2}$. Welchen Zahlenwert hat aber $\sqrt{2}$?

Wenn man die Länge 1 auf Millimeterpapier als Strecke von 100 mm zeichnet, dann kann man für die Projektion der Diagonalen eine Strecke von etwa 141 mm ablesen. Die Diagonale des Quadrates hätte dann eine Länge von etwa 1,41. Dieses empirische Vorgehen entspricht aber nicht dem Genauigkeitsanspruch der Mathematik.

Das Verhältnis der Diagonalen d zur Seite a des Quadrates kann man nie als ganze Zahlen ausdrücken. Der Prozess der Wechselwegnahme würde nie enden. Die kürzere Strecke kann man beliebig oft in die längere einpassen; es wird immer ein Rest bleiben. Es gibt kein gemeinsames Maß für beide Strecken. In der Sprache der griechischen Mathematik formuliert: Beide Strecken sind *inkommensurabel*. Weil man das Verhältnis der Diagonale zur Seite des Quadrates nicht durch rationale Zahlen ausdrücken kann, heißen diese Zahlen irrationale Zahlen. Auf den formalen Beweis, dass die Wurzel aus 2 eine irrationale Zahl ist, soll hier verzichtet werden. Sie finden ihn z. B. in [Beutelspacher15: 73, Weitz: 140].

Mit der SymPy-Methode `N(sqrt(2),n)` können Sie fast beliebig viele Nachkommastellen für $\sqrt{2}$ erzeugen. Die Zahl `n` gibt die Anzahl der zu berechnenden Ziffern an. Wenn z. B. `n=10` ist, dann werden für `sqrt(2)` neun Nachkommastellen ausgegeben. Der folgende Konsolendialog zeigt, dass die Anzahl der Nachkommastellen von $\sqrt{2}$ (fast) beliebig vergrößert werden kann:

```
>>> from sympy import sqrt,N
>>> N(sqrt(2),10)
```

```
1.414213562
>>> N(sqrt(2),20)
1.4142135623730950488
>>> N(sqrt(2),60)
1.41421356237309504880168872420969807856967187537694807317668
```

An den Nachkommastellen ist kein Muster zu erkennen. Genau das ist das entscheidende Merkmal einer irrationalen Zahl. Irrationale Zahlen sind nur durch Grenzwerte beschreibbar: Die von SymPy berechneten Werte konvergieren gegen den Grenzwert $\sqrt{2}$. (Grenzwerte werden in Kapitel 7, »Folgen«, behandelt.)

Der Heron-Algorithmus oder das babylonische Wurzelziehen

Wie kann man nun einen Algorithmus aufstellen, mit dem die Quadratwurzel einer Zahl berechnet werden kann? Dazu interpretieren wir die Zahl, aus der die Wurzel berechnet werden soll, als Flächeninhalt eines Quadrates. Die Seite a ist dann die Wurzel aus A. Das Quadrat wird in ein flächengleiches Rechteck mit $A = a \cdot b$ umgewandelt (siehe Abbildung 5.8).

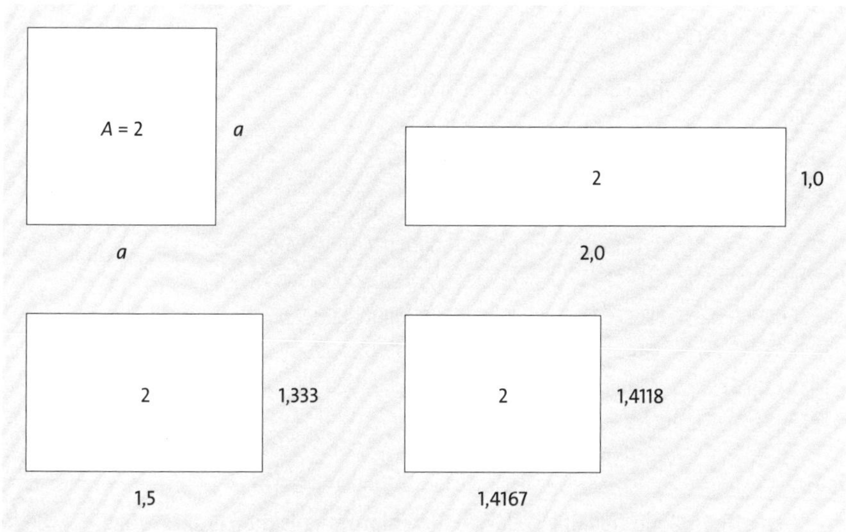

Abbildung 5.8 Umwandlung eines Quadrates in flächengleiche Rechtecke

Danach wird rekursiv so lange der Mittelwert aus beiden Seiten

$$a_{i+1} = \frac{1}{2}(a_i + b_i)$$

berechnet, bis sich beide Seiten annähernd gleichen.

Die neue Seite b_i wird aus dem Flächeninhalt und dem aktuellen Wert von a_{i+1} berechnet:

$$b_i = \frac{A}{a_{i+1}}$$

Als Startwert für die Variable a wird der Flächeninhalt A gewählt. Die Variable b wird mit der Zahl 1 initialisiert. Listing 5.18 zeigt die Umsetzung.

```
01 #18_heron1.py
02 from math import fabs
03 A=2.         #Flächeninhalt
04 eps=1e-12  #Fehler
05 a=A  #Seite a des Rechtecks=Startwert
06 b=1. #Seite b des Rechtecks
07 print("\ta\t\t b\t\t\ta*b")
08 while fabs(a-b)>eps:
09     print("%3.16f %3.16f %3.16f" %(a,b,a*b))
10     a=(a+b)/2 #Mittelwert bilden
11     b=A/a
12 print(A**(1/2),"genau")
```

Listing 5.18 Die Seitenlänge eines Quadrates berechnen

Ausgabe

```
         a                  b                  a*b
2.0000000000000000 1.0000000000000000 2.0000000000000000
1.5000000000000000 1.3333333333333333 2.0000000000000000
1.4166666666666665 1.4117647058823530 2.0000000000000000
1.4142156862745097 1.4142114384748701 1.9999999999999998
1.4142135623746899 1.4142135623715002 2.0000000000000000
1.4142135623730951 genau
```

Analyse

Die `while`-Schleife in Zeile 08 wird so lange durchlaufen, bis die Fehlergrenze `eps` (Zeile 04) erreicht wird. In Zeile 10 wird der Mittelwert der Seite `a` rekursiv mit `a = (a + b)/2` berechnet. In Zeile 11 wird aus dem Flächeninhalt `A` die Seite `b` berechnet.

Das Produkt `a*b` (3. Spalte der Ausgabe) muss mit dem vorgegebenen Wert des Flächeninhalts `A = 2` übereinstimmen. Bis auf die 4. Zeile der Ausgabe wird die Forderung erfüllt.

Optimierung des Algorithmus von Heron

Der Algorithmus von Heron kann noch vereinfacht werden, indem in

$$a_{i+1} = \frac{1}{2}(a_i + b_i)$$

b_i durch z/a_i ersetzt wird:

$$a_{i+1} = \frac{1}{2}\left(a_i + \frac{z}{a_i}\right)$$

Wobei z eine beliebige positive reelle Zahl sein kann, deren Wurzel berechnet werden soll. Listing 5.19 berechnet aus der Zahl z die Quadratwurzel mit einer Voreinstellung von fünf Schleifendurchläufen (Zeile 02).

```
01 #19_heron2.py
02 def wurzel(z,n=5):
03     a=(z+1)/2
04     i=0
05     while i<n:
06         a=(a+z/a)/2
07         i=i+1
08     return a
09
10 z1=2
11 w=wurzel(z1)
12 print("Die Wurzel aus",z1,"ist:")
13 print(w)
14 print(z1**(1/2),"genau")
```

Listing 5.19 Der Heron-Algorithmus

Ausgabe

```
Die Wurzel aus 2 ist:
1.414213562373095
1.4142135623730951 genau
```

Analyse

Zeile 03 legt den Startwert fest. Die `while`-Schleife (Zeile 05) wird 5-mal durchlaufen. In Zeile 06 wird die Wurzel aus `z` rekursiv berechnet.

Schon nach 5 Iterationen ergibt sich eine gute Näherung für $\sqrt{2}$.

In Zeile 14 wird $\sqrt{2}$ mit `z1**(1/2)` als Potenz von 1/2 berechnet. Diese Operation ist mathematisch äquivalent zu `sqrt(2)`. Der Vorteil dieser Notation besteht darin, dass auch Kubikwurzeln oder allgemein *n*-te Wurzeln berechnet werden können.

5.4 Transzendente Zahlen

Eine transzendente Zahl ist eine reelle Zahl, die nicht Nullstelle eines Polynoms mit ganzzahligen Koeffizienten sein kann. Die Kreiszahl π und die eulersche Zahl e sind bekannte Beispiele für transzendente Zahlen.

5.4.1 Die Kreiszahl π

Die Kreiszahl π bestimmt das Verhältnis des Umfangs eines Kreises zu seinem Durchmesser. Kreise sind in der Mathematik ideale, gedanklich konstruierte Objekte. Sie kommen in ihrer idealisierten Form weder als technische Artefakte vor noch sind sie reale Bestandteile der Natur. Der griechische Buchstabe π steht für *Perimeter*, was so viel wie »Randbereich« oder »Umfang« bedeuten soll.

Dass die Kreiszahl π unabhängig vom Durchmesser eines beliebigen Kreises ist, verdeutlicht Abbildung 5.9. Diese Kreise sollen reale Objekte in Form von Kreisscheiben (z. B. aus Holz) repräsentieren. Einen ersten Zugang zu der Größenordnung von π ermöglicht eine empirische Untersuchung.

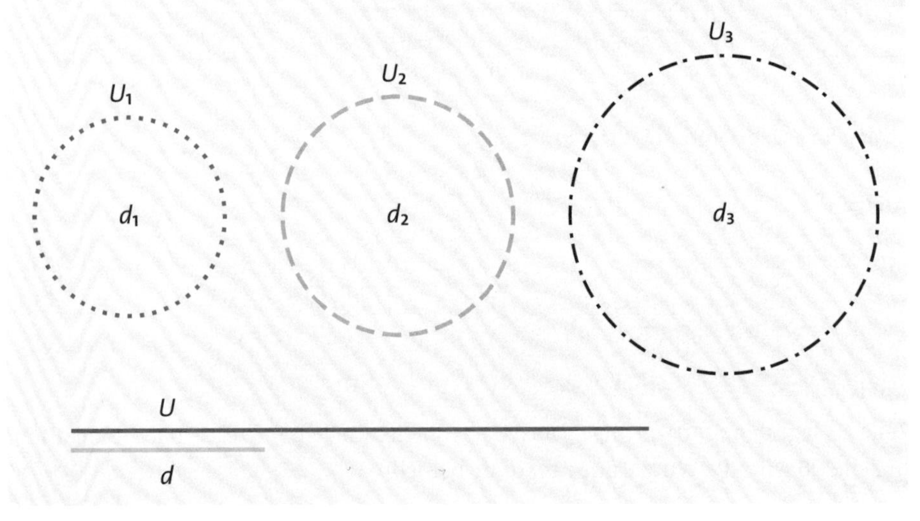

Abbildung 5.9 Das Verhältnis von Umfang und Durchmesser eines Kreises

Kreisscheiben mit bekannten Durchmessern werden auf einer Ebene mit einer Umdrehung abgerollt. Die zurückgelegten Strecken werden gemessen und durch die Durchmesser geteilt. Durch diese Messung würde man etwa folgenden Wert ermitteln können:

$$\frac{U_1}{d_1} = \frac{U_2}{d_2} = \frac{U_3}{d_3} \approx 3{,}14$$

Aus mathematischer Sicht ist dieses empirische Verfahren jedoch nicht akzeptabel. Im Abschnitt zu rationalen Zahlen wurde bereits festgestellt, dass π keine rationale Zahl ist. Das bedeutet auch, dass π unendlich viele Nachkommastellen haben muss, denn jede Zahl mit endlich vielen Nachkommastellen wäre als Bruch darstellbar und damit rational.

Berechnung von π mit SymPy

Der folgende Konsolendialog gibt π mit 10, mit 20 und mit 200 Nachkommastellen aus:

```
>>> from sympy import pi,N
>>> N(pi,11)
3.1415926536
>>> N(pi,21)
3.14159265358979323846
>>> N(pi,201)
3.14159265358979323846264338327950288419716939937510582097494459230781640628620
899862803482534211706798214808651328230664709384460955058223172535940812848111
74502841027019385211055596446229489549303819б
```

Sie können sich mit SymPy auch π mit 2000 und mehr Nachkommastellen ausgeben lassen. Sie werden nie ein Muster in den Nachkommastellen entdecken.

Näherungsweise Berechnung von π mit Dreiecks- und Rechteckflächen

Bereits 1650 v. Chr. berechneten ägyptische Mathematiker den Flächeninhalt eines Kreises näherungsweise aus zusammengesetzten Flächen von Quadraten und Dreiecken. Sie teilten ein gleichseitiges Rechteck in neun gleiche Quadrate auf und zeichneten in die Ecken der außen liegenden Quadrate Diagonalen ein (siehe Abbildung 5.10).

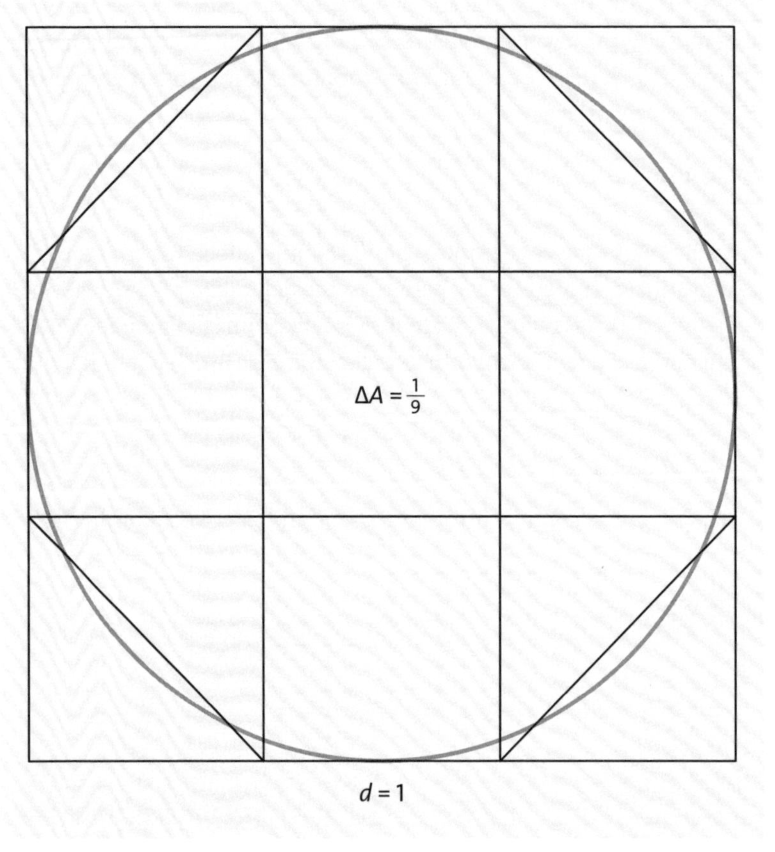

Abbildung 5.10 Eine Kreisfläche wird durch Quadrate und Dreiecke angenähert.

Aus Abbildung 5.10 können Sie ablesen, dass sich die angenäherte Kreisfläche aus 5 Quadraten mit dem Flächeninhalt von 5/9 FE (Flächeneinheiten) und 4 rechtwinkligen Dreiecken mit dem Flächeninhalt von 2/9 FE zusammensetzt. Es gilt also:

$$A_{\text{kreis}} \approx \frac{5}{9}d^2 + \frac{2}{9}d^2 = \frac{7}{9}d^2 = \frac{7}{9}(2 \cdot r)^2 = \frac{28}{9}r^2 \approx 3{,}111 \cdot r^2$$

Die Kreiszahl π hat nach dieser Methode einen Wert von etwa 3,111, wobei es sich natürlich nur um eine sehr grobe Näherung handelt.

Die Methode von Archimedes

Archimedes (um 250 v. Chr.) berechnete die Kreiszahl π mithilfe von zwei Sechsecken (siehe Abbildung 5.11), von denen eines im Inneren des Kreises gezeichnet wird und ein anderes den Kreis umschließt.

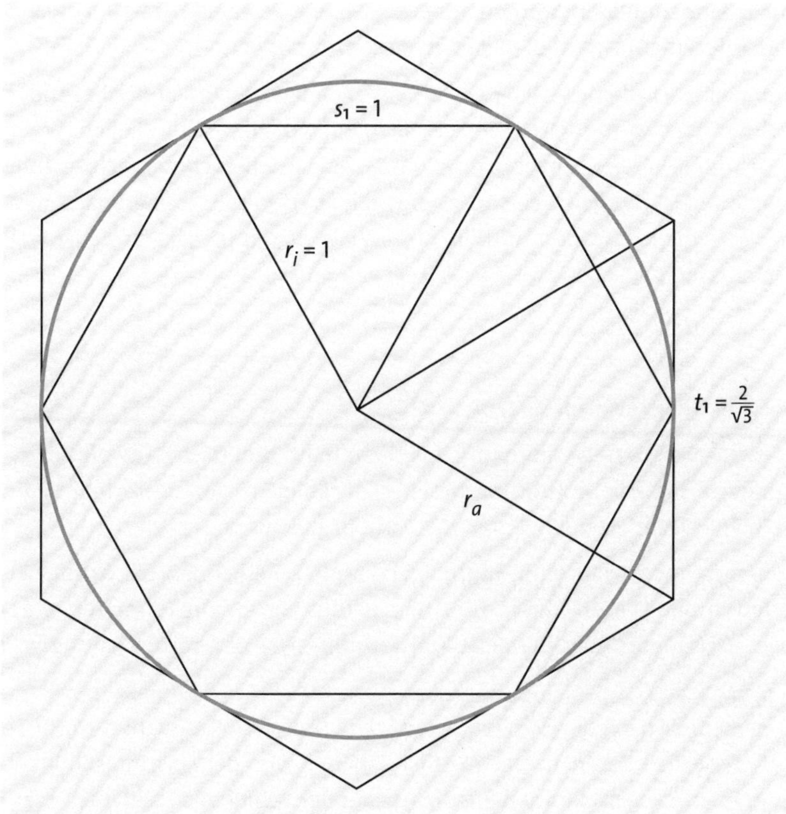

Abbildung 5.11 Annäherung eines Kreises durch zwei Sechsecke

Die Seiten des inneren Sechsecks werden durch sechs Sekanten gebildet, die Seiten des äußeren Sechsecks durch sechs Tangenten. Wenn der Innenradius den Wert 1 hat, dann hat der Umfang des innenliegenden Sechsecks einen Wert von $u_0 = 6$. Der Umfang des außenliegenden Sechsecks beträgt $U_0 = 6 \cdot 2/\sqrt{3} = 4\sqrt{3}$.

Archimedes hat die Kreiszahl π aus dem harmonischen Mittel des äußeren Umfangs U und des inneren Umfangs u eines Polygons rekursiv berechnet [Brückler:91]:

$$U_{i+1} = \frac{2U_i \cdot u_i}{U_i + u_i}$$

Das erste Polygon ist ein Sechseck. Nach jedem Rechenschritt verdoppelt sich die Anzahl der Ecken.

Der Umfang des innenliegenden Polygons hat er rekursiv aus dem geometrischen Mittel des innenliegenden und des außenliegenden Polygons berechnet: $u_{i+1} = \sqrt{u_i \cdot U_{i+1}}$

Die rekursiven Berechnungen werden innerhalb einer Schleife ausgeführt. Nach jedem Schleifendurchlauf wird die Anzahl der Ecken verdoppelt.

Die Kreiszahl π wird aus dem Umfang des innenliegenden und des außenliegenden n-Ecks berechnet. Der wahre Wert von π muss irgendwo dazwischen liegen. Wenn man die Anzahl der Ecken weiter vergrößert, wird π genauer berechnet. Die Genauigkeit der Berechnung ist durch die Leistungsfähigkeit des Computers begrenzt. Archimedes berechnete die Kreiszahl π mithilfe eines Vielecks mit 96 Ecken und kam zu der Erkenntnis, dass π zwischen zwei Brüchen liegen müsse:

$$3+\frac{10}{71}<\pi<3+\frac{10}{70}$$

Die obere Schranke liegt also bei 22/7.

Dieser Wert wurde von Handwerkern und Ingenieuren für praktische Anwendungen viele Jahrhunderte bis zur Einführung des Rechenschiebers genutzt. Archimedes kannte noch keine Dezimalzahlen. Er rechnete mit Brüchen.

In vielen Fällen ist diese Näherung hinreichend genau. Berechnen Sie damit beispielsweise den Umfang eines Kreises mit einem Radius von einem Kilometer, so liegen Sie nur ca. 2,53 Meter über dem exakten Ergebnis, was einer Abweichung von 0,04 % entspricht.

Listing 5.20 berechnet nach der Methode von Archimedes die Kreiszahl π mit Vielecken bis zu 402.653.184 Ecken. Dieser Wert ist abhängig von der Leistungsfähigkeit Ihres Computers. In Zeile 03 können Sie die Anzahl der Schleifendurchläufe verändern und so die Leistungsfähigkeit Ihres Rechners testen.

```
01 #20_pi_archimedes.py
02 from math import pi,sqrt
03 N=27 #Anzahl der Schleifendurchläufe
04 n=6
05 u=6 #innenliegender Kreis
06 U=4*sqrt(3) #außenliegender Kreis
07 print("Nr.\t Ecken\t\t Innenradius\tAußenradius")
08 for i in range(1,N+1):
09     U=2*U*u/(U+u) #außen
10     u=sqrt(u*U)   #innen
11     pii=u/2 #pi aus Innenkreis
12     pia=U/2 #pi aus Außenkreis
13     print("%3d  %12d  %2.15f  %2.15f" %(i,n,pii,pia))
14     n = 2*n  #Verdopplung der Eckenzahl
15 print("Anzahl der Ecken:",3*2**N)
16 print("Innenkreis:",pii)
```

```
print("Außenkreis:",pia)
print("genau:      ",pi)
print("Fehler Innenkreis:",pi-pii)
print("Fehler Außenkreis:",pia-pi)
```

Listing 5.20 Berechnung von π nach der Methode von Archimedes

Ausgabe

```
Nr.      Ecken       Innenradius        Außenradius
  1          6 3.105828541230249 3.215390309173473
  2         12 3.132628613281238 3.159659942097500
  3         24 3.139350203046867 3.146086215131435
  4         48 3.141031950890509 3.142714599645368
  5         96 3.141452472285462 3.141873049979824
  6        192 3.141557607911857 3.141662747056849
  7        384 3.141583892148318 3.141610176604690
  8        768 3.141590463228050 3.141597034321526
  9       1536 3.141592105999271 3.141593748771351
 10       3072 3.141592516692157 3.141592927385096
 11       6144 3.141592619365384 3.141592722038614
 12      12288 3.141592645033691 3.141592670701998
 13      24576 3.141592651450767 3.141592657867844
 14      49152 3.141592653055036 3.141592654659306
 15      98304 3.141592653456104 3.141592653857171
 16     196608 3.141592653556370 3.141592653656637
 17     393216 3.141592653581437 3.141592653606503
 18     786432 3.141592653587703 3.141592653593970
 19    1572864 3.141592653589270 3.141592653590837
 20    3145728 3.141592653589661 3.141592653590053
 21    6291456 3.141592653589759 3.141592653589857
 22   12582912 3.141592653589784 3.141592653589808
 23   25165824 3.141592653589790 3.141592653589796
 24   50331648 3.141592653589791 3.141592653589793
 25  100663296 3.141592653589792 3.141592653589792
 26  201326592 3.141592653589792 3.141592653589792
 27  402653184 3.141592653589792 3.141592653589792
Anzahl der Ecken: 402653184
Innenkreis: 3.141592653589792
Außenkreis: 3.141592653589792
genau:      3.141592653589793
Fehler Innenkreis: 1.3322676295501878e-15
Fehler Außenkreis: -1.3322676295501878e-15
```

Analyse

In den Zeilen 04 bis 06 werden die Anfangswerte vorgegeben. Der Umfang des innenliegenden Sechsecks hat einen Wert von `u=6` (Zeile 05). Der Umfang des außenliegenden Sechsecks hat einen Wert von `U=4*sqrt(3)` (Zeile 06).

Innerhalb der `for`-Schleife (Zeile 08 bis 14) werden die aktuellen Umfänge der innen- und außenliegenden Polygone (Zeile 09 und 10) berechnet. In Zeile 14 sorgt die Zuweisung `n=2*n` dafür, dass bei jedem neuen Schleifendurchlauf die Anzahl der Ecken `n` verdoppelt wird.

Die Werte der Kreiszahl π werden in Zeile 11 für den Innenkreis mit `pii=u/2` und in Zeile 12 für den Außenkreis mit `pia=U/2` berechnet.

Ein Vergleich zeigt, dass bei einer Approximation des Kreises mit dem innenliegenden 201326592-Eck ein Wert für π berechnet werden kann, der mit dem »genauen« Wert übereinstimmt – zumindest im Rahmen der Rechengenauigkeit des Computers.

Die Methoden von Viète und Wallis

Die erste exakte Formel für die Berechnung der Kreiszahl stellte François Viète 1593 auf:

$$\frac{2}{\pi}=\frac{\sqrt{2}}{2}\cdot\frac{\sqrt{2+\sqrt{2}}}{2}\cdot\frac{\sqrt{2+\sqrt{2+\sqrt{2}}}}{2}\cdots$$

Diese Methode ermöglichte zur Zeiten Viètes schon eine Genauigkeit von 14 Dezimalstellen.

Im Jahre 1655 fand John Wallis eine Formel für das unendliche Produkt:

$$\frac{\pi}{2}=\frac{2}{1}\cdot\frac{2}{3}\cdot\frac{4}{3}\cdot\frac{4}{5}\cdot\frac{6}{5}\cdot\frac{6}{7}\cdot\frac{8}{7}\cdot\frac{8}{9}\cdots$$

Listing 5.21 berechnet mit den Formeln von Viète und Wallis die Kreiszahl π. In Zeile 22 können Sie die Anzahl der Schleifendurchläufe ändern und so testen, wie schnell die beiden Verfahren konvergieren.

```
01 #21_pi_vieta_wallis.py
02 from math import pi,sqrt
03 #1593
04 def viete(n):
05     a1=sqrt(2)/2
06     a=a1
07     p=1
```

```
    for _ in range(2,n):
        a=sqrt(2+2*a)/2
        p=p*a
    return 2/(a1*p)
#1655
def wallis(n):
    p=1
    for k in range(1,n):
        zaehler=4*k**2
        nenner=4*k**2-1
        bruch=zaehler/nenner
        p=p*bruch
    return 2*p
#Anzahl der Schleifendurchläufe
N=10**3
Z=14 #Anzahl der Nachkommastellen
print("\t π\t   n")
print(round(viete(N),Z),N,  "\tViete 1593")
print(round(wallis(N),Z),N, "\tWallis 1655")
print(pi,"Python")
```

Listing 5.21 Die Berechnung von π mit den Methoden von Viète und Wallis

Ausgabe

```
        π           n
3.14159265358979 1000      Viete 1593
3.14080696082847 1000      Wallis 1655
3.141592653589793 Python
```

Analyse

Die Formel von Viète liefert schon bei 1000 Schleifendurchläufe ein überraschend gutes Ergebnis. Während die Produktformel von Wallis bei der gleichen Anzahl der Iterationen die Kreiszahl π nur bis auf zwei Nachkommastellen genau berechnet.

Im Laufe der Mathematikgeschichte wurden noch viele andere Methoden (Reihenentwicklungen, Kettenbrüche) gefunden, um π zu berechnen. In dem Buch von Stewart *Unglaubliche Zahlen* finden Sie Reihenentwicklungen von Leibniz und Euler für die Berechnung von π [Stewart: 237ff].

Wie der folgende Konsolendialog zeigt, scheint es besonders einfach zu sein, die Kreiszahl π aus dem arctan(1) und dem arcsin(1) zu berechnen:

```
>>> from math import *
>>> 4*atan(1)
3.141592653589793
>>> 2*asin(1)
3.141592653589793
```

Diese Methode täuscht aber eine falsche Präzision vor, weil der Computer intern die Umkehrfunktion von Sinus und Tangens mit Reihen entwickelt. Im Kapitel 10, »Reihen«, zeige ich Ihnen, wie Sie mit Reihenentwicklungen die Kreiszahl π berechnen können.

5.4.2 Die eulersche Zahl e

Die eulersche Zahl e ist eine transzendente Zahl. Das Symbol e wurde von Leonard Euler erstmals in einen Brief vom 25. November 1731 an Christian Goldbach erwähnt. Der Buchstabe e steht für exponentiell. Euler verknüpfte e mit π und der imaginären Einheit i. Im Jahr 1748 berechnete er 23 Nachkommastellen von e. Shigeru Kondo und Alexander Yee konnten im Jahr 2010 mithilfe eines Computers 1 Billion dezimale Nachkommastellen von e berechnen [Stewart: 261].

Aus der Zahlenfolge der natürlichen Zahlen

$$\left(1+\frac{1}{n}\right)^n$$

lässt sich die eulersche Zahl als Grenzwert berechnen:

$$\mathrm{e}=\lim_{n\to\infty}\left(1+\frac{1}{n}\right)^n=2{,}718281828459045\ \ldots$$

Der folgende Konsolendialog deutet an, dass die Nachkommastellen von e wahrscheinlich nicht enden und keine Muster aufweisen:

```
>>> from sympy import N,E
>>> N(E,11)
2.7182818285
>>> N(E,21)
2.71828182845904523536
>>> N(E,201)
2.71828182845904523536028747135266249775724709369995957496696762772407663035354759457138217852516642742746639193200305992181741359662904357290033429526059563073813232862794349076323382988075319525101901
```

Die Zahl e verfügt über erstaunliche Eigenschaften:

- Die Ableitung und das Integral von e^x ergeben wieder e^x.
- Zwischen e und π besteht der Zusammenhang: $e^{i\pi} + 1 = 0$.
- Der Flächeninhalt unter der Glockenkurve $y(x) = e^{-x^2}$ ist $\sqrt{\pi}$.
- Biologische und finanzmathematische Wachstumsprozesse werden mit Exponentialfunktionen beschrieben: $y(t) = ae^{bt}$.
- Sie ist die Basis des natürlichen Logarithmus ln.
- Der Flächeninhalt unter der Hyperbel $y = 1/x$ ist in den Grenzen von 1 bis e gleich 1.
- Eine Exponentialfunktion beschreibt den Verlauf der Normalverteilung (siehe Kapitel 14, »Algorithmen für die Berechnung statistischer Kennzahlen«).
- Die Differenzialgleichung $\frac{dy}{dt} = cy$ hat die Lösung $y(t) = y_0 e^{ct}$ (siehe Kapitel 12, »Differenzialgleichungen«).

Berechnung von e

Mit Listing 5.22 können Sie die eulersche Zahl für verschiedene große *n* berechnen, indem Sie in Zeile 03 einen anderen Werte für `N` einsetzen.

```
01 #22_eulersche_zahl.pi
02 from math import e
03 N=10
04 for n in range(1,N):
05     en=(1+1/n)**n
06     print(en)
07 print(e,"genau")
```

Listing 5.22 Berechnung von e

Ausgabe

```
2.0
2.25
2.37037037037037
2.44140625
2.4883199999999994
2.5216263717421135
2.546499697040712
2.565784513950348
2.5811747917131984
2.718281828459045 genau
```

Analyse

Die Ausgabe zeigt, dass die Folge

$$\left(1+\frac{1}{n}\right)^n$$

sehr langsam gegen e konvergiert. In Kapitel 10, »Reihen«, wird eine Reihenentwicklung für e untersucht, die wesentlich schneller konvergiert.

5.5 Aufgaben

1. Schreiben Sie eine Python-Funktion, die mit dem Modulo-Operator überprüft, ob eine Zahl gerade oder ungerade ist.
2. Schreiben Sie ein Programm, das die Korrektheit der Multiplikation von zwei natürlichen Zahlen mit der Neunerprüfung bestätigt.
3. Berechnen Sie mit der SymPy-Methode `gcdex(a,b)` die Linearkombination $ggT(12,34) = x \cdot 12 + y \cdot 34$.
4. Erweitern Sie den Bruchrechentrainer so, dass er Ihnen Aufgaben nach dem Zufallsprinzip stellt, die auch die Subtraktion, Multiplikation und Division von Brüchen verlangen.
5. Erweitern Sie den Heron-Algorithmus so, dass er auch Kubikwurzeln mit einer Python-Funktion berechnet.
6. Schreiben Sie ein Programm, das π mit der Formel von Carl Størmer

   $$\frac{\pi}{4} = 44 \arctan\frac{1}{57} + 7 \arctan\frac{1}{239} - 12 \arctan\frac{1}{682} + 24 \arctan\frac{1}{12943}$$

   berechnet.
7. Schreiben Sie ein Python-Programm, das die Kreiszahl π mit der Formel von David Bailey, Peter Borwein und Simon Plouffe berechnet.

   $$\pi = \sum_{k=0}^{\infty} \frac{1}{2^{4k}}\left(\frac{4}{8k+1} - \frac{2}{8k+4} - \frac{1}{8k+5} - \frac{1}{8k+6}\right)$$

8. Berechnen Sie die ersten drei Ableitungen und die Stammfunktion von e^x mit SymPy.
9. Schreiben Sie ein Matplotlib-Programm, das das wirtschaftliche Wachstum für $a = 1$ und $b = 2\,\%$ innerhalb von 36 Jahren darstellt.
10. Schreiben Sie ein Matplotlib-Programm, das den radioaktiven Zerfall in Abhängigkeit von der Halbwertzeit eines radioaktiven Elements visualisiert.

Kapitel 6
Gleichungssysteme

In diesem Kapitel lernen Sie, wie Sie mit dem Gauß- Algorithmus, mit der cramerschen Regel und mit Matrizenoperationen lineare Gleichungssysteme lösen können. Außerdem werden mit NumPy- und SymPy-Methoden sowohl lineare als auch nichtlineare Gleichungssysteme gelöst.

In den Ingenieurwissenschaften kommen Aufgabenstellungen vor, die die Lösung linearer Gleichungssysteme mit bis zu mehreren Tausend Unbekannten verlangen. Solche komplexen Aufgabenstellungen sind zwangsläufig nur mit Rechenmaschinen zu bewältigen. Daher ist es nicht überraschend, dass der erste Computer von einem Ingenieur konstruiert wurde. Der Bauingenieur Konrad Zuse (1910 – 1995) löste bereits mit seinem elektromechanischen Relaisrechner lineare Gleichungssysteme, um die Kräfteverteilung in Fachwerken zu ermitteln. Auch in elektrischen Netzwerken werden Ströme und Spannungen mithilfe linearer Gleichungssysteme berechnet. Jeweils ein Anwendungsbeispiel zu Fachwerken und elektrischen Netzwerken finden Sie in [Arens: 514 und 518].

Auch bei Problemstellungen aus der Mathematik, z. B. bei Partialbruchzerlegungen, Interpolationen und Approximationen von Kurven sowie beim Lösen von Differenzialgleichungen, müssen Gleichungssysteme gelöst werden.

Neben den *linearen Gleichungssystemen* gibt es auch *nichtlineare Gleichungssysteme*. In diesen Gleichungssystemen kommen Produkte oder höhere Potenzen als 1 der Unbekannten vor. Das ist z. B. der Fall, wenn die Schnittpunkte von zwei Parabeln berechnet werden sollen. Schauen wir uns aber zunächst die linearen Gleichungssysteme an.

6.1 Lineare Gleichungssysteme

Lineare Gleichungssysteme (LGS) haben die allgemeine Form:

$$\begin{array}{ccccccc}
a_{11}x_1 & + & a_{12}x_2 & +\cdots+ & a_{1n}x_n & = & b_1 \\
a_{21}x_1 & + & a_{22}x_2 & +\cdots+ & a_{2n}x_n & = & b_2 \\
\vdots & & \vdots & \cdots & \vdots & & \\
a_{n1}x_1 & + & a_{n2}x_2 & +\cdots+ & a_{nn}x_n & = & b_n
\end{array}$$

Das System hat genauso viele Gleichungen (Zeilen) wie Unbekannte, nämlich x_1 bis x_n. In der ersten Spalte steht die Unbekannte x_1, in der zweiten Spalte steht die Unbekannte x_2 und in der n-ten Spalte steht die Unbekannte x_n. Die Faktoren a_{11} bis a_{nn} werden als *Koeffizienten* bezeichnet. Der erste Index gibt an, in welcher Zeile der Koeffizient steht, und der zweite Index kennzeichnet die Position des Koeffizienten in einer Spalte.

Ein LGS zu lösen heißt, für die Unbekannten x_1 bis x_n Werte zu finden, die für jede Zeile die Gleichung erfüllen. Es handelt sich also um eine sehr anspruchsvolle Problemstellung, die einige Vorarbeiten verlangt.

In Matrizenschreibweise können LGS übersichtlicher dargestellt werden:

$$\begin{pmatrix} a_{11} & a_{12} & \dots & a_{1n} \\ a_{21} & a_{22} & \dots & a_{2n} \\ \vdots & \vdots & \dots & \vdots \\ a_{n1} & \cdots & \dots & a_{nn} \end{pmatrix} \begin{pmatrix} x_1 \\ x_2 \\ \vdots \\ x_n \end{pmatrix} = \begin{pmatrix} b_1 \\ b_1 \\ \vdots \\ b_n \end{pmatrix}$$

LGS können entweder mit einer direkten Methode, z. B. mit dem Gauß-Algorithmus, oder mit iterativen Methoden, z. B. mit dem Jakobi- oder Gauß-Seidel-Algorithmus, gelöst werden.

Bevor Gleichungssysteme mit n Unbekannten behandelt werden, möchte ich Ihnen einige wichtige Begriffe, wie *lineare Abhängigkeit* bzw. *Unabhängigkeit*, *Lösungsmenge* und *Lösbarkeit*, am Beispiel eines Gleichungssystems mit zwei Unbekannten zeigen. Danach zeige ich Ihnen ab Abschnitt 6.1.2 einige Algorithmen, mit denen Sie LGS lösen können.

6.1.1 Lösbarkeit eines linearen Gleichungssystems

Betrachten wir folgendes Gleichungssystem:

$$-ax + y = b$$

$$-cx + y = d$$

Die Gleichungen sind miteinander gekoppelt, weil die Unbekannten in beiden Gleichungen vorkommen. Die Konstanten a bis d sind gegeben, gesucht werden die Werte für die Unbekannten x und y. Die Frage lautet nun: Welche Bedingungen müssen erfüllt sein, damit die Gleichung lösbar ist?

Beide Gleichungen können nach y aufgelöst werden:

$$y = ax + b$$

$$y = cx + d$$

Sie können erkennen, dass es sich um zwei Gleichungen handelt, die jeweils eine Gerade beschreiben. Die Parameter a und c repräsentieren die Steigungen und die Parameter b und d die Achsenabschnitte auf der y-Achse. Eine Lösung (x, y) dieses Gleichungssystems kann also geometrisch als Schnittpunkt dieser zwei Geraden interpretiert werden.

Mit dem Matplotlib-Programm aus Abbildung 6.1 können Sie die Positionen beider Geraden verändern. Mit den Slidern a und c werden die Steigungen und mit den Slidern b und d die Achsenabschnitte auf der y-Achse gewählt.

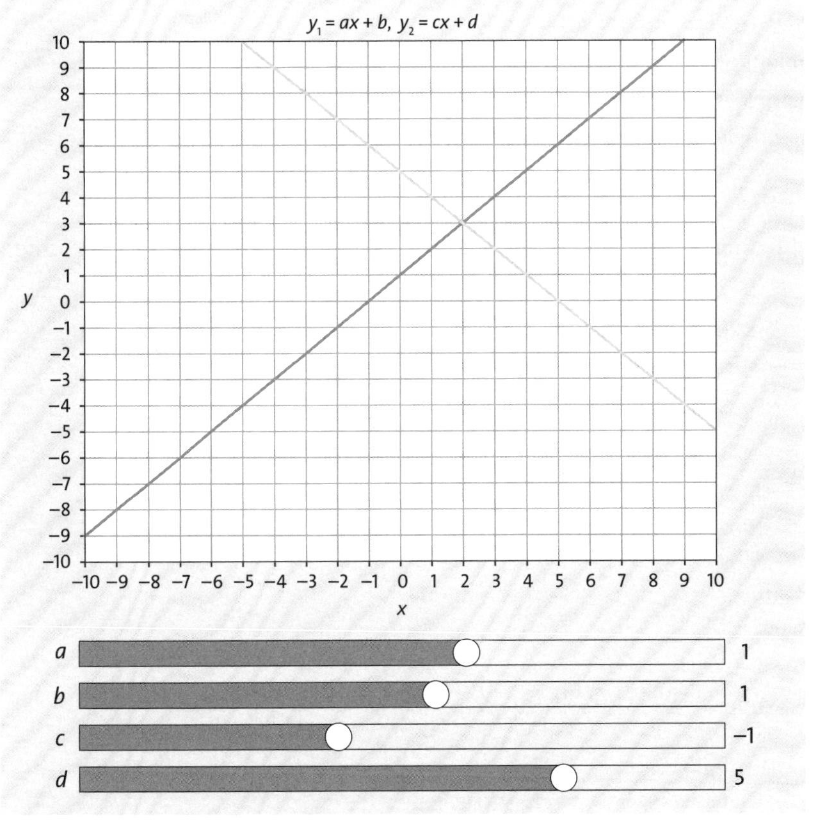

Abbildung 6.1 Schnittpunkte zweier linearer Funktionen

Beim Programmstart schneiden sich die Geraden bei $x = 2$ und $y = 3$. Das ist genau die Lösung des Gleichungssystems. Oder mengentheoretisch formuliert: Die Lösungsmenge beträgt: $L = \{(2, 3)\}$. Die Lösung kann auch als Zeilenvektor (2, 3) oder als Spaltenvektor $(2, 3)^T$ dargestellt werden. Das hochgestellte T (*Transponieren*) bedeutet, dass die Zeile des Vektors in eine Spalte umgewandelt werden muss.

Wenn die beiden Geraden sich schneiden, dann sind beide Funktionsgleichungen linear unabhängig und es existiert eine Lösung. Wenn die beiden Geraden dagegen parallel verlaufen, dann nennt man die beiden Funktionsgleichungen *linear abhängig* und es existiert keine Lösung.

Lösbarkeit

1. Bedingung: Ein lineares Gleichungssystem mit zwei Unbekannten ist genau dann lösbar, wenn die Geraden *nicht* parallel verlaufen. Sie dürfen also nicht die gleiche Steigung haben. Anders formuliert: Beide Gleichungen müssen linear unabhängig voneinander sein.

2. Bedingung: Die Anzahl der Gleichungen muss mit der Anzahl der Unbekannten übereinstimmen. Für *n* Unbekannte müssen *n* Gleichungen gegeben sein.

Die Sonderfälle von unterbestimmtem oder überbestimmtem Gleichungssystem werden hier nicht behandelt.

Diese Bedingungen sind allerdings noch unvollständig. Sie werden weiter unten noch präzisiert.

Mit Listing 6.1 können Sie beide Fälle (Lösung, keine Lösung) simulieren, indem Sie die Slider entsprechend verschieben.

```
#01_schnittpunkt1.py
import numpy as np
import matplotlib.pyplot as plt
from matplotlib.widgets import Slider
fig, ax = plt.subplots(figsize=(8,8))
plt.title(r'$y_{1}=ax+b,\  y_{2}=cx+d$')
plt.xlabel('x')
plt.ylabel('y',rotation=True)
plt.subplots_adjust(left=0.12, bottom=0.26)
plt.xlim(-10,10)
plt.ylim(-10,10)
plt.xticks(np.arange(-10, 11, 1))
plt.yticks(np.arange(-10, 11, 1))
x = np.arange(-10,10,0.001)
#1. Funktion
def f1(x,a=1,b=1):
    return a*x+b
#2. Funktion
def f2(x,c=-1,d=5):
```

```
20        return c*x+d
21  #Initialisierung
22  y1,y2 = plt.plot(x,f1(x,1,1),x,f2(x,-1,5),lw=1.5)
23  #x-, y-Position, Laenge, Hoehe
24  xyA = plt.axes([0.1, 0.15, 0.8, 0.03])
25  xyB = plt.axes([0.1, 0.10, 0.8, 0.03])
26  xyC = plt.axes([0.1, 0.05, 0.8, 0.03])
27  xyD = plt.axes([0.1, 0.00, 0.8, 0.03])
28  #Slider-Objekte erzeugen
29  sldA=Slider(xyA,'a', -5.0, 5.0,valinit=1,valstep=0.1)
30  sldB=Slider(xyB,'b', -10.0, 10.0,valinit=1,valstep=0.1)
31  sldC=Slider(xyC,'c',-5.0,5.0,valinit=-1,valstep=0.1)
32  sldD=Slider(xyD,'d',-10.0,10.0,valinit=5,valstep=0.1)
33  #neue Positionen berechnen
34  def update(val):
35        a = sldA.val
36        b = sldB.val
37        c = sldC.val
38        d = sldD.val
39        y1.set_data(x,f1(x,a,b))
40        y2.set_data(x,f2(x,c,d))
41        fig.canvas.draw_idle()
42  #Änderungen abfragen
43  sldA.on_changed(update)
44  sldB.on_changed(update)
45  sldC.on_changed(update)
46  sldD.on_changed(update)
47  ax.grid(True)
48  plt.show()
```

Listing 6.1 Den Schnittpunkt von zwei Geraden simulieren

Analyse

Das Programm besteht aus sechs Teilen: 1. aus dem Importieren der Module (Zeile 02 bis 04), 2. aus der Gestaltung der Programmoberfläche (Zeile 05 bis 13), 3. aus den Funktionsdefinitionen (Zeile 16 bis 20), 4. aus der Initialisierung (Zeile 22), 5. aus der Positionierung und Erzeugung der vier Sliderobjekte `sldA`, `sldB`, `sldC`, `sldD` (Zeile 24 bis 32) und 6. aus der Ereignisverarbeitung (Zeile 34 bis 46).

Die Matplotlib-Methoden `on_changed(update)` in den Zeilen 43 bis 46 überprüfen ständig, ob eine Slidereinstellung geändert wurde. Wenn das der Fall ist, rufen sie die selbst definierte Funktion `update(val)` (Zeile 34) auf und übergeben dieser Funktion die aktuelle Slidereinstellung. Die Matplotlib-Methoden `set_data(x, ...)` (Zeile 39 und 40) speichern die aktuellen Koordinatendaten der mathematischen Funktionen temporär ab, und `plt.show()` in Zeile 48 bewirkt, dass die mathematischen Funktionen auf dem Bildschirm angezeigt werden.

Die Matplotlib-Methode `fig.canvas.draw_idle()` in Zeile 41 hat eigentlich die Aufgabe, die Funktionsplots zu aktualisieren, wenn die Slidereinstellungen geändert wurden. Sie muss aber nicht zwingend verwendet werden. Sie können diese Methode auskommentieren und das Programm erneut testen.

6.1.2 Der Gauß-Algorithmus

Der Gauß-Algorithmus stellt ein Eliminationsverfahren bereit, mit dem sich lineare Gleichungssysteme nach einem formal festgelegten Schema einfach lösen lassen. Das Gleichungssystem wird zunächst in Matrixschreibweise

$$\begin{pmatrix} a_{11} & a_{12} & a_{13} \\ a_{21} & a_{22} & a_{23} \\ a_{31} & a_{32} & a_{33} \end{pmatrix} \begin{pmatrix} x_1 \\ x_2 \\ x_3 \end{pmatrix} = \begin{pmatrix} b_1 \\ b_2 \\ b_3 \end{pmatrix}$$

dargestellt.

Abbildung 6.2 zeigt eine Übersicht über die allgemein üblichen Begriffsbestimmungen.

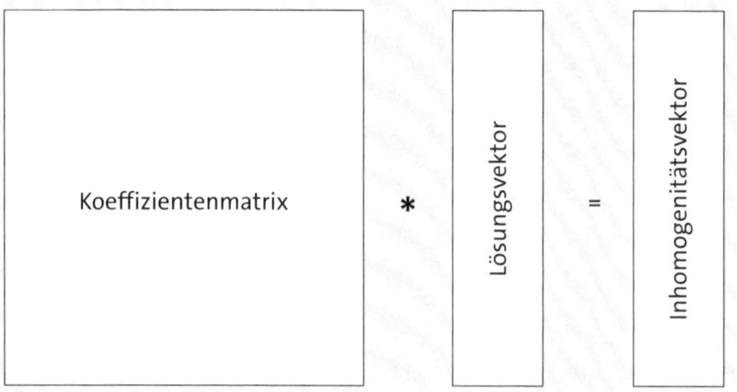

Abbildung 6.2 Allgemeines Schema der Matrixdarstellung eines linearen Gleichungssystems

Die 3×3-Matrix wird als *Koeffizientenmatrix* bezeichnet. Rechts daneben steht der *Lösungsvektor*, und auf der rechten Seite des Systems befindet sich der *Inhomogenitätsvektor*.

6

Erweiterung des Vektorbegriffs

Gewöhnlich denken Sie vielleicht bei *Vektoren* an Begriffe aus der Physik, z. B. an Kräfte oder Feldstärken. In der linearen Algebra wird der Vektor-Begriff jedoch allgemeiner definiert: Vektoren sind hier Strukturen in einem n-dimensionalen Vektorraum. Nach diesem Konzept können auch Funktionen und andere Objekte Vektoren sein [Scherfner: 188].

Als Nächstes wird das Gleichungssystem in die sogenannte *erweiterte Koeffizientenmatrix* überführt:

$$(A|b) = \left(\begin{array}{ccc|c} a_{11} & a_{12} & a_{13} & b_1 \\ a_{21} & a_{22} & a_{23} & b_2 \\ a_{31} & a_{32} & a_{33} & b_3 \end{array}\right)$$

Folgende Umformungen können an dem Gleichungssystem vorgenommen werden, ohne dass sich der Lösungsvektor ändert:

1. Vertauschen der Zeilen
2. Jede Zeile kann mit einem Faktor multipliziert werden.
3. Zu einer ausgewählten Zeile kann eine andere Zeile addiert werden.

Das Ziel des Gauß-Algorithmus ist es, die Koeffizientenmatrix mithilfe der drei genannten Operationen so umzuformen, dass unterhalb der *Hauptdiagonalen* nur Nullen stehen. Diese Form wird auch als *Stufen-* oder *obere Dreiecksform* bezeichnet.

Hauptdiagonale

Die Hauptdiagonale einer quadratischen Matrix wird durch die Elemente von der oberen linken Ecke bis zur unteren rechten Ecke der Koeffizientenmatrix gebildet: a_{11}, a_{22} ... a_{ii}.

Liegt das System in der oberen Dreiecksform vor, dann lässt sich der Lösungsvektor durch Rückwärtseinsetzen (Rücksubstitution) einfach berechnen.

Grobstruktur des Gauß-Algorithmus

1. Die erste Gleichung wird bei allen folgenden Umformungen unverändert übernommen.
2. Mithilfe der ersten Gleichung wird die erste Unbekannte x_1 in allen folgenden Gleichungen eliminiert.

3. Die zweite Gleichung des letzten Systems wird unverändert übernommen. Sie ist jetzt Bezugsgleichung. Mit ihrer Hilfe wird in den folgenden Gleichungen die zweite Unbekannte x_2 eliminiert.
4. Das Verfahren wird so lange fortgesetzt, bis ein lineares Gleichungssystem entstanden ist, in dem jede folgende Gleichung mindestens eine Unbekannte weniger erhält als die Gleichung darüber. Wenn das Gleichungssystem lösbar ist, entsteht so eine obere Dreiecksform [vgl. Bossek: 98].

Der Gauß-Algorithmus soll am Beispiel eines Gleichungssystems mit drei Unbekannten besprochen werden:

$$\begin{pmatrix} 3 & 2 & 1 \\ 1 & 2 & 3 \\ 2 & 1 & 4 \end{pmatrix} \begin{pmatrix} x_1 \\ x_2 \\ x_3 \end{pmatrix} = \begin{pmatrix} 10 \\ 14 \\ 16 \end{pmatrix}$$

Wir starten mit der erweiterten Koeffizientenmatrix:

$$\left(\begin{array}{ccc|c} 3 & 2 & 1 & 10 \\ 1 & 2 & 3 & 14 \\ 2 & 1 & 4 & 16 \end{array}\right)$$

1. Elimination von a_{21}: $z_2 = z_2 - (1/3)\, z_1$, allgemein: (a_{21}/a_{11})

$$\left(\begin{array}{ccc|c} 3 & 2 & 1 & 10 \\ 0 & \frac{4}{3} & \frac{8}{3} & \frac{32}{3} \\ 2 & 1 & 4 & 16 \end{array}\right)$$

2. Elimination von a_{31}: $z_3 = z_3 - (2/3)\, z_1$, allgemein: (a_{31}/a_{11})

$$\left(\begin{array}{ccc|c} 3 & 2 & 1 & 10 \\ 0 & \frac{4}{3} & \frac{8}{3} & \frac{32}{3} \\ 0 & -\frac{1}{3} & \frac{10}{3} & \frac{28}{3} \end{array}\right)$$

3. Elimination von a_{32}: $z_3 = z_3 - (-1/4)\, z_2$, allgemein: (a_{32}/a_{22})

$$\left(\begin{array}{ccc|c} 3 & 2 & 1 & 10 \\ 0 & \frac{4}{3} & \frac{8}{3} & \frac{32}{3} \\ 0 & 0 & 4 & 12 \end{array}\right)$$

Durch Rückwärtseinsetzen erhält man für $x_3 = 3$, für $x_2 = 2$ und für $x_1 = 1$.

Die Teiler a_{11} und a_{22} auf der Hauptdiagonalen werden als *Pivotelemente* bezeichnet.

Pivotelement

Die Diagonalelemente a_{ii} mit Ausnahme des letzten Diagonalelements heißen Pivotelemente. Die erste Zeile wird als Pivotzeile bezeichnet. Der aus dem Französischen stammende Begriff *pivot* bedeutet so viel wie »Dreh- und Angelpunkt«.

Für die Implementierung des Gauß-Algorithmus benötigt man drei ineinander verschachtelte Schleifen. Die äußere Schleife iteriert die Diagonalelemente. Die mittlere Schleife berechnet die aktuellen Werte des Inhomogenitätsvektors und die innere Schleife berechnet die Koeffizienten der oberen Dreiecksmatrix.

Berechnung der oberen Dreiecksmatrix

Das Problem »Wie löst man eine LGS mit dem Gauß-Algorithmus?« sollten Sie in zwei Teilbereiche aufteilen, um es besser nachvollziehen zu können. Als Erstes erzeugt Listing 6.2 nur die obere Dreiecksmatrix, anschließend berechnet Listing 6.3 den Lösungsvektor durch Rücksubstitution.

```
#02_gauss1.py
import numpy as np
#Koeffizientenmatrix
a = np.array([[3,2,1],
              [1,2,3],
              [2,1,4]],dtype=float)
#Inhomogenitätsvektor
b = np.array([10,14,16],dtype=float)
#obere Dreiecksmatrix erzeugen
n=len(b)
for k in range(0,n):          #Diagonale
    pivot=a[k,k]
    for i in range(k+1,n):    #Zeilen
        f = a[i,k]/pivot
        b[i]=b[i]-f*b[k]
        for j in range(k,n): #Spalten
            a[i,j]=a[i,j]-f*a[k,j]
        print(a)
print("Inhomogenitätsvektor\n",b)
```

Listing 6.2 Gauß-Algorithmus für Dreiecksmatrix

Ausgabe

```
[[3.         2.         1.        ]
 [0.         1.33333333 2.66666667]
 [2.         1.         4.        ]]
[[ 3.          2.          1.        ]
 [ 0.          1.33333333  2.66666667]
 [ 0.         -0.33333333  3.33333333]]
[[3.         2.         1.        ]
 [0.         1.33333333 2.66666667]
 [0.         0.         4.        ]]
Inhomogenitätsvektor
 [10.          10.66666667 12.        ]
```

Analyse

Zeile 11 bis 17: Die erste `for`-Schleife iteriert über alle Zeilen und Diagonalelemente `a[k,k]`.

Zeile 12: Die Elemente der Hauptdiagonalen `a[k,k]` sind die Pivotelemente. Sie werden in die Variable `pivot` gespeichert.

Zeile 13 bis 15: Die zweite `for`-Schleife iteriert über alle Zeilen unterhalb der Diagonalelemente. In Zeile 15 wird der aktuelle Inhomogenitätsvektor `b[i]` berechnet.

Zeile 16 und 17: Die dritte `for`-Schleife iteriert über alle Elemente der Zeile aus der zweiten Schleife. Ein Vielfaches von `a[k,j]` wird von der aktuellen Zeile subtrahiert. In Zeile 17 werden unterhalb der Diagonalelemente Nullen erzeugt. Der in Zeile 14 berechnete Faktor `f` wird so gewählt, dass diese Forderung erfüllt wird.

Das Programm hat jedoch zwei Mängel: Es überprüft nicht, ob ein Diagonalelement 0 ist. Wäre das der Fall, dann käme es in Zeile 14 zu einer Division durch 0 und das Programm würde abstürzen. Ein weiterer Mangel besteht darin, dass keine *Pivotisierung* durchgeführt wird, d. h., die Zeilen des Gleichungssystems werden nicht so vertauscht, dass jeweils links oben das betragsmäßig größte Element steht. In dem Testbeispiel war diese Bedingung erfüllt, daher konnte der Gauß-Algorithmus umgesetzt werden.

Pivotisierung

Auch wenn sich der Gauß-Algorithmus leicht auf Rechenmaschinen implementieren lässt, müssen Sie beachten, dass bei der naiven Anwendung dieses Verfahrens nicht mehr akzeptable Rundungsfehler entstehen können. Durch die Pivotisierung können diese Fehler reduziert werden: Das Programm wählt für die Elimination das betragsmäßig größte Element aus einer Spalte und tauscht die entsprechenden Zeilen [Arens: 522].

Rücksubstitution

Listing 6.3 berechnet die obere Dreiecksmatrix des Testbeispiels und ermittelt anschließend den Lösungsvektor durch Rücksubstitution mit der selbst definierten Python-Funktion `gauss(a,b)`:

```
#03_gauss2.py
import numpy as np
a = np.array([[3,2,1],
              [1,2,3],
              [2,1,4]],dtype=float)
b = np.array([10,14,16],dtype=float)
#Gauss-Algorithmus
def gauss(a,b):
    #obere Dreiecksmatrix
    n=len(b) #Anzahl der Gleichungen
    for k in range(0,n):         #Diagonale
        pivot=a[k,k]
        for i in range(k+1,n):   #Zeilen
            f = a[i,k]/pivot
            b[i]=b[i]-f*b[k]
            for j in range(k,n): #Spalten
                a[i,j]=a[i,j]-f*a[k,j]
#Rücksubstitution
    x = np.empty(n)
    for i in range(n-1, -1, -1):
        for j in range(i+1,n):
            b[i]=b[i]-a[i,j]*x[j]
        x[i] = b[i]/a[i,i]
    return x
#Ausgabe
print("Koeffizientenmatrix\n", A)
print("Inhomogenitätsvektor\n",b)
print("Lösungsvektor\n",gauss(A,b))
```

Listing 6.3 Gauß-Algorithmus mit Rücksubstitution

Ausgabe

```
Koeffizientenmatrix
 [[3. 2. 1.]
 [1. 2. 3.]
 [2. 1. 4.]]
```

```
Inhomogenitätsvektor
 [10. 14. 16.]
Lösungsvektor
 [1. 2. 3.]
```

Analyse

Der Algorithmus für die Rücksubstitution arbeitet wie folgt: In der 1. Schleife (Zeile 20) werden die Zeilen des Gleichungssystems mit dem Startwert `n-1` bis `-1` mit der Schrittweite `-1` von unten nach oben durchlaufen.

In der 2. Schleife (Zeile 21) werden die bekannten Variablen auf die rechte Seite gebracht. Zum Schluss wird durch den Koeffizienten `a[i,i]` des aktuellen `x`-Werts geteilt. In Zeile 24 wird der Lösungsvektor `x` zurückgegeben.

6.1.3 Der Gauß-Jordan-Algorithmus

Der Gauß-Jordan-Algorithmus erzeugt aus der Koeffizientenmatrix eine Diagonalmatrix. Die Gleichungen werden so lange umgeformt, bis nur noch die Elemente der Hauptdiagonale vorkommen und diese den Wert 1 haben. Alle Elemente über und unter der Hauptdiagonalen der Koeffizientenmatrix verschwinden.

Dieser zusätzliche Aufwand lohnt sich eigentlich nicht. Sie sollten sich den Gauß-Jordan-Algorithmus aber anschauen, weil er wieder bei der Berechnung der Inversen einer Koeffizientenmatrix vorkommt. Darum geht es in Abschnitt 6.1.5.

Die Grobstruktur des Gauß-Jordan-Algorithmus

Der Gauß-Jordan-Algorithmus lässt sich kurz wie folgt umreißen:

1. Schritt: die 1. Zeile durch a_{11} teilen
2. Schritt: alle Elemente unterhalb des Elements a_{11} eliminieren
3. Schritt: die 2. Zeile durch a_{22} teilen
4. Schritt: alle Elemente unterhalb und oberhalb des Elements a_{22} eliminieren
5. Schritt: die 3. Zeile durch a_{33} teilen
6. Schritt: alle Elemente unterhalb und oberhalb des Elements a_{33} eliminieren

usw.

Wie dieser Algorithmus praktisch anzuwenden ist, demonstriert ein Eingangsbeispiel. Der Ausgangspunkt ist wieder die erweiterte Koeffizientenmatrix. Führen Sie dann die einzelnen Schritte durch:

$$\left(\begin{array}{ccc|c} 3 & 2 & 1 & 10 \\ 1 & 2 & 3 & 14 \\ 2 & 1 & 4 & 16 \end{array}\right)$$

1 a) $z_1 = z_1/a_{11}$, $(a_{11} = 3)$

$$\left(\begin{array}{ccc|c} 1 & \frac{2}{3} & \frac{1}{3} & \frac{10}{3} \\ 1 & 2 & 3 & 14 \\ 2 & 1 & 4 & 16 \end{array}\right)$$

1 b) Elimination von a_{21}: $z_2 = z_2 - a_{21}z_1$, $(a_{21} = 1)$

$$\left(\begin{array}{ccc|c} 1 & \frac{2}{3} & \frac{1}{3} & \frac{10}{3} \\ 0 & \frac{4}{3} & \frac{8}{3} & \frac{32}{3} \\ 2 & 1 & 4 & 16 \end{array}\right)$$

1 c) Elimination von a_{31}: $z_3 = z_3 - a_{31}z_1$, $(a_{31} = 2)$

$$\left(\begin{array}{ccc|c} 1 & \frac{2}{3} & \frac{1}{3} & \frac{10}{3} \\ 0 & \frac{4}{3} & \frac{8}{3} & \frac{32}{3} \\ 0 & -\frac{1}{3} & \frac{10}{3} & \frac{28}{3} \end{array}\right)$$

2 a) $z_2 = z_2/a_{22,}$ $(a_{22} = 4/3)$

$$\left(\begin{array}{ccc|c} 1 & \frac{2}{3} & \frac{1}{3} & \frac{10}{3} \\ 0 & 1 & 2 & 8 \\ 0 & -\frac{1}{3} & \frac{10}{3} & \frac{28}{3} \end{array}\right)$$

2 b) Elimination von a_{12}: $z_1 = z_1 - a_{12}z_2$, $(a_{12} = 2/3)$

$$\left(\begin{array}{ccc|c} 1 & 0 & -1 & -2 \\ 0 & 1 & 2 & 8 \\ 0 & -\frac{1}{3} & \frac{10}{3} & \frac{28}{3} \end{array}\right)$$

2 c) Elimination von a_{32}: $z_3 = z_3 - a_{32}z_2$, $(a_{32} = -1/3)$

$$\left(\begin{array}{ccc|c} 1 & 0 & -1 & -2 \\ 0 & 1 & 2 & 8 \\ 0 & 0 & 4 & 12 \end{array}\right)$$

3 a) $z_3 = z_3/a_{33}$, $(a_{33} = 4)$

$$\left(\begin{array}{ccc|c} 1 & 0 & -1 & -2 \\ 0 & 1 & 2 & 8 \\ 0 & 0 & 1 & 3 \end{array}\right)$$

3 b) Elimination von a_{13}: $z_1 = z_1 - a_{13}z_2$, $(a_{13} = -1)$

$$\left(\begin{array}{ccc|c} 1 & 0 & 0 & 1 \\ 0 & 1 & 2 & 8 \\ 0 & 0 & 1 & 3 \end{array}\right)$$

3 c) Elimination von a_{23}: $z_2 = z_2 - a_{23}z_3$, $(a_{23} = 2)$

$$\left(\begin{array}{ccc|c} 1 & 0 & 0 & 1 \\ 0 & 1 & 0 & 2 \\ 0 & 0 & 1 & 3 \end{array}\right)$$

Die Lösungen können jetzt direkt abgelesen werden.

Listing 6.4 löst ein lineares Gleichungssystem mit dem Gauß-Jordan-Algorithmus. Wenn der Kommentar in Zeile 20 entfernt wird, dann gibt das Programm den Fortschritt der einzelnen Umformungen aus.

```
01  #04_jordan.py
02  import numpy as np
03  A = np.array([[3,2,1],
04                [1,2,3],
05                [2,1,4]],dtype=float)
06  b=np.array([10,14,16],dtype=float)
07  #Gauss-Jordan-Algorithmus
08  def jordan(a,b):
09      n=len(b)            #Anzahl der Zeilen
10      for k in range(n): #Diagonale
11          pivot=a[k,k]
12          for j in range(k,n): #Spalten
13              a[k,j]=a[k,j]/pivot
14          b[k]=b[k]/pivot
15          for i in range(n):   #Zeilen
16              if i==k:continue
17              f=a[i,k]
18              for j in range(k,n):
19                  a[i,j]=a[i,j] - f*a[k,j]
20              #print(a)
21              b[i]=b[i]-f*b[k]
22      return b,a
```

```
23 x,A_t=jordan(A,b)
24 #Ausgabe
25 print("Lösungsvektor\n ",x)
26 print("Transformierte Koeffizientenmatrix\n",A_t)
```

Listing 6.4 Der Gauß-Jordan-Algorithmus

Ausgabe

```
[[1.         0.66666667 0.33333333]
 [0.         1.33333333 2.66666667]
 [2.         1.         4.        ]]
[[ 1.          0.66666667  0.33333333]
 [ 0.          1.33333333  2.66666667]
 [ 0.         -0.33333333  3.33333333]]
[[ 1.          0.         -1.        ]
 [ 0.          1.          2.        ]
 [ 0.         -0.33333333  3.33333333]]
[[ 1.  0. -1.]
 [ 0.  1.  2.]
 [ 0.  0.  4.]]
[[1. 0. 0.]
 [0. 1. 2.]
 [0. 0. 1.]]
[[1. 0. 0.]
 [0. 1. 0.]
 [0. 0. 1.]]
Lösungsvektor
  [1. 2. 3.]
Transformierte Koeffizientenmatrix
 [[1. 0. 0.]
 [0. 1. 0.]
 [0. 0. 1.]]
```

Analyse

Die Laufvariable `k` der äußeren Schleife (Zeile 10) indiziert die Hauptdiagonale der Koeffizientenmatrix `A`.

In Zeile 11 werden die Diagonalelemente `a[k,k]` in die Hilfsvariable `pivot` gespeichert.

In Zeile 13 werden die Elemente `a[k,j]` spaltenweise durch die Variable `pivot` dividiert.

In Zeile 14 werden die Zeilenelemente des Inhomogenitätsvektors `b[k]` durch die Variable `pivot` dividiert.

In Zeile 15 indiziert die Laufvariable `i` der `for`-Schleife den Zeilenindex `i`. Elemente der Hauptdiagonalen dürfen nicht berücksichtigt werden (Zeile 16). In Zeile 19 wird die transformierte Koeffizientenmatrix berechnet. In Zeile 21 wird der Lösungsvektor `b` berechnet.

In Zeile 22 gibt die `return`-Anweisung den Lösungsvektor `b` und die transformierte Koeffizientenmatrix zurück. Die transformierte Koeffizientenmatrix wurde nur zur Kontrolle mit zurückgegeben.

Vergleich der Laufzeitkomplexitäten

Der Gauß-Algorithmus benötigt für die Berechnung der oberen Dreiecksmatrix drei ineinander verschachtelte Schleifen. Hierfür beträgt der Aufwand $O(n^3)$. Für die Rücksubstitution benötigt er zwei ineinander verschachtelte Schleifen, der Aufwand beträgt hier $O(n^2)$. Insgesamt beträgt die Laufzeitkomplexität also $O(n^3) + O(n^2)$.

Der Gauß-Jordan-Algorithmus hat zwar die gleiche formale Struktur, er benötigt für die Elimination der Elemente oberhalb der Hauptdiagonalen jedoch zusätzliche Rechenoperationen.

Beide Algorithmen sind deshalb nicht für die Lösung großer linearer Gleichungssysteme geeignet.

6.1.4 Lösung mit Determinanten: Die cramersche Regel

Die cramersche Regel beschreibt, wie sich Gleichungssysteme mithilfe von Determinanten lösen lassen. Was unter einer Determinante D zu verstehen ist, zeigt wieder ein einfaches Beispiel. Betrachten wir folgendes Gleichungssystem:

$$a_{11}x_1 + a_{12}x_2 = b_1$$

$$a_{21}x_1 + a_{22}x_2 = b_2$$

Dieses Gleichungssystem kann nach den Unbekannten x_1 und x_2 aufgelöst werden:

$$x_1 = \frac{b_1 a_{22} - b_2 a_{12}}{a_{11}a_{22} - a_{12}a_{21}}$$

$$x_2 = \frac{b_2 a_{11} - b_2 a_{21}}{a_{11}a_{22} - a_{12}a_{21}}$$

Für die Zähler ist auch folgende Notation üblich:

$$D_1 = \begin{vmatrix} b_1 & a_{12} \\ b_2 & a_{22} \end{vmatrix} \text{ und } D_2 = \begin{vmatrix} a_{11} & b_1 \\ a_{21} & b_1 \end{vmatrix}$$

Den Nenner des Bruchs bezeichnet man als *Systemdeterminante*.

$$D = \begin{vmatrix} a_{11} & a_{12} \\ a_{21} & a_{22} \end{vmatrix}$$

In Determinantenschreibweise gilt für die Lösung von x_1:

$$x_1 = \frac{D_1}{D} = \frac{\begin{vmatrix} b_1 & a_{12} \\ b_2 & a_{22} \end{vmatrix}}{\begin{vmatrix} a_{11} & a_{12} \\ a_{21} & a_{22} \end{vmatrix}}$$

und x_2:

$$x_2 = \frac{D_2}{D} = \frac{\begin{vmatrix} a_{11} & b_1 \\ a_{21} & b_1 \end{vmatrix}}{\begin{vmatrix} a_{11} & a_{12} \\ a_{21} & a_{22} \end{vmatrix}}$$

Die ausführliche Herleitung finden Sie in [Papula2: 24].

Determinante

Den Eintrag zwischen den beiden senkrechten Strichen bezeichnet man als Determinante. Neben den zweireihigen Determinanten gibt es noch mehrreihige Determinanten. Die beiden senkrechten Striche sind Operatoren. Sie verlangen, dass die Determinante einer quadratischen Matrix berechnet werden soll. Das Ergebnis ist eine Zahl.

Ein lineares Gleichungssystem ist nur dann lösbar, wenn die Systemdeterminante D ungleich 0 ist. Eine andere Bestimmung besagt, dass die Koeffizientenmatrix des Gleichungssystems regulär sein muss.

Reguläre Matrix

Eine Matrix **A** ist heißt *regulär*, wenn ihre Determinante einen von 0 verschiedenen Wert hat. Andernfalls ist sie *singulär*. Diese Definition gilt nur für quadratische Matrizen. Nur wenn die Koeffizientenmatrix eines Gleichungssystems regulär ist, ist es lösbar.

Aus der allgemeinen Lösung eines Gleichungssystems mit zwei Unbekannten kann abgelesen werden, wie eine zweireihige Determinante berechnet werden muss:

$$D = \begin{vmatrix} a_{11} & a_{12} \\ a_{21} & a_{22} \end{vmatrix} = a_{11}a_{22} - a_{12}a_{21}$$

Eine dreireihige Determinante lässt sich noch relativ einfach mit der Regel von Sarrus berechnen:

$$D = \begin{vmatrix} a_{11} & a_{12} & a_{13} \\ a_{21} & a_{22} & a_{23} \\ a_{31} & a_{32} & a_{33} \end{vmatrix}$$

$$\begin{aligned} D = & \, a_{11}a_{22}a_{33} + a_{12}a_{23}a_{31} + a_{13}a_{21}a_{32} \\ & - a_{31}a_{22}a_{13} - a_{32}a_{23}a_{11} - a_{33}a_{21}a_{12} \end{aligned}$$

Der Rechenaufwand steigt aber unverhältnismäßig stark an, wenn die Determinante mehr als drei Reihen hat. Deshalb wird dringend davon abgeraten, Gleichungssysteme mit der cramerschen Regel zu berechnen:

»Es wäre wahnsinnig, auf diese Weise Gleichungen lösen zu wollen.« [Strang: 273]

Ich möchte dennoch nicht darauf verzichten, Ihnen zu zeigen, wie Sie mit der cramerschen Regel ein lineares Gleichungssystem mit drei Unbekannten lösen können.

Wenn die obere Dreiecksmatrix gegeben ist, dann müssen nur die Elemente der Hauptdiagonalen a_{ii} miteinander multipliziert werden:

$$D = a_{11}a_{22} \ldots a_{ii} = \prod_{i=1}^{n} a_{ii}$$

Zuerst zeige ich Ihnen in Listing 6.5, wie Sie mit dem Gauß-Algorithmus eine Determinante berechnen können:

```
#05_determinate.py
import numpy as np
from numpy.linalg import det
#Koeffizientenmatrix
a = np.array([[3,2,1],
              [1,2,3],
              [2,1,4]],dtype=float)
#Gauss-Algorithmus
def determinante(a):
    dm=1
    n=a.shape[0]
    for k in range(0,n):
        for i in range(k+1,n):
            f = a[i,k]/a[k,k]
            for j in range(k,n):
                a[i,j]=a[i,j]-f*a[k,j]
        dm=dm*a[k,k]
```

```
18          return dm
19  #Ausgabe
20  print("Determinante")
21  print("Gauss:",determinante(a))
22  print("NumPy:",det(a))
```

Listing 6.5 Eine Determinante mit dem Gauß-Algorithmus berechnen

Ausgabe

```
Determinante
Gauss: 16.0
NumPy: 16.000000000000007
```

Analyse

Zeile 03 importiert die Methode `det` aus dem Untermodul `linalg` des Moduls `numpy`.

In den Zeilen 12 bis 16 berechnet die selbst definierte Python-Funktion `determinante(a)` (Zeile 09) zunächst aus der Koeffizientenmatrix `a` die obere Dreiecksmatrix. Die Determinante `dm` wird in Zeile 17 iterativ aus den Produkten der Hauptdiagonalelemente `a[k,k]` berechnet.

Anwendung der cramerschen Regel

Das nächste Python-Programm berechnet den Lösungsvektor des Testbeispiels mit der NumPy-Methode `det(...)` aus dem Untermodul `linalg`.

Nach der Regel von Cramer werden die drei Unbekannten des Gleichungssystems mithilfe von Determinanten berechnet. Für die Unbekannte x_1 gilt:

$$x_1 = \frac{D_1}{D} = \frac{\begin{vmatrix} b_1 & a_{12} & a_{13} \\ b_2 & a_{22} & a_{23} \\ b_3 & a_{32} & a_{33} \end{vmatrix}}{\begin{vmatrix} a_{11} & a_{12} & a_{13} \\ a_{21} & a_{22} & a_{23} \\ a_{31} & a_{32} & a_{33} \end{vmatrix}} = \frac{\begin{vmatrix} 10 & 2 & 1 \\ 14 & 2 & 3 \\ 16 & 1 & 4 \end{vmatrix}}{\begin{vmatrix} 3 & 2 & 1 \\ 1 & 2 & 3 \\ 2 & 1 & 4 \end{vmatrix}} = \frac{16}{16} = 1$$

Für die Unbekannte x_2 gilt:

$$x_2 = \frac{D_2}{D} = \frac{\begin{vmatrix} a_{11} & b_1 & a_{13} \\ a_{21} & b_2 & a_{23} \\ a_{31} & b_3 & a_{33} \end{vmatrix}}{\begin{vmatrix} a_{11} & a_{12} & a_{13} \\ a_{21} & a_{22} & a_{23} \\ a_{31} & a_{32} & a_{33} \end{vmatrix}} = \frac{\begin{vmatrix} 3 & 10 & 1 \\ 1 & 14 & 3 \\ 2 & 16 & 4 \end{vmatrix}}{\begin{vmatrix} 3 & 2 & 1 \\ 1 & 2 & 3 \\ 2 & 1 & 4 \end{vmatrix}} = \frac{32}{16} = 2$$

Für die Unbekannte x_3 gilt:

$$x_3 = \frac{D_3}{D} = \frac{\begin{vmatrix} a_{11} & a_{12} & b_1 \\ a_{21} & a_{22} & b_2 \\ a_{31} & a_{32} & b_3 \end{vmatrix}}{\begin{vmatrix} a_{11} & a_{12} & a_{13} \\ a_{21} & a_{22} & a_{23} \\ a_{31} & a_{32} & a_{33} \end{vmatrix}} = \frac{\begin{vmatrix} 3 & 2 & 10 \\ 1 & 2 & 14 \\ 2 & 1 & 16 \end{vmatrix}}{\begin{vmatrix} 3 & 2 & 1 \\ 1 & 2 & 3 \\ 2 & 1 & 4 \end{vmatrix}} = \frac{48}{16} = 3$$

Diese Rechenschritte lassen sich direkt in einen Python-Quelltext übertragen. Listing 6.6 zeigt die Umsetzung:

```
#06_cramer.py
import numpy as np
from numpy.linalg import det
#Koeffizientenmatrix
a = np.array([[3,2,1],
              [1,2,3],
              [2,1,4]],dtype=float)
#Inhomogenitätsvektor
b = np.array([10.,14.,16.],dtype=float)
#für die 1. Lösung
A1= np.array([[b[0],a[0,1],a[0,2]],
              [b[1],a[1,1],a[1,2]],
              [b[2],a[2,1],a[2,2]]],dtype=float)
#für die 2. Lösung
A2= np.array([[a[0,0],b[0],a[0,2]],
              [a[1,0],b[1],a[1,2]],
              [a[2,0],b[2],a[2,2]]],dtype=float)
#für die 3. Lösung
A3= np.array([[a[0,0],a[0,1],b[0]],
              [a[1,0],a[1,1],b[1]],
              [a[2,0],a[2,1],b[2]]],dtype=float)
#Systemdeterminante
D=det(a)
D1=det(A1)
D2=det(A2)
D3=det(A3)
#Lösungsvektoren
x1=D1/D
x2=D2/D
x3=D3/D
#Ausgabe
```

```
print("Koeffizientenmatrix\n",a)
print("Inhomogenitätsvektor\n",b)
print("D  =",D)
print("D1 =",D1)
print("D2 =",D2)
print("D3 =",D3)
print("x1 =",x1)
print("x2 =",x2)
print("x3 =",x3)
```


Listing 6.6 Lösung eines linearen Gleichungssystems mit der cramerschen Regel

Ausgabe

```
Koeffizientenmatrix
 [[3. 2. 1.]
 [1. 2. 3.]
 [2. 1. 4.]]
Inhomogenitätsvektor
 [10. 14. 16.]
D  = 16.000000000000007
D1 = 15.999999999999998
D2 = 32.00000000000003
D3 = 48.000000000000014
x1 = 0.9999999999999994
x2 = 2.000000000000001
x3 = 2.9999999999999996
```

Analyse

Schon die aufwendige Implementierung zeigt, dass es sich eigentlich nicht lohnt, lineare Gleichungssysteme mit der cramerschen Regel zu lösen. Auffällig sind im Vergleich zum Gauß-Algorithmus auch die Rundungsfehler.

Die cramersche Regel sollten Sie vorzugweise nur dann anwenden, wenn Gleichungssysteme mit bis zu drei Unbekannten allgemein gelöst werden müssen.

Vergleich des Gauß-Algorithmus mit der cramerschen Regel

Wie absurd es ist, lineare Gleichungssysteme mit der cramerschen Regel lösen zu wollen, demonstriert auch Tabelle 6.1. Sie vergleicht den Rechenaufwand bei der cramerschen Regel mit dem beim Gauß-Algorithmus.

Zahl der Unbekannten	Cramersche Regel	Gauß-Algorithmus
10	1,08 sec	$\approx 10^{-6}$ sec
20	95.000 Jahre	$\approx 10^{-5}$ sec

Tabelle 6.1 Rechenzeit (3 ns pro Punktoperation) [Engeln-Müllges:117]

6.1.5 Lösung mit der Inversen einer Matrix

In Matrixschreibweise kann ein lineares Gleichungssystem kompakt mit

$$Ax = b$$

formuliert werden.

Durch Bildung der inversen Koeffizientenmatrix $\mathbf{A}^{-1}$ wird diese Gleichung nach dem unbekannten Lösungsvektor

$$x = A^{-1}b$$

aufgelöst. Da die Inverse einer Matrix auch mit dem Gauß-Jordan-Algorithmus berechnet werden kann, ist die Lösung eines linearen Gleichungssystems mit dieser Methode eigentlich nicht notwendig [Knorrenschild: 49]. Es soll aber trotzdem gezeigt werden, wie mit NumPy die Multiplikation einer Inversen mit einem Spaltenvektor durchgeführt werden kann, denn auch diese Problemstellung kommt in Kapitel 13, »Ausgleichsrechnungen«, wieder vor.

Die Inverse der Matrix **A** wird wie folgt berechnet:

$$A^{-1} = \begin{pmatrix} a & b \\ c & d \end{pmatrix}^{-1} = \frac{1}{ad - bc}\begin{pmatrix} d & -b \\ -c & a \end{pmatrix}$$

SymPy ist in der Lage, die Inverse einer Matrix symbolisch zu berechnen (siehe Listing 6.7):

```
#07_sympyInverse.py
from sympy import symbols, Matrix
a,b,c,d=symbols('a,b,c,d')
#Koeffizientenmatrix
A=Matrix([[a,b],
          [c,d]])
#Ausgabe
print(A)
print("\ninverse Matrix\n",A.inv())
```

Listing 6.7 Inverse einer zweireihigen Matrix, mit SymPy berechnet

Ausgabe

```
Matrix([[a, b], [c, d]])
inverse Matrix
Matrix([[d/(a*d - b*c),-b/(a*d - b*c)],
        [-c/(a*d - b*c), a/(a*d - b*c)]])
```

Analyse

In Zeile 03 werden die symbolischen Variablen `a`, `b`, `c` und `d` vereinbart. In Zeile 05 erzeugt die SymPy-Methode `Matrix(...)` die Matrix `A`. In Zeile 09 wird die Inverse mit `A.inv()` berechnet und ausgegeben.

6

Berechnung der Inversen mit dem Gauß-Jordan-Algorithmus

Die Inverse einer Matrix kann auch mit dem Gauß-Jordan-Algorithmus wie folgt berechnet werden [Weltner2: 140]:

1. Schritt: Erweiterung der Matrix **A** mit der Einheitsmatrix **E**
2. Schritt: Durchführung des gauß-jordanschen Eliminationsverfahrens, bis auf der linken Matrixhälfte die Einheitsmatrix erscheint. Die rechte Hälfte der Matrix ist dann die Inverse.

Für das Testbeispiel gilt der Ansatz:

$$A|E = \left(\begin{array}{ccc|ccc} 3 & 2 & 1 & 1 & 0 & 0 \\ 1 & 2 & 3 & 0 & 1 & 0 \\ 2 & 1 & 4 & 0 & 0 & 1 \end{array}\right)$$

Mit dem Gauß-Jordan-Algorithmus erhält man nach mehreren Umformungen:

$$\left(\begin{array}{ccc|ccc} 1 & 0 & 0 & \frac{5}{16} & -\frac{7}{16} & \frac{1}{4} \\ 0 & 1 & 0 & \frac{1}{8} & \frac{5}{8} & -\frac{1}{2} \\ 0 & 0 & 1 & -\frac{3}{16} & \frac{1}{16} & \frac{1}{4} \end{array}\right)$$

Für die Inverse gilt also:

$$A^{-1} = \begin{pmatrix} \frac{5}{16} & -\frac{7}{16} & \frac{1}{4} \\ \frac{1}{8} & \frac{5}{8} & -\frac{1}{2} \\ -\frac{3}{16} & \frac{1}{16} & \frac{1}{4} \end{pmatrix}$$

Mit dem Inhomogenitätsvektor $\mathbf{b} = (10, 14, 16)^T$ aus dem Testbeispiel erhalten Sie mit der Inversen das Gleichungssystem

$$\begin{pmatrix} x_1 \\ x_2 \\ x_3 \end{pmatrix} = \begin{pmatrix} 3 & 2 & 1 \\ 1 & 2 & 3 \\ 2 & 1 & 4 \end{pmatrix}^{-1} \begin{pmatrix} 10 \\ 14 \\ 16 \end{pmatrix} = \begin{pmatrix} \frac{5}{16} & -\frac{7}{16} & \frac{1}{4} \\ \frac{1}{8} & \frac{5}{8} & -\frac{1}{2} \\ -\frac{3}{16} & \frac{1}{16} & \frac{1}{4} \end{pmatrix} \begin{pmatrix} 10 \\ 14 \\ 16 \end{pmatrix} = \begin{pmatrix} 1 \\ 2 \\ 3 \end{pmatrix}$$

mit dem Lösungsvektor $\mathbf{L} = (1, 2, 3)^T$.

NumPy berechnet die Inverse einer Matrix numerisch mit der Methode `inv(A)`. Die Matrizenmultiplikation erfolgt mit dem Infix-Operator `@`.

Listing 6.8 löst das lineare Gleichungssystem des Testbeispiels mit der Methode `inv(...)` aus dem Untermodul `linalg` von NumPy:

```
#08_numpyInverse.py
import numpy as np
from numpy.linalg import inv
#Koeffizientenmatrix
A = np.array([[3,2,1],
              [1,2,3],
              [2,1,4]],dtype=float)
#Inhomogenitätsvektor
b = np.array([10.,14.,16.],dtype=float)
#Matrizenmultiplikation
x=inv(A)@b
#Ausgabe
print("Koeffizientenmatrix\n", A)
print("Inhomogenitätsvektor\n",b)
print("Inverse der Koeffizientenmatrix\n",inv(A))
print("Lösungsvektor\n",x)
print("x1 =",x[0])
print("x2 =",x[1])
print("x2 =",x[2])
```

Listing 6.8 Lösung mit der inversen Koeffizientenmatrix

Ausgabe

```
Koeffizientenmatrix
 [[3. 2. 1.]
 [1. 2. 3.]
 [2. 1. 4.]]
Inhomogenitätsvektor
 [10. 14. 16.]
```

```
Inverse der Koeffizientenmatrix
 [[ 0.3125 -0.4375  0.25  ]
 [ 0.125   0.625  -0.5   ]
 [-0.1875  0.0625  0.25  ]]
Lösungsvektor
 [1. 2. 3.]
x1 = 1.0000000000000009
x2 = 1.9999999999999991
x2 = 2.9999999999999996
```


Analyse

In Zeile 03 wird aus dem NumPy-Untermodul `linalg` die Methode `inv` importiert. In Zeile 11 berechnet diese Methode die Inverse `inv(A)` der Koeffizientenmatrix `A`. Die Matrizenmultiplikation der Inversen von `A` mit dem Inhomogenitätsvektor `b` wird mit dem Infix-Operator `@` durchgeführt. Der Lösungsvektor wird in die Objektvariable `x` gespeichert.

Alternativen zu dem Infix-Operator finden Sie mit den NumPy-Methoden `dot(inv(A,b)` oder `matmul(inv(A,b))`.

6.1.6 Lösung mit der NumPy-Methode solve()

Die kompakteste Lösung eines linearen Gleichungssystems besteht in der NumPy-Methode `solve(A, b)` aus dem Untermodul `linalg`. Die Methode erwartet also nur zwei Argumente: die Koeffizientenmatrix `A` und den Inhomogenitätsvektor `b`.

Listing 6.9 zeigt die Umsetzung für das Testbeispiel:

```
#09_numpy_solve.py
import numpy as np
from numpy.linalg import solve
#Koeffizientenmatrix
A = np.array([[3,2,1],
              [1,2,3],
              [2,1,4]],dtype=float)
#Inhomogenitätsvektor
b = np.array([10,14,16],dtype=float)
#Lösungsvektor
L=solve(A,b)
#Ausgabe
print("Koeffizientenmatrix\n", A)
print("Inhomogenitätsvektor\n",b)
```

```
15 print("Lösungsvektor\n",L)
16 print("x1 =",L[0])
17 print("x2 =",L[1])
18 print("x3 =",L[2])
```

Listing 6.9 Lösung mit der NumPy-Methode »solve«

Ausgabe

```
Koeffizientenmatrix
 [[3. 2. 1.]
 [1. 2. 3.]
 [2. 1. 4.]]
Inhomogenitätsvektor
 [10. 14. 16.]
Lösungsvektor
 [1. 2. 3.]
x1 = 0.9999999999999997
x2 = 2.0000000000000004
x3 = 3.0
```

Analyse

In Zeile 03 wird die Methode `solve` aus dem Untermodul `linalg` des Moduls `numpy` importiert.

In Zeile 11 löst diese Methode das lineare Gleichungssystem. Sie erwartet die Übergabe der Koeffizientenmatrix `A` (erster Parameter) und des Spaltenvektors `b` (zweiter Parameter). Der Lösungsvektor wird in die Objektvariable `L` gespeichert.

In Zeile 15 wird der Lösungsvektor als `ndarray` ausgegeben. In den Zeilen 16 bis 18 werden die einzelnen Komponenten `x1`, `x2` und `x3` des Lösungsvektors ausgegeben.

6.1.7 Lösung mit SymPy-Methoden

Mit dem Python-Modul SymPy lassen sich lineare Gleichungssysteme ebenfalls lösen. SymPy-Programme benötigen hierfür nur wenige Programmzeilen. Der besondere Vorteil der SymPy-Methoden besteht darin, dass Gleichungssysteme sowohl numerisch als auch symbolisch gelöst werden können. SymPy stellt die vier Methoden

- `solve([g1,g2,g3],[x1,x2,x3])`
- `linsolve([A,b],[x1,x2,x3])`
- `A.inv()*b`
- `A.gauss_jordan_solve(b)`

für die Lösung linearer Gleichungssysteme zur Verfügung.

Die Methode solve()

Das erste Beispiel aus Listing 6.10 zeigt, wie Sie mit der SymPy-Methode solve(...) ein lineares Gleichungssystem lösen können:

```
01 #10_sympy_lgs1.py
02 from sympy import symbols, solve
03 x1,x2,x3=symbols('x1,x2,x3')
04 g1= 3*x1+2*x2+  x3-10
05 g2=   x1+2*x2+3*x3-14
06 g3= 2*x1+  x2+4*x3-16
07 L=solve([g1,g2,g3],(x1,x2,x3),dict=True)
08 print("Lösungsvektor\n",L)
09 print("Schlüssel\n",L[0].keys())
10 print("Werte\n",L[0].values())
11 print("x1 =",L[0][x1])
12 print("x2 =",L[0][x2])
13 print("x3 =",L[0][x3])
```

Listing 6.10 Ein lineares Gleichungssystem mit der SymPy-Methode »solve« lösen

Ausgabe

```
Lösungsvektor
 [{x1: 1, x2: 2, x3: 3}]
Schlüssel
 dict_keys([x1, x2, x3])
Werte
 dict_values([1, 2, 3])
x1 = 1
x2 = 2
x3 = 3
```

Analyse

In Zeile 03 werden die symbolischen Variablen x1, x2 und x3 für die Unbekannten vereinbart.

In den Zeilen 04 bis 06 werden die einzelnen Gleichungen des Gleichungssystems in die Objektvariablen g1, g2 und g3 gespeichert.

In Zeile 07 löst die die Methode solve(...) das Gleichungssystem. Die Objektvariablen und die symbolischen Variablen müssen durch eckige oder runde Klammern voneinander getrennt werden. Der Lösungsvektor wird als Dictionary in die Objektvariable L gespeichert.

Zeile 08 gibt den Lösungsvektor als `list` (Datenstruktur Liste) aus.

Zeile 09 gibt die Schlüssel `dict_keys` des Lösungsvektors `L` aus.

Zeile 10 gibt die Werte `dict_values` des Lösungsvektors `L` aus.

Wie auf die einzelnen Komponenten des Lösungsvektors zugegriffen werden kann, zeigen die Zeilen 11 bis 13.

Die Methoden inv(), gauss_jordan_solve(b) und linsolve()

Listing 6.11 zeigt, wie Sie lineare Gleichungssysteme mit der Inversen `inv()` und den SymPy-Methoden `gauss_jordan_solve(...)` und `linsolve(...)` lösen können:

```
#11_sympy_lgs2.py
from sympy import symbols,Matrix,linsolve
x1,x2,x3=symbols('x1,x2,x3')
A=Matrix([[3,2,1],
          [1,2,3],
          [2,1,4]])
b=Matrix([10,14,16])
inverse=A.inv() #A**-1
L1=inverse*b
L2=A.gauss_jordan_solve(b)
L3=linsolve([A,b],(x1,x2,x3))
#Ausgaben
print("Inverse von A\n",inverse)
print("Lösung mit Inverse\n",L1)
print("x1 = %3.3f\nx2 = %3.3f\nx3 = %3.3f"%\
      (L1[0],L1[1],L1[2]))
print("Lösung mit gauss_jordan_solve\n",L2)
print("x1 = %3.3f\nx2 = %3.3f\nx3 = %3.3f"%\
      (L2[0][0],L2[0][1],L2[0][2]))
print("Lösung mit linsolve\n",L3)
print("x1 = %3.3f\nx2 = %3.3f\nx3 = %3.3f"%\
      (L3.args[0][0],L3.args[0][1],L3.args[0][2]))
```

Listing 6.11 SymPy-Methoden für die Lösung linearer Gleichungssysteme

Ausgabe

```
Inverse von A
 Matrix([[5/16, -7/16, 1/4],
        [1/8, 5/8, -1/2],
        [-3/16, 1/16, 1/4]])
```

```
Lösung mit Inverse
 Matrix([[1], [2], [3]])
x1 = 1.000
x2 = 2.000
x3 = 3.000
Lösung mit gauss_jordan_solve
 (Matrix([
[1],
[2],
[3]]), Matrix(0, 1, []))
x1 = 1.000
x2 = 2.000
x3 = 3.000
Lösung mit linsolve
 FiniteSet((1, 2, 3))
x1 = 1.000
x2 = 2.000
x3 = 3.000
```


Analyse

Alle drei Methoden speichern den Lösungsvektor in die Objektvariablen L1, L2 und L3. Wenn das Programm die numerischen Werte der Lösungen ausgeben oder in nachfolgenden Berechnungen weiter damit arbeiten soll, dann müssen Sie beachten, dass jede einzelne Methode unterschiedliche Datenstrukturen zurückgibt. Die Wahl der Methode bestimmt also die Datenstruktur der Objektvariablen. Die entsprechende Datenstruktur können Sie mit type(...) ermitteln.

Für die Berechnung der Inversen bietet SymPy zwei Möglichkeiten: die Lösung mit der Methode A.inv()*b oder mit der Potenznotation A**-1*b (Zeile 08). Im Lösungsvektor L1 wird eine eindimensionale Matrix gespeichert. Entsprechend muss mit L1[i] auf die einzelnen Lösungen zugegriffen werden (Zeile 16). Eine Typabfrage mit type(L1) liefert die Datenstruktur <class 'sympy.matrices.dense.MutableDenseMatrix'>.

In Zeile 10 löst die Methode A.gauss_jordan_solve(b) das LGS mit dem Gauß-Jordan-Verfahren. Diese Methode greift über den Punktoperator . auf die Koeffizientenmatrix A zu. Der Inhomogenitätsvektor b wird als Parameter übergeben. Im Lösungsvektor L2 wird eine zweidimensionale Matrix gespeichert. Entsprechend muss mit L2[i][j] auf die einzelnen Lösungen zugegriffen werden (Zeile 19). Eine Typabfrage mit type(L2) liefert die Datenstruktur <class 'tuple'>.

In Zeile 11 löst die Methode `linsolve([A,b],(x1,x2,x3))` das LGS. Die Koeffizientenmatrix `A` und der Inhomogenitätsvektor `b` müssen ebenso wie die Ungekannten `x1`, `x2` und `x3` durch Klammern zusammengefasst werden. Sie können in beiden Fällen eckige oder runde Klammern verwenden. Im Lösungsvektor `L3` wird ein `FiniteSet` gespeichert. Bei dieser Datenstruktur können mit `L3.args[i][j]` die einzelnen numerischen Lösungen ermittelt werden (Zeile 22). Eine Typabfrage mit `type(L3)` liefert die Datenstruktur `<class 'sympy.sets.sets.FiniteSet'>`.

Die Methode solve_linear_system()

Mit Listing 6.12 können Sie lineare Gleichungssysteme mit der Sympy-Methode `solve_linear_system(...)` lösen. Diese Methode erwartet die Übergabe der erweiterten Koeffizientenmatrix.

```
#12_sympy_lgs3.py
from sympy import *
x1, x2, x3 = symbols('x1 x2 x3')
b = Matrix([10,14,16])
A = Matrix([[3, 2, 1],
            [1, 2, 3],
            [2, 1, 4]])
Ab=A.col_insert(3,b)
L=solve_linear_system(Ab, x1, x2, x3)
print("Type von solve_linear_system()\n",type(L))
print("Lösungsvektor\n",L)
print(L.keys())
print(L.values())
print("x1 =",L[x1])
print("x2 =",L[x2])
print("x3 =",L[x3])
```

Listing 6.12 Lösung eines linearen Gleichungssystems mit der SymPy-Methode »solve_linear_system()«

Ausgabe

```
Type von solve_linear_system()
 <class 'dict'>
Lösungsvektor
 {x1: 1, x2: 2, x3: 3}
dict_keys([x1, x2, x3])
dict_values([1, 2, 3])
x1 = 1
```

```
x2 = 2
x3 = 3
```

Analyse

In Zeile 04 wird der Inhomogenitätsvektor `b` definiert. In Zeile 05 bis 07 steht die Koeffizientenmatrix `A`.

In Zeile 08 erzeugt die SymPy-Methode `A.col_insert(3,b)` die erweiterte Koeffizientenmatrix `Ab`. In Zeile 09 löst die Methode `solve_linear_system(...)` das lineare Gleichungssystem. Als erster Parameter muss die erweiterte Koeffizientenmatrix `Ab` übergeben werden. Danach erfolgt die Übergabe der symbolischen Variablen für die Unbekannten.

Der Lösungsvektor `L` wird als Dictionary ausgegeben. Deshalb können Sie sich die numerischen Lösungen mit `L[key]` ausgeben lassen, wobei Sie für `key` die Symbole `x1`, `x2` oder `x3` einsetzen.

6.2 Iterative Verfahren

Für eine große Anzahl von Unbekannten ist die Implementierung des Gauß-Algorithmus auf dem Computer nicht geeignet. Einerseits entstehen bedingt durch die hohe Anzahl der Punktoperationen nicht mehr akzeptable Rundungsfehler, anderseits steigt auch der Speicherplatzbedarf an. Der Gauß-Algorithmus hat eine Laufzeitkomplexität von $O(n^3)$ für die Erzeugung der Dreiecksmatrix. Für die Rücksubstitution beträgt der Aufwand $O(n^2)$.

Iterative Verfahren bieten hier eine Alternative. Der Rechenaufwand ist nur von der Anzahl der Gleichungen und der geforderten Genauigkeit abhängig. Die Laufzeitkomplexität ist linear; sie beträgt $k \cdot O(n)$, wobei die Konstante k durch die geforderte Rechengenauigkeit festgelegt wird.

Ein besonderer Vorteil von iterativen Algorithmen besteht außerdem darin, dass sie sich relativ einfach implementieren lassen. Allerdings sind iterative Verfahren nicht immer numerisch stabil, d. h., sie konvergieren unter Umständen nicht gegen den Lösungsvektor und liefern dann völlig unbrauchbare Ergebnisse. Um eine numerisch stabile Lösung zu erhalten, müssen die Werte der Hauptdiagonalelemente betragsmäßig großer sein als die übrigen Elemente. Dies ist allerdings nur ein grobes Kriterium; es wird weiter unten präzisiert.

Ich zeige Ihnen nun, wie Sie mit dem Jakobi-Verfahren (*Gesamtschrittverfahren*) und dem Gauß-Seidel-Verfahren (*Einzelschrittverfahren*) lineare Gleichungssysteme mit Python lösen können.

6.2.1 Das Jacobi-Verfahren

Die Grundidee ist einfach: Die n-Gleichungen eines linearen Gleichungssystems werden jeweils nach den Unbekannten x_i umgestellt. Auf der linken Seite stehen dann die gesuchten Unbekannten. Anschließend wird das System durch Rekursion iterativ gelöst. Als Startwert wird der Nullvektor gewählt.

Betrachten wir das folgende Gleichungssystem mit drei Unbekannten:

$$a_{11}x_1 + a_{12}x_2 + a_{13}x_3 = b_1$$

$$a_{21}x_1 + a_{22}x_2 + a_{23}x_3 = b_2$$

$$a_{31}x_1 + a_{32}x_2 + a_{33}x_3 = b_3$$

Durch die Auflösung nach den Unbekannten ergibt sich die rekursive Gleichung:

$$x_1^{k+1} = \frac{1}{a_{11}}\left(b_1 - a_{12}x_2^k - a_{13}x_k^k\right)$$

$$x_2^{k+1} = \frac{1}{a_{22}}\left(b_2 - a_{21}x_1^k - a_{23}x_3^k\right)$$

$$x_3^{k+1} = \frac{1}{a_{33}}\left(b_3 - a_{31}x_1^k - a_{32}x_2^k\right)$$

Die Iteration wird so lange ausgeführt, bis die gewünschte Genauigkeit erreicht ist. Dies wird über die im Folgenden beschriebene Abbruchbedingung geprüft.

Abbruchbedingungen

Die einfachste Möglichkeit, die Iteration abzubrechen, besteht darin, eine feste Anzahl $k = N$ von Schleifendurchläufen festzulegen.

Alternativ kann man eine bestimmte Genauigkeitsschranke ε vorgeben:

$$\left|x^{k+1} - x^k\right| < \varepsilon$$

Die Arbeitsweise des Jacobi-Verfahrens soll an dem folgenden Beispiel demonstriert werden:

$$6x_1 + 2x_2 + x_3 = 13$$

$$x_1 + 5x_2 + 3x_3 = 20$$

$$2x_1 + x_2 + 4x_3 = 16$$

Die Elemente auf der Hauptdiagonalen sind betragsmäßig größer als die übrigen Elemente. Wenn dieser Fall zutrifft, dann wird die Koeffizientenmatrix als diagonaldominant bezeichnet. Der Begriff *diagonaldominant* wird in Abschnitt 6.2.3 ausführlich erklärt. Dieses System hat die exakten Lösungen $x_1 = 1$, $x_2 = 2$ und $x_3 = 3$.

Der einfache Lösungsansatz

Listing 6.13 berechnet den Lösungsvektor für das obige Gleichungssystem mit $k = 20$ Schleifendurchläufen:

```
#13_jacobi1.py
import numpy as np
N=20
a = np.array([[6,2,1],
              [1,5,3],
              [2,1,4]],dtype=float)
b = np.array([13,20,16],dtype=float)
x1=np.empty(N+1,dtype=float)
x2=np.empty(N+1,dtype=float)
x3=np.empty(N+1,dtype=float)
x1[0],x2[0],x3[0]=(0.,0.,0.) #Startwerte
print("Jacobi-Verfahren")
print("%6s %10s %10s" %("x1","x2","x3"))
for k in range(N):
    x1[k+1]=(b[0]-a[0,1]*x2[k]-a[0,2]*x3[k])/a[0,0]
    x2[k+1]=(b[1]-a[1,0]*x1[k]-a[1,2]*x3[k])/a[1,1]
    x3[k+1]=(b[2]-a[2,0]*x1[k]-a[2,1]*x2[k])/a[2,2]
    print("%2.8f %2.8f %2.8f" %(x1[k],x2[k],x3[k]))
```

Listing 6.13 Lösung mit dem Jacobi-Verfahren

Ausgabe

```
    x1         x2         x3
0.00000000 0.00000000 0.00000000
2.16666667 4.00000000 4.00000000
0.16666667 1.16666667 1.91666667
1.45833333 2.81666667 3.62500000
0.62361111 1.53333333 2.56666667
1.22777778 2.33527778 3.30486111
0.83743056 1.77152778 2.80229167
1.10910880 2.15113889 3.13840278
0.92655324 1.89513657 2.90766088
1.05034433 2.07009282 3.06293924
```

```
0.96614585 1.95216759 2.95730463
1.02306003 2.03238805 3.02888518
0.98438979 1.97805689 2.98037297
1.01058554 2.01489826 3.01329088
0.99281877 1.98990836 2.99098266
1.00486677 2.00684665 3.00611353
0.99669886 1.99535853 2.99585495
1.00223800 2.00314726 3.00281094
0.99848243 1.99786584 2.99809419
1.00102902 2.00144700 3.00129233
```

Analyse

In den Zeilen 04 bis 06 wird eine diagonaldominante Koeffizientenmatrix `a` definiert, damit das Verfahren auch konvergiert.

In den Zeilen 08 bis 10 werden drei leere eindimensionale NumPy-Arrays `x1`, `x2` und `x3` angelegt. In diesen Arrays sollen die Lösungen des LGS abgespeichert werden.

Innerhalb der `for`-Schleife (Zeile 14 bis 17) wird der Lösungsvektor rekursiv berechnet. Der jeweils aktuelle Wert wird in Zeile 18 ausgegeben.

An der Ausgabe erkennt man, dass der Lösungsvektor nur langsam konvergiert. Durch die Vergrößerung von `N` in Zeile 03 können Sie die Genauigkeit der Berechnung noch verbessern.

Übung

Testen Sie das Programm, indem Sie für die Elemente der Hauptdiagonalen kleine bzw. große Zahlen einsetzen, und beobachten Sie das Stabilitätsverhalten. Überprüfen Sie auch, ob die Werte des Inhomogenitätsvektors einen Einfluss auf das Stabilitätsverhalten haben.

Diesen Test sollten Sie mit den drei folgenden Programmvarianten zu den iterativen Verfahren ebenfalls durchführen.

Lösung mit Matrizen

Die erste Programmvariante ist nicht flexibel genug. Wenn mehr als drei Gleichungen gelöst werden sollen, dann müssen jeweils neue Gleichungen in den Schleifenrumpf eingefügt werden. Der Aufwand wäre nicht mehr vertretbar.

Eleganter kann man die iterativen Verfahren implementieren, wenn man die Gleichungssysteme mit Matrizen löst. Dazu betrachten wir ein allgemein formuliertes Gleichungssystem mit drei Unbekannten genauer:

$$x_1^{k+1} = \frac{1}{a_{11}}\left(b_1 - 0 - a_{12}x_2^k - a_{13}x_k^k\right)$$

$$x_2^{k+1} = \frac{1}{a_{22}}\left(b_2 - a_{21}x_1^k - 0 - a_{23}x_3^k\right)$$

$$x_3^{k+1} = \frac{1}{a_{33}}\left(b_3 - a_{31}x_1^k - a_{32}x_2^k - 0\right)$$

Auf der rechten Seite des Systems ist an den Stellen, wo ursprünglich die Unbekannte x_i stand, eine Null eingetragen. Die Faktoren vor den Klammern können als Diagonalmatrix interpretiert werden. In Matrizenschreibweise erhält man dann:

$$\begin{pmatrix} x_1 \\ x_2 \\ x_3 \end{pmatrix}^{k+1} = \begin{pmatrix} \frac{1}{a_{11}} & 0 & 0 \\ 0 & \frac{1}{a_{22}} & 0 \\ 0 & 0 & \frac{1}{a_{33}} \end{pmatrix} \left(\begin{pmatrix} b_1 \\ b_2 \\ b_3 \end{pmatrix} - \begin{pmatrix} 0 & a_{12} & a_{13} \\ a_{21} & 0 & a_{23} \\ a_{31} & a_{32} & 0 \end{pmatrix} \begin{pmatrix} x_1 \\ x_2 \\ x_3 \end{pmatrix}^{k} \right)$$

Die Elemente der Hauptdiagonalen bestehen aus den Kehrwerten von a_{ii}. Wenn man von den Elementen einer Diagonalmatrix **D** ihre Kehrwerte berechnet, erhält man die Inverse $\mathbf{D}^{-1}$ dieser Matrix.

Die Koeffizientenmatrix **A** kann in die strikte linke untere Dreiecksmatrix **L** und die strikte rechte obere Dreiecksmatrix **R** zerlegt werden:

$$\begin{pmatrix} x_1 \\ x_2 \\ x_3 \end{pmatrix}^{k+1} = D^{-1} \left(\begin{pmatrix} b_1 \\ b_2 \\ b_3 \end{pmatrix} - \left(\begin{pmatrix} 0 & 0 & 0 \\ a_{21} & 0 & 0 \\ a_{31} & a_{32} & 0 \end{pmatrix} + \begin{pmatrix} 0 & a_{12} & a_{13} \\ 0 & 0 & a_{23} \\ 0 & 0 & 0 \end{pmatrix} \right) \begin{pmatrix} x_1 \\ x_2 \\ x_3 \end{pmatrix}^{k} \right)$$

Die Vektorschreibweise ergibt dann:

$$x^{k+1} = D^{-1}\left(b - (R + L)x^k\right)$$

Die Grundidee des Jacobi-Verfahrens beruht also darauf, die Koeffizientenmatrix **A** des linearen Gleichungssystems in drei Teilmatrizen zu zerlegen: in die Diagonalmatrix $\mathbf{D}^{-1}$, in die strikte linke untere Dreiecksmatrix **L** und in die strikte rechte obere Dreiecksmatrix **R**.

Der Term (**b** – (**R** + **L**)) wird in der Fachliteratur auch als *Iterationsmatrix* **B** bezeichnet.

Erzeugt wird die strikte linke untere Dreiecksmatrix **L** mit der NumPy-Methode `tril(a,k=-1)`. Der Parameter `k = -1` ist zwingend notwendig, damit alle Elemente von **A** oberhalb der Hauptdiagonalen, einschließlich der Hauptdiagonalen selbst, entfernt werden. Das `l` in `tril(...)` steht für *lower*.

Die strikte rechte obere Dreiecksmatrix **R** wird mit der NumPy-Methode `triu(a,k=1)` erzeugt. Der Parameter `k = 1` ist auch hier zwingend notwendig, damit alle Elemente von **A** unterhalb der Hauptdiagonalen, einschließlich der Hauptdiagonalen selbst, entfernt werden. Das `u` in `triu(...)` steht für *upper*.

Listing 6.14 zeigt die Implementierung des Jacobi-Verfahrens. Damit Sie sich besser vorstellen können, was genau unter einer strikten unteren bzw. strikten oberen Dreiecksmatrix zu verstehen ist, gibt das Programm diese Teilmatrizen mit aus, obwohl diese Ausgabe für die Lösung des Problems nicht notwendig gewesen wäre.

```
#14_jacobi2.py
import numpy as np
A = np.array([[6,2,1],
              [1,5,3],
              [2,1,4]],dtype=float)
b = np.array([13,20,16],dtype=float)
#Jacobi-Verfahren
def jacobi(a,b,N=15):
#Dreieckszerlegung
    L=np.tril(a,k=-1)  #links unten
    R=np.triu(a,k=1)   #rechts oben
    n=np.size(b)       #Anzahl der Gleichungen
    x=np.zeros(n)      #Startwerte
    for k in range(N): #Anzahl der Iterationen
        for i in range(n):
            x[i]=(b[i]-(L[i]+R[i])@x)/a[i,i]
    return x
#Ausgabe
print("Koeffizientenmatrix\n",A)
print("Inhomogenitätsvektor\n",b)
print("links-untere-Dreiecksmatrix\n",np.tril(A,k=-1))
print("rechts-obere-Dreiecksmatrix\n",np.triu(A,k=1))
print("Lösungsvektor\n",jacobi(A,b))
```

Listing 6.14 Iterative Lösung eines linearen Gleichungssystems mit dem Jacobi-Verfahren

Ausgabe

```
Koeffizientenmatrix
 [[6. 2. 1.]
 [1. 5. 3.]
 [2. 1. 4.]]
```

```
Inhomogenitätsvektor
 [13. 20. 16.]
links-untere-Dreiecksmatrix
 [[0. 0. 0.]
 [1. 0. 0.]
 [2. 1. 0.]]
rechts-obere-Dreiecksmatrix
 [[0. 2. 1.]
 [0. 0. 3.]
 [0. 0. 0.]]
Lösungsvektor
 [0.99999982 1.99999992 3.00000011]
```


Analyse

In den Zeilen 14 bis 16 wird das LGS mit dem Vektoransatz des Jacobi-Verfahrens gelöst. Schon nach 15 Schleifendurchläufen der äußeren Schleife erzielt das Programm eine akzeptable Genauigkeit. Zeile 16 zeigt deutlich, dass keine Inverse berechnet werden muss, denn der rechtsseitige Term `(b[i]-(L[i]+R[i])@x)` wird nur durch die Diagonalelemente `a[i,i]` elementweise dividiert.

6.2.2 Das Gauß-Seidel-Verfahren

Dieses Verfahren wurde zwar von Gauß schon 1823 entwickelt, aber erst im Jahre 1874 von Ludwig Seidel (1821–1896) veröffentlicht.

Die Grundidee ist einfach. Man löst wie beim Jacobi-Verfahren die einzelnen Gleichungen eines linearen Gleichungssystems jeweils nach den Unbekannten $x_1, x_2 \dots x_n$ auf, legt Startwerte fest und berechnet dann schrittweise die Lösungen. Im Unterschied zum Jacobi-Verfahren werden jedoch die in einem Schleifendurchlauf zuvor berechneten Werte in die rechte Seite des rekursiven Gleichungssystems eingesetzt. Es wird also mit bereits bekannten Werten weitergerechnet.

Der einfache Lösungsansatz

Der Lösungsansatz gleicht dem Jacobi-Verfahren. Der Unterschied besteht darin, bereits berechnete Werte x^{k+1} in die rechte Seite der Gleichung einzusetzen. Ein einfacher Lösungsansatz lässt sich wie folgt formulieren:

$$x_1^{k+1} = \frac{1}{a_{11}}\left(b_1 - a_{12}x_2^k - a_{13}x_k^k\right)$$

$$x_2^{k+1} = \frac{1}{a_{22}}\left(b_2 - a_{21}x_1^{k+1} - a_{23}x_3^k\right)$$

$$x_3^{k+1} = \frac{1}{a_{33}}\left(b_3 - a_{31}x_1^{k+1} - a_{32}x_2^{k+1}\right)$$

Listing 6.15 zeigt, wie das Gleichungssystem

$$\begin{pmatrix} 6 & 2 & 1 \\ 1 & 5 & 3 \\ 2 & 1 & 4 \end{pmatrix}\begin{pmatrix} x_1 \\ x_2 \\ x_3 \end{pmatrix} = \begin{pmatrix} 13 \\ 20 \\ 16 \end{pmatrix}$$

mit dem Gauß-Seidel-Verfahren gelöst werden kann. Eigentlich wäre es überflüssig gewesen, für die drei Unbekannten `x1`, `x2` und `x3` jeweils ein Array anzulegen (Zeile 08 bis 10), wie es beim Jacobi-Verfahren noch zwingend erforderlich war. Damit aber der Unterschied zwischen den beiden Verfahren deutlich wird, habe ich diesen Weg gewählt.

Für die Wiederholstruktur (Zeile 15 bis 17) könnte eine einfachere Variante wie folgt implementiert werden:

```
x1=(b[0]-a[0,1]*x2-a[0,2]*x3)/a[0,0]
x2=(b[1]-a[1,0]*x1-a[1,2]*x3)/a[1,1]
x3=(b[2]-a[2,0]*x1-a[2,1]*x2)/a[2,2]
```

Das Programm berechnet mit nur 15 Iterationen bereits akzeptable Ergebnisse.

```
01 #15_seidel1.py
02 import numpy as np
03 N=15
04 a = np.array([[6,2,1],
05               [1,5,3],
06               [2,1,4]],dtype=float)
07 b = np.array([13,20,16],dtype=float)
08 x1=np.empty(N+1,dtype=float)
09 x2=np.empty(N+1,dtype=float)
10 x3=np.empty(N+1,dtype=float)
11 x1[0],x2[0],x3[0]=(0.,0.,0.) #Startwerte
12 print("Gauss-Seidel-Verfahren")
13 print("%6s %10s %10s" %("x1","x2","x3"))
14 for k in range(N):
15     x1[k+1]=(b[0]-a[0,1]*x2[k]-a[0,2]*x3[k])/a[0,0]
16     x2[k+1]=(b[1]-a[1,0]*x1[k+1]-a[1,2]*x3[k])/a[1,1]
17     x3[k+1]=(b[2]-a[2,0]*x1[k+1]-a[2,1]*x2[k+1])/a[2,2]
18     print("%2.8f %2.8f %2.8f" %(x1[k+1],x2[k+1],x3[k+1]))
```

Listing 6.15 Lösung eines linearen Gleichungssystems mit dem Gauß-Seidel-Algorithmus

Ausgabe

```
Gauss-Seidel-Verfahren
     x1          x2          x3
2.16666667 3.56666667 2.02500000
0.64027778 2.65694444 3.01562500
0.77841435 2.03494213 3.10205729
0.97134307 1.94449701 3.02820421
1.01380029 1.98031741 2.99802050
1.00689078 1.99980955 2.99660222
1.00062978 2.00191271 2.99920693
0.99949461 2.00057692 3.00010847
0.99978962 1.99997700 3.00011094
0.99998918 1.99993560 3.00002151
1.00001788 1.99998352 2.99999518
1.00000630 2.00000163 2.99999644
1.00000005 2.00000212 2.99999944
0.99999938 2.00000046 3.00000019
0.99999982 1.99999992 3.00000011
```

Analyse

Der Algorithmus hat eine ähnliche Struktur wie das Jacobi-Verfahren, jedoch mit dem gravierenden Unterschied, dass unterhalb der Hauptdiagonalen die schon bereits berechneten Linkswerte `x[k+1]` stehen. Das Gauß-Seidel-Verfahren konvergiert deshalb schneller als das Jakobi-Verfahren. Schon nach 15 Iterationen erzielt das Programm eine zufriedenstellende Genauigkeit.

Gauß-Seidel-Verfahren mit Matrizen

Betrachten wir den einfachen Lösungsansatz genauer, indem wir auf der Hauptdiagonalen Nullen eintragen:

$$x_1^{k+1} = \frac{1}{a_{11}}\left(b_1 - 0 - a_{12}x_2^k - a_{13}x_k^k\right)$$

$$x_2^{k+1} = \frac{1}{a_{22}}\left(b_2 - a_{21}x_1^{k+1} - 0 - a_{23}x_3^k\right)$$

$$x_3^{k+1} = \frac{1}{a_{33}}\left(b_3 - a_{31}x_1^{k+1} - a_{32}x_2^{k+1} - 0\right)$$

Jetzt erkennen wir, dass unterhalb der Hauptdiagonalen die schon berechneten Werte mit den Indexen $k+1$ stehen. Die Koeffizientenmatrix wird wieder in die strikte untere linke Matrix **L** und die strikte obere rechte Matrix **R** zerlegt:

$$x^{k+1} = D^{-1}\left(\begin{pmatrix} b_1 \\ b_2 \\ b_3 \end{pmatrix} - \begin{pmatrix} 0 & 0 & 0 \\ a_{21} & 0 & 0 \\ a_{31} & a_{32} & 0 \end{pmatrix} x^{k+1} - \begin{pmatrix} 0 & a_{12} & a_{13} \\ 0 & 0 & a_{23} \\ 0 & 0 & 0 \end{pmatrix} x^k\right)$$

In Vektorschreibweise ergibt sich dann:

$$Dx^{k+1} = b - Lx^{k+1} - Rx^k$$

Alle Terme mit dem Index $k+1$ müssen auf die linke Seite der Gleichung gebracht werden:

$$Dx^{k+1} + Lx^{k+1} = b - Rx^k$$

Durch Auflösen nach x^{k+1} ergibt sich dann:

$$x^{k+1} = (D+L)^{-1}\left(b - Rx^k\right)$$

Mit der linken unteren Dreiecksmatrix

$$L_* = D + L$$

erhält man den iterativen Algorithmus in Vektorschreibweise

$$x^{k+1} = L_*^{-1}\left(b - Rx^k\right)$$

für das Gauß-Seidel-Verfahren.

Diese Matrizengleichung lässt sich besonders einfach programmieren. Sie benötigt nur eine Programmzeile. Die linke untere Dreiecksmatrix wird mit der NumPy-Methode `np.tril(A)` erzeugt.

Listing 6.16 zeigt die Umsetzung:

```
#16_seidel2.py
import numpy as np
from numpy.linalg import inv
A = np.array([[6,2,1],
              [1,5,3],
              [2,1,4]],dtype=float)
b = np.array([13,20,16],dtype=float)
#Gauss-Seidel-Verfahren
def seidel(A, b, N=15):
    L=np.tril(A)
    invL=inv(L)
    R=A-L
```

```
13      n=np.size(b)
14      x=np.zeros(n) #Startwerte
15      for k in range(N):
16          x = invL@(b - R@x)
17          #print(x)
18      return x
19  #Ausgabe
20  print("Lösungsvektor\n",seidel(A,b))
```


Listing 6.16 Algorithmus für das Gauß-Seidel-Verfahren

Ausgabe

```
Lösungsvektor
 [0.99999982 1.99999992 3.00000011]
```

Analyse

Die eigentliche Berechnung des Lösungsvektors x benötigt nur eine Programmzeile (Zeile 16). Beachten Sie allerdings, dass die Inverse der unteren linken Dreiecksmatrix berechnet werden muss (Zeile 11).

Wenn Sie das Konvergenzverhalten beobachten wollen, dann können Sie den Kommentar in Zeile 17 entfernen.

6.2.3 Konvergenzverhalten

Beide Verfahren konvergieren linear. Das Gauß-Seidel-Verfahren konvergiert jedoch schneller als das Jacobi-Verfahren. Sie konvergieren aber nur, wenn die Beträge der Diagonalelemente größer sind als die Zeilensummen der Koeffizientenmatrix. Man spricht in diesem Fall davon, dass die Matrix *diagonaldominant* ist. Neben diesen sogenannten *Zeilensummenkriterien* gibt es noch das *Spaltensummenkriterium*, das hier aber nicht behandelt werden soll.

Wenn eine Koeffizientenmatrix nicht diagonaldominant ist, dann liefern die hier vorgestellten iterativen Verfahren völlig falsche Ergebnisse.

Das Zeilensummenkriterium

$$\sum_{\substack{j=1\\j\neq i}}^{n} |a_{ij}| < |a_{ii}|$$

ist eine hinreichende Bedingung für die numerische Stabilität des Jacobi- und des Gauß-Seidel-Verfahrens. Wenn die Koeffizientenmatrix $\mathbf{A}$ diagonaldominant ist, dann konvergiert sowohl das Jacobi- als auch das Gauß-Seidel-Verfahren für $\mathbf{A}x = \mathbf{b}$ [Knorrenschild: 69].

Tabelle 6.2 zeigt ein Beispiel für numerisch instabiles Verhalten. Diese Matrix ist nicht diagonaldominant.

Zeile	Koeffizientenmatrix			Zeilen-summen		Dialog-elemente
1	**3**	2	1	3	=	3
2	1	**2**	3	4	>	2
3	2	1	**4**	3	<	4

Tabelle 6.2 Zeilensummenkriterium für ein numerisch instabiles Verhalten

Tabelle 6.3 zeigt ein Beispiel für numerisch stabiles Verhalten.

Zeile	Koeffizientenmatrix			Zeilen-summen		Dialog-elemente
1	**6**	2	1	3	<	6
2	1	**5**	3	4	<	5
3	2	1	**4**	3	<	4

Tabelle 6.3 Zeilensummenkriterium für ein numerisch stabiles Verhalten

Auf den ersten Blick fällt sofort auf, dass die Diagonalelemente betragsmäßig größer sind als die Summe der übrigen Elemente ihrer jeweiligen Zeile. Diese Matrix ist also diagonaldominant.

Die Diagonaldominanz ist nur ein hinreichendes Kriterium für die numerische Stabilität des Jacobi- und Gauß-Seidel-Verfahrens. Es gibt auch Ausnahmen, bei denen beide Verfahren mit *nicht* diagonaldominanten Koeffizientenmatrizen konvergieren. So konvergiert z. B. das Gaus-Seidel-Verfahren für alle symmetrischen *positiv definiten* Matrizen **A** [Knorrenschild: 70].

Eine Matrix **A** ist positiv definit, wenn gilt [Strang: 348]:

$$x^T A x > 0$$

Ein notwendiges und hinreichendes Konvergenzkriterium liefert der *Spektralradius* ρ der Iterationsmatrix **B**. Er muss kleiner 1 sein: $\rho(\mathbf{B}) < 1$

Spektralradius

Der Spektralradius ρ einer quadratischen Matrix **B** ist der Betrag des betragsmäßig größten Eigenwerts $|\lambda|_{max}$ von **B**. Das heißt, er ist definiert durch:

$$\rho(B) = \max_{1 \leq i \leq n} |\lambda_i(B)|$$

Wie *Eigenwerte* berechnet werden, beschreibt [Strang: 289] ausführlich.

Das Jacobi-Verfahren hat die Iterationsmatrix

$$B = -D^{-1}(L + R)$$

und für das Gauß-Seidel-Verfahren gilt:

$$B = -(D + L)^{-1}R$$

Obwohl das Gauß-Seidel-Verfahren wegen des besseren Konvergenzverhaltens dem Jacobi-Verfahren überlegen zu sein scheint, gibt es Linearsysteme, für die das Jacobi-Verfahren konvergiert, das Gauß-Seidel-Verfahren jedoch nicht. Umgekehrt gibt es Fälle, bei denen nur das letztere Verfahren konvergiert. Wenn die Koeffizientenmatrix **A** diagonaldominant ist, dann konvergieren beide Verfahren für einen beliebigen Inhomogenitätsvektor **b** [Faires: 310].

6.3 Nichtlineare Gleichungssysteme

Gleichungssysteme sind dann nichtlinear, wenn die Unbekannten x und y als Produkt $x{\cdot}y$, als Potenzen x^n und y^n oder als Exponenten a^x und b^y vorkommen. Auch wenn für Kombinationen linearer und trigonometrischer Terme die Nullstellen bestimmt werden sollen, handelt es sich um ein nichtlineares Problem.

Nichtlineare Gleichungssysteme sind erheblich schwieriger zu lösen als lineare Systeme. Es gibt keine einfachen Methoden, mit denen überprüft werden kann, ob sie überhaupt lösbar sind und wie viele Lösungen sie haben. Sie lassen sich nicht in der Form **Ax**=**b** formulieren. Nichtlineare Systeme können eine, unendlich viele oder keine Lösung haben.

Nichtlineare Gleichungen können Sie mit der SciPy-Methode `fsolve(...)` oder mit der SymPy-Methode `nonlinsolve(...)` lösen. Im Gegensatz zur SciPy-Methode verlangt die SymPy-Methode keine Vorgaben für Startwerte.

Wir wollen das nichtlineare Gleichungssystem

$$x_1^2 + x_2 = 5$$

$$-x_1 + x_2^2 = 5$$

lösen, in dem die Quadrate der Unbekannten x_1 und x_2 vorkommen. Es handelt sich also um zwei Normalparabeln. Näherungswerte für die Schnittpunkte der beiden Parabeln können aus Abbildung 6.3 abgelesen werden.

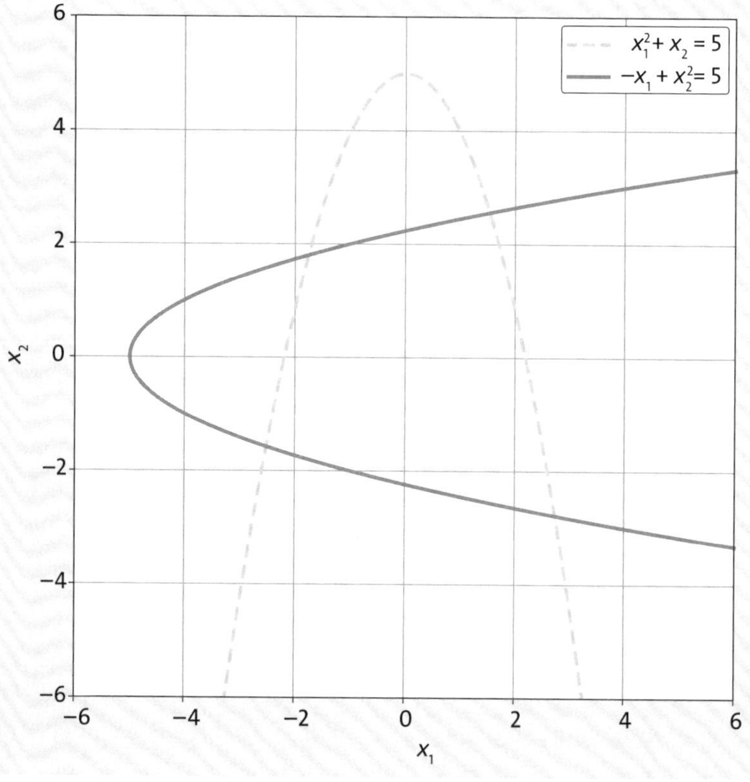

Abbildung 6.3 Schnittpunkte zwischen zwei Parabeln

Als Startwerte für die vier Lösungen können die x, y-Koordinaten (–2,6|–1,5), (–1,9|1,9), (1,5|2,6) und (–2,7|–2,8) gewählt werden.

6.3.1 Lösung mit SciPy

Getestet werden soll, ob die SciPy-Methode `fsolve(...)` auch in der Lage ist, eine etwas komplexere Gleichung mit zwei quadratischen Funktionstermen zu lösen. Die Startwerte werden diesmal in eine Liste `start=[-3,-2],[-2,2],[1,3],[2,-3]` aus Ganzzahlen gespeichert. Wenn die Methode `fsolve(...)` innerhalb einer `for`-Schleife mit diesen Startwerten aufgerufen wird, dann berechnet das Programm alle vier Lösungsvektoren (siehe Listing 6.17):

```
01 #17_scipy_nichtlinear.py
02 from scipy.optimize import fsolve
03 def f(x):
04     x1,x2=x
05     f1= x1**2 + x2 -  5
06     f2=-x1    + x2**2-5
07     return [f1,f2]
08 print("Lösungsvektoren")
09 start=[-3,-2],[-2,2],[1,3],[2,-3]
10 for k in start:
11     print(fsolve(f,[k]))
```

Listing 6.17 Lösung mit SciPy

Ausgabe

```
Lösungsvektoren
[-2.56155281 -1.56155281]
[-1.79128785  1.79128785]
[ 1.56155281  2.56155281]
[ 2.79128785 -2.79128785]
```

Analyse

Neu an dem SciPy-Programm ist, dass der vollständige Lösungsvektor berechnet wird. Zeile 09 legt die vier Startwerte fest.

Innerhalb der `for`-Schleife (Zeile 10 und 11) berechnet die SciPy-Methode `fsolve(...)` die vier Komponenten des Lösungsvektors.

6.3.2 Lösung mit SymPy

Mit SymPy ist der Programmieraufwand geringer, wenn nur die exakten Werte der Lösungen von Interesse sind. Sollen jedoch die Ergebnisse in Gleitpunktzahlen ausgegeben werden, dann steigt der Aufwand erheblich an, weil mit der Methode `L.args[i][j]` (Zeile 09 bis 12 in Listing 6.18) auf jedes einzelne Element der SymPy-Datenstruktur `FiniteSet(...)` zugegriffen werden muss und die SymPy-Methode `N(...)` die einzelnen numerischen Werte der Lösungen berechnen muss. Wenn Sie den Kommentar in Zeile 07 entfernen, dann gibt das Programm auch die genauen Lösungen aus. Allerdings sind diese Werte nicht besonders anschaulich.

```
#18_sympy_nichtlinear.py
from sympy import symbols, nonlinsolve, N
x1,x2=symbols('x1,x2')
f1= x1**2+ x2   -5
f2=-x1   + x2**2-5
L=nonlinsolve([f1,f2],[x1,x2])
#print(L)
print(" x1 \t  x2")
print("(%3.3f | %3.3f)" %(N(L.args[0][0]),N(L.args[0][1])))
print("(%3.3f | %3.3f)" %(N(L.args[1][0]),N(L.args[1][1])))
print("(%3.3f | %3.3f)" %(N(L.args[2][0]),N(L.args[2][1])))
print("(%3.3f | %3.3f)" %(N(L.args[3][0]),N(L.args[3][1])))
```

Listing 6.18 Lösung mit SymPy

Ausgabe

```
   x1       x2
(-1.791 | 1.791)
(-2.562 | -1.562)
( 1.562 | 2.562)
( 2.791 | -2.791)
```

Analyse

Die mit der SymPy-Methode `nonlinsolve(...)` berechneten Lösungen stimmen mit den von der SciPy-Methode `fsolve(...)` berechneten Werten überein.

Die SymPy-Methode `nonlinsolve(...)` hat im Vergleich zur SciPy-Methode `fsolve(...)` den Nachteil, dass bei der numerischen Ausgabe der Aufwand mit zunehmender Anzahl der Gleichungen steigt.

6.4 Aufgaben

1. Gegeben ist das lineare Gleichungssystem

$$\begin{pmatrix} 5 & 4 & 3 & 2 \\ 1 & 7 & 1 & 3 \\ 2 & 1 & 11 & 1 \\ 7 & 3 & 1 & 13 \end{pmatrix} \begin{pmatrix} a \\ b \\ c \\ d \end{pmatrix} = \begin{pmatrix} 10 \\ 8 \\ 6 \\ 4 \end{pmatrix}$$

Lösen Sie dieses System

a) mit dem selbst erstellten Gauß-Algorithmus,

b) mit dem selbst erstellten Gauß-Jordan-Algorithmus,

c) mit der NumPy-Methode `solve()` und

d) mit den SymPy-Methoden `linsolve()` und `gauss_jordan_solve()`.

2. Lösen Sie das lineare Gleichungssystem

$$\begin{pmatrix} a_{11} & a_{12} \\ a_{21} & a_{22} \end{pmatrix}\begin{pmatrix} x_1 \\ x_2 \end{pmatrix} = \begin{pmatrix} b_1 \\ b_2 \end{pmatrix}$$

mit der SymPy-Methode `linsolve()`, und berechnen Sie die Systemdeterminante mit `A.det()`.

3. Berechnen Sie mit SymPy die Inverse von:

$$A = \begin{pmatrix} a_{11} & a_{12} & a_{13} \\ a_{21} & a_{22} & a_{23} \\ a_{31} & a_{32} & a_{33} \end{pmatrix}$$

4. Berechnen Sie mit NumPy die Inversen von:

$$B = \begin{pmatrix} 5 & 2 & 1 \\ 0 & 4 & 3 \\ 0 & 0 & 2 \end{pmatrix}, C = \begin{pmatrix} 5 & 0 & 0 \\ 0 & 4 & 0 \\ 0 & 0 & 2 \end{pmatrix}, D = \begin{pmatrix} 5 & 0 & 0 \\ 2 & 4 & 0 \\ 1 & 3 & 2 \end{pmatrix}$$

5. Berechnen Sie mit NumPy die strikte untere Dreiecksmatrix **L**, die Dialogmatrix **D** und die strikte obere Dreiecksmatrix **R** von

$$A = \begin{pmatrix} 5 & 2 & 1 \\ 2 & 4 & 3 \\ 1 & 3 & 2 \end{pmatrix}$$

und addieren Sie anschließend alle drei Teilmatrizen.

6. Lösen Sie das lineare Gleichungssystem aus Aufgabe 1 iterativ a) mit dem Jacobi- und b) mit dem Gauß-Seidel-Verfahren.

7. Lösen Sie das lineare Gleichungssystem

$$\begin{pmatrix} -2 & 5 & 13 \\ 3 & 12 & 1 \\ 34 & 2 & 3 \end{pmatrix}\begin{pmatrix} x_1 \\ x_2 \\ x_3 \end{pmatrix} = \begin{matrix} 47 \\ 30 \\ 47 \end{matrix}$$

iterativ mit dem Jacobi-Verfahren. Die Lösung ist numerisch instabil. Tauschen Sie die 1. Zeile mit der 3. Zeile, und starten Sie das Programm neu. Jetzt wird die Gleichung korrekt gelöst. Geben Sie eine Begründung.

8. Lösen Sie das nichtlineare Gleichungssystem

$$-4x_1 + 2x_2 = 0$$
$$-8x_1^2 + 4x_2 = 0$$

mit a) NumPy und b) mit SymPy.

9. Lösen Sie das nichtlineare Gleichungssystem

$$2x_1^2 + x_2^2 = 1$$
$$\left(\frac{1}{2}x_1 - \frac{1}{2}\right)^2 + 2\left(x_2 - \frac{1}{4}\right)^2 = 1$$

a) mit der SciPy-Methode `fsolve(...)` und b) mit der SymPy-Methode `nonlinsolve(...)`.

10. Lösen Sie das nichtlineare Gleichungssystem

$$x_1 x_2 + x_2 + x_3 = 13$$
$$2x_1 + x_1 x_2 + x_3 = 14$$
$$x_1 + x_2 + x_2 x_3 = 17$$

a) mit der SciPy-Methode `fsolve(...)` und b) mit der SymPy-Methode `nonlinsolve(...)`.

Kapitel 7
Folgen

In diesem Kapitel lernen Sie, wie Sie mit Python Programme entwickeln können, die die Begriffe Divergenz, Konvergenz und den Prozess der Grenzwertbildung von Zahlenfolgen veranschaulichen. Mit SymPy werden Grenzwerte dann konkret berechnet.

Eine *Zahlenfolge* (kurz: Folge) ist eine nummerierte Auflistung von Zahlen. Jedem Element n aus dem Definitionsbereich der natürlichen Zahlen wird ein Element aus dem Wertebereich der natürlichen oder reellen Zahlen zugeordnet. Die Reihenfolge der Folgenglieder darf nicht vertauscht werden. Solch eine Zuordnungsvorschrift nennt man in der Mathematik *Funktion* f. Die Einschränkung, dass die Zahlen des Definitionsbereichs einer Folge Elemente der natürlichen Zahlen sein müssen, gilt für den Wertebereich also nicht.

Für den Definitionsbereich gilt: $n \in \mathbb{N}$

Für den Wertebereich gilt: $a_n := f(n) \in \mathbb{R}$

7.1 Divergente Folgen

Als einführendes Beispiel betrachten wir die Änderung des Umfangs und der Fläche eines Quadrates.

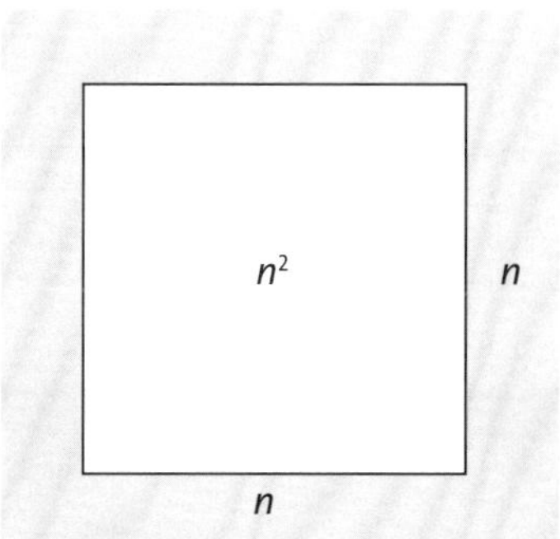

Abbildung 7.1 Quadrat mit der Seitenlänge n

Das Quadrat hat die Seitenlänge n. Für den Umfang des Quadrates gilt

$$a_n = 4n$$

und für den Flächeninhalt gilt:

$$b_n = n^2$$

Beide Gleichungen können als Bildungsgesetze von Folgen interpretiert werden. Da der Wert der natürlichen Zahl n des Definitionsbereichs $\mathbb{N}$ willkürlich geändert werden kann, wird n als *unabhängige Variable* bezeichnet. Die linke Seite der Gleichung repräsentiert die abhängige Variable. Der Zusammenhang zwischen unabhängigen und abhängigen Variablen kann in einer Wertetabelle dargestellt werden.

n	1	2	3	4	5	6	7	8	9	10
a_n	4	8	12	16	20	24	28	32	36	40
b_n	1	4	9	16	25	36	49	64	81	100

Tabelle 7.1 Wertetabelle für zwei Folgen

Der Definitionsbereich beider Folgen (1. Zeile) besteht aus den natürlichen Zahlen von 1 bis 10. Die Folgen a_n und b_n sind Funktionen, deren Funktionswerte in der 2. Zeile und 3. Zeile stehen.

Abbildung 7.2 zeigt den grafischen Verlauf beider Folgen.

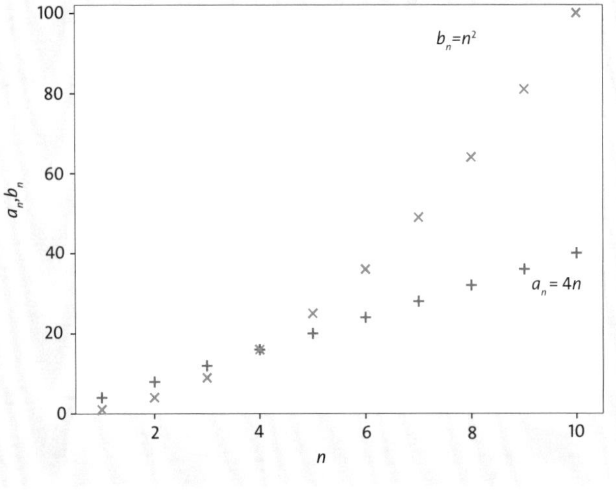

Abbildung 7.2 Folgen für den Umfang und den Flächeninhalt eines Quadrates

Mit steigenden n wachsen die Werte (+) von a_n linear und die Werte (die Kreuzchen in Abbildung 7.2) von b_n quadratisch, was bedeutet, dass beide Folgen streng *monoton* wachsen. Da beide Folgen keine oberen Schranken haben, bezeichnet man diese Folgen auch als *divergente Folgen*.

Monotonie

Wenn der Nachfolger größer ist als sein Vorgänger, dann ist eine Folge streng monoton steigend. Es gilt: $a_{n+1} > a_n$

Wenn der Nachfolger kleiner ist als sein Vorgänger, dann ist eine Folge streng monoton fallend. Es gilt: $a_{n+1} < a_n$

Mit Listing 7.1 kann der Funktionsplot der Folge $a_n = 4n$ und $b_n = n^2$ erstellt werden. Für die Darstellung von diskreten Funktionswerten stellt das Modul `matplotlib` die Methode `scatter(x,y,marker='x',...)` zur Verfügung. Durch die Änderung der Eigenschaft `marker` können z. B. Punkte, Kreuze und andere Symbole die diskreten Funktionskoordinaten `x,y` markieren.

```
#01_arithmetisch1.py
import matplotlib.pyplot as plt

def a(n):
    return 4*n

def b(n):
    return n**2

for n in range(1,11):
    plt.scatter(n,a(n),marker='+',color='r')
    plt.scatter(n,b(n),marker='x',color='b')
#Achsenbeschriftung
plt.xlabel('n')
plt.ylabel(r'$a_{n},b_{n}$')
plt.xlim(0.5,10.5)
plt.ylim(0,102)
plt.text(9,30,r"$a_{n}=4n$")
plt.text(7.5,80,r"$b_{n}=n^{2}$")
plt.show()
```

Listing 7.1 Folgen für den Umfang und die Fläche eines Quadrates

Analyse

In den Zeilen 04 bis 08 werden die Python-Funktionen für die Folgen `a(n)` und `b(n)` definiert. Sie werden in den Zeilen innerhalb der `scatter(...)`-Methode aufgerufen. Die `for`-Schleife wird insgesamt 10-mal durchlaufen. Die Funktionswerte werden als x-Symbole und +-Symbole auf dem Bildschirm dargestellt.

Die Beschriftung der x- und y-Achse erfolgt in den Zeilen 14 und 15. Die Beschriftung der y-Achse wird in der LaTeX-Notation angegeben. Die Zeilen 16 und 17 legen den Wertebereich auf der x- und y-Achse fest. Die Methode `show()` sorgt dafür, dass der Funktionsplot auf dem Bildschirm dargestellt wird (Zeile 20). Bei der Folge a_n handelt es sich um eine arithmetische Folge.

Arithmetische Folge

Bei einer arithmetischen Folge ist die Differenz zwischen den einzelnen direkt aufeinanderfolgenden Gliedern konstant.

Das arithmetische Mittel aus einem Vorgänger a_{n-1} und einem Nachfolger a_{n+1} eines Gliedes ergibt genau den Wert des Gliedes, das zwischen diesen beiden Gliedern steht. Es gilt:

$$a_n = \frac{a_{n-1} + a_{n+1}}{2}$$

Mit Listing 7.2 können die beiden Eigenschaften der arithmetischen Folge a_n untersucht werden:

```
#02_arithmetisch2.py
def a(n):
    return 4*n
print("n    a(n)    a(n+1)-a(n)   (a(n+1)+a(n-1))/2")
for n in range(1,11):
    f1=a(n)
    f2=a(n+1)-a(n)
    f3=(a(n+1)+a(n-1))/2
    print("%2i %5.0f\t%3.0f\t\t%3.0f"%(n,f1,f2,f3))
```

Listing 7.2 Eigenschaften einer arithmetischen Folge

Ausgabe

```
n   a(n)   a(n+1)-a(n)   (a(n+1)+a(n-1))/2
 1    4        4                 4
 2    8        4                 8
 3   12        4                12
```

4	16	4	16
5	20	4	20
6	24	4	24
7	28	4	28
8	32	4	32
9	36	4	36
10	40	4	40

Analyse

In Zeile 02 wird die arithmetische Folge `4*n` definiert. In Zeile 05 beginnt die `for`-Schleife für die Berechnung der Differenzen und arithmetischen Mittelwerte. Die Differenzen `a(n+1)-a(n)` der Folgenglieder werden in Zeile 07 und die arithmetischen Mittelwerte `(a(n+1)+a(n-1))/2` werden in Zeile 08 berechnet.

Die Ausgabe erfolgt in Zeile 09. Die Differenz zwischen allen Gliedern hat den Wert 4. Es handelt sich also um eine arithmetische Folge 1. Ordnung. Die arithmetischen Mittelwerte, die in der letzten Spalte ausgegeben werden, stimmen mit den Werten der Folgenglieder aus der 2. Spalte überein.

Wenn Sie die obere Grenze in der `for`-Schleife (Zeile 05) weiter erhöhen, dann können Sie feststellen, dass die Werte der Folgenglieder ebenfalls wachsen. Für $n \to \infty$ gilt für die Werte der Folgenglieder ebenfalls $a_n \to \infty$. Eine solche Folge nennt man *divergent* (dt. »auseinanderstrebend«).

Divergenz

Eine Folge ist divergent, wenn sie keine obere oder untere Schranke hat.

7.2 Differenzfolgen

Bei Folgen kann zwischen Folgen 1. Ordnung, 2. Ordnung und k-ter Ordnung unterschieden werden. Wenn die Differenz zwischen den Folgegliedern konstant ist, dann handelt es sich um eine arithmetische Folge. Der Grad der Ordnung wird durch den Exponenten k der Folgenglieder bestimmt: $b_n = n^k$. Wenn der Exponent k größer 1 ist, dann wird diese Folge als *Potenzfolge* bezeichnet.

Betrachten wir exemplarisch die Folge der Quadratzahlen $b_n = n^2$, also eine Folge 2. Ordnung. Aus den Folgengliedern b_{n+1} und b_n soll jeweils die Differenz gebildet werden. Tabelle 7.2 zeigt die Operationen der Differenzbildung.

n	1	2	3	4	5	6	7	8	9	10
b_n	1	4	9	16	25	36	49	64	81	100
Δb_n	3	5	7	9	11	13	15	17	19	
$\Delta^2 b_n$	2	2	2	2	2	2	2	2		

Tabelle 7.2 Differenzfolgen einer Folge aus Quadratzahlen

Die Differenzen werden durch den griechischen Buchstaben Delta Δ symbolisiert. Die 1. Differenzfolge Δb_n ist eine arithmetische Folge 1. Ordnung $\Delta b_n = 2n + 1$. Die 2. Differenzfolge $\Delta^2 b_n$ ist ebenfalls eine arithmetische Folge $\Delta^2 b_n = 2$ mit konstanten Folgengliedern. Auffällig ist, dass es eine Strukturgleichheit zwischen der 1. und 2. Ableitung einer Parabel $y = x^2$ und der 1. und 2. Differenzfolge zu geben scheint. Dieser Zusammenhang wird in Abbildung 7.3 veranschaulicht.

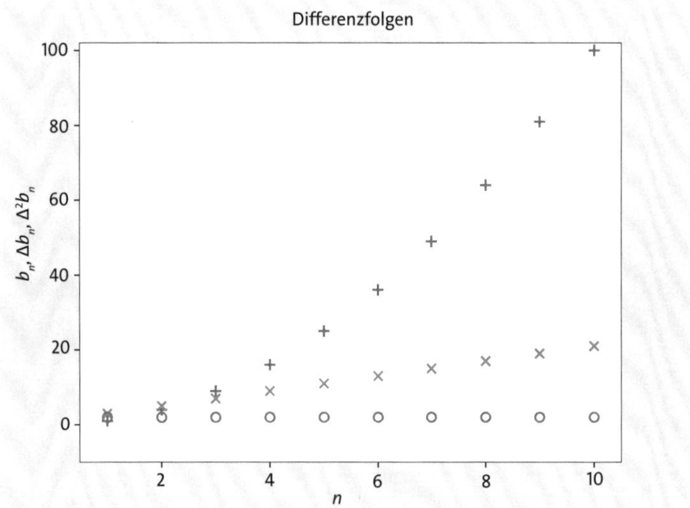

Abbildung 7.3 Veranschaulichung von Differenzfolgen

Listing 7.3 zeigt, wie die Funktionsplots der Differenzfolgen mit der `scatter`-Methode erzeugt werden können:

```
#03_plot_differenzfolgen.py
import matplotlib.pyplot as plt

```

```
04 def b(n):
05     return n**2
06 
07 def delta_b1(n):
08     return b(n+1)-b(n)
09 
10 def delta_b2(n):
11     return delta_b1(n+1)-delta_b1(n)
12 
13 for n in range(1,11):
14     plt.scatter(n,b(n), marker='+',color='r')
15     plt.scatter(n,delta_b1(n),marker='x',color='b')
16     plt.scatter(n,delta_b2(n),marker='o',color='g')
17 
18 plt.title("Differenzfolgen")
19 plt.xlabel('n')
20 plt.ylabel(r'$b_{n},\  \Delta b_{n},\  \Delta^{2} b_{n}$')
21 plt.xlim(0.5,10.5)
22 plt.ylim(-10,102)
23 plt.show()
```

Listing 7.3 Visualisierung von Differenzfolgen

Analyse

In den Zeilen 04, 07 und 10 werden die Funktionen für die Folge `n**2` und deren Differenzfolgen definiert. Die Berechnung der ersten Differenz erfolgt in Zeile 08, die der zweiten in Zeile 11. Ausgegeben werden die Ergebnisse mit der `scatter`-Methode in den Zeilen 14 bis 16.

7.3 Konvergente Folgen

Es gibt Folgen, die für große n gegen einen bestimmten Wert streben, den sogenannten *Grenzwert*. Solche Zahlenfolgen werden als *konvergente Folgen* bezeichnet.

Die Folgen

$$a_n = \sqrt[n]{2} = 2^{\frac{1}{n}}$$

$$b_n = \sqrt[n]{\frac{1}{2}} = \left(\frac{1}{2}\right)^{\frac{1}{n}}$$

$$c_n = \sqrt[n]{1 - x^n} = (1 - x^n)^{\frac{1}{n}} \text{ für } |x| < 1$$

sollen auf Konvergenz untersucht werden.

Dazu wird als Erstes ein Programm (siehe Listing 7.4) entwickelt, das die Wertetabellen der Folgen berechnet. Die drei Folgen werden als Python-Funktionen implementiert. Die Wurzelausdrücke werden in Potenzen umgeformt, damit das Modul `math` nicht mit eingebunden werden muss.

```
01 #04_konvergenz.py
02 def a(n):
03     return 2**(1/n)
04
05 def b(n):
06     return (1/2)**(1/n)
07
08 def c(n):
09     x=0.5
10     return (1-x**n)**(1/n)
11
12 print(" n\ta(n)\t b(n)\t  c(n)")
13 print("_____________________________________")
14 for n in range(1,11):
15     print(" %2i| %3.6f | %3.6f | %3.6f" %(n,a(n),b(n),c(n)))
```

Listing 7.4 Wertetabelle für Folgen mit Wurzelausdrücken

Ausgabe

```
n       a(n)        b(n)        c(n)
_____________________________________
  1| 2.000000 | 0.500000 | 0.500000
  2| 1.414214 | 0.707107 | 0.866025
  3| 1.259921 | 0.793701 | 0.956466
  4| 1.189207 | 0.840896 | 0.983995
  5| 1.148698 | 0.870551 | 0.993670
  6| 1.122462 | 0.890899 | 0.997379
  7| 1.104090 | 0.905724 | 0.998880
  8| 1.090508 | 0.917004 | 0.999511
  9| 1.080060 | 0.925875 | 0.999783
 10| 1.071773 | 0.933033 | 0.999902
```

Analyse

In den Zeilen 02, 05 und 08 werden die Python-Funktionen für die drei Folgen definiert. Innerhalb der `for`-Schleife (Zeile 14) wird die Wertetabelle für die drei Folgen formatiert ausgegeben (Zeile 15).

Alle Funktionswerte der drei Folgen nähern sich für große n dem Wert 1. In der Fachsprache der Mathematik formuliert: Die Funktionswerte konvergieren offenbar gegen 1. Abbildung 7.4 visualisiert dieses Verhalten.

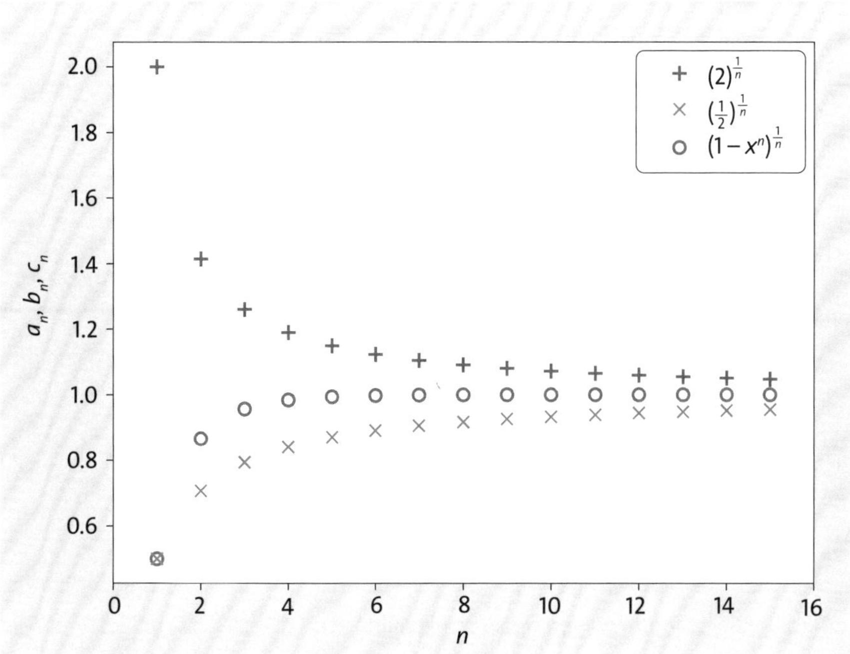

Abbildung 7.4 Alle drei Folgen nähern sich dem Wert 1.

Listing 7.5 zeigt, wie der Funktionsplot aus Abbildung 7.4 programmiert werden kann:

```
#05_plot_konvergenz.py
import matplotlib.pyplot as plt

def a(n):
    return 2**(1/n)

def b(n):
    return (1/2)**(1/n)

def c(n):
    x=0.5
    return (1-x**n)**(1/n)

```

```
14 #Listen erzeugen
15 li,la,lb,lc=[],[],[],[]
16 for i in range(1,16):
17     li.append(i)
18     la.append(a(i))
19     lb.append(b(i))
20     lc.append(c(i))
21 #Darstellung
22 plt.plot(li,la,'r+',
23          label=r'$\left(2\right)^{\frac{1}{n}}$')
24 plt.plot(li,lb,'bx',
25          label=r'$\left(\frac{1}{2}\right)^{\frac{1}{n}}$')
26 plt.plot(li,lc,'go',
27          label=r'$\left(1-x^{n}\right)^{\frac{1}{n} }$')
28 #plt.hlines(1,1,15)
29 plt.xlabel('n')
30 plt.ylabel('$a_{n},b_{n},c_{n}$')
31 plt.legend(loc='best')
32 plt.xlim(0,16,1)
33 plt.show()
```

Listing 7.5 Funktionsplot für Folgen mit Wurzelausdrücken

Analyse

In Zeile 15 werden vier leere Listen erzeugt. Die `for`-Schleife wird 15-mal durchlaufen (Zeile 16). In den Zeilen 17 bis 20 werden die neu berechneten Werte der Folgenglieder in die Listen eingefügt. Wenn Sie den Kommentar in Zeile 28 entfernen, zeichnet das Programm eine horizontale Linie an der Stelle `y=1`. Alle drei Folgen nähern sich augenscheinlich dem Wert 1. Sie scheinen konvergent zu sein, d. h., sie streben gegen eine bestimmte Zahl.

Konvergenz

Wenn sich die Werte der Folgenglieder für große *n* einem bestimmten Wert nähern, dann ist die Folge konvergent.

Diese Bestimmung ist noch ungenau. Ich präzisiere den Begriff der Konvergenz in Abschnitt 7.6.

7.4 Rekursive Folgen

Bei der Folge

$$a_{n+1} = \frac{1}{2}\left(a_n + \frac{2}{a_n}\right)$$

handelt es sich um eine rekursiv definierte Folge, weil das Nachfolgeglied a_{n+1} aus seinem Vorgänger a_n berechnet wird. Die Folge berechnet den Wert von $\sqrt{2}$ mit dem Heron-Algorithmus.

Diese Rekursionsvorschrift lässt sich leicht in eine Anweisung umsetzen:

```
a=(a+2/a)/2
```

Da es sich bei einer Zuweisung nicht um eine Gleichung handelt, steht auf der rechten Seite vom Gleichheitszeichen die Berechnungsvorschrift der Folge. Auf der linken Seite steht das neu berechnete Nachfolgeglied a_{n+1} der Folge.

Listing 7.6 berechnet den Wert für $\sqrt{2}$ näherungsweise für eine vorgegebene Genauigkeit `eps=1e-6`:

```
01 #06_rekursiv.py
02 from math import sqrt,fabs
03 eps=1e-6
04 w2=sqrt(2)
05 a=1
06 while fabs(a-w2)>eps:
07     a=(a+2/a)/2
08     print(a)
09 print(w2,"genau")
```

Listing 7.6 Folge, rekursiv berechnet

Ausgabe

```
1.5
1.4166666666666665
1.4142156862745097
1.4142135623746899
1.4142135623730951 genau
```

Analyse

In Zeile 02 werden aus dem Modul `math` die Funktionen `sqrt(...)` und `fabs(...)` importiert. Zeile 03 legt die Genauigkeit der Berechnung fest. Die Variable `w2` (Zeile

04) enthält den »genauen« Wert von $\sqrt{2}$. Er wird in Zeile 09 zum Vergleich mit dem berechneten Wert ausgegeben.

In Zeile 06 beginnt die `while`-Schleife, und sie endet in Zeile 08 mit der Ausgabe des Näherungswertes von $\sqrt{2}$. Im Schleifenkopf wird der aktuelle Wert von `a` mit dem genauen Wert `w2` verglichen. Wenn der Betrag der Differenz von `a` und `w2` kleiner `eps` wird, dann wird der Schleifendurchlauf unterbrochen. In Zeile 07 steht die Rekursionsformel. Rechts vom Zuweisungsoperator steht der alte Wert von `a` und links vom Zuweisungsoperator steht der aktuelle (neue) Wert von `a`. Bemerkenswert ist, dass bereits nach 4 Schleifendurchläufen der Algorithmus abgebrochen wird. Der berechnete Wert von $\sqrt{2}$ hat eine Genauigkeit von 11 signifikanten Nachkommastellen.

Der von Python berechnete Wert `w2=sqrt(2)` für $\sqrt{2}$ (Zeile 04) ist im streng mathematischen Sinne natürlich nicht genau. Die Genauigkeit einer Berechnung ist prinzipiell durch die Maschinengenauigkeit $\varepsilon \approx 1{,}1 \cdot 10^{-16}$ begrenzt (siehe Abschnitt 1.4.1). Man kann also `eps` nicht beliebig klein machen. Die Grenze liegt etwa bei `eps=1e-15`. Das Python-Modul `math` berechnet den Wert von $\sqrt{2}$ auf 16 Nachkommastellen genau. Mit dem Modul `sympy` ist es jedoch möglich, wesentlich mehr Nachkommastellen zu berechnen, wie folgender Konsolendialog zeigt:

```
>>> from sympy import *
>>> N(sqrt(2),301)
1.41421356237309504880168872420969807856967187537694807317
667973799073247846210703885038753432764157273501384623091
229702492483605585073721264412149709993583141322266592750
559275579995050115278206057147010955997160597027453459686
201472851741864088919860955232923048430871432145083976260
3627995251407990
```

Hier wurden 300 Nachkommastellen berechnet. Testen Sie auf Ihrem Rechner, wie viele Nachkommastellen möglich sind!

7.5 Geometrische Folgen

Eine Folge der Form

$$a_n = a_1 q^{n-1}$$

heißt *geometrische Folge*. Sie divergiert für $q > 1$ und konvergiert für $q < 1$.

Geometrische Folge

Der Quotient aus einem Nachfolger und einem Vorgänger ist konstant.

Für geometrische Folgen gilt: Jedes Glied hat den Wert des geometrischen Mittels zwischen seinem Vorgänger- und seinem Nachfolgeglied. Es gilt also:

$$a_n = \sqrt{a_{n-1}a_{n+1}}$$

Wir überprüfen nun anhand einer Wertetabelle, ob die oben beschriebenen Eigenschaften zutreffen.

Wertetabelle einer geometrischen Folge

Listing 7.7 berechnet die ersten fünf Glieder einer geometrischen Folge für $a_1 = 5$ und $q = 3$, die Quotienten aus den benachbarten Folgengliedern und das geometrische Mittel aus a_{n-1} und a_{n+1}.

```
#07_geometrisch.py
from math import sqrt
def a(a1,q,n):
    return a1*q**(n-1)
#Hauptprogramm
a1=5
q=3
print("n a1*q^(n-1)  q^n     q^n/q^(n-1)  √(q(n-1)*q(n+1))")
for n in range(1,6):
    f1=a(a1,q,n)
    f2=a(a1,q,n-1)
    f3=sqrt(a(a1,q,n-1)*a(a1,q,n+1))
    print("%i %5.0f \t%3.0f \t\t %3.0f"%(n,f1,f1/f2,f3))
```

Listing 7.7 Divergente geometrische Folge

Ausgabe

```
n  a1*q^n  q^n/q^(n-1)  √(q(n-1)*q(n+1))
1     5     3              5
2    15     3             15
3    45     3             45
4   135     3            135
5   405     3            405
```

Analyse

In Zeile 03 steht die Definition der geometrischen Folge. Als Funktionsargumente müssen die Konstante `a1`, die Basis `q` und der Laufindex `n` übergeben werden.

Die Anweisung in Zeile 10 berechnet den Wert des Folgegliedes a_n für die Position n und speichert das Ergebnis in dem Objekt `f1`. Die Anweisung in Zeile 11 berechnet das Folgeglied a_{n-1}, also den Vorgänger von a_n, und speichert das Ergebnis in dem Objekt `f2`. Das geometrische Mittel `sqrt(a(a1,q,n-1)*a(a1,q,n+1))` wird in Zeile 12 berechnet und in dem Objekt `f3` gespeichert.

In Zeile 06 und 07 können Sie die Werte für die Konstante `a1` und für `q` ändern, um das Verhalten der geometrischen Folge zu analysieren.

Die Ausgabe belegt, dass die geometrischen Mittel in der 4. Spalte mit den Werten der Folgenglieder aus der 2. Spalte übereinstimmen.

Simulation einer geometrischen Folge

Für verschiedene Werte von `a1` und `q` soll eine geometrische Folge interaktiv simuliert werden. Durch einen `Slider` (Schieberegler) aus dem Modul `matplotlib` kann dies realisiert werden. Die Programmoberfläche sollte etwa folgendes Design haben:

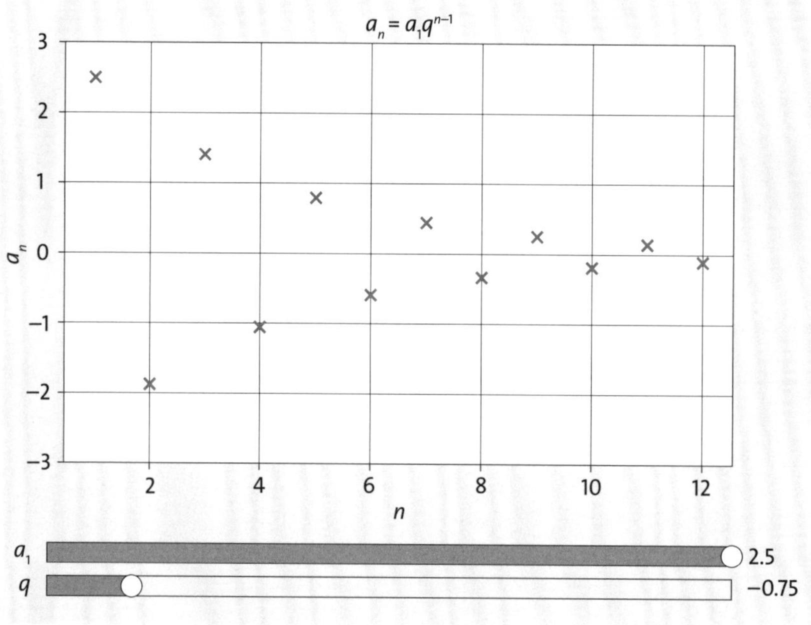

Abbildung 7.5 Simulation einer geometrischen Folge

Durch die Veränderung der Slider-Einstellung können Sie den Verlauf der geometrischen Folge verändern.

Mit Listing 7.8 kann eine geometrische Folge mit dem `Slider`-Steuerelement simuliert werden. Aus dem Modul `matplotlib` muss dazu das Untermodul `widgets` importiert werden.

```
#08_plot_geometrisch.py
import numpy as np
import matplotlib.pyplot as plt
from matplotlib.widgets import Slider
fig, ax = plt.subplots()
plt.title(r'$a_{n}=a_{1}q^{n-1}$')
plt.subplots_adjust(left=0.12, bottom=0.25)
plt.axis([0.8,6.2,-50,1250])
plt.xticks([1,2,3,4,5,6])
plt.xlabel('n')
plt.ylabel('$a_{n}$')
#n = np.arange(1,11,1)
n=np.linspace(1,6,6,endpoint=True)

def f(n,a1,q):
    return a1*q**(n-1)

y, = plt.plot(n,f(n,5,3),'rx')
#x-, y-Position, Laenge, Hoehe
xyA = plt.axes([0.1, 0.10, 0.8, 0.03])
xyB = plt.axes([0.1, 0.05, 0.8, 0.03])
#Slider-Objekte erzeugen
sldA=Slider(xyA,'$a_{1}$',0.5,5.0,valinit=5,valstep=0.1)
sldB=Slider(xyB,'q',1.0,3.0,valinit= 3,valstep=0.01)

def update(val):
    a1 = sldA.val
    q = sldB.val
    y.set_data(n,f(n,a1,q))
    #y.set_ydata(f(n,a1,q))
    fig.canvas.draw_idle()
#Aenderungen abfragen
sldA.on_changed(update)
```

```
34 sldB.on_changed(update)
35 ax.grid(True)
36 plt.show()
```

Listing 7.8 Simulation einer geometrischen Folge

Analyse

Die Funktionsweise des Slider-Steuerelements wurde bereits in dem Abschnitt 6.1 besprochen und soll deshalb hier nur kurz wiederholt werden. Die Grobstruktur des Programms besteht aus drei Teilen: aus der Definition der fig- und ax-Objekte für die Zeichenfläche, aus der Definition der Python-Funktion (Zeile 15) für die geometrische Zahlenfolge `a1*q**(n-1)` und aus der Python-Funktion `update(val)` für die Ereignisverarbeitung (Zeile 26).

In Zeile 13 wird ein NumPy-Array für die natürlichen Zahlen von 1 bis 6 für die unabhängige Variable n angelegt. Der Parameter `endpoint=True` legt fest, dass das letzte Element des Definitionsbereichs erfasst wird.

In Zeile 18 werden die Anfangswerte und die Grafikeigenschaften der Folge in dem Objekt y gespeichert. Die Folgenglieder sollen als rote Kreuze x dargestellt werden.

In den Zeilen 20 und 21 werden die Positionen der Slider-Steuerelemente festgelegt. Es handelt sich hier um relative Angaben.

Die Funktion `update(val)` (Zeile 26) sorgt dafür, dass die aktuellen Werte der Slider-Stellung den Variablen a1 und q zugewiesen werden. In Zeile 29 werden der matplotlib-Methode `y.set_data(n,f(n,a1,q))` die Koordinaten der Folgenglieder übergeben.

In Zeile 33 und 34 ruft die changed-Methode die Funktion `update(...)` auf. Die Werte der Slider-Objekte sldA und sldB werden ermittelt und der Funktion `update(...)` übergeben.

7.6 Der Grenzwert von Folgen

Jede konvergente Folge hat einen Grenzwert. Bei einer konvergenten Folge liegen in jeder ε-Umgebung um den Grenzwert fast alle Folgenglieder. Nur endlich viele liegen außerhalb der ε-Umgebung.

Eine reelle Folge hat den Grenzwert g, wenn gilt:

$$\forall \varepsilon > 0 \ \exists \ n_0 \in \mathbb{N} \ \forall \ n > n_0 : |a_n - g| < \varepsilon$$

Eine Übersetzung der mathematischen Symbolsprache könnte etwa so lauten: Für alle $\varepsilon > 0$ gibt es eine natürliche Zahl $n_0 > 1$, sodass für alle natürlichen Zahlen $n > n_0$

gilt, dass der Betrag der Differenz zwischen dem n-ten Folgeglied a_n und dem Grenzwert g kleiner ε sein muss.

Für die Folge

$$a_n = 5\left(1 - \frac{1}{2^n}\right) = 5 - \frac{5}{2^n}$$

soll der Grenzwert berechnet werden. Es ergibt sich:

$$g = \lim_{n \to \infty} \left(5 - \frac{5}{2^n}\right) = 5$$

Den zweiten Term $5/2^n$ der Folge bezeichnet man als Nullfolge.

Nullfolge

In der Mathematik versteht man unter einer Nullfolge eine Folge, die gegen 0 konvergiert. Jede konvergente Folge kann als die Summe aus einer Zahl, dem Grenzwert g und einer Nullfolge dargestellt werden.

7.6.1 Grenzwertdarstellung im Koordinatensystem

Abbildung 7.6 veranschaulicht den Grenzwertbegriff in einem kartesischen Koordinatensystem für die ε-Umgebung ± 0,5 des Grenzwertes 5.

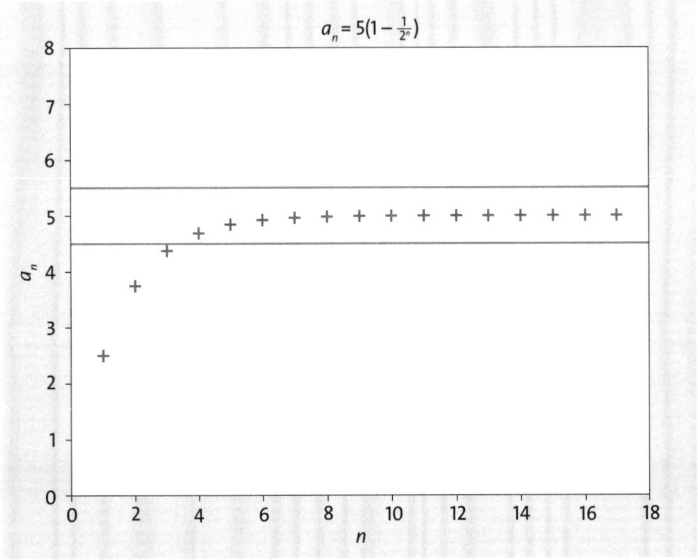

Abbildung 7.6 Werte der Folgenglieder für die ε-Umgebung ± 0,5 um den Grenzwert 5 herum

Der Funktionsverlauf zeigt deutlich, dass nur drei Folgenglieder außerhalb der ε-Umgebung liegen. Alle anderen Folgenglieder liegen innerhalb der ε-Umgebung.

Mit Listing 7.9 kann die ε-Umgebung des Grenzwertes in einem Koordinatensystem visualisiert werden:

```
01 #09_plot_grenzwert1.py
02 import numpy as np
03 import matplotlib.pyplot as plt
04 N=17
05 eps=0.5 #Epsilon-Umgebung
06 g=5     #Grenzwert
07 n=np.linspace(1,N,N,endpoint=True)
08 #n=np.arange(1,N+1,1)
09 def a(n):
10     return 5*(1-1/(2**n))
11
12 plt.title(r"$a_{n}=5\left(1-\frac{1}{2^{n}}\right)$")
13 #Zeichnen
14 plt.scatter(n,a(n),marker='+',color='r')
15 #Schranken
16 plt.hlines(g+eps,0,N+1)
17 plt.hlines(g-eps,0,N+1)
18 #Achsenbeschriftung
19 plt.xlabel('n')
20 plt.ylabel('$a_{n}$')
21 #Skalierung
22 plt.xlim(0,N+1)
23 plt.ylim(0,8)
24 plt.show()
```

Listing 7.9 Verlauf der Folgenglieder in einer ε-Umgebung ± 0,5 für den Grenzwert 5

Analyse

Neu an diesem Programm ist, dass diesmal keine `for`-Schleife für die Darstellung der Folgenglieder verwendet wird; die Funktion wird automatisch auf jedes Element des Arrays `n` angewandt. In Zeile 14 ruft die `scatter`-Methode die Koordinatendaten der in Zeile 07 definierten Zahlen von 1 bis 17 mit den zugeordneten Funktionswerten der Folge auf und zeichnet sie als +-Zeichen.

In den Zeilen 16 und 17 zeichnet die Methode `hlines(...)` die beiden horizontalen Linien für die ε-Umgebung.

7.6.2 Symbolische Berechnung des Grenzwertes

Die SymPy-Methode `limit(an,n,oo)` berechnet den Grenzwert einer Folge symbolisch. Als ersten Parameter erwartet die Methode die Übergabe der Objektvariablen einer Folge. Als zweiter Parameter wird die unabhängige Variable n der Folge übergeben. Der dritte Parameter gibt den Wert an, gegen den n streben soll. Listing 7.10 zeigt, wie der Grenzwert der Folge

$$a_n = 5\left(1 - \frac{1}{2^n}\right)$$

für $n \to \infty$ symbolisch mit SymPy berechnet wird:

```
01 #10_sympy_grenzwert.py
02 from sympy import *
03 n=symbols('n')
04 an=5*(1-1/(2**n))
05 ga=limit(an,n,oo)
06 print("Grenzwert von %s ist %3.2f" %(an,ga))
```

Listing 7.10 Symbolische Berechnung eines Grenzwertes mit SymPy

Ausgabe

```
Grenzwert von 5 - 5*2**(-n) ist 5.00
```

Analyse

In Zeile 02 werden alle Methoden des Moduls SymPy importiert. Welche mathematischen Symbole (Variablen) später im Programm benutzt werden sollen, legt Zeile 03 fest.

In Zeile 04 erfolgt die Definition der Folge. In dem Objekt `an` wird das Bildungsgesetz der Folge gespeichert.

In Zeile 05 berechnet die SymPy-Methode `limit(an,n,oo)` den Grenzwert der Folge `an` und speichert das Ergebnis in dem Objekt `ga`. Das Symbol für unendlich ∞ wird durch `oo` repräsentiert.

Das Ergebnis wird in Zeile 06 formatiert ausgegeben. Beachten Sie, dass die `print`-Methode den Term der Folge umformt.

In Abbildung 7.7 wird dieser Zusammenhang noch einmal am Zahlenstrahl veranschaulicht.

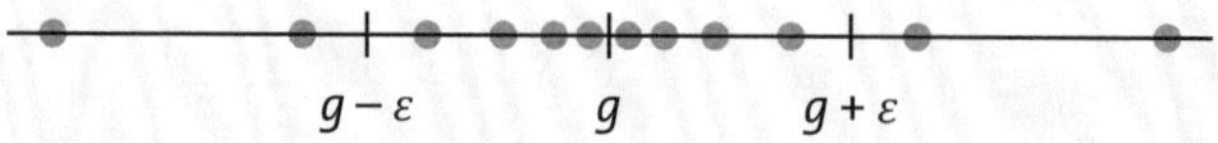

Abbildung 7.7 Prozess der Grenzwertbildung auf dem Zahlenstrahl

Die Folgenglieder • häufen sich um den Punkt g auf dem Zahlenstrahl. Der Punkt g ist also der Grenzwert der Zahlenfolge.

7.7 Aufgaben

1. Schreiben Sie ein Python-Programm, das die Folge $a_n = 1/n$ und die Differenzfolge $a_{n+1} - a_n$ in einem kartesischen Koordinatensystem darstellt. Welche Erkenntnis können Sie aus dem Verlauf der Differenzfolge ableiten?
2. Schreiben Sie ein Programm, das die Fakultät für $n = 1$ bis 9 iterativ berechnet und in einer Wertetabelle ausgibt.
3. Schreiben Sie ein Programm, das die ersten 10 Glieder der Fibonacci-Folge innerhalb einer `for`-Schleife iterativ berechnet.
4. Schreiben Sie ein Programm, das die ersten sechs Glieder einer geometrischen Folge rekursiv für $a = 5$ und $q = 3$ berechnet.
5. Schreiben Sie ein Programm, das feststellt, ob eine Folge streng monoton steigt oder fällt.
6. Berechnen Sie mit SymPy die Grenzwerte der Folgen

$$a_n = \sqrt[n]{2}$$

$$b_n = \sqrt[n]{\frac{1}{2}}$$

$$c_n = \sqrt[n]{1 - x^n} \text{ mit } |x| < 1$$

Kapitel 8
Stetige Funktionen

In diesem Kapitel lernen Sie, wie Sie dynamische 2D- und 3D-Funktionsplots sowie Animationen mit Matplotlib erstellen können.

In der Mathematik beschreiben *Funktionen* den Zusammenhang zwischen einer unabhängigen und einer abhängigen Variablen. Beachten Sie, dass es hier um den mathematischen Begriff der *stetigen Funktion* geht und nicht um den Begriff der Funktion als Objekt/Element in einem Python-Programm.

Jeder unabhängigen Variablen x wird nach einer bestimmten Vorschrift f eine abhängige Variable y zugeordnet. Man schreibt dann $y = f(x)$ oder auch $f: x \mapsto y$. Der Definitionsbereich von f ist die Menge aller möglichen Funktionsargumente x und der Wertebereich von f die Menge, in der die Funktionswerte y liegen. Funktionen können zwischen beliebigen Mengen definiert sein. Uns interessieren zunächst jedoch vor allem Funktionen, die auf den reellen Zahlen definiert sind und deren Ergebnis ebenfalls eine reelle Zahl ist, d. h., $x \in \mathbb{R}$ und $y \in \mathbb{R}$.

Wenn Lehrbücher mathematische Funktionen zeigen, handelt es sich zwangsläufig um statische Darstellungen. Wenn Veränderungen der Form, z. B. das Strecken, Stauchen oder Verschieben eines Funktionsgraphen, dargestellt werden sollen, dann müssen für jede neue Form auch neue Funktionsgraphen dargestellt werden.

Einfacher geht das mit einer Software, die in der Mathematikdidaktik als *dynamisches Mathematik-System* (kurz *DMS*) bezeichnet wird. GeoGebra, das inzwischen in der Mathematiklehre weit verbreitet ist [Haftendorn:224], ist ein bekanntes Beispiel. Mit Schiebereglern können Parameter von mathematischen Funktionen geändert werden, damit die Änderungen des grafischen Funktionsverlaufs simultan auf dem Bildschirm sichtbar werden.

Der didaktische Wert von solchen Funktionssimulationen liegt auf der Hand: Dadurch, dass Sie zeitgleich mit jeder Aktion auch jede Veränderung sehen, lassen sich die Eigenschaften einer mathematischen Funktion und der Einfluss einzelner Parameter schnell und anschaulich erfassen. Und noch wichtiger: Sie können selbst durch eigene Aktivitäten Ihr Lernverhalten und damit den Lernerfolg individuell steuern.

Dynamische Mathematik

Unter dynamischer Mathematik versteht man die interaktive Veränderung von mathematischen Objekten am Computer.

Das Modul `matplotlib` stellt mit dem `Slider` (dt. *Schieberegler*) ein Steuerelement zur Verfügung, mit dem Funktionsparameter simultan geändert werden können.

Dieses Kapitel beschreibt den Einsatz des `Sliders` und zeigt am Beispiel der Sinusfunktion, wie mathematische Funktionen mit der Matplotlib-Methode `FuncAnimation(...)` auch animiert werden können. *Animation* bedeutet, dass sich gewisse Parameter wie Amplitude und/oder Phasenverschiebung während der Programmlaufzeit selbstständig ändern: Die Sinusfunktion bewegt sich in Richtung der x-Achse nach rechts oder links.

8.1 2D-Funktionsplots

Mit 2D-Funktionsplots werden Linienzüge in der zweidimensionalen Ebene dargestellt. Um mathematische Funktionen in der x-y-Ebene zu zeichnen, müssen immer die Module `numpy` und das Untermodul `pyplot` des Moduls `matplotlib` importiert werden. Gezeichnet wird der Funktionsgraph mit der Methode `plot(x,y,...)`.

8.1.1 Elementare Funktionstypen

Zunächst ist es sinnvoll, sich einen Überblick über die wichtigsten Funktionstypen zu verschaffen. Abbildung 8.1 zeigt eine lineare Funktion, eine Parabel, eine Hyperbel und eine Exponentialfunktion. Die Funktionsparameter sind hier fest vorgegeben. Es handelt sich also um eine statische Darstellung.

Statische Darstellung

Alle dargestellten Funktionen haben an einem bestimmten Punkt (x, y) eine Steigung. Die lineare Funktion und die Parabel sind auf der y-Achse in negativer Richtung verschoben. Beide Funktionen haben Nullstellen.

Listing 8.1 zeigt die Implementierung des Programms. Die Funktionsgleichungen sind in der LaTeX-Notation in die Titelleisten eingebettet.

Ausgabe

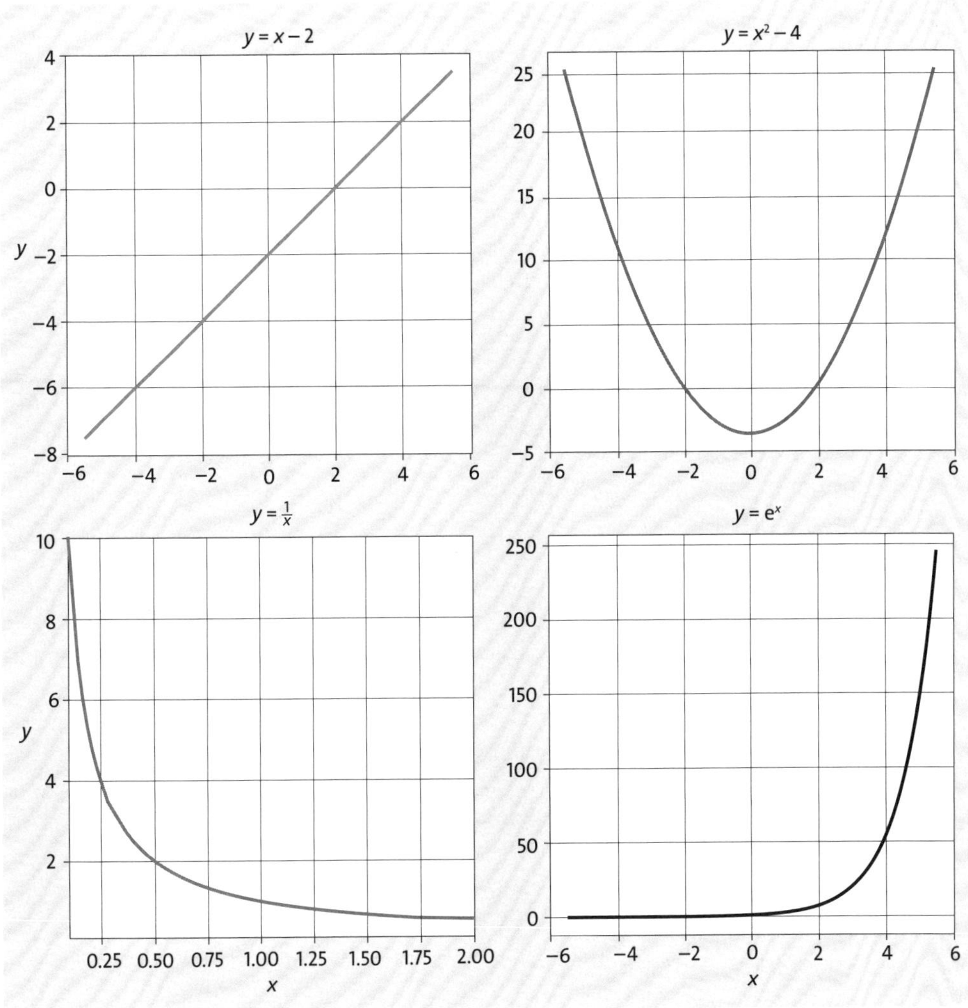

Abbildung 8.1 Funktionsplots elementarer Funktionen

Listing 8.1 zeichnet die vier mathematischen Funktionen in vier Unterdiagramme mit der Matplotlib-Methode `subplots(...)`.

```
#01_funktionen.py
import numpy as np
import matplotlib.pyplot as plt
#Definitionsbereich
x = np.linspace(-5.5,5.5,500)
```

```
06 #Funktionsgleichungen
07 y1=x-2
08 y2=x**2-4
09 y3=1.0/x
10 y4=np.exp(x)
11 plt.subplots(figsize=(8,8))
12 #links oben
13 plt.subplot(2,2,1)
14 plt.title(r'$y=x-2$')
15 plt.plot(x, y1,color="blue",lw=2)
16 plt.ylabel('y',rotation=0)
17 plt.grid(True)
18 #rechts oben
19 plt.subplot(2,2,2)
20 plt.title(r'$y=x^{2}-4$')
21 plt.plot(x,y2,color="red",lw=2)
22 plt.grid(True)
23 #links unten
24 plt.subplot(2,2,3)
25 plt.title(r'$y=\frac{1}{x}$')
26 plt.plot(x,y3,color="green",lw=2)
27 plt.xlim(0.1,2)
28 plt.ylim(0.1,10)
29 plt.xlabel('x')
30 plt.ylabel('y',rotation=0)
31 plt.grid(True)
32 #rechts unten
33 plt.subplot(2,2,4)
34 plt.title(r'$y=e^{x}$')
35 plt.plot(x,y4,color="black",lw=2)
36 plt.xlabel('x')
37 plt.grid(True)
38 plt.tight_layout()
39 plt.show()
```

Listing 8.1 Elementare Funktionstypen

Analyse

In den Zeilen 07 bis 10 werden die Funktionsgleichungen definiert. Die Methode `subplot(z, s, n)` erzeugt die Unterdiagramme. Dabei steht `z` für die Anzahl der Zeilen, s für die Anzahl der Spalten und n für die Nummer des Unterdiagramms (Zeile 13, 19, 24 und 33). Die Methode tight_layout() in Zeile 38 bewirkt, dass bei der Darstellung der Unterdiagramme zwischen den einzelnen Diagrammen genügend Abstand bereitgestellt wird.

Dynamische Darstellung

In den folgenden Abschnitten werden ausgewählte Funktionstypen näher untersucht. Anstelle der statischen Darstellung sollen einzelne Parameter während der Programmlaufzeit dynamisch mit dem Slider-Steuerelement geändert werden.

Ein Slider-Objekt objS wird mit der Methode

```
objS=Slider(ax,label,valmin,valmax,valinit=0.5,valstep)
```

erzeugt. Dabei steht ax für die Position und die Abmessungen des Sliders auf der Zeichenfläche. Die Abmessungen und die Position werden zuvor in einem axes-Objekt gespeichert. Mit der Eigenschaft label wird der Slider beschriftet. Danach erfolgt die Übergabe der Argumente für den Anfangswert valmin und den Endwert valmax der Slider-Stellung. Die aktuelle Slider-Stellung wird durch einen roten Strich, den Slider-Zeiger, markiert. Die Stellung des Slider-Zeigers wird durch einen Klick mit der linken Maustaste und durch das Ziehen des Mauszeigers nach links oder rechts verändert. Mit valinit wird der Slider initialisiert, und mit valstep lässt sich die Schrittweite einstellen. Auf der rechten Seite des Sliders erscheint der aktuell eingestellte Wert.

8.1.2 Parabel

Die Form einer Parabel

$$y = a(x - b)^2 + c$$

lässt sich durch drei Parameter beeinflussen. Durch Änderung von c kann die Parabel entlang der y-Achse verschoben werden. Der Parameter b erlaubt eine Verschiebung entlang der x-Achse. Durch Änderung des Parameters a kann die Parabel gestaucht oder gestreckt werden. Wenn a negativ wird, öffnet sich die Parabel nach unten.

Mit dem in Abbildung 8.2 dargestellten Matplotlib-Programm können Sie während der Laufzeit die Parameter a, b und c durch Verschieben der Slider-Einstellungen ändern und die geänderten Eigenschaften des Funktionsgraphen direkt auf dem Bildschirm beobachten.

Der Slider a hat einen Wertebereich von –2 bis +2. Der Slider b ist von –5 bis +5 einstellbar und der Slider c lässt sich von –10 bis +10 verstellen.

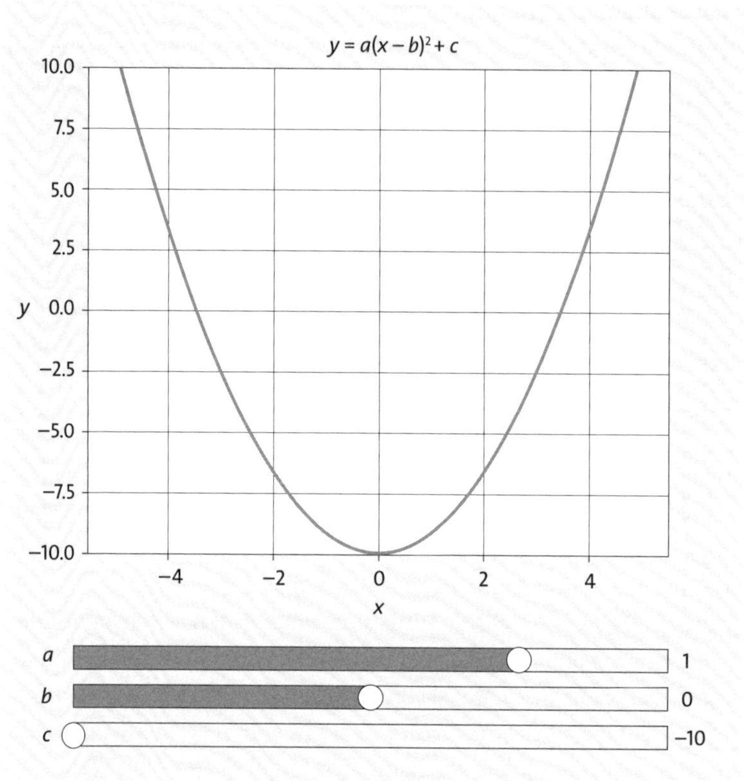

Abbildung 8.2 Parabelsimulation mit drei Slidern

Ein Matplotlib-Programm, mit dem sich die Funktionsparameter simultan ändern lassen, besteht aus sechs Teilen:

1. Schritt: Import der Methode `Slider` aus dem Modul `matplotlib.widgets`,
2. Schritt: Definition der mathematischen Funktion,
3. Schritt: Festlegen der Positionen für die Slider auf der Zeichenfläche,
4. Schritt: Erzeugen der Slider-Objekte,
5. Schritt: Definition einer Python-Funktion `update(...)` für die simultane Änderung der Funktionsparameter und
6. Schritt: Abfragen der Slider-Einstellungen mit der Matplotlib-Methode `on_changed(update)`.

Listing 8.2 zeigt, wie die Parameter einer Parabel während der Laufzeit mit Slidern geändert werden können. Dieses Programm bildet das Grundgerüst für die folgenden Funktionssimulationen.

```
#02_parabel.py
import numpy as np
import matplotlib.pyplot as plt
from matplotlib.widgets import Slider

def f(a,b,c):
    return a*(x-b)**2+c

fig, ax = plt.subplots(figsize=(6,6))
plt.title(r'$y=a(x-b)^{2}+c$')
plt.subplots_adjust(left=0.12,bottom=0.25)
plt.xlim(-5.5,5.5)
plt.ylim(-10,10)
plt.xlabel('x')
plt.ylabel('y',rotation=0)
x = np.arange(-5.5,5.5,0.001)
y, = plt.plot(x,f(1,0,-10),lw=2)
#x-, y-Position, Laenge, Hoehe
xyA = plt.axes([0.1, 0.10, 0.8, 0.03])
xyB = plt.axes([0.1, 0.05, 0.8, 0.03])
xyC = plt.axes([0.1, 0.00, 0.8, 0.03])
#Slider Objekte erzeugen
sldA=Slider(xyA,'a', -2.0, 2.0,valinit=1, valstep=0.1)
sldB=Slider(xyB,'b', -5.0, 5.0,valinit=0, valstep=0.1)
sldC=Slider(xyC,'c',-10.0,10.0,valinit=-10,valstep=0.1)

def update(val):
    a = sldA.val
    b = sldB.val
    c = sldC.val
    y.set_data(x,f(a,b,c))
    fig.canvas.draw_idle()
#Änderungen abfragen
sldA.on_changed(update)
sldB.on_changed(update)
sldC.on_changed(update)
ax.grid(True)
plt.show()
```

Listing 8.2 Parabel mit veränderbaren Parametern

Analyse

In Zeile 04 wird die Methode `Slider` aus dem Untermodul `widgets` des Moduls `matplotlib` importiert.

Die Funktionsgleichung der Parabel `f(a,b,c)` wird in den Zeilen 06 und 07 definiert.

In Zeile 09 erzeugt die Methode `subplots(...)` ein `fig`- und ein `ax`-Objekt.

In Zeile 17 wird das Objekt `y` mit den Anfangswerten der Parabel initialisiert. Das Komma ist wichtig, da bei der Initialisierung ein Tupel erzeugt werden muss.

In den Zeilen 19 bis 21 legt die Methode `axes(...)` die Positionen der Slider-Steuerelemente auf der Zeichenfläche fest. Die einzelnen *x,y*-Positionen sowie die Längen und Höhen werden in die Objekte `xyA`, `xyB` und `xyC` gespeichert.

In den Zeilen 23 bis 25 erzeugt die Methode `Slider` drei Slider-Objekte `sldA`, `sldB` und `sldC`. Die Bezeichner für die Slider-Objekte werden mit aussagekräftigen Präfixen versehen, damit sie im Quelltext leichter identifiziert werden können.

In den Zeilen 27 bis 32 wird die Python-Funktion `update(val)` definiert. Der Bezeichner der Python-Funktion `update(...)` ist frei wählbar. Dieser Funktion werden die aktuellen Werte der Slider-Einstellungen übergeben. In Zeile 31 speichert die Methode `set_data(x,f(a,b,c))` die aktuellen *x,y*-Koordinatendaten von `y`.

In den Zeilen 34 bis 36 ruft die Methode `on_changed(update)` die Funktion `update` auf und übergibt ihr die aktuellen Werte der Slider-Einstellung.

Die Methode `plt.show()` in Zeile 38 bewirkt, dass alle geänderten *x,y*-Koordinatendaten auf dem Bildschirm angezeigt werden.

8.1.3 Exponentialfunktion

Mit der Exponentialfunktion

$$y = ae^{bx}$$

können Wachstumsprozesse simuliert werden. Der Parameter a legt den Anfangswert des Wachstums fest. Der Parameter b repräsentiert den Wachstumskoeffizienten.

Abbildung 8.3 zeigt die Programmoberfläche mit den Slidern a und b.

Durch Betätigen der zwei Schieberegler können Sie positives und negatives Wachstum für verschiedene Wachstumskoeffizienten simulieren. Listing 8.3 zeigt einen Quelltextauszug. Die ab Zeile 08 folgenden Programmzeilen stimmen weitgehend mit Listing 8.2 überein.

```
01  #03_exponential.py
02  import numpy as np
```

```
import matplotlib.pyplot as plt
from matplotlib.widgets import Slider

def f(a,b):
    return a*np.exp(b*x)
...
```

Listing 8.3 Simulation einer Exponentialfunktion (Auszug)

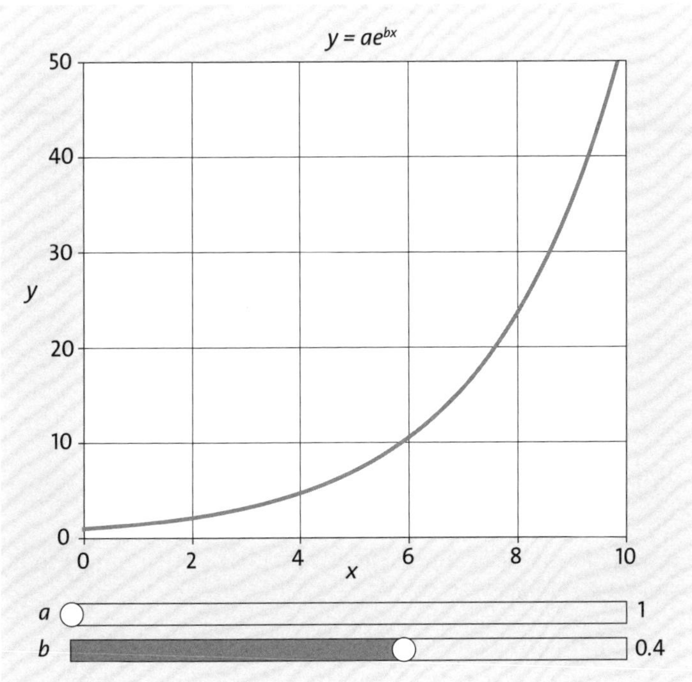

Abbildung 8.3 Exponentialfunktion

8.1.4 Sinusfunktion

Bei einer Sinusfunktion können die Amplitude *a*, die Anzahl der Perioden *b* und die Verschiebung *c* in Richtung der *x*-Achse geändert werden:

$$y = a \sin\big(b(x - c)\big)$$

Abbildung 8.4 zeigt die Programmoberfläche für die dynamische Veränderung der Sinusfunktion mit den drei Slidern `a`, `b` und `c`. Als Skalierung wurde zur besseren Nachvollziehbarkeit die 360°-Skala gewählt.

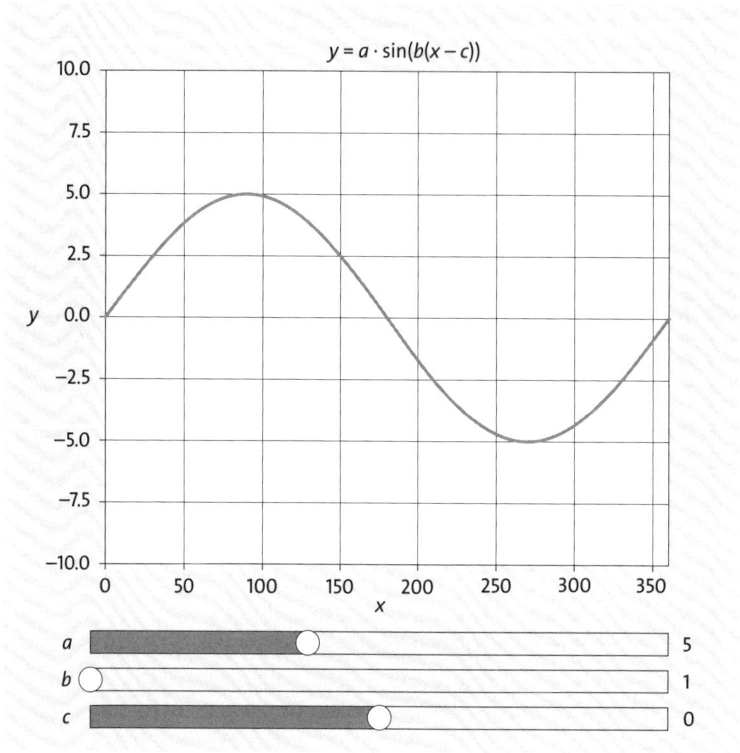

Abbildung 8.4 Sinusfunktion

Durch Betätigen der drei Schieberegler können Sie den Einfluss der Parameteränderung auf den Funktionsverlauf testen.

Listing 8.4 zeigt einen Quelltextauszug mit der Definition der Sinusfunktion. Basis des Programms ist wieder Listing 8.2. Die `xlim`-Werte und die Start- und Endwerte der Slider müssen Sie noch anpassen.

```
#04_sinus.py
import numpy as np
import matplotlib.pyplot as plt
from matplotlib.widgets import Slider
def f(a,b,c):
    return a*np.sin(b*(np.radians(x)-np.radians(c)))
...
```

Listing 8.4 Parameter einer Sinusfunktion verändern (Auszug)

8.2 3D-Funktionsplots

Wir nehmen die Körper in unserer Umgebung als dreidimensionale Objekte wahr. Auch viele physikalische Größen sind häufig nur in einem dreidimensionalen Koordinatensystem als Funktion darstellbar, weil sie von zwei Variablen abhängig sind. Mathematisch lässt sich die Abhängigkeit einer abhängigen Variablen z von zwei unabhängigen Variablen x und y als $z = f(x, y)$ formulieren.

In den folgenden Beispielen zeige ich Ihnen, wie mit Matplotlib dynamische 3D-Funktionsplots für ein Paraboloid und ein Ellipsoid erstellt werden können.

8.2.1 Paraboloid

Ein Paraboloid entsteht, wenn eine Parabel beispielsweise um eine Achse in einem 3D-Koordinatensystem rotiert. Beispiele für Paraboloiden sind Satellitenantennen. Ein Paraboloid wird durch die Funktionsgleichung

$$z = \frac{x^2}{a^2} + \frac{y^2}{b^2}$$

beschrieben. Die Parameter a und b bestimmen die Form des Paraboloids. Je größer a, desto kleiner wird x^2/a^2 und desto flacher verläuft die Funktion entlang der x-Achse. Entsprechendes gilt für die y-Komponente.

Abbildung 8.5 zeigt die Programmoberfläche zur Simulation eines 3D-Funktionsplots für ein Paraboloid mit zwei Slider-Steuerelementen.

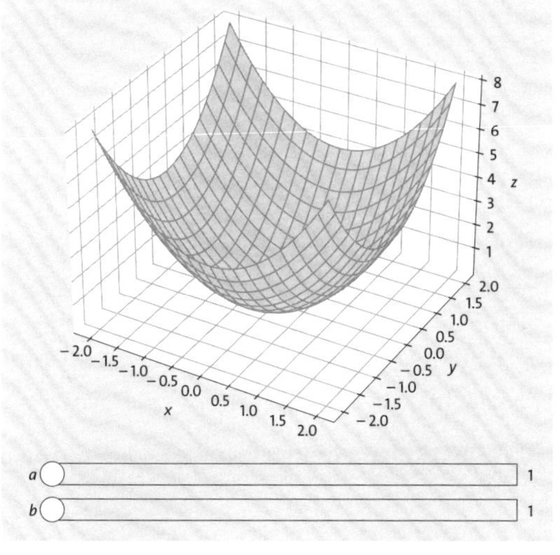

Abbildung 8.5 Simultane Veränderung eines Paraboloids

Durch Verschieben der Slider-Einstellungen `a` und `b` mit der linken Maustaste können Sie die Form des Paraboloids ändern. Beide `Slider` lassen sich in den Bereichen 1 bis 5 verstellen. Nach dem Programmstart können Sie die Perspektive der Darstellung ändern, indem Sie mit der linken Maustaste auf die Zeichenfläche klicken und bei gedrückter Maustaste die Zeichenfläche nach links, rechts, nach oben oder unten ziehen.

Damit ein 3D-Funktionsplot gezeichnet werden kann, muss zunächst mit der NumPy-Methode `meshgrid(X,Y)` ein Maschengitter in der *x*,*y*-Ebene erzeugt werden. Die Funktionsweise dieser Methode können Sie am besten selbst mit der Python-Konsole ausprobieren:

```
>>> import numpy as np
>>> X = np.linspace(0, 3, 4)
>>> Y = np.linspace(0, 3, 4)
>>> x,y = np.meshgrid(X, Y)
>>> x
array([[0., 1., 2., 3.],
       [0., 1., 2., 3.],
       [0., 1., 2., 3.],
       [0., 1., 2., 3.]])
>>> y
array([[0., 0., 0., 0.],
       [1., 1., 1., 1.],
       [2., 2., 2., 2.],
       [3., 3., 3., 3.]])
```

Das 3D-Koordinatensystem wird mit der Matplotlib-Methode

```
subplots(subplot_kw={"projection":"3d"})
```

erzeugt.

Die Matplotlib-Methode

```
plot_surface(x,y,z(1,1),rstride=5,cstride=5,color='y', edgecolor='r')
```

zeichnet ein 3D-Oberflächendiagramm. Dabei legen die Eigenschaften `rstride` und `cstride` die Abstände der Linien auf der gezeichneten Oberfläche (engl. *surface*) fest.

Listing 8.5 zeigt, wie ein dynamischer 3D-Funktionsplot eines Paraboloids mit Matplotlib programmiert werden kann:

```
#05_paraboloid.py
import numpy as np
import matplotlib.pyplot as plt
from matplotlib.widgets import Slider

def z(a,b):
    return x**2/a**2+y**2/b**2

fig,ax=plt.subplots(subplot_kw={"projection":"3d"},figsize=(8,8))
plt.subplots_adjust(left=0.05,bottom=0.2)
ax.set_xlabel('x'),ax.set_ylabel('y'),ax.set_zlabel('z')
X = np.linspace(-2,2, 100)
Y = np.linspace(-2,2, 100)
x,y=np.meshgrid(X,Y)

f=ax.plot_surface(x,y,z(1,1),rstride=5,
              cstride=5,color='y',edgecolor='r')

#x-, y-Position, Laenge, Hoehe
xyA = plt.axes([0.1, 0.10, 0.7, 0.03])
xyB = plt.axes([0.1, 0.05, 0.7, 0.03])

sldA=Slider(xyA,'a', 1.0, 5.0,valinit=1,valstep=0.1)
sldB=Slider(xyB,'b', 1.0, 5.0,valinit=1,valstep=0.1)

def update(val):
    a = sldA.val
    b = sldB.val
    ax.clear()
    f=ax.plot_surface(x,y,z(a,b),rstride=5,
              cstride=5,color='y',edgecolor='r')
    ax.set_zlim(0,8)
    ax.set_xlabel('x'),ax.set_ylabel('y'),ax.set_zlabel('z')
    fig.canvas.draw_idle()

sldA.on_changed(update)
sldB.on_changed(update)
plt.show()
```

Listing 8.5 Dynamische Darstellung eines Paraboloids

Analyse

Das Programm ist prinzipiell so aufgebaut wie die Basisversion aus Listing 8.2. Die Funktionsdefinition der Funktionsgleichung $z = f(x,y)$ erfolgt in den Zeilen 06 und 07. Die Werte für die unabhängigen Variablen x und y werden in Zeile 14 mit der Methode `x,y = meshgrid(X,Y)` als Gitternetz von jeweils 100 × 100 = 10.000 Gitterpunkten generiert. Der Python-Funktion müssen beim Aufruf (Zeile 16 und Zeile 29) nur Werte für die Argumente `a` und `b` übergeben werden.

Die Methode `subplots(subplot_kw={"projection":"3d"})` erzeugt in Zeile 09 die Objekte `fig` und `ax` für die 3D-Darstellung.

In Zeile 16 wird die Funktion `z(1,1)` mit den Werten für `a=1` und `b=1` gezeichnet.

In der 3D-Darstellung des Moduls `matplotlib` gibt es keinen Mechanismus, der beim Aufruf der Funktion `update()` (Zeile 34 und 35) den Funktionsgraphen automatisch neu zeichnet. Deshalb muss in Zeile 28 mit der Methode `clear()` die gesamte Zeichenfläche gelöscht werden, um den veränderten 3D-Funktionsplot neu zeichnen zu können.

8.2.2 Ellipsoid

Ein Ellipsoid ist eine abgeflachte Kugel. Es entsteht, wenn eine Ellipse um die Achse eines 3D-Koordinatensystems rotiert. Beispiele für Ellipsoiden sind Planeten. Auch Funkwellen von Mobilfunksendemasten breiten sich in Form eines Ellipsoids (*Fresnel-Ellipsoid*) aus. Ein Ellipsoid wird durch die drei Parametergleichungen

$$x = a \cdot \sin u \cdot \cos v$$

$$y = b \cdot \sin u \cdot \sin v$$

$$z = c \cdot \cos u$$

beschrieben. Dabei repräsentiert die Variable u den Winkel zwischen der x,y-Ebene und der z-Achse und die Variable v den Winkel in der x,y-Ebene.

Die Slider-Einstellungen sind zwischen 1 und 10 in Stufen von 0,1 veränderbar. Durch Verschieben der Slider-Einstellung können Sie die Form des Ellipsoids verändern. Wenn `a`, `b` und `c` den gleichen Wert haben, erzeugen Sie eine Kugel. Wenn Sie nun c verkleinern oder vergrößern, erzeugen Sie ein Ellipsoid, das entweder in Richtung der z-Achse abgeflacht oder ausgedehnt wird. Mithilfe der linken Maustaste können Sie die Perspektive des Ellipsoids ändern.

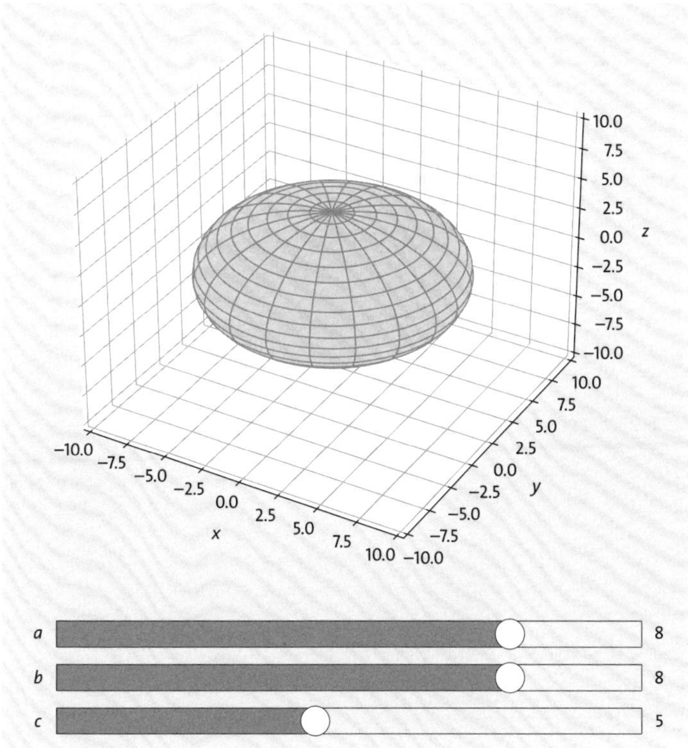

Abbildung 8.6 Simultane Veränderung eines Ellipsoids

Mit Listing 8.6 können Sie die Ausdehnungen eines Ellipsoids simulieren:

```
#06_ellipsoid.py
import numpy as np
import matplotlib.pyplot as plt
from matplotlib.widgets import Slider

def f(a,b,c):
    x=a*np.sin(u)*np.cos(v)
    y=b*np.sin(u)*np.sin(v)
    z=c*np.cos(u)
    return x,y,z

fig,ax=plt.subplots(subplot_kw={"projection":"3d"},figsize=(8,8))
plt.subplots_adjust(left=0.05,bottom=0.2)
ax.set_xlabel('x'),ax.set_ylabel('y'),ax.set_zlabel('z')
ax.set_xlim(-10,10),ax.set_ylim(-10,10),ax.set_zlim(-10,10)
```

```
16 U = np.linspace(0,   np.pi, 100)
17 V = np.linspace(0, 2*np.pi, 100)
18 u,v=np.meshgrid(U,V)
19 x,y,z=f(8,8,5)
20 g=ax.plot_surface(x,y,z,\
21                   rstride=5,cstride=5,color='y',edgecolor='r')
22 #x-, y-Position, Laenge, Hoehe
23 xyA = plt.axes([0.1, 0.10, 0.7, 0.03])
24 xyB = plt.axes([0.1, 0.05, 0.7, 0.03])
25 xyC = plt.axes([0.1, 0.00, 0.7, 0.03])
26 sldA=Slider(xyA,'a', 1.0, 10.0,valinit=8,valstep=0.1)
27 sldB=Slider(xyB,'b', 1.0, 10.0,valinit=8,valstep=0.1)
28 sldC=Slider(xyC,'c', 1.0, 10.0,valinit=5,valstep=0.1)
29
30 def update(val):
31     a = sldA.val
32     b = sldB.val
33     c = sldC.val
34     ax.clear()
35     ax.set_xlim(-10,10),ax.set_ylim(-10,10),ax.set_zlim(-10,10)
36     x,y,z=f(a,b,c)
37     g=ax.plot_surface(x,y,z,\
38                   rstride=5,cstride=5,color='y',edgecolor='r')
39     ax.set_xlabel('x'),ax.set_ylabel('y'),ax.set_zlabel('z')
40     fig.canvas.draw_idle()
41
42 sldA.on_changed(update)
43 sldB.on_changed(update)
44 sldC.on_changed(update)
45 plt.show()
```

Listing 8.6 Ellipsoid

Analyse

In den Zeilen 06 bis 10 wird die Python-Funktion `f(a,b,c)` für die 3D-Darstellung der mathematischen Funktion eines Ellipsoids definiert. Sie gibt für die Parameter a, b und c die x-, y- und z-Werte der 3D-Koordinaten zurück.

In Zeile 19 wird ein Tupel `x,y,z` für die Anfangswerte erzeugt. Mit diesen Daten wird dann in Zeile 20 das Ellipsoid gezeichnet.

Bei jeder Änderung einer Slider-Einstellung (Zeile 42 bis 44) wird das Ellipsoid neu gezeichnet (Zeile 37).

Vorsichtshalber wird in den Zeilen 20 und 37 das explizite Objekt g erzeugt, obwohl dieses Objekt im Programm nicht benötigt wird. In der aktuellen Python-Version 3.9 können Sie den 3D-Funktionsplot auch ohne dieses Objekt darstellen. Es könnte aber sein, dass die automatische Speicherverwaltung (*Garbage Collector*) von neueren Python-Versionen die Erzeugung eines solchen expliziten Objekts verlangt.

8.3 Animationen

Der Begriff *Animation* kommt aus dem Lateinischen und bedeutet so viel wie »zum Leben erwecken«. Aus Einzelbildern werden in kurzen Zeitabschnitten durch Kopieren und Verschieben neue Bilder erzeugt, sodass für den Beobachter der Eindruck entsteht, als würden sich die Objekte kontinuierlich auf dem Bildschirm bewegen. Mit der Matplotlib-Methode `FuncAnimation(...)` können sowohl 2D- als auch 3D-Funktionsplots animiert werden.

8.3.1 2D-Animationen

Betrachten Sie die Sinusfunktion: $y(x,k) = \sin(x - v \cdot k)$

Wenn die Variable x z. B. einen Wertebereich von 0 bis 4π durchläuft und die Variable k sich ändert, dann wird die Sinusfunktion nach rechts verschoben. Je kleiner v gewählt wird, desto langsamer bewegt sich die Sinusfunktion.

Abbildung 8.7 zeigt die Momentaufnahme einer 2D-Animation für eine Kosinus- und eine Sinusfunktion.

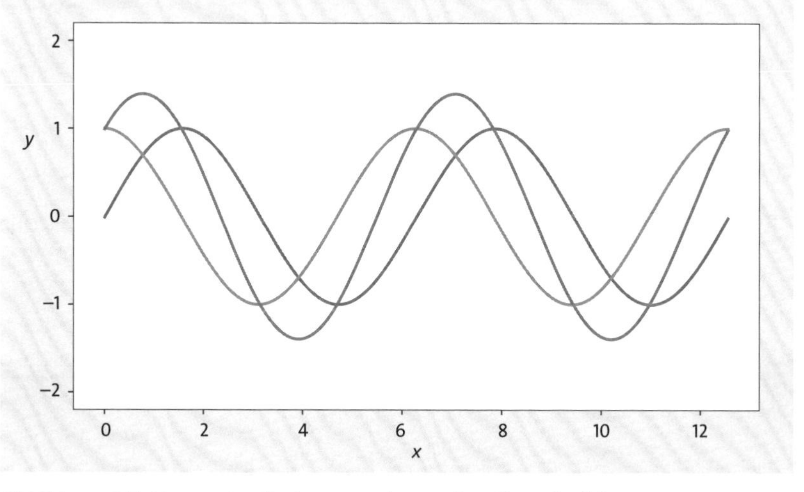

Abbildung 8.7 Momentaufnahme von bewegten Sinusfunktionen

Die Kosinus- und die Sinusfunktion werden in Richtung der x-Achse permanent verschoben. Die Sinusfunktion bewegt sich von links nach rechts, und die Kosinusfunktion bewegt sich in die entgegengesetzte Richtung von rechts nach links. Zum Zeitpunkt t werden die Augenblickswerte $f_1(t)$ und $f_2(t)$ beider Funktionen addiert. Es werden also insgesamt drei Funktionen dargestellt, die sich nach dem Programmstart auf dem Bildschirm bewegen.

Mit der Methode `FuncAnimation(...)` aus dem Untermodul `animation` des Moduls `matplotlib` können mathematische Funktionen animiert werden.

Ein Animationsprogramm besteht aus sechs Teilen:

1. Schritt: Importieren des Untermoduls `animation`
2. Schritt: Definition der mathematischen Funktionen
3. Schritt: Initialisierung der einzelnen mathematischen Funktionen
4. Schritt: Definition einer Python-Funktion `init()` (optional)
5. Schritt: Definition einer Python-Funktion `update()`
6. Schritt: Aufruf der Animationsfunktion `a=FuncAnimation(fig,update, ...)`

Die Bezeichner für die Python-Funktionen `init()` und `update()` sind frei wählbar.

Hinweis

Es ist notwendig, bei einem Aufruf der Animationsfunktion `FuncAnimation(...)` ein explizites Objekt `a` zu erzeugen, obwohl dieses Objekt im Programm eigentlich nicht benötigt wird. Die Animation wird nämlich von einem Zähler (*Timer*) gesteuert, der auf das explizit erzeugte Animationsobjekt `a` zugreift. Wenn kein explizites Animationsobjekt erzeugt wird, dann wird das implizite Animationsobjekt von der automatischen Speicherverwaltung (*Garbage Collector*) als Datenmüll gesammelt. Die Animation wird gestoppt und es erscheint ein statisches Bild auf dem Monitor.

Bei dem Objekt `fig` handelt es sich um den äußeren Rahmen der Zeichenfläche, in der die Animation stattfinden soll.

Listing 8.7 zeigt exemplarisch, wie ein 2D-Animationsprogramm implementiert werden kann:

```
#07_animation.py
import numpy as np
import matplotlib.pyplot as plt
import matplotlib.animation as ani
v=0.01
def f1(t):
```

```
07      return np.sin(x - v*t)
08
09  def f2(t):
10      return np.cos(x + v*t)
11
12  fig,ax = plt.subplots(figsize=(8,6))
13  plt.ylim(-2.5,2.5)
14  plt.xlabel('x')
15  plt.ylabel('y',rotation=True)
16  x = np.arange(0, 4*np.pi, 0.01)
17  y1,y2 = ax.plot(x, f1(1), x, f2(2))
18  plt.setp(y1, color='r', linewidth=2.0)
19  plt.setp(y2, color='b', linewidth=2.0)
20  y3,=ax.plot(x,f1(1)+f2(2),color='g',lw=2.0)
21
22  def init():
23      y1.set_data(0,0)
24      y2.set_data(0,0)
25      y3.set_data(0,0)
26      return y1,y2,y3
27
28  def update(t):
29      y1.set_data(x,f1(t))
30      y2.set_data(x,f2(t))
31      y3.set_data(x,f1(t)+f2(t))
32      return y1,y2,y3
33
34  a=ani.FuncAnimation(fig,
35                      update,
36                      init_func=init,
37                      interval=2,
38                      blit=True)
39  plt.show()
```

Listing 8.7 Animation einer Sinusfunktion (Momentaufnahme)

Analyse

In Zeile 04 wird das Untermodul `animation` des Moduls `matplotlib` importiert. Mit dem Alias `ani` kann auf alle Methoden dieses Untermoduls zugegriffen werden.

In den Zeilen 06 bis 10 werden die mathematischen Funktionen, die animiert werden sollen, als Python-Funktionen `f1(t)` und `f2(t)` definiert. Der Parameter `t` bewirkt die

Bewegung auf dem Bildschirm. Wenn das Vorzeichen von `t` in Zeile 07 negativ ist, dann bewegt sich bei einem Funktionsaufruf in Zeile 29 die Kurve von links nach rechts. Ist das Vorzeichen positiv (Zeile 10), bewegt sich die Kurve bei einem Funktionsaufruf in Zeile 30 in umgekehrter Richtung.

In Zeile 12 erzeugt die Methode `subplots(...)` die Objekte `fig` und `ax`. Das `fig`-Objekt muss als erstes Argument der Animationsfunktion `FuncAnimation(fig, ... )` übergeben werden (Zeile 34). Das `ax`-Objekt wird für die `plot`-Methode in Zeile 17 und 20 benötigt.

In Zeile 17 werden die zwei Objekte `y1` und `y2` als Tupel erzeugt. In Zeile 20 wird das Objekt `y3` als Tupel erzeugt. Alle drei Objekte werden in den Zeilen 29 bis 31 benötigt, um die Kurven zu zeichnen.

Die Definition der Python-Funktion `init()` in den Zeilen 22 bis 26 ist optional. Sie legt die Startwerte der animierten Kurven fest.

Die Python-Funktion `update(t)` in den Zeilen 28 bis 32 wird von der Animationsfunktion `FuncAnimation(...)` in Zeile 34 in regelmäßigen Zyklen aufgerufen. Bei jedem Aufruf in Zeile 35 wird der Wert von `t` um 1 hochgezählt: Intern wird also mit `t=t+1` inkrementiert. Die Variable `t` ist eine Laufvariable vom Typ Integer, sie wird intern angelegt. Das Inkrementieren von `t` bewirkt in den Zeilen 29 und 30 das stückweise Verschieben der Kurven auf dem Bildschirm. Die Methode `set_data(...)` speichert die x,y-Koordinatendaten der drei Funktionen (Zeile 29 bis 31). Die Python-Funktion `update(t)` gibt die aktualisierten Werte der Kosinus- bzw. Sinusfunktion und die Summe beider Funktionen als Tupel `y1,y2,y3` zurück (Zeile 32).

Der Animationsfunktion muss als erstes Argument das Objekt `fig` übergeben werden (Zeile 34). Danach erfolgt der Funktionsaufruf der Python-Funktion `update` ohne Angabe des Parameters `t` (Zeile 35).

In Zeile 36 wird die selbst erstellte Python-Funktion `init()` aufgerufen. Wenn Sie den Aufruf auskommentieren und das Programm neu starten, werden Sie keine Veränderung beobachten können.

Die Eigenschaft `interval=2` legt fest, dass das jeweils neue Bild nach einer Pause von 2 ms erzeugt wird (Zeile 37). Allgemein bestimmt die Eigenschaft `interval` die Verzögerung zwischen den Frames (Bildern) in der Einheit ms. Wenn Sie das Programm mit größeren Werten wie 10, 20 oder 100 ms testen, werden Sie beobachten, dass sich die Animation verlangsamt. Der Defaultwert von `interval` beträgt 200 ms.

Die Eigenschaft `blit=True` bewirkt, dass nur Bereiche des Bildes neu gezeichnet werden, die sich auch verändert haben (Zeile 38).

8.3.2 3D-Animationen

Das Maximum der Funktion

$$z = a(t) \cdot e^{-(x^2+y^2)}$$

soll sich in Richtung der z-Achse auf und ab bewegen. Die Funktion $a(t)$ beschreibt die Größe der Auslenkung. Abbildung 8.8 zeigt die Momentaufnahme einer 3D-Animation.

Zunächst muss die Methode `subplots(subplot_kw={"projection":"3d"})` die Objekte `fig` und `ax` für einen 3D-Plot erzeugen. Danach generiert die NumPy-Methode `meshgrid(X, Y)` ein Maschengitter für die Funktion `a*np.exp(-(x**2+y**2))`. Für die Auslenkung `a` wird eine Liste `z[:,:,k]` angelegt, in der die mit einer Kosinusfunktion erzeugten Werte für die Auslenkungen gespeichert werden. Die Laufvariable `k` nimmt die Werte von 0 bis `n` an. In die Liste `z[:,:,k]` werden die Funktionswerte für die Auslenkung gespeichert: `k=-2.5*np.cos(k*2*np.pi/n))`. Die Auslenkung hat also einen kosinusförmigen Verlauf. Das Minuszeichen bedeutet, dass beim Start der Animation die Membrane in Richtung der negativen z-Achse ausgerichtet ist.

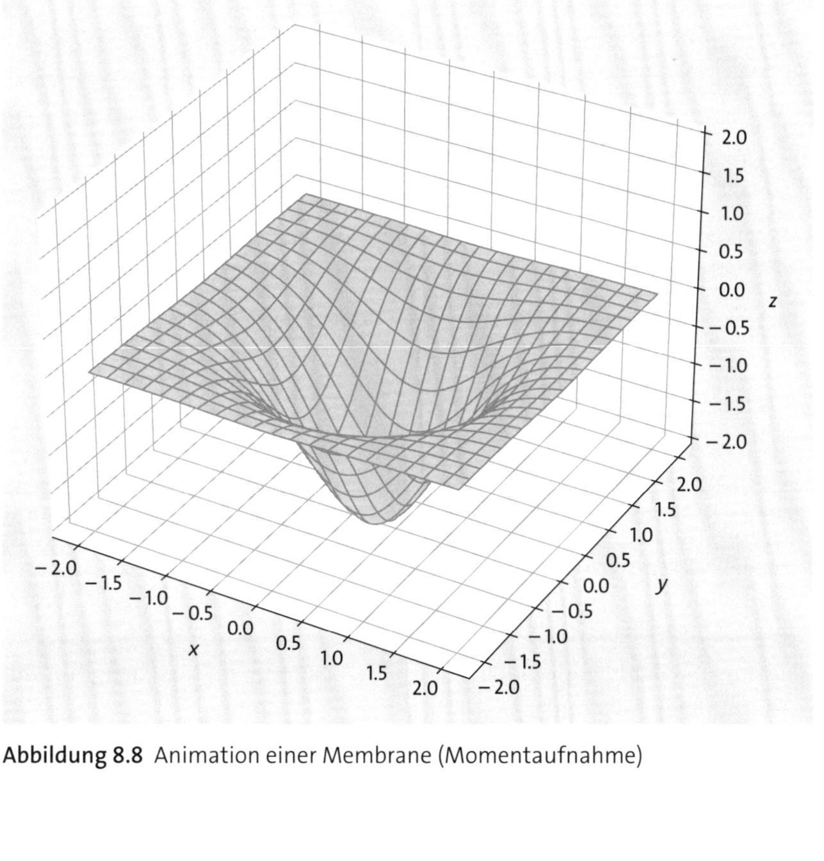

Abbildung 8.8 Animation einer Membrane (Momentaufnahme)

Mit Listing 8.8 kann die Animation der Membranbewegung durchgeführt werden:

```
01 #08_animation3D.py
02 import numpy as np
03 import matplotlib.pyplot as plt
04 from matplotlib.animation import FuncAnimation
05 n=20
06 fig,ax=plt.subplots(subplot_kw={"projection":"3d"},figsize=(8,8))
07 ax.set_zlim(-2,2)
08 ax.set_xlabel('x')
09 ax.set_ylabel('y')
10 ax.set_zlabel('z')
11 X = np.linspace(-2,2,100)
12 Y = np.linspace(-2,2,100)
13 x,y = np.meshgrid(X, Y)
14 z = np.zeros((100, 100, n))
15
16 def f(x,y,a):
17     return a*np.exp(-(x**2+y**2))
18
19 for k in range(n):
20     z[:,:,k] = f(x,y,-2.5*np.cos(k*2*np.pi/n))
21
22 ax.plot_surface(x,y,z[:,:,0],rstride=5,
23                 cstride=5,color='y',edgecolor='r')
24
25 def update(amp):
26     ax.clear()
27     ax.plot_surface(x, y, z[:,:,amp],
28                     rstride=5,cstride=5,color='y',edgecolor='r')
29     ax.set_zlim(-2,2)
30
31 a = FuncAnimation(fig,update,frames=n,interval=2)
32 plt.show()
```

Listing 8.8 Animation einer Membrane (Momentaufnahme)

Analyse

In Zeile 13 erzeugt die NumPy-Methode `meshgrid(X,Y)` jeweils ein Maschengitter mit 100×100 Gitterpunkten für x und y.

In den Zeilen 16 und 17 wird die Python-Funktion für die Membrane definiert. Der Parameter a bewirkt, dass sich die Membrane in Richtung der z-Achse auf und ab bewegt.

In der for-Schleife (Zeile 20) erzeugt eine Kosinusfunktion die Auslenkung a. Es werden nur die Änderungen der z-Komponente gespeichert.

In Zeile 22 wird ein implizites Objekt erzeugt. Es hat die Aufgabe, ein statisches Bild des 3D-Plots beim Start der Animation zu erzeugen. Der Wert für die z-Achse wird mit 0 initialisiert.

In Zeile 25 wird die Python-Funktion update(amp) definiert. Bei ihrem Aufruf löscht die Matplotlib-Methode clear() die aktuelle Darstellung auf der Zeichenfläche (Zeile 26). Der Parameter amp bestimmt die Änderungen der Auslenkung. Dieser Parameter wird in die Liste z[:,:,amp] eingefügt (Zeile 27). Der Parameter amp wird als Index benutzt, um auf das mehrdimensionale Array z (Zeile 20) zuzugreifen, in dem zuvor die 20 diskreten Werte der Amplitude gespeichert wurden.

In Zeile 31 ruft die Animationsfunktion

```
a = FuncAnimation(fig,update,frames=n,interval=2)
```

die Python-Funktion update ohne den Parameter amp auf. Dem formalen Parameter frames muss der Wert der Variablen n aus Zeile 05 (n=20) zugewiesen werden. Der Parameter frames nimmt bei jedem Animationsintervall die Werte von 0 bis 19 an. Diese Werte werden bei jedem Frame an die Funktion update(...) übergeben. Wenn Sie diesen Parameter weglassen oder ihm einen größeren Wert als n zuweisen, dann wird die Animation nach zwei Auslenkungen mit einer Fehlermeldung abgebrochen:

```
Exception in Tkinter callback
Traceback (most recent call last):
...
ax.plot_surface(x, y, z[:,:,amp],
IndexError: index 20 is out of bounds for axis 2 with size 20
```

Mit der Eigenschaft interval können Sie die Geschwindigkeit der Animation beeinflussen.

Sie haben in diesem Kapitel gelernt, wie Sie parametrisierte Funktionen zeichnen, in einer interaktiven Grafik mit Slidern steuern oder sogar animieren können. Sollten Sie in Zukunft auf eine Funktion stoßen und sich über den Einfluss der verschiedenen Parameter auf den Funktionsgraphen wundern, dann können Sie diesen Einfluss mit den hier gewonnenen Fähigkeiten leicht veranschaulichen und so besser verständlich machen.

8.4 Aufgaben

1. Das Weg-Zeit-Gesetz soll für die konstante Beschleunigung $a = 2\ \text{m/s}^2$ in drei Unterdiagrammen dargestellt werden. Schreiben Sie ein Programm, das die Beschleunigung, die Geschwindigkeit und den zurückgelegten Weg statisch darstellt.
2. Schreiben Sie ein Programm, in dem die Halbachsen einer Ellipse mit zwei Schiebereglern geändert werden können.
3. Schreiben Sie ein Programm, in dem die Parameter a und b der logarithmischen Spirale $r = a \cdot \exp(b \cdot \varphi)$ während der Laufzeit mit zwei Schiebereglern geändert werden können.
4. Schreiben Sie ein Programm, mit dem die Schnittpunkte einer Parabel `a*x**2+b` und einer Geraden `c*x+d` simuliert werden können.
5. Ändern Sie die Paraboloid-Darstellung aus Listing 8.5 so, dass die Öffnung des Körpers nach unten zeigt.
6. Schreiben Sie ein Programm, dass einen veränderbaren Berg mit einem Gipfel `a` mit der e-Funktion `a*np.exp(-(b*x**2+b*y**2))` simuliert.
7. Ein veränderbarer Berg mit zwei Gipfeln und zwei Tälern soll mit der Sinusfunktion `a*np.sin(x)*b*np.sin(y)` simuliert werden. Schreiben Sie ein entsprechendes Programm.
8. Schreiben Sie ein Animationsprogramm, das eine Sinusfunktion mit veränderbarer Amplitude `cos(0.5*x)*f(k)` von links nach rechts über den Bildschirm bewegt.

Kapitel 9
Differenzialrechnung

In diesem Kapitel lernen Sie, wie Sie mit selbst definierten Funktionen und SciPy numerisch differenzieren können. Der Grenzwertprozess wird mit dem Slider-Steuerelement visualisiert. Sie können die Tangente einer Funktion beliebig verschieben, um damit die Begriffe Wendepunkt, Maxima und Minima zu veranschaulichen. Eine Kurvendiskussion mit SciPy und SymPy rundet das Kapitel ab.

Die *Differenzialrechnung* ist ein zentrales Gebiet der Analysis. Sie wurde unabhängig von Isaac Newton (1642 – 1726) und Gottfried Wilhelm Leibniz (1646 – 1716) entwickelt. Newton beschäftigte sich mit dem Problem der Momentangeschwindigkeit und Leibniz wollte das Tangentenproblem lösen. Die Lösung beider Probleme führte zum Begriff des *Differenzials*.

Zum besseren Verständnis der folgenden Ausführungen betrachten wir zunächst das Problem der Momentangeschwindigkeit. Eine Kugel bewegt sich dabei wie in Abbildung 9.1 auf einer Ebene. Sie hat die Anfangsgeschwindigkeit v_0 und wird mit der Beschleunigung a abgebremst.

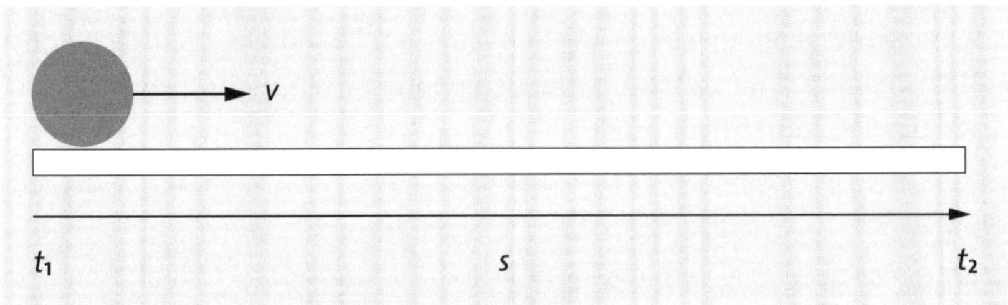

Abbildung 9.1 Eine Kugel rollt auf einer Ebene.

Der Weg s, den sie zurücklegt, ist von der Anfangsgeschwindigkeit v_0, der Beschleunigung a und der Zeit t abhängig:

$$s = v_0 t - \frac{1}{2} a t^2$$

Wird die 1. Ableitung (der Differenzialquotient) des Weges nach der Zeit ds/dt gebildet, dann erhält man den Geschwindigkeitsverlauf $v(t)$:

$$v = \frac{ds}{dt} = v_0 - at$$

Der Weg $s(t)$ und die Geschwindigkeit $v(t)$ sind in Abbildung 9.2 dargestellt.

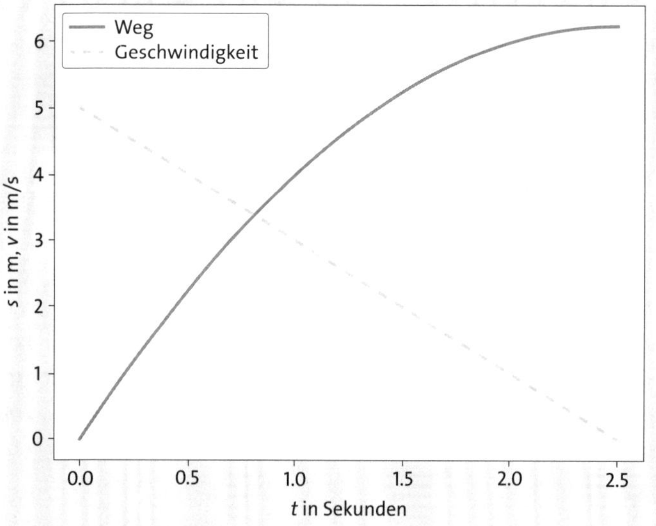

Abbildung 9.2 Geschwindigkeitsverlauf für eine Kugel auf einer Ebene

Aus Abbildung 9.2 können für jeden Zeitpunkt der zurückgelegte Weg und die Momentangeschwindigkeit abgelesen werden. Die Geschwindigkeit hat eine konstante negative *Steigung*. Und genau um die Berechnung der Steigung von Funktionen geht es in der Differenzialrechnung.

Steigung

Eine Steigung wird durch das Verhältnis von $\Delta s = s_2 - s_1$ zu $\Delta t = t_2 - t_1$, von Δv zu Δt oder allgemein von Δy zu Δx für einen bestimmten Kurvenabschnitt festgelegt. Der griechische Buchstabe Delta Δ steht für eine Differenz auf den Achsenabschnitten des Koordinatensystems. Daher rührt der Name »Differenzialrechnung«.

Die symbolische Differenziation kann nur mit einer speziellen CAS-Software, z. B. mit SymPy, durchgeführt werden. Prinzipiell kann Python den Differenzialquotienten nur näherungsweise numerisch berechnen. Das Ergebnis ist immer eine Zahl, die als Steigung interpretiert werden muss.

9.1 Der Differenzenquotient

Den Begriff des *Differenzenquotienten* entwickle ich anhand von Abbildung 9.3.

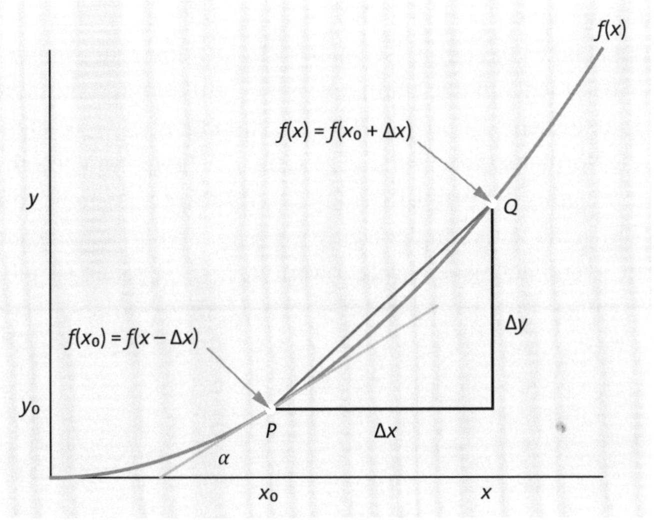

Abbildung 9.3 Sekanten- und Tangentensteigung

Für den Punkt P soll die Steigung der Tangente, also der Winkel α berechnet werden. Dazu zeichnet man eine Sekante durch die Punkte P und Q. Je kleiner wir Δx wählen, d. h., je näher Q an P liegt, desto näher liegt der Differenzenquotient $\Delta y/\Delta x$ an der tatsächlichen Steigung der Tangente im Punkt P, d. h., $\tan(\alpha) \approx \Delta y/\Delta x$. Je kleiner man Δx wählt, desto kleiner wird auch Δy. Diesen fortgesetzten Prozess der Verkleinerung von Δx bezeichnet man als *Grenzwertprozess*.

Das Dreieck mit der Tangente als Hypotenuse und die zugehörigen Abschnitte Δx und Δy werden nach Leibniz als *charakteristisches Dreieck* bezeichnet.

9.1.1 Vorwärts- und Rückwärtsdifferenzenquotient

Aus Abbildung 9.3 können zwei Differenzenquotienten abgelesen werden.

Für den Vorwärtsdifferenzenquotient gilt:

$$m = \tan\alpha \approx \frac{\Delta y}{\Delta x} = \frac{y - y_0}{x - x_0} = \frac{f(x_0 + \Delta x) - f(x_0)}{\Delta x}$$

Und für den Rückwärtsdifferenzenquotient gilt:

$$m = \tan\alpha \approx \frac{\Delta y}{\Delta x} = \frac{y - y_0}{x - x_0} = \frac{f(x) - f(x - \Delta x)}{\Delta x}$$

Je kleiner Δx gewählt wird, desto genauer wird die Steigung berechnet. In der Fachliteratur wird Δx häufig durch den Buchstaben h (=*Schrittweite*) ersetzt.

Es soll nun ein Programm entwickelt werden, das beide Differenzenquotienten mit selbst erstellten Python-Funktionen und den Differenzialquotienten mit SymPy berechnet. So kann die Genauigkeit der numerischen Berechnung überprüft werden. Das Programm kann für (fast) jede gültige mathematische Funktion den numerischen Wert des Differenzialquotienten und den Differenzenquotienten berechnen. Als Testfunktion wurde die Normalparabel $y = x^2$ ausgewählt. Das Programm berechnet an der Stelle $x_0 = 2$ die Steigung der Parabel. Mit $y' = 2x$ wird also ein Ergebnis von $m = 4$ zu erwarten sein. Durch die Variation der Schrittweite `h` kann die Genauigkeit der Berechnungen getestet werden. Es ist ein Defaultwert von `h=1e-2` voreingestellt. Listing 9.1 zeigt die Umsetzung:

```
#01_diff1.py
from sympy import symbols,diff,deg,atan
x=symbols('x')

def f(x):
    return x**2
x0=2  #Stelle der Steigung
#Vorwärtsdifferenzenquotient
def diff_v(f,x,h=1e-2):
    return (f(x+h)-f(x))/h

#Rückwärtsdifferenzenquotient
def diff_r(f,x,h=1e-2):
    return (f(x)-f(x-h))/h

m1=diff_v(f,x0)
m2=diff_r(f,x0)
y=f(x) #Stringumwandlung
df_1=diff(y,x,1)
m3=df_1.subs(x,x0)
alpha1=deg(atan(m1))
alpha2=deg(atan(m2))
alpha3=deg(atan(m3))
print("Funktion f(x)=",y)
print("1. Ableitung symbolisch mit SymPy berechnet:",df_1)
print("Steigung an der Stelle:",x0)
print("Vorwärtsdifferenzenquotient   m=%2.6f
        %s=%2.1f°"%(m1,chr(945),alpha1))
```

```
28 print("Rückwärtsdifferenzenquotient  m=%2.6f
         %s=%2.1f°"%(m2,chr(945),alpha2))
29 print("Differenzialquotient          m=%2.6f
         %s=%2.1f°"%(m3,chr(945),alpha3))
```

Listing 9.1 Vorwärts- und Rückwärtsdifferenzenquotient

Ausgabe

```
Funktion f(x)= x**2
1. Ableitung symbolisch mit SymPy berechnet: 2*x
Steigung an der Stelle: 2
Vorwärtsdifferenzenquotient   m=4.010000 α=76.0°
Rückwärtsdifferenzenquotient  m=3.990000 α=75.9°
Differenzialquotient          m=4.000000 α=76.0°
```


Analyse

In Zeile 02 wird das Modul SymPy importiert. Es wird benötigt, um den genauen Wert des Differenzenquotienten (Zeile 20) und den Steigungswinkel (Zeile 21 bis 23) zu berechnen. Zeile 03 legt `x` als symbolische Variable fest.

In Zeile 06 können Sie für weitere Testzwecke andere mathematische Funktionsterme eingeben. Außerdem können Sie in Zeile 07 eine andere Stelle für `x0` festlegen, an der die Steigung berechnet werden soll.

In den Zeilen 09 und 10 wird der Vorwärtsdifferenzenquotient definiert. Die Definition des Rückwärtsdifferenzenquotienten erfolgt in den Zeilen 13 und 14.

In den Zeilen 16 und 17 werden der Vorwärts- und der Rückwärtsdifferenzenquotient berechnet. Die Ergebnisse werden in die Objektvariablen `m1` und `m2` gespeichert.

Die Zuweisung `y=f(x)` in Zeile 18 wandelt die Funktion `f(x)` in einen String `y` um. In Zeile 19 berechnet die SymPy-Methode `diff(y,x,1)` die 1. Ableitung von `y`.

In Zeile 20 ersetzt die Methode `subs(x,x0)` die Variable `x` durch `x0`.

Der Vorwärtsdifferenzenquotient berechnet einen etwas zu großen Wert, und der Rückwärtsdifferenzenquotient berechnet einen etwas zu kleinen Wert.

9.1.2 Der zentrale Differenzenquotient

Der Vorwärtsdifferenzenquotient lieferte einen etwas zu großen Wert, und der Rückwärtsdifferenzenquotient lieferte einen etwas zu kleinen Wert. Es ist also naheliegend, den Mittelwert aus beiden Differenzenquotienten zu bilden. Indem Sie die beiden Differenzenquotienten addieren und durch 2 teilen

$$\frac{\Delta y}{\Delta x} = \frac{1}{2}\left[\frac{f(x+\Delta x)-f(x)}{\Delta x} + \frac{f(x)-f(x-\Delta x)}{\Delta x}\right]$$

erhalten Sie den zentralen Differenzenquotienten:

$$m = \tan\alpha \approx \frac{\Delta y}{\Delta x} = \frac{f(x+\Delta x)-f(x-\Delta x)}{2\Delta x}$$

Listing 9.2 berechnet den zentralen Differenzenquotienten numerisch aus dem Mittelwert des Vorwärts- und Rückwärtsdifferenzenquotienten sowie aus der oben hergeleiteten Formel. Die Schrittweite `h` kann wieder variiert werden, um die Genauigkeit der numerischen Differenziation zu testen. Als Defaultwert habe ich `h=1e-2` voreingestellt. Als Testfunktion wurde wieder die Normalparabel gewählt.

```
#02_diff2.py
from sympy import symbols,diff,deg,atan
x=symbols('x')

def f(x):
    return x**2
x0=2  #Stelle der Steigung
#Vorwärtsdifferenzenquotient
def diff_v(f,x,h=1e-2):
    return (f(x+h)-f(x))/h

#Rückwärtsdifferenzenquotient
def diff_r(f,x,h=1e-2):
    return (f(x)-f(x-h))/h

#zentraler Differenzenquotient
def diff_z(f,x,h=1e-2):
    return (f(x+h)-f(x-h))/(2*h)

m1=(diff_v(f,x0)+diff_r(f,x0))/2
m2=diff_z(f,x0)
y=f(x) #Stringumwandlung
df_1=diff(y,x,1)
m3=df_1.subs(x,x0)
alpha1=deg(atan(m1))
alpha2=deg(atan(m2))
alpha3=deg(atan(m3))
print("Funktion f(x)=",y)
```

```
29 print("1. Ableitung:",df_1)
30 print("Steigung an der Stelle:",x0)
31 print("Mittelwert aus Vorwärts- und")
32 print("Rückwärtsdifferenzenquotient   m=%2.6f
          %s=%2.1f°"%(m1,chr(945),alpha1))
33 print("zentraler Differenzenquotient  m=%2.6f
          %s=%2.1f°"%(m2,chr(945),alpha2))
34 print("Differenzialquotient            m=%2.6f
          %s=%2.1f°"%(m3,chr(945),alpha3))
```

Listing 9.2 Berechnung des zentralen Differenzenquotienten

Ausgabe

```
Funktion f(x)= x**2
1. Ableitung: 2*x
Steigung an der Stelle: 2
Mittelwert aus Vorwärts- und
Rückwärtsdifferenzenquotient   m=4.000000 α=76.0°
zentraler Differenzenquotient  m=4.000000 α=76.0°
Differenzialquotient           m=4.000000 α=76.0°
```

Analyse

Der zentrale Differenzenquotient `diff_z(...)` wird in den Zeilen 17 und 18 definiert, in Zeile 21 berechnet und in Zeile 33 ausgegeben. Das Ergebnis stimmt mit dem numerisch ermittelten Mittelwert aus dem Vorwärts- und Rückwärtsdifferenzenquotienten (Zeile 20) überein. Die Voreinstellung für die Schrittweite `h=1e-2` liefert bereits den genauen numerischen Wert des Differenzenquotienten von `m = 4` und einen Steigungswinkel α von 76°. Das heißt: Der Differenzen- und der Differenzialquotient haben den gleichen Wert. Der zentrale Differenzenquotient berechnet also für eine relativ kleine Schrittweite bereits den genauen Wert.

9.2 Optimale Schrittweite

Bisher wurde die Schrittweite h als frei wählbar betrachtet, was sie ja in gewissem Sinne auch ist. Je kleiner sie gewählt wird, desto genauer wird das Ergebnis ausfallen, so die Erwartung. Kann die Verkleinerung beliebig fortgesetzt werden?

Wenn wir uns an die Ausführungen des 1. Kapitels erinnern, müssen wir die Frage verneinen. Dort wurde eine Maschinengenauigkeit von etwa `1.1e-16` ermittelt. Es muss also ein Optimum für die Schrittweite h geben.

Im Falle von Funktionen, deren Differenzialquotienten wir kennen oder symbolisch berechnen können, lässt sich dieses Optimum anhand der Differenz aus dem Differenzenquotienten und dem Differenzialquotienten innerhalb einer `for`-Schleife ermitteln, indem die Schrittweite h sukzessive verkleinert wird. Der Fehler E (engl. *error*), der bei den verschiedenen Schrittweiten auftritt, wird mit folgender Formel berechnet:

$$E = \left|\frac{\Delta y}{\Delta x} - \frac{dy}{dx}\right|_{x=x_0}$$

Listing 9.3 ermittelt die optimale Schrittweite für den Vorwärtsdifferenzenquotienten und den zentralen Differenzenquotienten. Als Testfunktion wurde die Sinusfunktion für das Argument $x_0 = 1$ gewählt.

```
#03_schrittweite.py
from sympy import symbols,diff,sin
x=symbols('x')
x0=1

def f(x):
    return sin(x)

def diff_v(f,x,h=1e-1):
    return (f(x+h)-f(x))/h

def diff_z(f,x,h=1e-1):
    return (f(x+h)-f(x-h))/(2*h)

y=f(x)
diff_1=diff(y,x,1).subs(x,x0)
print("h \t Fehler E1\tFehler E2")
for n in range(1,18):
    h=10**(-n)
    E1=abs(diff_v(f,x0,h)-diff_1)
    E2=abs(diff_z(f,x0,h)-diff_1)
    print("%1.e %1.12f %1.12f" %(h,E1,E2))
```

Listing 9.3 Berechnung der optimalen Schrittweite

Ausgabe

```
h       Fehler E1      Fehler E2
1e-01 0.042938553333 0.000900053698
```

```
1e-02 0.004216324856 0.000009004993
1e-03 0.000420825508 0.000000090050
1e-04 0.000042074450 0.000000000900
1e-05 0.000004207366 0.000000000011
1e-06 0.000000420724 0.000000000028
1e-07 0.000000041221 0.000000000194
1e-08 0.000000003613 0.000000002581
1e-09 0.000000059267 0.000000002970
1e-10 0.000000091291 0.000000058481
1e-11 0.000003083569 0.000001168704
1e-12 0.000080690067 0.000012270934
1e-13 0.000486018391 0.000178804388
1e-14 0.003467556100 0.003706976198
1e-15 0.058229064911 0.014809206444
1e-16 0.606827329084 0.540302305868
1e-17 3.205552538031 0.540302305868
```

Analyse

In Zeile 04 können Sie die Stelle ändern, an der die Steigung berechnet werden soll. In Zeile 07 können Sie einen anderen mathematischen Funktionsterm eintragen.

In den Zeilen 09 und 10 wird der Vorwärtsdifferenzenquotient definiert. Die Definition des zentralen Differenzenquotienten erfolgt in den Zeilen 12 und 13.

In Zeile 16 berechnet die Methode `diff(y,x,1).subs(x,x0)` den genauen numerischen Wert des Differenzialquotienten für die Stelle `x0`.

Innerhalb der `for`-Schleife (Zeile 18 bis 22) werden die Fehler `E1` (Zeile 20) und `E2` (Zeile 21) aus den Differenzen der Differenzenquotienten und dem Differenzialquotienten berechnet. In Zeile 19 wird für jeden Schleifendurchlauf eine neue Schrittweite `h=10**(-n)` festgelegt. Die Ausgabe erfolgt zweispaltig formatiert in Zeile 22.

Für den Vorwärtsdifferenzenquotienten `diff_v` beträgt die optimale Schrittweite `h = 1e-8` und für den zentralen Differenzenquotienten `diff_z` beträgt sie `h= 1e-5`. Es empfiehlt sich also, für zukünftige Berechnungen von Ableitungen den zentralen Differenzenquotienten zu benutzen.

9.3 Simulation des Grenzwertprozesses

Bei der Simulation des Grenzwertprozesses geht es darum, zu zeigen, wie aus der Sekantensteigung eine Tangentensteigung entsteht. Abbildung 9.4 zeigt die mit Matplotlib erzeugte Programmoberfläche. Als Testfunktion dient die Parabel $y = x^2/2$.

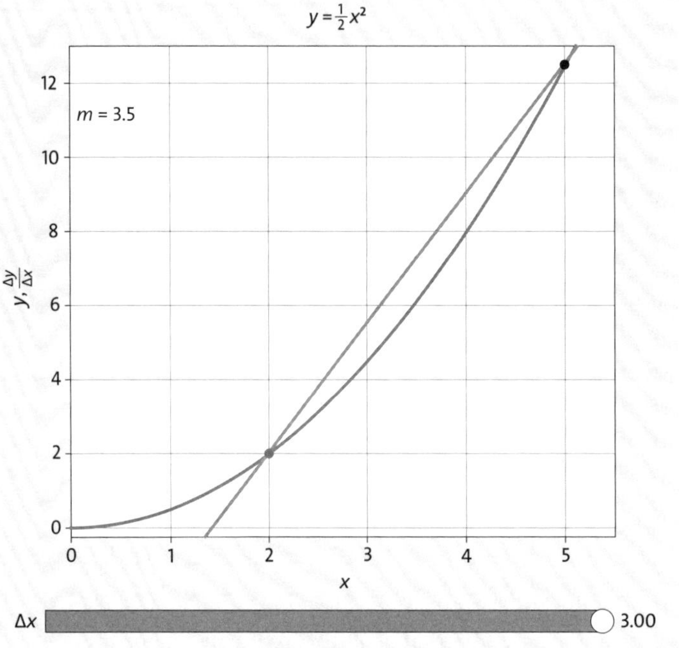

Abbildung 9.4 Simulation des Grenzwertprozesses

Durch Verschiebung des Sliders kann die Größe von Δx gesteuert werden. Je kleiner Δx gewählt wird, desto stärker nähert sich der schwarze Punkt dem roten. So entsteht allmählich aus der Sekante annähernd eine Tangente. Der obere Punkt überdeckt den unteren Punkt aber nicht vollständig, was andeuten soll, dass die Tangente eben nur näherungsweise erzeugt werden kann. Sie können aber in Zeile 27 den Anfangswert des Sliders noch weiter verkleinern. Dann entsteht tatsächlich der Eindruck, als hätte man eine Tangente erzeugt. Oben links auf der Programmoberfläche wird der aktuelle Wert der Steigung `m` angezeigt.

Listing 9.4 zeigt die Umsetzung. Das Programm benötigt das Modul `numpy` und die Untermodule `pyplot` und `widgets` aus dem Modul `matplotlib`.

```
01 #04_sekante.py
02 import numpy as np
03 import matplotlib.pyplot as plt
04 from matplotlib.widgets import Slider
05 fig, ax = plt.subplots(figsize=(6,6))
06 plt.subplots_adjust(left=0.12,bottom=0.2)
07 plt.title(r"$y=\frac{1}{2} x^{2}$")
```

```
08 plt.xlabel("x")
09 plt.ylabel(r"$y, \frac{\Delta y}{\Delta x}$")
10 plt.xlim(0,5.5)
11 plt.ylim(-0.25,13)
12 txtM=ax.text(0.06,11,'m=3.5')
13
14 def f(x):
15     return x**2/2
16 #Sekante
17 def f2(x,x0=2,h=3):
18     m=(f(x0+h)-f(x0))/h
19     x0=x0-f(x0)/m
20     return m*(x-x0)
21
22 x = np.linspace(0, 5.5, 100)
23 y1,y2 = plt.plot(x,f(x),"g-",x,f2(x),"b-",lw=2.0)
24 y3,y4 = plt.plot(2,f(2),"ro",5,f(5),"ko")
25 #x-, y-Position, Laenge, Hoehe
26 xyA = plt.axes([0.1, 0.05, 0.8, 0.03])
27 sldA=Slider(xyA,r'$\Delta x$',0.01,3,valinit=3,valstep=0.1)
28
29 def update(val):
30     x0=2
31     h = sldA.val
32     m=(f(x0+h)-f(x0))/h
33     y1.set_data(x,f(x))
34     y2.set_data(x,f2(x,x0,h))
35     y3.set_data(x0,f(x0))
36     y4.set_data(x0+h,f(x0+h))
37     txtM.set_text(f'm = {m:2.1f}')
38
39 sldA.on_changed(update)
40 ax.grid(True)
41 plt.show()
```

Listing 9.4 Simulation des Grenzwertprozesses

Analyse

In Zeile 15 können Sie eine andere Funktionsgleichung einsetzen. Dann müssten Sie gegebenenfalls die Grenzen auf der *x*- und der *y*-Achse in den Zeilen 10 und 12 anpassen.

Die Funktionsgleichung der Sekante wird in den Zeilen 17 bis 20 definiert. Die Anweisung in Zeile 18 berechnet die Steigung `m` mit dem Vorwärtsdifferenzenquotienten.

In Zeile 23 werden die Funktionsgleichung `y1` und die Gleichung der Sekanten `y2` als Tupel initialisiert. Die Initialisierung der Punkte erfolgt in der Zeile 24.

Die Position des `Slider`-Steuerelements legt Zeile 26 fest. In Zeile 27 wird das `Slider`-Objekt `sldA` erzeugt und mit dem Wert `3` initialisiert. Wenn Sie den Grenzwertprozess verfeinern wollen, dann können Sie den Anfangswert von `0.01` noch weiter verkleinern.

In den Zeilen 29 bis 37 erledigt die selbst definierte Methode `update(val)` die Ereignisverarbeitung. Die Anweisung in Zeile 31 fragt den aktuellen Zustand der `Slider`-Position ab. Durch Verschieben des Sliders können Sie die Schrittweite `h` verkleinern und dadurch aus der Sekante näherungsweise eine Tangente erzeugen. In Zeile 37 zeigt die Methode `txtM.set_text(f'm = {m:2.1f}')` den aktuellen Wert der Steigung `m` oben links auf der Programmoberfläche an.

In Zeile 39 ermittelt die Methode `sldA.on_changed(update)` die aktuelle Position des Sliders und übergibt den eingestellten Wert der Methode `update(val)`.

9.4 Tangenten- und Normalengleichung

Für die Tangente und Normale lassen sich Gleichungen herleiten, sodass auch deren Verlauf längs einer Kurve dynamisch dargestellt werden kann. Als Normale der Kurve einer Funktion im Punkt $x = a$ bezeichnet man die Gerade, die die Kurve im Punkt $(a, f(a))$ senkrecht schneidet und dort mit der Tangente einen rechten Winkel bildet.

Die zwei folgenden Programme simulieren den Verlauf der Tangente und Normalen längs einer Kurve. Wie bisher werden wieder das Matplotlib-Steuerelement `Slider` und die Ereignisverarbeitung von Matplotlib verwendet.

Praxisbezug

In der Praxis wird die Tangentengleichung zur *Linearisierung* von Kurven benutzt. Für ein ausgewähltes Intervall wird der Verlauf der Kurve als linear angenommen. So lassen sich die erforderlichen Berechnungen wesentlich einfacher durchführen.

Die Gleichung der Normalen gibt in der Mechanik die Richtung der Zentrifugalkraft bei Bewegungen von Punktmassen durch Kurven an. Ist diese Richtung bekannt, kann die Zentrifugalkraft berechnet werden.

9.4.1 Tangentengleichung

Für die Steigung $m = f'(x_0)$ der Tangente im Punkt x_0 gilt:

$$\frac{y - y_0}{x - x_0} = f'(x_0)$$

Nach y aufgelöst, ergibt sich die Gleichung

$$y = f'(x_0)(x - x_0) + y_0$$

der Tangente.

Abbildung 9.5 zeigt die Programmoberfläche. Als Testfunktion wurde wieder die Parabel $y = x^2/2$ ausgewählt.

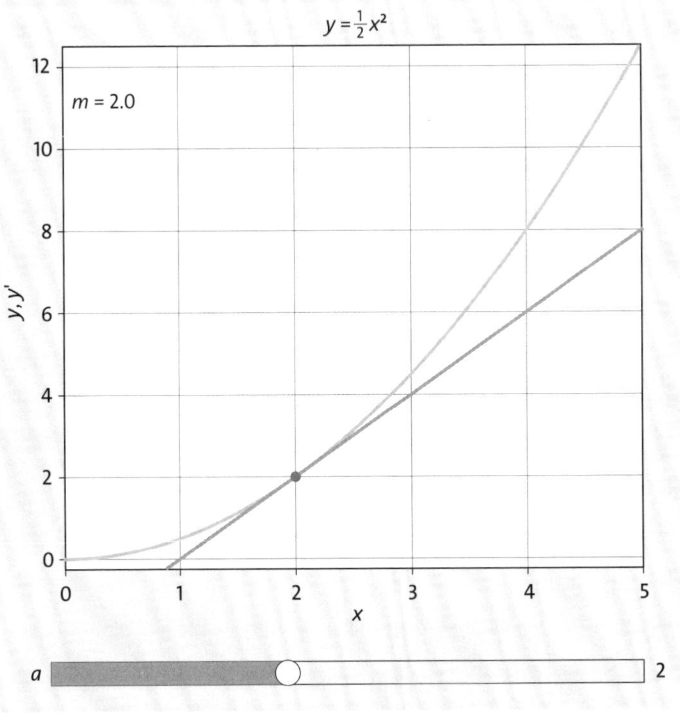

Abbildung 9.5 Simulation der Tangentensteigung

Durch Veränderung der Slider-Einstellung können Sie die Tangente längs der Kurve wandern lassen. Bei $a = 0$ hat die Tangente die Steigung 0. Der aktuelle Wert der Steigung `m` wird links oben in der Programmoberfläche angezeigt.

Listing 9.5 zeigt die Umsetzung. Die Berechnung der Steigung $m = f'(x_0)$ wurde in eine gesonderte Funktion `ableitung(f,x)` ausgelagert (Zeile 17), sodass die Tangentengleichung die vereinfachte Form `m*(x-x0)+f(x0)` annimmt (Zeile 23). Der Term $f(x_0)$ steht für den y-Achsenabschnitt y_0.

```
01 #05_tangente.py
02 import numpy as np
03 import matplotlib.pyplot as plt
04 from matplotlib.widgets import Slider
05 fig, ax = plt.subplots(figsize=(6,6))
06 plt.subplots_adjust(left=0.12,bottom=0.2)
07 plt.title(r"$y=\frac{1}{2} x^{2}$")
08 plt.xlabel("x")
09 plt.ylabel("y, y'")
10 plt.xlim(0,5)
11 plt.ylim(-0.25,12.5)
12 txtM=ax.text(0.05,11,'m=2.0')
13
14 def f(x):
15     return x**2/2
16
17 def ableitung(f,x):
18     h=1e-3
19     return (f(x+h)-f(x-h))/(2*h)
20 #Tangente
21 def tangente(x,x0):
22     m=ableitung(f,x0)
23     return m*(x-x0)+f(x0)
24
25 x = np.linspace(0, 5.5, 100)
26 y1,y2 = plt.plot(x, f(x), x, tangente(x,2))
27 plt.setp(y1, color='g', linewidth=2.0)
28 plt.setp(y2, color='b', linewidth=2.0)
29 y3, = plt.plot(2,f(2), "or")
30 #x-, y-Position, Laenge, Hoehe
31 xyA = plt.axes([0.1, 0.05, 0.8, 0.03])
32 sldA=Slider(xyA,'a',0.0,5.0,valinit=2,valstep=0.1)
33
34 def update(val):
35     a = sldA.val
```

```
36      m=ableitung(f,a)
37      y1.set_data(x,f(x))
38      y2.set_data(x, tangente(x,a))
39      y3.set_data(a,f(a))
40      txtM.set_text(f'm = {m:2.1f}')
41
42  sldA.on_changed(update)
43  ax.grid(True)
44  plt.show()
```

Listing 9.5 Simulation der Tangentengleichung

Analyse

In den Zeilen 17 bis 19 wird die Python-Funktion für den zentralen Differenzenquotienten definiert. Als Parameter sind eine Funktionsgleichung `f` und der Punkt `x`, an dem die Tangente positioniert werden soll, vorgesehen.

Die Definition der Tangentengleichung erfolgt in den Zeilen 21 bis 23. In Zeile 23 steht die Gleichung der Tangente. Die `return`-Anweisung gibt den aktuellen Wert der Tangentengleichung an der Stelle `x0` zurück.

Die Initialisierungswerte für die Gleichung des Funktionsgraphen `f` und die Tangentengleichung `f2` werden in der Zeile 26 in die Objektvariablen `y1` und `y2` gespeichert.

In den Zeilen 27 und 28 legt die Methode `setp(...)` die Linienfarbe und -breite der Funktions- und Tangentengleichung fest. Das Objekt `y3` in Zeile 29 repräsentiert den roten Berührungspunkt der Tangente.

Die Methode `update(val)` (Zeile 34 bis 40) ist wieder für die Ereignisverarbeitung zuständig.

9.4.2 Normalengleichung

Für die Normale gilt der Ansatz:

$$\frac{y-y_0}{x-x_0}=-\frac{1}{f'(x_0)}$$

Nach y aufgelöst, ergibt sich die Gleichung

$$y=-\frac{1}{f'(x_0)}(x-x_0)+y_0$$

der Normalen [Maas:108].

Als Testfunktion wurde die Wurzelfunktion

$$y = 3\sqrt{x}$$

ausgewählt. Abbildung 9.6 zeigt die Programmoberfläche.

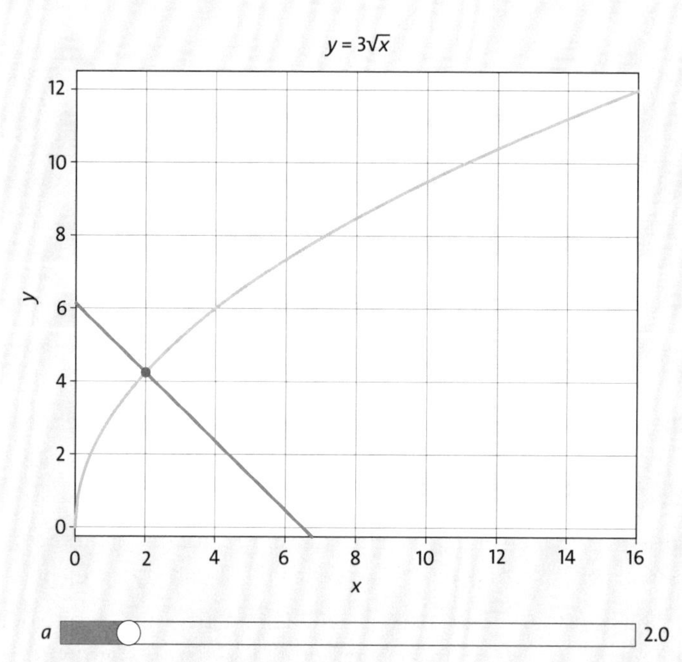

Abbildung 9.6 Simulation der Normalengleichung

Durch Veränderung der Slider-Einstellung können Sie die Normale längs der Wurzelfunktion wandern lassen.

Listing 9.6 zeigt die Umsetzung. Die Berechnung der Steigung `m` wurde wieder in eine separate Python-Funktion ausgelagert, sodass die folgende Form für die Gleichung der Normalen entsteht: `-(x-x0)/m+f(x0)`. Bei der Implementierung des Quelltextes muss darauf geachtet werden, dass `m` nicht 0 wird, da ansonsten in Zeile 24 durch 0 geteilt würde, was einen Laufzeitfehler zur Folge hätte.

```
01 #06_normale.py
02 import numpy as np
03 import matplotlib.pyplot as plt
04 from matplotlib.widgets import Slider
05 fig, ax = plt.subplots(figsize=(6,6))
06 plt.subplots_adjust(left=0.12,bottom=0.2)
```

```
plt.title(r"$y=3\sqrt{x}$")
plt.xlabel("x")
plt.ylabel("y")
x2=16
plt.xlim(0,x2)
plt.ylim(-0.25,12.5)

def f(x):
    return 3*x**(1/2)

def ableitung(f,x,h=1e-3):
    return (f(x+h)-f(x-h))/(2*h)
#Normale
def f2(x,x0):
    m=ableitung(f,x0)
    if m==0:
        m=1e-6
    return -(x-x0)/m+f(x0)

x = np.linspace(0, x2, 200)
y1,y2 = plt.plot(x, f(x), x, f2(x,2))
plt.setp(y1, color='g', linewidth=2.0)
plt.setp(y2, color='b', linewidth=2.0)
y3, = plt.plot(2,f(2), "or")
#x-, y-Position, Laenge, Hoehe
xyA = plt.axes([0.1, 0.05, 0.8, 0.03])
sldA=Slider(xyA,'a',0.1,x2,valinit=2,valstep=0.1)

def update(val):
    a = sldA.val
    y1.set_data(x,f(x))
    y2.set_data(x,f2(x,a))
    y3.set_data(a,f(a))

sldA.on_changed(update)
ax.grid(True)
ax.set_aspect('equal')
plt.show()
```

Listing 9.6 Simulation der Normalengleichung

Analyse

Die Definition der Wurzelfunktion `3*x**(1/2)` erfolgt in den Zeilen 14 und 15. In Zeile 15 können Sie auch andere Funktionsgleichungen eintragen.

In den Zeilen 20 bis 24 wird die Gleichung der Normalen definiert. Da nicht durch 0 geteilt werden darf, muss dieser Fall abgefragt werden (Zeile 22). Falls `m==0` werden sollte, wird `m=1e-6` gesetzt.

Wichtig ist die Anweisung `ax.set_aspect('equal')` in Zeile 43. Sie bewirkt, dass die x- und y-Achse im gleichen Maßstab dargestellt wird. Ansonsten würde für den Beobachter der Eindruck entstehen, dass die Normale nicht senkrecht auf dem Berührungspunkt der Kurve steht.

9.5 Höhere Ableitungen

Für innermathematische und praktische Anwendungen werden neben der 1. Ableitung auch noch höhere Ableitungen benötigt. Die 1. Ableitung berechnet die Steigung der Stammfunktion.

Stammfunktion

Die Stammfunktion ist diejenige Funktion, von der die Ableitungen berechnet werden.

Die 2. Ableitung berechnet die Steigung der 1. Ableitung usw. Das Ergebnis ist jeweils eine Zahl, nämlich die Steigung $m = \tan \alpha$.

Für den zentralen Differenzenquotienten 2. Ordnung findet man in [Walter:269] folgende Formel:

$$\frac{\Delta^2 y}{\Delta x^2} = \frac{f(x + \Delta x) - 2f(x) + f(x - \Delta x)}{\Delta x^2}$$

Auf die Herleitung der Formeln für die höheren Ableitungen, die in Listing 9.7 verwendet werden, möchte ich hier wegen des sehr hohen Aufwands verzichten. Um bei unserer gewohnten Schreibweise zu bleiben, ersetze ich die Differenz Δx wieder durch h.

Listing 9.7 berechnet die 1. bis 4. Ableitung mit der selbst erstellten Python-Funktion `df(f,x,n=1,h=1e-3)`. Als erstes Argument wird eine mathematische Funktion `f` übergeben. Dann erfolgt die Übergabe der Stelle `x`, an der die Steigung berechnet werden soll. Der Parameter `n` steht für die Ordnungszahl der Ableitung, und der letzte Parameter gibt die Schrittweite `h=1e-3` vor. Welche Ableitung berechnet werden soll, wird durch eine Mehrfachauswahl festgelegt. Als Testfunktion habe ich die Parabel $y = x^4$

ausgewählt (Zeile 06). Die Ableitungen werden für $x_0 = 2$ berechnet (Zeile 04). Die numerischen Lösungen der selbst definierten Python-Funktion werden mit den Lösungen der SymPy-Methode `diff(...)` verglichen (Zeile 20 bis 23).

```
01 #07_mehrfach_diff.py
02 from sympy import symbols,diff
03 x=symbols('x')
04 x0=2
05 def f(x):
06     return x**4
07 y=f(x)
08 #selbst definierte Funktion
09 def df(f,x,n=1,h=1e-3):
10     if n==1:
11         return (f(x+h)-f(x-h))/(2*h)
12     elif n==2:
13         return (f(x+h)-2*f(x)+f(x-h))/h**2
14     elif n==3:
15         return (f(x+2*h)-2*f(x+h)+2*f(x-h)-f(x-2*h))/(2*h**3)
16     elif n==4:
17         return (f(x-2*h)-4*f(x-h)+6*f(x)-4*f(x+h)+f(x+2*h))/h**4
18 #Ausgabe
19 print("Ableitungen der Funktion y =",y,"an der Stelle:",x0)
20 print("1. Ableitung:",df(f,x0,1),",genau:",diff(y,x,1).subs(x,x0))
21 print("2. Ableitung:",df(f,x0,2),",genau:",diff(y,x,2).subs(x,x0))
22 print("3. Ableitung:",df(f,x0,3),",genau:",diff(y,x,3).subs(x,x0))
23 print("4. Ableitung:",df(f,x0,4),",genau:",diff(y,x,4).subs(x,x0))
```

Listing 9.7 Höhere Ableitungen

Ausgabe

```
Ableitungen der Funktion y = x**4 an der Stelle: 2
1. Ableitung: 32.00000799999625 ,genau: 32
2. Ableitung: 48.00000199800536 ,genau: 48
3. Ableitung: 48.00003308335939 ,genau: 48
4. Ableitung: 24.00213361397618 ,genau: 24
```

Analyse

In Zeile 06 können Sie den Term einer anderen Testfunktion eingeben. Die Zuweisung `x0=2` in Zeile 04 bestimmt die Stelle, an der die Steigungen berechnet werden sollen.

In Zeile 09 beginnt die Funktionsdefinition für die 1. bis 4. Ableitung. Sie endet in Zeile 17. Welche Ableitung gewählt werden soll, wird durch eine Mehrfachauswahl `if ... elif` bestimmt. Die 1. Ableitung wird mit dem zentralen Differenzenquotienten berechnet. Auffällig ist, dass bei der 2. Ableitung durch die 2. Potenz von `h` dividiert wird. Bei der 3. Ableitung muss durch die 3. Potenz von `h` dividiert werden, und bei der 4. Ableitung muss durch die 4. Potenz von `h` dividiert werden. Diese Gesetzmäßigkeit ist problematisch, weil bei einer kleinen Schrittweite `h` die Potenzen von `h` noch kleiner werden, sodass die Rechnung also schnell in die Nähe der Maschinengenauigkeit gerät, die Ergebnisse also fehlerbehaftet und nicht mehr brauchbar sein werden.

Die Ausgabe bestätigt diese Vermutung: Während die Genauigkeit der ersten drei Ableitungen noch akzeptabel ist, kann die Genauigkeit der 4. Ableitung nicht mehr akzeptiert werden.

Diese hier vorgestellte Methode, um höhere Ableitungen zu berechnen, ist also nicht praxistauglich. Es gibt aber eine Möglichkeit, die Problematik zu umgehen, indem man die 2. Ableitung aus der 1. Ableitung und die 3. Ableitung aus der 2. Ableitung usw. mit dem zentralen Differenzenquotienten berechnet.

9.6 Berechnung von Nullstellen mit dem Newton-Verfahren

Das Newton-Verfahren ist eine wichtige Anwendung der Differenzialrechnung. Mit diesem Verfahren können Nullstellen von differenzierbaren Funktionen mit geringem Programmieraufwand numerisch berechnet werden. Die Kurvendiskussion verlangt die Ermittlung der Nullstellen von Funktionsgleichungen und deren Ableitungen. Die Nullstellen des Funktionsgraphen sind die Schnittpunkte mit der x-Achse, die Nullstellen der 1. Ableitung sind die Stellen, an denen die Tangente des Funktionsgraphen der Stammfunktion parallel zur x-Achse verläuft, was insbesondere bei lokalen Minima und Maxima der Fall ist. Wenn die Nullstellen und die Extremwerte einer Funktion bekannt sind, kann der Verlauf des Funktionsgraphen schon grob eingeschätzt werden.

Bei der Berechnung einer Nullstelle wird derjenige Wert einer Funktionsgleichung gesucht, bei der $y = 0$ ist. Für viele Funktionen gibt es keine analytischen Lösungsmöglichkeiten, also ist man zwingend darauf angewiesen, ein numerisches Näherungsverfahren zu verwenden.

Die Grundidee des Newton-Verfahrens besteht darin, den Schnittpunkt eines Funktionsgraphen mit der x-Achse durch eine Tangente zu approximieren. Dieses Verfahren kann aus der Tangentengleichung an der Stelle $x = x_n$

$$y = f'(x_n)(x - x_n) + f(x_n)$$

hergeleitet werden. Die 1. Ableitung $f'(x_n)$ an der Stelle x_n entspricht der Steigung einer Tangente. Als Nachfolgewert x_{n+1} wird die Nullstelle der Tangente gewählt:

$$0 = f'(x_n)(x_{n+1} - x_n) + f(x_n)$$

Daraus ergibt sich die rekursive Berechnungsvorschrift für eine Nullstelle:

$$x_{n+1} = x_n - \frac{f(x_n)}{f'(x_n)}$$

An der Iterationsformel erkennt man, dass $f'(x_n)$ nicht 0 werden darf. In diesem Fall verläuft die Tangente des Funktionsgraphen parallel zu x-Achse und das Verfahren würde nicht konvergieren. Das Newton-Verfahren konvergiert also nur für $f'(x_n) \neq 0$.

9.6.1 Numerische Berechnung einer Nullstelle

In Abbildung 9.7 sehen Sie den Graphen der Funktionsgleichung:

$$y = \mathrm{e}^x - 3$$

Für diese Funktion soll die Nullstelle berechnet werden. Aus Abbildung 9.7 geht hervor, dass die Nullstelle in der Nähe von 1 liegen muss. Die genaue Lösung für $y = 0$ beträgt $x = \ln(3)$. Abbildung 9.7 zeigt den Funktionsgraphen mit dem Nulldurchgang.

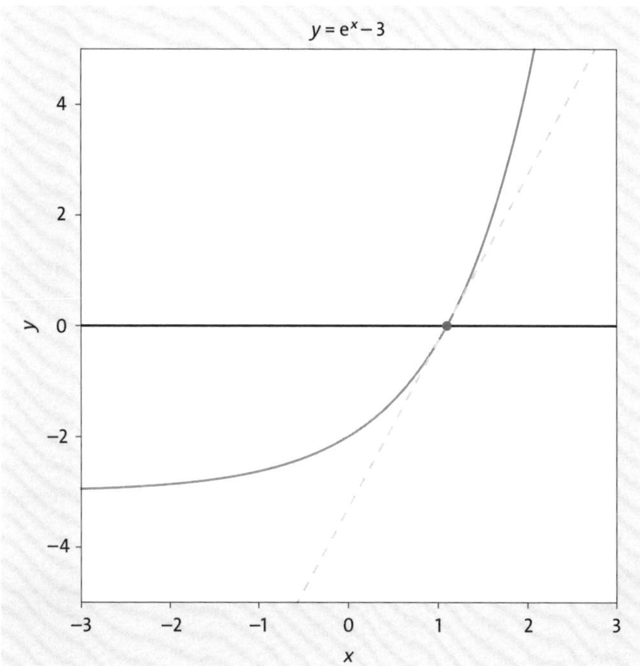

Abbildung 9.7 Ermitteln eines Startwerts

Ein sinnvoller Startwert liegt in der Nähe der Nullstelle. Er wird entweder aus der Skizze des Funktionsgraphen oder aus einer Wertetabelle ermittelt. Wenn der Funktionswert innerhalb eines Intervalls $[x_{01}, x_{02}]$ sein Vorzeichen wechselt, dann sind x_{01} oder x_{02} sinnvolle Startwerte. Mit Listing 9.8 können Sie für verschiedene Funktionen unterschiedliche Startwerte testen.

```
01 #08_newton1.py
02 from math import *
03 f = lambda x:exp(x)-3
04 f1 =lambda x:exp(x) #1. Ableitung
05 x=0.6 #Startwert
06 print("\t x\t\t f(x)")
07 for n in range(5):
08     x=x-f(x)/f1(x)
09     print(x," ",f(x))
10 print(log(3),"genau")
```

Listing 9.8 Testprogramm für das Newton-Verfahren

Ausgabe

```
         x                   f(x)
1.2464349082820794   0.47792171927421956
1.1090190151567008   0.03138319439326409
1.0986662512925647   0.00016189224139084857
1.0986122901240658   4.367868289278931e-09
1.0986122886681098   4.440892098500626e-16
1.0986122886681098 genau
```

Listing 9.8 hat den Nachteil, dass in Zeile 04 die 1. Ableitung der Funktion eingetragen werden muss, deren Nullstelle berechnet werden soll. Im nächsten Programmbeispiel wird die 1. Ableitung mit dem zentralen Differenzenquotienten berechnet.

Listing 9.9 berechnet für verschiedene Testfunktionen die Nullstellen mit einer selbst definierten Python-Funktion `newton(f,x,h=1e-4)`. Die Kontrollrechnung wird mit der SciPy-Methode `newton(f,x)` aus dem Untermodul `optimize` durchgeführt. Der erste Parameter erwartet die zu übergebende Funktion `f`, und der zweite Parameter `x` erwartet die Übergabe eines Startwerts.

```
#09_newton2.py
from math import *
from scipy import optimize

```

```
05 def f(x):
06     y=exp(x)-3
07     #y=x-cos(x)
08     #y=exp(x)+x**2-2
09     #y=3*x**2-exp(x)
10     #y=log(x+1)-1
11     #y=x-cos(x)**2
12     #y=x**2+sin(x)**2-4
13     return y
14 
15 def newton(f,x,h=1e-4):
16     eps=1e-6
17     x1=f(x)
18     while fabs(x1-x)>eps:
19         x1=x
20         x = x - 2*h*f(x)/(f(x+h)-f(x-h))
21     return x
22 x0=0.6 #Startwert
23 x01=newton(f,x0)  #selbst definiert
24 x02=optimize.newton(f,x0) #scipy
25 print("x01=%3.10f" %x01)
26 print("x02=%3.10f" %x02,"scipy")
```

Listing 9.9 Nullstellen berechnen

Ausgabe

```
x01=1.0986122887
x02=1.0986122887 scipy
```

Analyse

In Zeile 16 gibt die Konstante `eps=1e-6` die Genauigkeit der Berechnung vor. In Zeile 17 wird die Hilfsvariable `x1` deklariert. Sie hat die Aufgabe, zusammen mit dem Momentanwert von `x` in Zeile 18 die Abbruchbedingung zu kontrollieren. Die Variable `x1` muss mit einem Wert initialisiert werden. Im Prinzip kann dieser Wert beliebig sein. Er darf nur nicht mit dem Argument `x` der Python-Funktion `newton (f,x,...)` aus Zeile 15, dem Startwert des Newton-Verfahrens, übereinstimmen, denn sonst würde das Programm die `while`-Schleife (Zeile 18) nicht ausführen. Damit dieser Fall nicht eintrifft, wird `x1` mit `f(x)` initialisiert.

Innerhalb der `while`-Schleife (Zeile 18 bis 20) wird der rekursive Algorithmus des Newton-Verfahrens (Zeile 20) ausgeführt. Die 1. Ableitung wird mit dem zentralen Differenzenquotienten berechnet. In Zeile 19 erfasst die Variable den aktuellen Wert von `x`. Die Berechnungen werden wiederholt, solange der Betrag der Differenz von `x1` und `x` größer `eps` ist. Wird dieser Betrag kleiner, dann wird der Schleifendurchlauf abgebrochen.

Erstaunlich ist die Genauigkeit der selbst definierten Funktion `newton(...)` (Zeile 15 bis 21). Deren Ergebnis stimmt exakt mit der SciPy-Methode überein. Sie hat aber einen Nachteil: In Zeile 20 wird nicht überprüft, ob der Nenner 0 wird.

Für weitere Testzwecke können Sie die Kommentare in den Zeilen 07 bis 12 entfernen und weitere Funktionen ausprobieren.

9.6.2 Numerische Berechnung mehrerer Nullstellen

Da für die Kurvendiskussion Polynome höheren Grades untersucht werden sollen, ist es notwendig, das Newton-Verfahren aus dem Untermodul `optimize` von SciPy daraufhin zu testen, wie die Startwerte für die Berechnung mehrerer Nullstellen eines Polynoms gewählt werden müssen. Das folgende Programm aus Listing 9.10 berechnet für das Polynom 3. Grades

$$y = (x-1) \cdot (x-2) \cdot (x-3)$$

die Nullstellen mit der SciPy-Methode `newton(f,array)`. Die drei Startwerte werden als Array `[1.1,2.1,3.1]` übergeben. Da hier die Linearfaktoren vorgegeben sind, sind die Nullstellen direkt aus der obigen Darstellung ersichtlich. Diese Vorgehensweise ist aber zweckmäßig, weil so die berechneten Nullstellen besser überprüft werden können.

Bei der Implementierung des Newton-Verfahrens in SciPy gibt es einen großen Nachteil: Jeder Startwert führt zur Bestimmung einer einzigen Nullstelle, und diese kann zudem für mehrere Startwerte dieselbe sein. Es muss also die richtige Anzahl von Startwerten gewählt werden, und diese müssen jeweils bereits in einer gewissen Umgebung der tatsächlichen Nullstellen liegen. Es ist also in vielen Fällen erforderlich, den Funktionsgraphen vorab zu skizzieren oder zu plotten, um geeignete Startwerte zu finden.

Um die Berechnung anschaulicher zu machen, zeichnet das Programm aus Listing 9.10 den Funktionsgraphen mit den markierten Nullstellen.

```
#09_newton3.py
import numpy as np
import matplotlib.pyplot as plt
from scipy.optimize import newton,fsolve

```

```
06 def f(x):
07     y=(x-1)*(x-2)*(x-3)
08     return y
09 
10 xn=newton(f,[1.1,2.1,3.1])
11 #xn=fsolve(f,[1.1,2.1,3.1])
12 print("Nullstellen:\n",xn)
13 x=np.linspace(0.5,3.5,200)
14 plt.plot(x,f(x),color='blue',lw=2)
15 plt.scatter(xn,[0,0,0],marker='x',color='red')
16 plt.ylim(-1,1)
17 plt.xlabel('x')
18 plt.ylabel('y',rotation=True)
19 plt.grid()
20 plt.show()
```


Listing 9.10 Das Newton-Verfahren berechnet mehrere Nullstellen.

Ausgabe

```
Nullstellen:
 [1. 2. 3.]
```

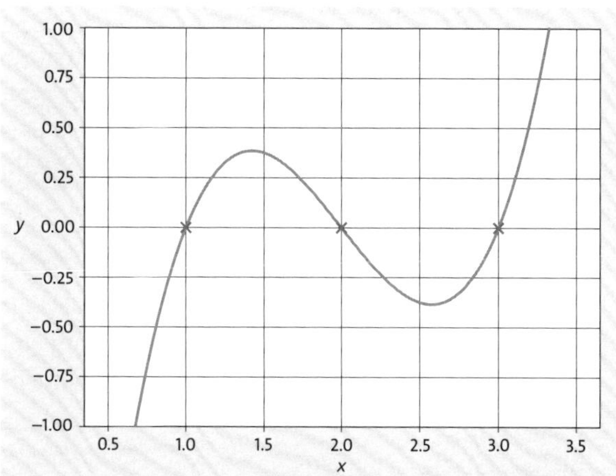

Abbildung 9.8 Nullstellen eines Polynoms 3. Grades

Analyse

In Zeile 04 werden aus dem Untermodul von SciPy die Methoden `newton` und `fsolve` importiert. Mit beiden Methoden lassen sich *n* Nullstellen berechnen, wenn *n* geeignete Startwerte vorgegeben werden.

In Zeile 07 steht die mathematische Funktion, deren Nullstellen berechnet werden sollen. Da das Polynom 3. Grades als Produkt seiner Linearfaktoren vorgegeben wurde, lässt sich das Ergebnis der Nullstellenberechnung einfacher kontrollieren.

In Zeile 10 berechnet die Methode `newton(...)` die drei Nullstellen. Die Ergebnisse werden in die Objektvariable `xn` gespeichert. Die drei Startwerte müssen als Array übergeben werden. Für weitere Testzwecke können Sie auch die auskommentierte Methode `fsolve(...)` ausprobieren (Zeile 11).

Die Zeilen 14 und 20 erzeugen den Funktionsplot. In Zeile 15 markiert die Methode `scatter()` die Nullstellen als Kreuze.

Eine Schwäche der SciPy-Methoden `newton(...)` und `fsolve(...)` besteht darin, dass Startwerte vorgegeben werden müssen, die in der Nähe der Nullstellen liegen müssen. Bei der SymPy-Methode `solve(...)` entfällt diese Bedingung.

9.7 Kurvendiskussion

Unter einer *Kurvendiskussion* versteht man die Untersuchung einer mathematischen Funktion, insbesondere mit Hinblick auf den Verlauf ihres Funktionsgraphen, ihrer Nullstellen und Grenzwerte. Der Kurvenverlauf kann mit den Kalkülen der Differenzialrechnung vorhergesagt werden. Werden sie angewendet, dann müssen Sie unter Beweis stellen, dass Sie ihre Regeln verstanden haben.

Kurvendiskussionen sind didaktisch wertvoll und spielen auch heute eine wichtige Rolle, obwohl sie im digitalen Zeitalter überflüssig geworden zu sein scheinen, weil jeder Kurvenverlauf mit einem grafikfähigen Taschenrechner und einschlägigen Programmen ohne großen Aufwand dargestellt werden kann. Allerdings verlangt die grafische Darstellung durch einen Rechner keine Anstrengung des Denkens.

Ebenso interessant wie eine »klassische« Kurvendiskussion kann eine »umgekehrte« Kurvendiskussion [Greefrath:191] sein: Die Eigenschaften einer mathematischen Funktion, wie bestimmte Extrempunkte, Wende- und Nullstellen, werden vorgegeben, und aus diesen Vorgaben soll dann die Gleichung des Funktionsterms berechnet werden. Diesen Weg greife ich in Abschnitt 9.7.6 auf.

Eine vollständige Funktionsuntersuchung umfasst nach [Bossek: 171]:

1. Schritt: Bestimmung des Definitionsbereichs
2. Schritt: Untersuchung auf Symmetrieeigenschaften
3. Schritt: Untersuchung des Verhaltens im Unendlichen
4. Schritt: Untersuchung auf Stetigkeit/Unstetigkeit

5. Schritt: Ermitteln der Schnittpunkte mit der y-Achse
6. Schritt: Bestimmen der Nullstellen
7. Schritt: Ermitteln der Wendepunkte
8. Schritt: Berechnen der lokalen Extrempunkte
9. Schritt: Zeichen des Funktionsgraphen

Ich beschränke mich hier auf die letzten vier Punkte. Für die Bestimmung der Extrem- und Wendepunkte benötigt man neben der 1. Ableitung auch noch höhere Ableitungen. Für die Berechnung der Nullstellen habe ich das Newton-Verfahren ausgewählt, weil es einfach anzuwenden ist und einen direkten Bezug zur Differenzialrechnung hat.

9.7.1 Statische Darstellung von Extremwerten und Wendepunkt

In einem ersten Schritt geht es darum, die Extremwerte und den Wendepunkt zusammen in einem Diagramm darzustellen, um einen einfachen Überblick über deren Zusammenhang zu geben.

Abbildung 9.9 stellt für das Polynom 3. Grades

$$y = -\frac{1}{4}x^3 + 3x - 4$$

die 1. und 2. Ableitung dar.

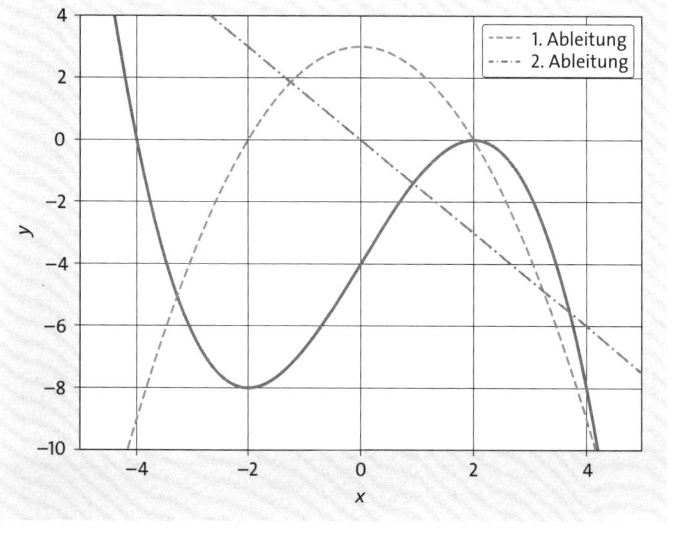

Abbildung 9.9 Polynom 3. Grades mit 1. und 2. Ableitung

Es ist deutlich zu erkennen, dass die Nullstelle der 1. Ableitung $x = -2$ das lokale Minimum von $f(-2) = -8$ der Stammfunktion festlegt. Die zweite Nullstelle $x = 2$ der 1. Ableitung legt das lokale Maximum $f(2) = 0$ der Stammfunktion fest.

Der Wendepunkt der Stammfunktion wird durch die Nullstelle der 2. Ableitung $f''(0) = 0$ bestimmt. Er liegt im Nullpunkt des Koordinatensystems.

Die grafische Bestimmung von Extremwerten und Wendepunkten ist zwar anschaulich, aber noch zu ungenau. Sie muss also durch numerische Berechnung mithilfe anderer Programme weiter präzisiert werden.

Listing 9.11 zeigt, wie der Funktionsplot aus Abbildung 9.9 für das Polynom 3. Grades und dessen 1. und 2. Ableitung erstellt wird:

```
#10_extremwerte1.py
import numpy as np
import matplotlib.pyplot as plt
from scipy.misc import derivative
h=1e-6
x1,x2=-5,5
y1,y2=-10,4
plt.xlim(x1,x2)
plt.ylim(y1,y2)

def f(x):
    return -x**3/4 + 3*x - 4

def df_1(x):
    return derivative(f,x,dx=h)

def df_2(x):
    return derivative(df_1,x,dx=h)

x = np.linspace(x1, x2, 500)
plt.plot(x,f(x),lw=2,color='r')
plt.plot(x,df_1(x),'b--',label='1. Ableitung')
plt.plot(x,df_2(x),'g-.',label='2. Ableitung')
plt.legend(loc='best')
plt.xlabel('x')
plt.ylabel('y')
plt.grid(True)
plt.show()
```

Listing 9.11 Polynom 3. Grades mit 1. und 2. Ableitung

Analyse

In Zeile 12 können Sie für weitere Testzwecke andere Funktionsterme eingeben. Gegebenenfalls müssen Sie dann die Bereiche in Zeile 06 und 07 anpassen.

In den Zeilen 15 und 18 berechnet die SciPy-Funktion `derivative(f,x,dx=h)` die 1. und 2. Ableitung der selbst definierten Python-Funktion `f(x)` aus Zeile 11. Durch Variation der Schrittweite `h` in Zeile 05 können Sie die Genauigkeit der Darstellung testen.

9.7.2 Kriterien für Extremstellen

An den Extremstellen muss die Steigung 0 sein. Diese notwendige Bedingung liefert aber noch kein Kriterium dafür, ob ein lokales Maximum oder ein lokales Minimum vorliegt. Wie diese Unterscheidung vorgenommen werden muss, veranschaulicht Abbildung 9.10.

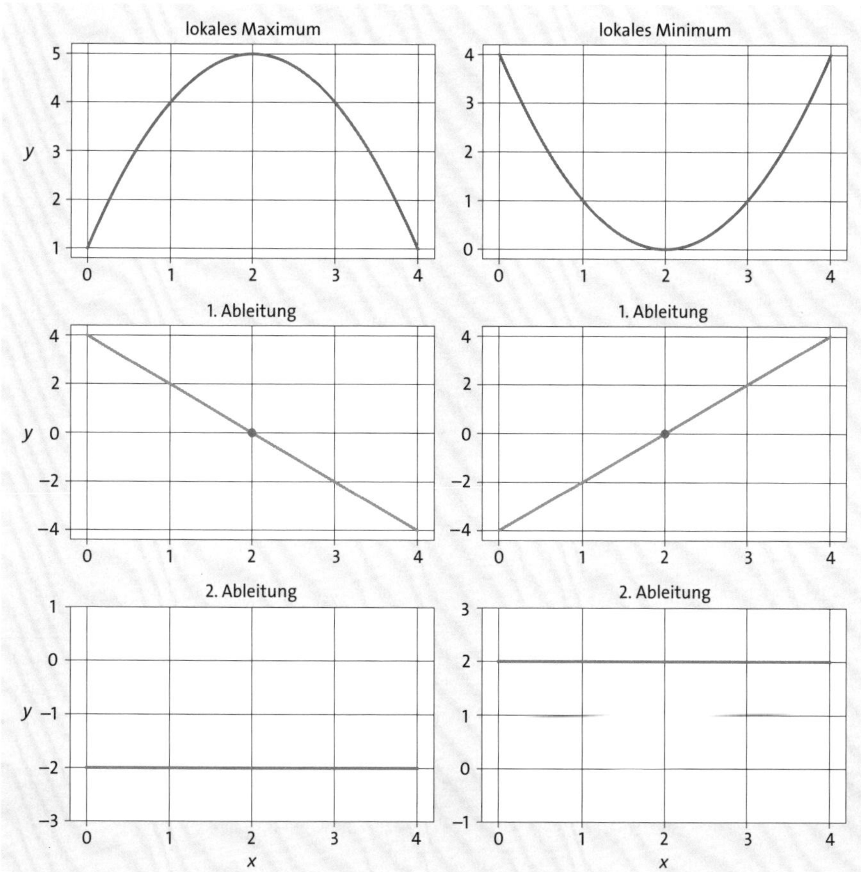

Abbildung 9.10 Kriterien für lokale Maxima und Minima

Aus Abbildung 9.10 können folgende Kriterien für die Unterscheidung abgelesen werden, ob ein lokales Maximum oder ein lokales Minimum vorliegt:

- **lokales Maximum**

  Die 1. Ableitung muss gleich 0 sein und die 2. Ableitung muss **negativ**, also kleiner 0 sein. Das heißt, die 1. Ableitung muss eine **negative** Steigung haben.

- **lokales Minimum**

  Die 1. Ableitung muss gleich 0 sein und die 2. Ableitung muss **positiv**, also größer 0 sein. Das heißt, die 1. Ableitung muss eine **positive** Steigung haben.

Listing 9.12 zeigt, wie Sie Abbildung 9.10 selbst erzeugen können. Das Programm berechnet die Ableitungen mit der SciPy-Methode `derivative(...)` aus dem Untermodul `misc`.

```
#11_extremwerte2.py
import numpy as np
import matplotlib.pyplot as plt
from scipy.misc import derivative
h=1e-3
x1,x2=0,4

def fmax(x):
    return -(x-2)**2+5

def fmax_1(x):
    return derivative(fmax,x,dx=h)

def fmax_2(x):
    return derivative(fmax_1,x,dx=1)

def fmin(x):
    return (x-2)**2

def fmin_1(x):
    return derivative(fmin,x,dx=h)

def fmin_2(x):
    return derivative(fmin_1,x,dx=1)

x = np.linspace(x1, x2, 500,endpoint=True)
```

```
#3 Zeilen 2 Spalten
fig,ax = plt.subplots(3,2,figsize=(8,8))
#1. Zeile, 1. Spalte
ax[0,0].set_title("lokales Maximum")
ax[0,0].plot(x,fmax(x),lw=2,color='r')
ax[0,0].grid(True)
ax[0,0].set_ylabel("y",rotation=True)
#2. Zeile, 1. Spalte
ax[1,0].set_title("1. Ableitung")
ax[1,0].plot(x,fmax_1(x),lw=2,color='b')
ax[1,0].plot(2,0,'ro') #Nullstelle
ax[1,0].grid(True)
ax[1,0].set_ylabel("y",rotation=True)
#3. Zeile, 1.Spalte
ax[2,0].set_title("2. Ableitung")
ax[2,0].plot(x,fmax_2(x),lw=2,color='g')
ax[2,0].set_ylim(-3,1)
ax[2,0].grid(True)
ax[2,0].set_xlabel("x")
ax[2,0].set_ylabel("y",rotation=True)
#1. Zeile, 2. Spalte
ax[0,1].set_title("lokales Minimum")
ax[0,1].plot(x,fmin(x),lw=2,color='r')
ax[0,1].grid(True)
#2. Zeile, 2. Spalte
ax[1,1].set_title("1. Ableitung")
ax[1,1].plot(x,fmin_1(x),lw=2,color='b')
ax[1,1].plot(2,0,'ro') #Nullstelle
ax[1,1].grid(True)
#3. Zeile, 2. Spalte
ax[2,1].set_title("2. Ableitung")
ax[2,1].plot(x,fmin_2(x),lw=2,color='g')
ax[2,1].set_ylim(-1,3)
ax[2,1].grid(True)
ax[2,1].set_xlabel("x")
plt.tight_layout()
plt.show()
```

Listing 9.12 Kriterien für Maxima und Minima

Analyse

Zeile 05 gibt die Schrittweite `h=1e-3` vor. Sie kann für Testzwecke verkleinert oder vergrößert werden, um zu überprüfen, bei welchen Werten die grafischen Ausgaben noch plausibel sind.

In den Zeilen 08 und 09 wird die Funktionsgleichung `fmax(x)` einer nach **unten** geöffneten Normalparabel definiert. Sie soll das lokale Maximum repräsentieren.

In den Zeilen 17 und 18 wird die Funktionsgleichung `fmin(x)` einer nach **oben** geöffneten Normalparabel definiert. Sie soll das lokale Minimum repräsentieren.

Die 1. und 2. Ableitung werden jeweils mit der SciPy-Methode `derivative(...)` berechnet (Zeile 12, 15, 21 und 24). Wobei die 2. Ableitung aus der 1. Ableitung berechnet wird. Es ist also nicht unbedingt notwendig, eine spezielle Funktion für die 2. Ableitung zu definieren. Soll eine Konstante als Funktionsgraph dargestellt werden, so muss für die Schrittweite `dx=1` gesetzt werden (Zeile 15 und 24).

Die Unterdiagramme werden in den Zeilen 30 bis 61 erzeugt. In Zeile 62 bewirkt die Methode `tight_layout()`, dass zwischen den einzelnen Unterdiagrammen genügend Platz frei bleibt.

9.7.3 Simulation der Tangentensteigung für ein Polynom 3. Grades

Ein weiterer Bestandteil der Kurvendiskussion ist die Ermittlung von lokalen Extremwerten. An seinen Rändern gehen die Funktionswerte eines Polynoms gegen unendlich. Dazwischen befinden sich endliche Extremstellen, die entweder lokale Maxima oder Minima sein können. Mit dem Programm aus Abbildung 9.11 können Sie für das Polynom 3. Grades

$$y = -\frac{1}{4}x^3 + 3x - 4$$

solche Extremstellen näherungsweise ermitteln.

Durch Verschiebung der Slider-Einstellung kann die Lage der Tangente geändert werden. Die aktuelle Steigung wird oben auf der Programmoberfläche angezeigt. Wenn die Steigung 0 ist, dann liegt entweder ein lokales Maximum oder ein lokales Minimum vor. Das lokale Minimum liegt an der Stelle $x = -2$ und das lokale Maximum liegt an der Stelle $x = 2$.

Der *Wendepunkt* liegt bei $x = 0$. Er kann experimentell ermittelt werden, indem man die Werte der Steigung genau beobachtet. Im Wendepunkt nimmt die Steigung ihren maximal möglichen Wert von $m = 3$ an.

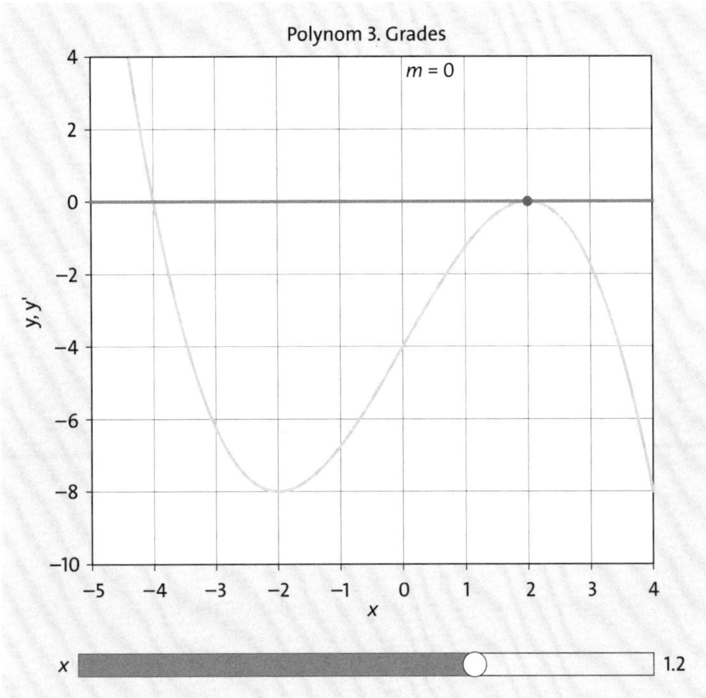

Abbildung 9.11 Simulation von lokalen Extremwertstellen und des Wendepunktes

Listing 9.13 zeigt, wie Sie die Programmoberfläche (siehe Abbildung 9.11) erzeugen können.

```
#12_extremwert3.py
import numpy as np
import matplotlib.pyplot as plt
from matplotlib.widgets import Slider
from scipy.misc import derivative
fig, ax = plt.subplots(figsize=(6,6))
plt.subplots_adjust(left=0.12,bottom=0.2)
plt.title("Polynom 3. Grades")
plt.xlabel("x")
plt.ylabel("y, y'")
x1,x2=-5,4
y1,y2=-10,4
plt.xlim(x1,x2)
plt.ylim(y1,y2)
```

```
15 txtM=ax.text(0,y2-0.5,'m=0')
16 #Polynom
17 def f(x):
18     y=-x**3/4 + 3*x - 4
19     return y
20 #Tangentengleichung
21 def tangente(x,x0):
22     m=derivative(f,x0,dx=1e-3)
23     return m*(x-x0)+f(x0)
24
25 x = np.linspace(x1, x2, 100)
26 y1,y2 = plt.plot(x, f(x), x, tangente (x,2))
27 plt.setp(y1, color='g', linewidth=2.0)
28 plt.setp(y2, color='b', linewidth=2.0)
29 y3, = plt.plot(2,f(2), "or")
30 #x-, y-Position, Laenge, Hoehe
31 xyA = plt.axes([0.1, 0.05, 0.8, 0.03])
32 #Slider-Objekte erzeugen
33 sldA=Slider(xyA,r'$x$',x1,x2,valinit=1.2,valstep=0.1)
34
35 def update(val):
36     xi = sldA.val
37     m = derivative(f,xi,dx=1e-3)
38     y1.set_data(x,f(x))
39     y2.set_data(x,tangente(x,xi))
40     y3.set_data(xi,f(xi))
41     txtM.set_text(f'm = {m:2.1f}')
42
43 sldA.on_changed(update)
44 ax.grid(True)
45 plt.show()
```

Listing 9.13 Simulation von lokalen Maxima und Minima

Analyse

In Zeile 05 wird die SciPy-Methode `derivative(...)` aus dem Untermodul `misc` importiert. Diese Methode berechnet in den Zeilen 22 und 37 die Steigung der Tangente.

In Zeile 18 steht die Funktionsgleichung `y=-x**3/4+3*x-4` eines Polynoms 3. Grades.

Innerhalb der Ereignisverarbeitung (Zeile 35 bis 41) werden der Funktionsgraph y1 (Zeile 38), die Tangente y2 (Zeile 39) und der Berührungspunkt der Tangente y3 (Zeile 40) mit dem Funktionsgraphen abhängig von der Slider-Stellung aktualisiert. Damit der aktuelle Wert der Steigung m auf der Programmoberfläche angezeigt wird, muss noch die Methode set_text(...) in Zeile 41 implementiert werden.

9.7.4 Kurvendiskussion mit SciPy

Nachdem Sie nun gesehen haben, wie die einzelnen Teilbereiche einer Kurvendiskussion gelöst werden, können Sie sich einer komplexen Aufgabenstellung zuwenden: Die Extremwerte und Wendepunkte sollen numerisch mit SciPy und SymPy berechnet werden. Als Erstes wird die Kurvendiskussion mit SciPy durchgeführt. Es sollen nur die Nullstellen, die Extremwerte und die Wendepunkte eines Polynoms berechnet werden.

Ermittlung der Extremwerte

Die Nullstellen der 1. Ableitung $f'(x)$ bestimmen entweder die lokalen Maxima oder die lokalen Minima. Es bedarf also eines weiteren Kriteriums, mit dem überprüft werden kann, ob es sich um ein Maximum oder ein Minimum handelt. Dazu muss die 2. Ableitung berechnet werden.

Kriterien der 2. Ableitung:

- Gilt $f''(x_0) < 0$, so liegt bei x_0 ein Maximum vor.
- Gilt $f''(x_0) > 0$, so liegt bei x_0 ein Minimum vor.

Die Wendepunkte werden durch die Nullstellen der 2. Ableitung bestimmt. Dies ist nur ein notwendiges Kriterium und muss eventuell noch mit der 3. Ableitung überprüft werden. Erst dann erhält man ein hinreichendes Kriterium für die Existenz der Wendepunkte. Um die Übersichtlichkeit des Programms zu bewahren, wird auf diese Überprüfung verzichtet und einfach angenommen, dass die Wendpunkte durch die Nullstellen der 2. Ableitung gegeben sind. Eine Überprüfung, ob die Wendepunkte plausibel berechnet wurden, erfolgt anhand der grafischen Ausgabe.

Der Algorithmus für die Kurvendiskussion hat folgende Grobstruktur:

```
Module importieren
mathematische Funktion definieren
1. Ableitung berechnen
2. Ableitung berechnen
Nullstellen der Funktion berechnen
```

```
Nullstellen der 1. Ableitung berechnen
Nullstellen der 2. Ableitung berechnen
lokale Maxima berechnen
lokale Minima berechnen
Ausgabe
```

Für die Berechnung der lokalen Maxima und Minima muss der Algorithmus noch verfeinert werden:

```
for i in range(len(m)):
    if df_2(m[i])<0:
        print("Maxima x=",m[i],"y=",f(m[i]))
    elif df_2(m[i])>0:
        print("Minima x=",m[i],"y=",f(m[i]))
```

Innerhalb einer `for`-Schleife wird überprüft, ob die Nullstelle der 2. Ableitung `df_2(m[i]` kleiner 0 ist (negative Steigung). Dann liegt ein lokales Maximum vor. Bei dem Array `m[i]` handelt es sich um die Nullstellen der 1. Ableitung. Ist die Nullstelle der 2. Ableitung größer 0 (positive Steigung), dann liegt ein lokales Minimum vor.

Listing 9.14 führt für das Polynom 5. Grades

$$y = f(x) = x^5 - 15x^4 + 85x^3 - 225x^2 + 274x - 120$$

die Kurvendiskussion durch. Es handelt sich um eine ungerade Funktion, also liegt keine Symmetrie bezüglich der y-Achse vor. Die y-Achse wird bei $f(0) = -120$ geschnitten.

```
#13_scipy_kurvendiskussion.py
import numpy as np
import matplotlib.pyplot as plt
from scipy.misc import derivative
from scipy.optimize import newton
h=1e-3
x1,x2=0,5.5
y1,y2=-8,5
plt.figure(figsize=(8,6))
plt.xlim(x1,x2)
plt.ylim(y1,y2)

def f(x):
    y=x**5-15*x**4+85*x**3-225*x**2+274*x-120
    return y
```

```

def df_1(x):
    return derivative(f,x,dx=h)

def df_2(x):
    return derivative(df_1,x,dx=h)

x = np.linspace(x1, x2, 500)
xi=newton(f,[0.5,1.7,3.1,4.5,6])
m=newton(df_1,[1.3,2.5,3.6,4.6])
w=newton(df_2,[2.5,2,4])
print("Nullstellen\n",xi)
for i in range(len(m)):
    if df_2(m[i])<0:
        print("Maxima x=",m[i],"y=",f(m[i]))
    elif df_2(m[i])>0:
        print("Minima x=",m[i],"y=",f(m[i]))
print("Wendepunkte\n",w)
#Funktionsgraphen zeichnen
plt.plot(x,f(x),lw=2,color='r',label='Funktion')
plt.plot(x,df_1(x),'b--',label='1. Ableitung')
#plt.plot(x,df_2(x),'g-.',label='2. Ableitung')
plt.legend(loc='best')
plt.xlabel('x')
plt.ylabel('y',rotation=True)
plt.grid(True)
plt.show()
```

Listing 9.14 Kurvendiskussion für ein Polynom 5. Grades mit SciPy

Ausgabe

```
Nullstellen
 [1. 2. 3. 4. 5.]
Maxima x= 1.3555676884028218 y= 3.6314322084427317
Minima x= 2.4560878999543956 y= -1.4186966255829248
Maxima x= 3.5439121000502216 y= 1.4186966255826974
Minima x= 4.644432311603694  y= -3.6314322084417654
Wendepunkte
 [3.      1.77525595    4.22474406]
```

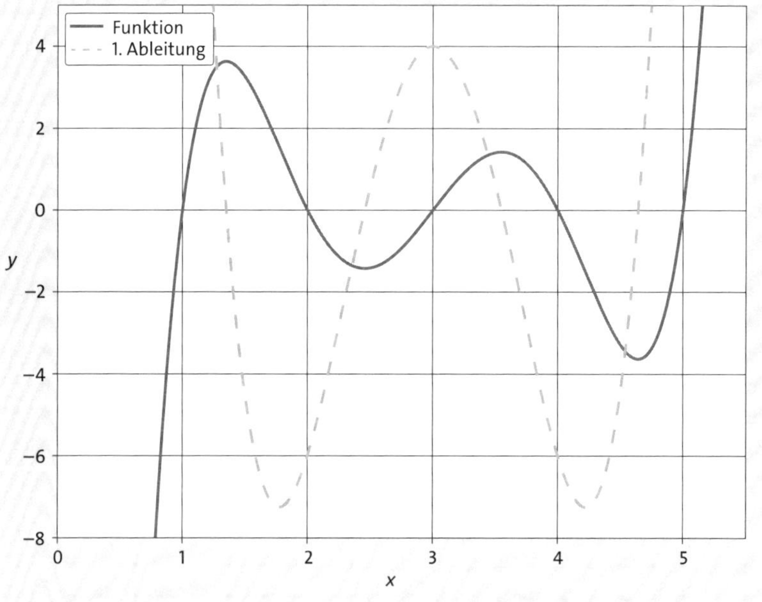

Abbildung 9.12 Polynom 5. Grades mit der 1. Ableitung

Analyse

In Zeile 14 können Sie eine neue Funktionsgleichung für ein Polynom eingeben. Das Programm ist aber nicht so konzipiert, dass es bestimmte Sonderfälle, z. B. mehrere Sattelpunkte, erfassen kann.

In Zeile 17 und Zeile 20 erfolgen die Funktionsdefinitionen für die 1. und die 2. Ableitung.

In Zeile 24 berechnet die SciPy-Methode `newton(...)` die Nullstellen des Polynoms. In Zeile 25 berechnet sie die Nullstellen der 1. Ableitung und in Zeile 26 berechnet sie die Nullstellen der 2. Ableitung. Problematisch sind hier wieder die Startwerte, die als Array übergeben werden müssen.

Innerhalb der `for`-Schleife (Zeile 28 bis 32) werden die lokalen Maxima und Minima berechnet und ausgegeben.

Abschließend wird das Polynom und dessen 1. Ableitung als Funktionsplot ausgegeben (Zeile 35 bis 42).

Die in Zeile 26 berechneten Wendepunkte `w` werden in Zeile 33 ausgegeben.

Die nächste, mit SymPy programmierte Version ist wesentlich kompakter aufgebaut. Für die Berechnung der Nullstellen müssen keine Startwerte mehr angegeben werden.

9.7.5 Kurvendiskussion mit SymPy

Da SymPy symbolisch differenzieren kann, bietet es sich an, eine Kurvendiskussion auch mit diesem Modul durchzuführen. Als Testfunktion wird wieder das Polynom 5. Grades

$$y = f(x) = x^5 - 15x^4 + 85x^3 - 225x^2 + 274x - 120$$

verwendet. Der Algorithmus für die Berechnung der Extremwerte kann aus Listing 9.14 übernommen werden. Dabei muss darauf geachtet werden, dass mit der Methode `subs(x,mx)` die numerischen Werte der Nullstellen in die symbolischen Terme der 1. und 2. Ableitung eingesetzt werden.

Die Nullstellen berechnet das Programm mit der SymPy-Methode `solve(...)`. Der besondere Vorteil dieser Methode besteht darin, dass keine Startwerte vorgegeben werden müssen. Listing 9.15 zeigt, wie Sie mit SymPy eine Kurvendiskussion durchführen können:

```
#14_sympy_kurvendiskussion.py
from sympy import *
x=symbols('x')
x1,x2=0,5
fx=x**5-15*x**4+85*x**3-225*x**2+274*x-120
df1=diff(fx,x)
df2=diff(fx,x,2)
x0=solve(fx,x)
m=solve(df1,x,dict=True)
w=solve(df2,x,dict=True)
#Ausgabe
print("Funktionsterm\n",fx)
print("Nullstellen")
print(x0)
print("Extremwerte")
for i in range(len(m)):
    mx=m[i][x].evalf(4)
    if df2.subs(x,mx)<0:
        print("Maxima x=",mx,"y=",fx.subs(x,mx))
    elif df2.subs(x,mx)>0:
        print("Minima x=",mx,"y=",fx.subs(x,mx))
print("Wendepunkte")
for i in range(len(w)):
    wx=w[i][x].evalf(4)
    print(wx,end="|")
```

```
#Darstellung
p=plot(fx,df1,(x,x1,x2),show=False,visible=False,ylim=(-8,4))
p[0].line_color='black'
p[1].line_color='red'
p.show()
```

Listing 9.15 Kurvendiskussion mit SymPy

Ausgabe

```
Funktionsterm
 x**5 - 15*x**4 + 85*x**3 - 225*x**2 + 274*x - 120
Nullstellen
[1, 2, 3, 4, 5]
Extremwerte
Minima x= 2.456 y= -1.422
Maxima x= 3.544 y= 1.438
Maxima x= 1.356 y= 3.633
Minima x= 4.644 y= -3.688
Wendepunkte
3.000|1.775|4.225|
```

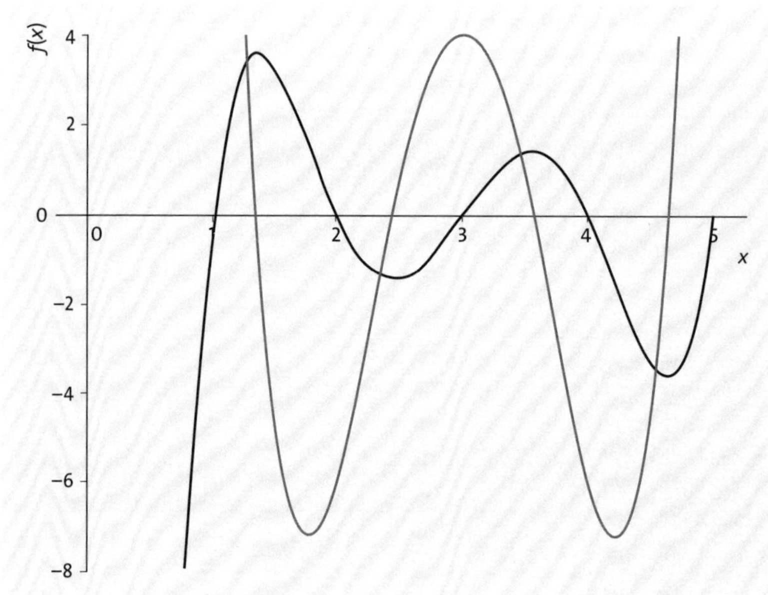

Abbildung 9.13 SymPy-Funktionsplot für ein Polynom 5. Grades mit der 1. Ableitung

Analyse

Im Prinzip ist das SymPy-Programm ähnlich aufgebaut wie die SciPy-Version in Listing 9.14. Auf den ersten Blick fällt sofort auf, dass das SymPy-Programm nur 30 Zeilen benötigt.

In Zeile 05 können Sie einen neuen Funktionsterm eingeben. Hier reicht eine einfache Zuweisung. Alle Eigenschaften des Polynoms werden in die Objektvariable `fx` gespeichert.

In den Zeilen 06 und 07 berechnet die Methode `diff(...)` die 1. und 2. Ableitung.

In den Zeilen 08 bis 10 berechnet die Methode `solve(...)` die Nullstellen des Polynoms sowie Nullstellen der 1. und 2. Ableitung. In Zeile 09 und 10 werden die Ergebnisse als `dictionary` zurückgegeben.

Innerhalb der `for`-Schleife (Zeile 17 bis 21) werden die lokalen Maxima und Minima ermittelt. Dazu muss die Methode `evalf(4)` in Zeile 17 numerische Werte generieren. Das Objekt `mx` enthält alle numerischen Nullstellen der 1. Ableitung.

In den Zeilen 19 und 21 gibt `print(...)` die Koordinaten der lokalen Maxima bzw. Minima aus.

Die numerischen Werte der Wendepunkte werden innerhalb der nächsten `for`-Schleife (Zeile 23 bis 25) aus den Nullstellen der 2. Ableitung `w[i][x]` ermittelt und in die Objektvariable `wx` gespeichert. Da als Rückgabeparameter `dict=True` in der Methode `solve(..., dict=True)` (Zeile 09 und 10) gewählt wurde, steht die Variable `x` für den Wert (engl. *value*) und `w[i]` für den Schlüssel (engl. *key*) des Dictionarys (`dict`).

9.7.6 Umgekehrte Kurvendiskussion

Bisher haben wir Funktionsgleichungen dahingehend analysiert, welchen Verlauf deren Funktionsgraphen im Koordinatensystem einnehmen. Es gibt aber auch den umgekehrten Weg der Synthese, der auch als *umgekehrte Kurvendiskussion* bezeichnet wird. Aus bestimmten Vorgaben – z. B. Nullstellen, Extremwerten, Wendepunkten und dem Schnittpunkt mit der y-Achse – soll eine Funktionsgleichung berechnet werden. Das Beispiel für die hier vorgestellte umgekehrte Kurvendiskussion stammt aus [Kammermeyer: 88].

Für das Polynom 3.Grades

$$f(x) = ax^3 + bx^2 + cx + d$$

mit der 1. und 2. Ableitung

$$f'(x) = 3ax^2 + 2bx + c$$

$$f''(x) = 6ax + 2b$$

sollen die Koeffizienten a bis c bestimmt werden. Es gelten folgende Bedingungen mit $d = -4$:

$$f(2) = 0 \Leftrightarrow 8a + 4b + 2c - 4 = 0$$

$$f'(-2) = 0 \Leftrightarrow 12a - 4b + 2c = 0$$

$$f''(0) = 0 \Leftrightarrow 2b = 0$$

Die Lösung des Gleichungssystems ergibt für $a = -1/4$, $b = 0$ und $c = 3$.

Listing 9.16 löst das Gleichungssystem mit der SymPy-Methode `solve(...)`.

```
#15_polynomgenerator.py
from sympy import *
x,a,b,c=symbols('x,a,b,c')
x1,x2=-6,4
d=-4
f=a*x**3+b*x**2+c*x+d
df1=diff(f,x,1)
df2=diff(f,x,2)
#Gleichungen
g1=f.subs(x,2)
g2=df1.subs(x,-2)
g3=df2.subs(x,0)
i=0
L=solve((g1,g2,g3),a,b,c,dict=True)
fx=f.subs({a:L[i][a],b:L[i][b],c:L[i][c]})
#Ausgabe
print("Lösungsmenge:\n",L)
print("a=",L[i][a])
print("b=",L[i][b])
print("c=",L[i][c])
print("f(x)=",fx)
#Darstellung
p=plot(fx,(x,x1,x2),show=False,visible=False,ylim=(-10,5))
p.show()
```

Listing 9.16 Polynomgenerator mit SymPy

Ausgabe

```
Lösungsmenge:
 [{a: -1/4, b: 0, c: 3}]
a= -1/4
```

```
b= 0
c= 3
f(x)= -x**3/4 + 3*x - 4
```

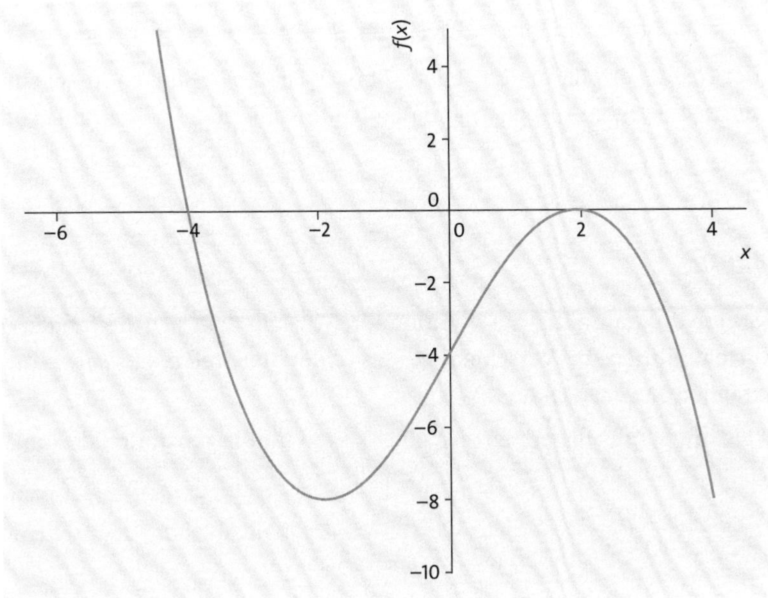

Abbildung 9.14 SymPy-Funktionsplot für ein Polynom 3. Grades

Analyse

Die Anweisung in Zeile 03 vereinbart die Symbole für die Variablen x, a, b und c. SymPy kann durch diese Vereinbarung mit diesen Variablen symbolische Berechnungen durchführen.

In Zeile 04 können Sie den Darstellungsbereich des Funktionsplots auf der x-Achse ändern. Zeile 05 legt den Schnittpunkt d der Funktionsgleichung mit der y-Achse fest.

In Zeile 06 wird der Term des Polynoms 3. Grades mit den Koeffizienten a, b, c und d der Objektvariablen f zugewiesen.

In den Zeilen 07 und 08 berechnet die Methode `diff(...)` die 1. und 2. Ableitung. Die Ergebnisse werden in die Objektvariablen g1, g2 und g3 gespeichert, und es werden die numerischen Werte für x, die sich aus den geforderten Bedingungen ergeben, mit der Methode `subs(...)` eingesetzt.

In den Zeilen 10 bis 12 wird das Gleichungssystem aufgestellt. Der Methode `subs(...)` werden als zweiter Parameter die Werte für $f(x_i)$, $f'(x_i)$ und $f''(x_i)$ übergeben.

Gelöst wird das Gleichungssystem in Zeile 14. Die Lösungsmenge wird in die Objektvariable `L` gespeichert. Die Werte für die drei Unbekannten `a`, `b` und `c` werden als Dictionary (`dict`) zurückgegeben. Mit `L[schluessel][wert]` lassen sich die numerischen Werte der Polynomkoeffizienten ermitteln.

In Zeile 15 werden der Objektvariablen `fx` alle Daten des Polynoms zugewiesen.

Die Ausgabe der Lösung erfolgt in den Zeilen 17 bis 21. Die Anweisungen in Zeile 23 und 24 zeichnen den Funktionsgraphen `fx` des Polynoms mit der `plot`-Methode von SymPy.

9.8 Aufgaben

1. Schreiben Sie ein Programm für die Funktion $y = 3\sqrt{x}$, mit dem sich die Tangente und die Normale durch die Verschiebung des Slider-Steuerelements längs des Funktionsgraphen bewegen lassen.
2. Berechnen Sie mit SymPy die ersten vier Ableitungen für die ganzrationale Funktion:

   $$y = \frac{3x^3 - 2x^2 + 5x - 7}{x^2 + 4}$$

   An der Stelle $x_0 = 4$ sollen die Steigungen berechnet werden.
3. Mit dem Newton-Verfahren soll ermittelt werden, zu welchem Zeitpunkt das lineare Wachstum $y_1(t) = t + 2$ und das exponentielle Wachstum $y_2(t) = \mathrm{e}^t$ den gleichen Wert erreicht haben. Der Vergleich soll auch grafisch dargestellt werden.
4. Schreiben Sie ein Programm, das die n-te Wurzel aus einer positiv reellen Zahl mit dem Newton-Verfahren berechnet.
5. Führen Sie mit SymPy eine Kurvendiskussion für das Polynom

   $$y = f(x) = 0{,}1x^6 - 1{,}4x^4 + 4{,}9x^2 - 3{,}6$$

   durch.
6. Berechnen Sie die Koeffizienten a, b, c und d eines Polynoms 4. Grades

   $$f(x) = ax^4 + bx^3 + cx^2 + dx + e$$

   für das folgende Bedingungen gelten sollen:

   $$e = 1, \qquad f\left(-\frac{1}{2}\right) = 0, \qquad f'(1) = 0, \qquad f''(-2) = 0, \qquad f'''(0) = 0$$

Kapitel 10
Reihen

In diesem Kapitel lernen Sie, wie Sie Reihen als Funktionsplots und Wertetabellen darstellen können. Reihen werden auf Konvergenz überprüft, und es werden deren Grenzwerte berechnet. Durch Visualisierung eines Taylor-Polynoms wird die Genauigkeit der Approximation veranschaulicht.

Wenn Sie die einzelnen Glieder einer Folge aufsummieren, erhalten Sie eine *Reihe*. Weil der Prozess des Aufsummierens der Folgenglieder theoretisch bis ins Unendliche fortgesetzt werden kann, spricht die Mathematik auch von *unendlichen Reihen*.

Konvergente Reihen mit *unendlich* vielen Gliedern haben einen *endlichen* Wert (= Summe der Folgenglieder). Diese Paradoxie ist auf den ersten Blick schwer verständlich und soll deshalb im Laufe der Untersuchung aufgelöst werden. Ich möchte sie aber bereits anhand eines Beispiels erklären: Wenn Sie eine Torte in zwei Hälften teilen und eine Hälfte immer wieder teilen, dann kann sich theoretisch die Anzahl der Stücke bis ins Unendliche vermehren. Der Inhalt der Kreisfläche ändert sich aber nicht.

Bei der Berechnung der Summe einer konvergenten Reihe handelt es sich um einen Grenzwertprozess. Die Summe nähert sich für n gegen unendlich einem bestimmen Wert, dem *Grenzwert*.

Reihen sind in der Mathematik ein wichtiges Hilfsmittel, um Berechnungen näherungsweise durchzuführen. Trigonometrische und hyperbolische Funktionswerte einschließlich ihrer Umkehrfunktionen sowie die Kreiszahl π und die eulersche Zahl e werden mithilfe von Reihen berechnet.

Reihe

Eine Reihe ist ein Objekt aus dem mathematischen Teilgebiet der Analysis. Sie wird durch das Aufsummieren (unendlich) vieler Folgenglieder gebildet. Präzise wird eine Reihe als eine Folge definiert, deren Glieder die Partialsummen einer anderen Folge sind.

Reihen können ebenso wie Folgen konvergieren oder divergieren – falls Sie die Begriffe nicht mehr genau kennen, schlagen Sie in Kapitel 7, »Folgen«, nach. Ob sie konvergieren oder divergieren, kann beispielsweise mit dem Quotienten- oder Wurzelkriterium untersucht werden. Eine notwendige Bedingung für Konvergenz ist außerdem, dass die Glieder einer Reihe eine Nullfolge bilden. Mit SymPy können Sie diese Kriterien anwenden und sogar unendliche Summen und Grenzwerte von Reihen symbolisch berechnen.

10.1 Divergierende Reihen

Es gibt Reihen, die offensichtlich divergieren. Dazu zählen die Reihen vom Typ $\sum k$ und $\sum k^2$. Die Summen ihrer Folgenglieder gehen für eine große Anzahl von Gliedern gegen unendlich. Dass auch die harmonische Reihe

$$\sum_{n=1}^{\infty} \frac{1}{n}$$

divergiert, würde man auf den ersten Blick nicht vermuten, denn die harmonische Folge $1/n$ konvergiert (siehe Listing 10.4).

Mit den SymPy-Methoden `Sum(...)` und `limit(...)` können Summen und Grenzwerte von Reihen symbolisch berechnet werden. Für das Symbol ∞ verwendet SymPy den kleinen Buchstaben o. Er wird zweimal hintereinander eingetippt: `oo`.

10.1.1 Die Reihe der Quadratzahlen

Betrachten wir zunächst am Beispiel der Quadratzahlen die Eigenschaft der Divergenz.

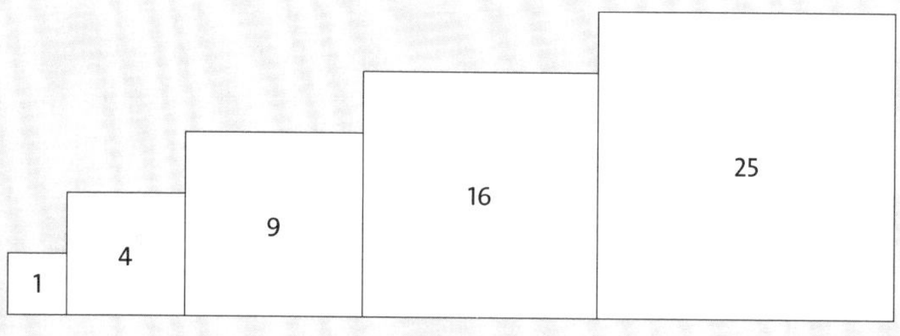

Abbildung 10.1 Aufsummierung von Quadraten

Aus der Folge der Quadratzahlen

$$a_k = 1;\ 4;\ 9;\ 16, \ldots$$

entsteht durch Addition der einzelnen Folgenglieder die Reihe der Quadratzahlen:

$$s_n = 1 + 4 + 9 + 16 + \ldots + a_n = \sum_{k=1}^{n} k^2$$

Für n Summanden kann mit

$$s_n = \frac{n(n+1)(2n+1)}{6} = \frac{n^3}{3} + \frac{n^2}{2} + \frac{n}{6}$$

die Partialsumme allgemein berechnet werden. Eine Herleitung dieser Formel finden Sie im Internet unter der Bezeichnung *quadratische Pyramidenzahlen*:

https://de.wikipedia.org/wiki/Quadratische_Pyramidalzahl

Für die Partialsumme der Quadratzahlen gibt es sogar eine geschlossene Formel. Man kann diese Formel auch mithilfe der SymPy-Methode `Sum(...)` symbolisch berechnen (siehe Listing 10.4). In Tabelle 10.1 sind die Werte der Quadratzahlen und die Partialsummen der Quadratzahlen aufgelistet. Die Summe der Quadratzahlen bezeichnet man auch als den *Wert der Reihe*.

k	1	2	3	4	5	6	7	8	9	10
k^2	1	4	9	16	25	36	49	64	81	100
$\sum k^2$	1	5	14	30	55	91	140	204	285	385

Tabelle 10.1 Wertetabelle für die Folge und die Reihe der Quadratzahlen

In der ersten Zeile der Tabelle steht der Laufparameter (Laufzahl) $k = 1$ bis 10 der Reihe. In der zweiten Zeile steht die Folge der Quadratzahlen. In der dritten Zeile stehen die Partialsummen der Folgenglieder. Abbildung 10.2 stellt die Folge (×) und die Reihe (+) der Quadratzahlen als Funktionsplot dar.

Mit Listing 10.1 können Sie den Funktionsplot der Folgen- und Reihendarstellung aus Abbildung 10.2 erstellen.

```
#01_plot_divergenz.py
import matplotlib.pyplot as plt
summe=0
for k in range(1,11):
    summe=summe + k**2
    plt.scatter(k,k**2,marker='x',color='b')
    plt.scatter(k,summe,marker='+',color='r')

plt.title(r'$\sum^{n}_{k=1} k^{2}$')
```

```
10 plt.xlabel('k')
11 plt.ylabel(r'$k^{2},\  \sum^{}_{} k^{2}$')
12 plt.text(8,35,"Folge",fontsize=12)
13 plt.text(8,300,"Reihe",fontsize=12)
14 plt.show()
```

Listing 10.1 Funktionsplot für die Folge und Reihe der Quadratzahlen

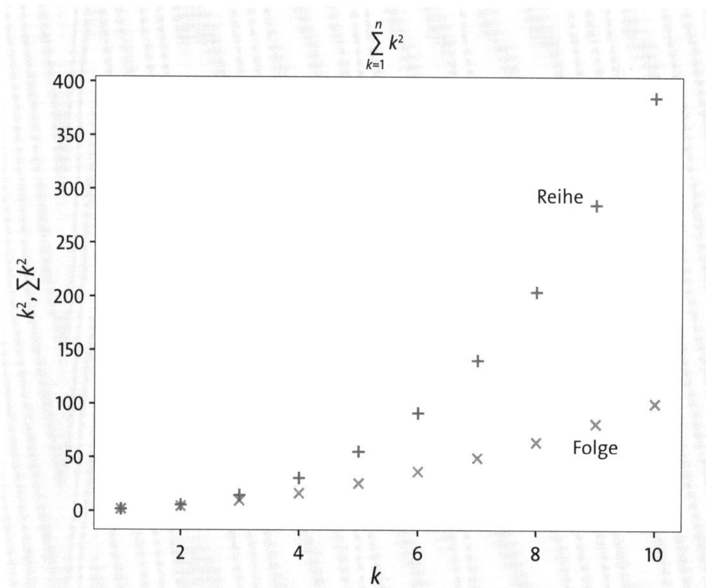

Abbildung 10.2 Funktionsplot für die Folge (×) und die Reihe (+) der Quadratzahlen

Analyse

Die Zeile 05 berechnet mit dem Summenalgorithmus die Partialsummen der Quadratzahlen. In Zeile 06 wird die Folge der Quadratzahlen als x-Zeichen ausgegeben, und in Zeile 07 wird die Reihe der Quadratzahlen als +-Zeichen ausgegeben. Beide Ausgaberoutinen benutzen für die Bildschirmausgabe die `scatter`-Methode des Untermoduls `pyplot` von `matplotlib`.

Mit einem Funktionsplot lässt sich der Unterschied zwischen einer Folge und einer Reihe leicht veranschaulichen. Eine Wertetabelle verdeutlicht diesen Unterschied noch präziser. Listing 10.2 berechnet die Wertetabelle für die Reihe der Quadratzahlen:

```
#02_divergenz1.py
n=10
summe=0
```

```
04 print("k^2 \t Σk^2 ")
05 for k in range(1,n+1):
06     summe=summe + k**2
07     print(k**2,"\t",summe)
```

Listing 10.2 Berechnung der Wertetabelle für die Folge und Reihe der Quadratzahlen

Ausgabe

```
k^2    Σk^2
1      1
4      5
9      14
16     30
25     55
36     91
49     140
64     204
81     285
100    385
```


Analyse

In Zeile 06 wird wieder der Summenalgorithmus benutzt, um die Reihe der Quadratzahlen zu berechnen. Die Ausgabe erfolgt innerhalb des Schleifenrumpfs in Zeile 07. In der ersten Spalte der Ausgabe steht die Folge der Quadratzahlen und in der zweiten Spalte stehen die Glieder der Reihe der Quadratzahlen. Die Summe eines Reihengliedes kann aus einem Glied der ersten Spalte und dem Glied seines Vorgängers aus der zweiten Spalte berechnet werden.

10.1.2 Harmonische Reihe

Da wir schon wissen, dass die harmonische Folge $1/n$ konvergiert, liegt die Vermutung nahe, dass auch die harmonische Reihe konvergiert. Dass das nicht der Fall ist, bewies bereits 1350 der Theologe und Mathematiker Nikolaus von Oresme (ca. 1320 – 1382) [Walter: 80, Weitz: 532].

Mit dem Computer wollen wir nun zunächst experimentell untersuchen, ob die harmonische Reihe divergiert. Listing 10.3 zeigt eine mögliche Umsetzung:

```
#03_divergenz2.py
i=9 #Exponent
print("n\tΣ1/n")
```

```
for i in range(1,i):
    summe=0
    for n in range(1,10**i+1):
        summe=summe + 1/n
    print("%9d %4.10f" %(n,summe))
```

Listing 10.3 Partialsummen der harmonischen Reihe

Ausgabe

```
n          Σ1/n
       10 2.9289682540
      100 5.1873775176
     1000 7.4854708606
    10000 9.7876060360
   100000 12.0901461299
  1000000 14.3927267229
 10000000 16.6953113659
100000000 18.9978964139
```

Analyse

Für eine obere Grenze von $n = 10^6$ ergibt sich für die harmonische Reihe eine Summe von etwa 14,39. Auch wenn man für die obere Grenze sehr große Zahlen einsetzt, lässt sich mit dem Summenalgorithmus nicht nachweisen, dass die harmonische Reihe divergiert. Mit dieser experimentellen Methode kommen wir also nicht zum Ziel. Dass die harmonische Reihe divergiert, scheint der menschlichen Intuition zu widersprechen. Doch Nikolaus von Oresme wies mit dem heute noch gültigen Gedankengang

$$\frac{1}{3}+\frac{1}{4}>\frac{1}{2}$$

$$\frac{1}{5}+\frac{1}{6}+\frac{1}{7}+\frac{1}{8}>\frac{1}{2}$$

$$\frac{1}{9}+\cdots+\frac{1}{16}>\frac{1}{2},\ldots$$

nach, dass die harmonische Reihe divergiert [Walter:80]. Es ist also ratsam, SymPy für die symbolische Berechnung des Grenzwertes heranzuziehen.

Listing 10.4 berechnet mit der SymPy-Methode `Sum(...)` den Wert der harmonischen Reihe $\sum 1/n$ symbolisch für $n \to \infty$ und zum Vergleich die Partialsumme der Reihe der Quadratzahlen $\sum n^2$ für die obere Grenze n. Das Symbol für ∞ wird von SymPy durch zwei direkt aufeinanderfolgende Kleinbuchstaben `oo` repräsentiert.

```
01 #04_sum_divergenz.py
02 from sympy import *
03 n=symbols('n')
04 an=1/n  #harmonische Folge
05 bn=n**2 #Folge der Quadratzahlen
06 S_an=Sum(an,(n, 1,oo)).doit()
07 S_bn=Sum(bn,(n, 1,n)).doit()
08 print("Summe der harmonischen Reihe..:",S_an)
09 print("Partialsumme der Quadratzahlen:",S_bn)
10 print("vereinfachte Summenformel.....:",simplify(S_bn))
```

Listing 10.4 Summen der harmonischen Reihe und der Reihe der Quadratzahlen

Ausgabe

```
Summe der harmonischen Reihe..: oo
Partialsumme der Quadratzahlen: n**3/3 + n**2/2 + n/6
vereinfachte Summenformel.....: n*(2*n**2 + 3*n + 1)/6
```

Analyse

In Zeile 04 wird die harmonische Folge `an` und in Zeile 05 wird die Folge der Quadratzahlen `bn` definiert. In Zeile 06 berechnet die SymPy-Methode `Sum(an,(n, 1,oo)).doit()` die Summe der harmonischen Folge für $n \to \infty$. Erwartungsgemäß wird auch `oo` (das SymPy-Symbol für unendlich) ausgegeben (Zeile 08). Wenn `Sum(...)` ohne die Methode `doit()` ausgeführt wird, dann wertet sie die Summe nicht aus, sondern gibt nur die nicht ausgewertete Summe `Sum(1/n, (n, 1, oo))` zurück. Erst mit der Methode `doit()` wird die Summe symbolisch berechnet. Die Methode `doit()` aus Zeile 06 könnte auch in Zeile 08 stehen: `S_an.doit()`.

In Zeile 07 wird die Partialsumme der Quadratzahlen für die obere Grenze `n` berechnet und mit `print(...)` in den Zeilen 09 und 10 ausgegeben. Die SymPy-Methode `simplify(...)` in Zeile 10 vereinfacht die Summenformel der Quadratzahlen.

10.2 Konvergente Reihen

Gerade die konvergenten Reihen sind besonders interessant, weil mit ihnen wichtige mathematische Konstanten berechnet werden können, z. B. die eulersche Zahl e und die Kreiszahl π. Außerdem lassen sich mit konvergenten Reihen durch die Taylor-Entwicklung (siehe Abschnitt 10.4, Listing 10.16) eine Vielzahl von mathematischen Funktionen approximieren.

10.2.1 Die eulersche Zahl e

Die eulersche Zahl e kann näherungsweise mit der Partialsumme

$$\mathrm{e} \approx \sum_{k=0}^{n} \frac{1}{k!}$$

berechnet werden. Für große n konvergiert die Reihe gegen e. Listing 10.5 zeigt die Umsetzung eines Funktionsplots für $n = 20$.

```
#05_plot_konvergenz.py
from math import *
import matplotlib.pyplot as plt
n=10
summe=0
for k in range(0,n+1):
    summe=summe+1/factorial(k)
    plt.scatter(k,summe,marker='x',color='r')
plt.hlines(exp(1),0,10,color='black',ls='dashed')
plt.title(r'$\sum^{\infty }_{k=0} \frac{1}{k!} $')
plt.xlabel('k')
plt.ylabel('Summe')
plt.show()
```

Listing 10.5 Reihenentwicklung der eulerschen Zahl e

Ausgabe

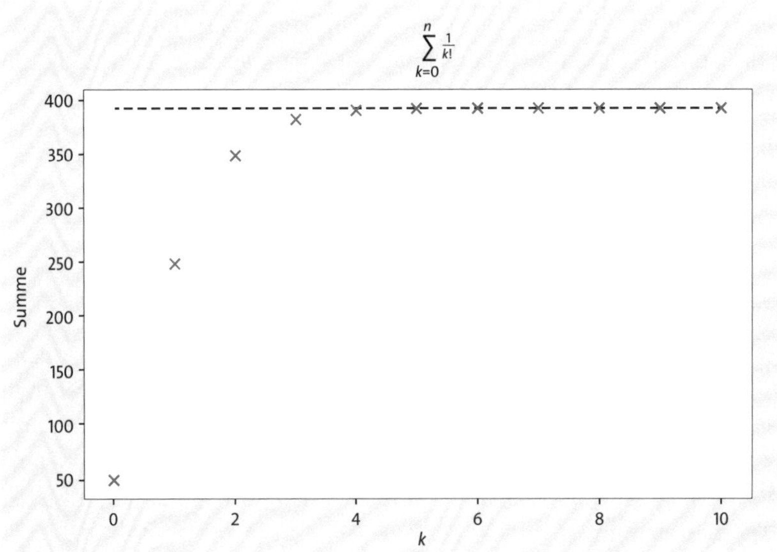

Abbildung 10.3 Funktionsplot für den Grenzwertprozess der eulerschen Zahl e

Analyse

Programmiertechnisch zeigt der Quelltext nichts Neues. In Zeile 07 wird mit der Funktion `factorial(k)` des Moduls `math` die Fakultät von `k` berechnet.

Bereits nach etwa vier Berechnungen ändert sich der Verlauf der Reihenglieder nicht mehr deutlich erkennbar. Wie schnell sich eine Reihe ihrem Grenzwert nähert, bezeichnet die Mathematik als *Konvergenzgeschwindigkeit* oder als *Konvergenzordnung*.

Mit Listing 10.6 soll die Konvergenzgeschwindigkeit der Summenbildung für die Reihe der eulerschen Zahl e anhand einer Wertetabelle noch präzisiert werden:

```
01 #06_konvergenz_e.py
02 from math import *
03 n=10
04 summe=0
05 for k in range(n+1):
06     summe=summe + 1/factorial(k)
07     print(k,"\t",summe)
08 print("genau:\t",exp(1))
```

Listing 10.6 Wertetabelle für den Grenzwertprozess der eulerschen Zahl e

Ausgabe

```
0       1.0
1       2.0
2       2.5
3       2.6666666666666665
4       2.708333333333333
5       2.7166666666666663
6       2.7180555555555554
7       2.7182539682539684
8       2.71827876984127
9       2.7182815255731922
10      2.7182818011463845
genau:  2.718281828459045
```

Analyse

Bereits nach 11 Schleifendurchläufen wird die eulersche Zahl e auf 7 Nachkommastellen genau berechnet. Die Konvergenzgeschwindigkeit ist also zufriedenstellend.

Konvergenzgeschwindigkeit

Unter Konvergenzgeschwindigkeit versteht man die Geschwindigkeit, mit der sich die Glieder einer konvergenten Reihe einem Grenzwert g nähern. In der numerischen Mathematik ist die Konvergenzgeschwindigkeit ein wichtiges Qualitätsmerkmal iterativer Verfahren. Die Begriffe *Konvergenzgeschwindigkeit* und *Konvergenzordnung* sind synonym.

Bisher wurde nur eine Näherung von e berechnet. »Können Computer auch den ›echten‹ Grenzwert einer Reihe berechnen?«, wäre nun eine naheliegende Frage. Die Antwort lautet: »Ja.« Mit der Methode `limit(...)` von SymPy gelingt dies.

Der Grenzwert g einer Reihe ist mit der Summe seiner Folgenglieder identisch. Es gilt:

$$g = \sum_{k=0}^{\infty} a_k = \lim_{n \to \infty} \left(\sum_{k=0}^{n} a_k \right)$$

Das nächste Programm (siehe Listing 10.7) soll diesen Zusammenhang am Beispiel der eulerschen Zahl e bestätigen.

Der genaue Wert von e wird mit

$$\mathrm{e} = \sum_{n=0}^{\infty} \frac{1}{n!}$$

berechnet. Listing 10.7 berechnet mit den SymPy-Methoden `Sum(...)` und `limit(...)` die Summe der unendlichen Reihe und den Grenzwert für e:

```
#07_sympy_grenzwert_e.py
k,n=symbols('k n')
ak=1/factorial(k)
sn=Sum(ak,(k, 0, n)).doit()
g=limit(sn,n,oo)
s=Sum(ak,(k,0,oo)).doit()
print("Grenzwert der Partialsumme:",g)
print("unendliche Summe..........:",s)
```

Listing 10.7 Unendliche Summenbildung und symbolische Grenzwertberechnung der eulerschen Zahl e

Ausgabe

```
Grenzwert der Partialsumme: E
unendliche Summe..........: E
```

Analyse

In Zeile 04 berechnet die SymPy-Methode `Sum(...)` den Wert der Partialsumme für die eulersche Zahl. In Zeile 05 berechnet die SymPy-Methode `limit(...)` den Grenzwert der Partialsumme für n gegen unendlich. Zum Vergleich wird in Zeile 06 die unendliche Summe berechnet.

Als Ergebnis (Zeile 07 und Zeile 08) wird der Großbuchstabe `E`, das ist das SymPy-Symbol für die eulersche Zahl, erwartungsgemäß ausgegeben.

10.2.2 Vergleich von Konvergenzgeschwindigkeiten

Im nächsten Abschnitt sollen die Konvergenzgeschwindigkeiten von drei verschiedenen Reihen für die Berechnung der Kreiszahl π miteinander verglichen werden.

Die Kreiszahl π kann mit der Leibniz-Reihe

$$\pi \approx 4\sum_{k=1}^{n}(-1)^{k}\frac{1}{2k-1}$$

berechnet werden. Diese Reihe konvergiert sehr langsam gegen ihren Grenzwert π.

Die Leibniz-Reihe ist nicht die einzige Reihe, die gegen π konvergiert. Der indische Mathematiker Madhava, geboren im 14. Jahrhundert, entwickelte die folgende Reihe:

$$\pi \approx \sqrt{12}\sum_{k=1}^{n}\frac{(-3)^{-k+1}}{2k-1}$$

Noch schneller konvergiert die Reihe

$$\pi \approx \frac{9801}{2\sqrt{2}}\left(\sum_{k=0}^{n}\frac{(4k)!\,(1103+26390k)}{(k!)^{4}396^{4k}}\right)^{-1}$$

des indischen Mathematikers Srinivasa Ramanujan aus dem 20. Jahrhundert.

Listing 10.8 gibt ein Gefühl für den Unterschied der Konvergenzgeschwindigkeit dieser drei Reihen:

```
#08_konvergenz_pi.py
from math import *

def leibniz(eps,x1=3.1,x=3.2):
    summe=0
    k=1
    while  fabs(x-x1) > eps:
        x1=x
```

```
        summe=summe+(-1)**(k+1)/(2*k-1)
        k=k+1
        x=4*summe
    return round(x,15),k

def madhava(eps,x1=3.1,x=3.2):
    summe=0
    k=1
    while fabs(x-x1) > eps:
        x1=x
        summe=summe + (-3)**(-k+1)/(2*k-1)
        k=k+1
        x=sqrt(12)*summe
    return round(x,15),k

def ramanujan(eps,x1=3.1,x=3.2):
    summe=k=0
    while fabs(x-x1) > eps:
        x1=x
        zaehler=factorial(4*k)*(1103+26390*k)
        nenner= factorial(k)**4*396**(4*k)
        summe=summe + zaehler/nenner
        k=k+1
        x = 9801/(2*sqrt(2))*summe**-1
    return x,k
eps=1e-6
#Ausgabe
print("\tπ\t\tn")
print(leibniz(eps),"\tLeibniz")
print(madhava(eps),"\tMadhava")
print(ramanujan(eps),"\t\tRamanujan")
print("",pi,"\t\tmath pi")
```

Listing 10.8 Berechnung der Kreiszahl π mit verschiedenen Reihenentwicklungen

Ausgabe

```
        π                   n
(3.141593153589474, 2000002)  Leibniz
(3.141592454287646, 13)       Madhava
(3.141592653589794, 2)        Ramanujan
 3.141592653589793            math pi
```

Analyse

Die Bildungsgesetze der Reihen werden als Funktionen implementiert (Zeile 04, 14 und 24). Der Unterschied der Konvergenzgeschwindigkeiten zeigt sich durch den Vergleich deutlich. Während die Leibniz-Reihe für eine Genauigkeit von sechs Nachkommastellen etwa 2 Millionen Schleifendurchläufe benötigt, liefert das Bildungsgesetz von Madhava nach 13 Schleifendurchläufen eine Genauigkeit von sechs Nachkommastellen. Die Reihe von Ramanujan erzeugt bereits nach zwei Schleifendurchläufen eine Genauigkeit von 14 Nachkommastellen für π.

Symbolische Berechnung der Leibniz-Reihe

Kann SymPy auch den Grenzwert von π symbolisch für die schlecht konvergierende Leibniz-Reihe berechnen? Listing 10.9 belegt diese Vermutung:

```
#09_sympy_grenzwert_pi.py
from sympy import *
n=symbols('n')
an=(-1)**(n+1)/(2*n-1)
s=Sum(an,(n, 1, oo)).doit()
print("unendliche Summe:",s)
```

Listing 10.9 Symbolische Berechnung des Grenzwertes von π

Ausgabe

```
unendliche Summe: pi/4
```

Analyse

SymPy ist also auch in der Lage, den genauen Wert von $\pi/4$ mit der langsam konvergierenden Leibniz-Reihe zu berechnen.

10.2.3 Konvergenzkriterien

Experimentelle Konvergenzuntersuchungen veranschaulichen zwar den Grenzwertprozess, sie stellen aber keinen mathematischen Beweis für die Konvergenz einer Reihe dar. Deshalb soll noch anhand des Quotienten- und Wurzelkriteriums untersucht werden, ob eine Reihe konvergiert oder divergiert.

Die notwendige Voraussetzung für Konvergenz ist, dass die Glieder der Reihe Nullfolgen sein müssen. Wenn die Folgenglieder keine Nullfolge bilden, kann die Reihe nicht konvergieren.

Das Quotienten- und das Wurzelkriterium sind hinreichende Bedingungen für Konvergenz. Alle Folgen, die diese Bedingungen erfüllen, konvergieren mit Sicherheit.

Quotientenkriterium

Wenn man den Grenzwert aus dem Betrag des Quotienten eines Folgegliedes a_{n+1} und seines Vorgängers a_n allgemein berechnet und dieser Wert kleiner 1 ist, dann konvergiert die Reihe. Es gilt:

$$\lim_{n\to\infty}\left|\frac{a_{n+1}}{a_n}\right| < 1$$

Wurzelkriterium

Wenn man aus dem Betrag des Gliedes die n-te Wurzel berechnet und das Ergebnis kleiner 1 ist, dann konvergiert die Reihe ebenfalls. Es gilt:

$$\lim_{n\to\infty}\sqrt[n]{|a_n|} < 1$$

Wenn der Grenzwert bei beiden Kriterien gleich 1 ist, dann ist keine allgemeingültige Aussage über das Konvergenzverhalten möglich.

Listing 10.10 überprüft mit dem Quotienten- und Wurzelkriterium, ob die Reihen

$$\sum_{n=1}^{\infty}\frac{1}{n}$$

$$\sum_{n=1}^{\infty}\frac{1}{(n-1)!}$$

$$4\sum_{n=1}^{\infty}\frac{(-1)^n}{2n-1}$$

$$\sum_{n=1}^{\infty}\frac{n^2}{2^n}$$

konvergieren oder divergieren, und berechnet zusätzlich noch die unendlichen Summen sowie die Grenzwerte dieser Reihen:

```
#10_sympy_konvergenzkriterien.py
from sympy import *
n=symbols('n')

def a(n):
    return 1/n                    #harmonische Folge
    #return 1/factorial(n-1)      #eulersche Zahl e
```

```
08       #return 4*(-1)**(n+1)/(2*n-1)#Kreiszahl π
09       #return n**2/2**n            #Grenzwert 6
10
11  QK=limit(abs(a(n+1)/a(n)),n,oo)   #<1
12  WK=limit(Pow(abs(a(n)),1/n),n,oo) #<1
13  g=limit(a(n),n,oo)
14  #Ausgabe
15  print("Quotientenkriterium:",QK)
16  print("Wurzelkriterium....:",WK)
17  print("Grenzwert.......:",g)
```

Listing 10.10 Quotienten- und Wurzelkriterium

Ausgabe für die harmonische Reihe $\sum 1/n$

```
Quotientenkriterium: 1
Wurzelkriterium....: 1
Grenzwert.......: oo
```

Ausgabe für die eulersche Zahl e

```
Quotientenkriterium: 0
Wurzelkriterium....: 0
Grenzwert.......: E
```

Ausgabe für die Kreiszahl π

```
Quotientenkriterium: 1
Wurzelkriterium....: 1
Grenzwert.......: pi
```

Ausgabe für $\sum n^2/n!$

```
Quotientenkriterium: 1/2
Wurzelkriterium....: 1/2
Grenzwert.......: 6
```

Analyse

In den Zeilen 05 bis 09 werden die Funktionen für verschiedene Reihen definiert. Für die harmonische Reihe ermittelt das Quotienten- und das Wurzelkriterium (Zeile 11 und 12) den Wert 1. Es ist also keine allgemeingültige Aussage über das Konvergenzverhalten möglich. Erst die Berechnung des Grenzwertes in Zeile 13 liefert das exakte Ergebnis von ∞. Für die eulersche Zahl e liefert das Quotienten- und Wurzelkriterium eindeutige Ergebnisse. Für die schlecht konvergierende Leibniz-Reihe gilt diese Aussage nicht. Der Grenzwert π wird aber exakt berechnet. Für die Reihe $\sum n^2/n!$ sagen beide Kriterien voraus, dass die Reihe konvergiert. Auch dieser Grenzwert wird richtig berechnet.

10.3 Geometrische Reihen

In Kapitel 7 wurde die geometrische Folge q^n behandelt. Die Bezeichnung *geometrisch* beruht auf der Tatsache, dass ein Folgenglied aus dem geometrischen Mittel seines Vorgängers und seines Nachfolgers berechnet werden kann. Eine geometrische Reihe entsteht, wenn die Glieder einer geometrischen Zahlenfolge addiert werden.

Betrachten wir als einführendes Beispiel folgende Reihe:

$$\frac{1}{2^0}+\frac{1}{2^1}+\frac{1}{2^2}+\frac{1}{2^3}+\frac{1}{2^4}+\frac{1}{2^5}+\frac{1}{2^6}$$

$$=1+\frac{1}{2}+\frac{1}{4}+\frac{1}{8}+\frac{1}{16}+\frac{1}{32}+\frac{1}{64}$$

$$=\frac{127}{64}=1{,}98437$$

Der Ausdruck $q = 1/2$ ist für alle Folgenglieder konstant. Für das geometrische Mittel des 4. Gliedes 1/8 gilt beispielsweise:

$$\sqrt{\frac{1}{4}\cdot\frac{1}{16}}=\frac{1}{2}\cdot\frac{1}{4}=\frac{1}{8}$$

Ein weiteres Merkmal einer geometrischen Reihe besteht darin, dass der Quotient q aus einem Nachfolger und seinem Vorgänger konstant ist. Es gilt z. B.:

$$q=\frac{\frac{1}{8}}{\frac{1}{4}}=\frac{1}{2}$$

Für die 6. Partialsumme kann allgemein formuliert werden:

$$s_6=\sum_{n=0}^{6}\frac{1}{2^n}=\frac{127}{64}=1{,}984375$$

Wenn man die Addition endlos weiter ausführen würde, dann würde man vermutlich den Wert 2 erhalten. Abbildung 10.4 visualisiert den Grenzwertprozess.

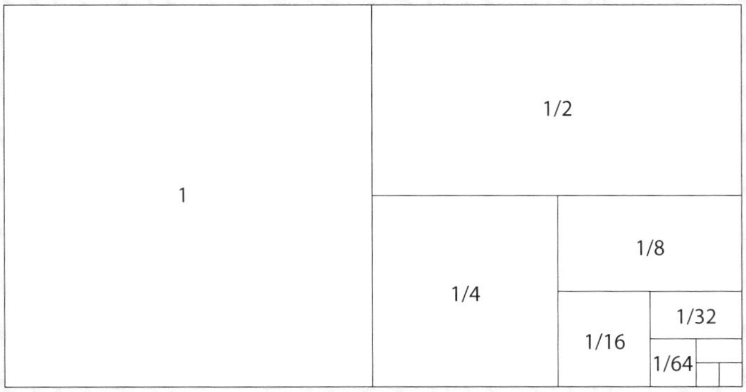

Abbildung 10.4 Visualisierung des Grenzwertprozesses einer geometrischen Reihe

Die geometrische Reihe hat die allgemeine Form:

$$a + aq + aq^2 + aq^3 + aq^4 + \ldots + aq^n = a \sum_{k=0}^{n} q^k$$

Sie konvergiert für $|q|<1$ und divergiert für $|q|>1$.

Für die Berechnung der Partialsummen von $k = 0$ bis n gilt die allgemeine Summenformel:

$$s_n = a\frac{q^{n+1} - 1}{q - 1} = a\frac{1 - q^{n+1}}{1 - q}$$

Wenn der Betrag von $|q| < 1$ ist und n gegen unendlich geht, gilt für den Grenzwert s der geometrischen Reihe:

$$s = \lim_{n \to \infty} a\frac{1 - q^{n+1}}{1 - q} = \frac{a}{1 - q}$$

Zur Erinnerung: Der Grenzwert einer Reihe ist die Summe der Folgenglieder, wenn n gegen unendlich geht.

Listing 10.11 berechnet Wertetabellen für die n-ten Partialsummen mit dem Summenalgorithmus und der Summenformel s_n:

```
#11_tab_geo_reihe.py
from fractions import Fraction
m=10
a=1
zaehler=1
```

```
06 nenner=2
07 q=Fraction(zaehler,nenner) #q<1
08 summe=0
09 print("n\tΣ\tΣ    \t      a*(q**(n+1)-1)/(q-1)")
10 for n in range(m+1):
11     summe=summe + a*q**n
12     sn=a*(q**(n+1)-1)/(q-1)
13     print("%2i  %10s  %2.10f %2.10f" %(n,summe,float(summe),float(sn)))
```

Listing 10.11 Berechnung der n-ten Partialsummen

Ausgabe

```
n          Σ           Σ         a*(q**(n+1)-1)/(q-1)
 0          1  1.0000000000  1.0000000000
 1        3/2  1.5000000000  1.5000000000
 2        7/4  1.7500000000  1.7500000000
 3       15/8  1.8750000000  1.8750000000
 4      31/16  1.9375000000  1.9375000000
 5      63/32  1.9687500000  1.9687500000
 6     127/64  1.9843750000  1.9843750000
 7    255/128  1.9921875000  1.9921875000
 8    511/256  1.9960937500  1.9960937500
 9   1023/512  1.9980468750  1.9980468750
10  2047/1024  1.9990234375  1.9990234375
```

Analyse

In Zeile 02 wird die Methode `Fraction` aus dem Modul `fractions` importiert. Mit dieser Methode lassen sich Zahlen als Brüche darstellen. In Zeile 07 wird `q` als Bruch (rationale Zahl) definiert. In Zeile 11 erfolgt die Summenbildung der Brüche mit dem Summenalgorithmus. Diese Brüche werden in der zweiten Spalte ausgegeben.

Zeile 12 berechnet die Partialsummen der geometrischen Reihe mit der Summenformel. Gezeigt werden sollte, dass die Ergebnisse aus dem Summenalgorithmus (3. Spalte) und der Summenformel (4. Spalte) übereinstimmen.

Simulation einer geometrischen Reihe

Für ein besseres Verständnis einer geometrischen Reihe ist es sinnvoll, den Parameter a und den Wert q des Reihengliedes dynamisch zu ändern. Abbildung 10.5 zeigt die Programmoberfläche für die Simulation einer geometrischen Reihe. Die Werte von a und q können mit dem Slider-Steuerelement geändert werden.

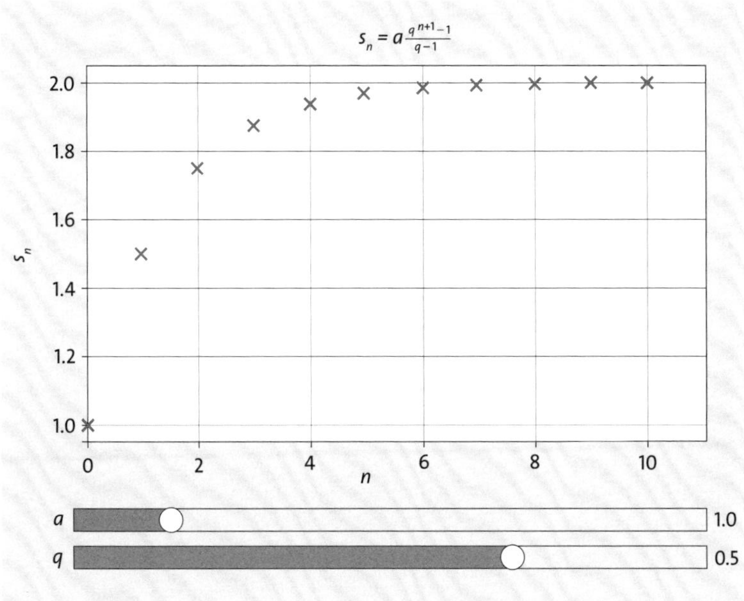

Abbildung 10.5 Simulation einer geometrischen Reihe

Mit Listing 10.12 kann eine geometrische Reihe simuliert werden:

```
#12_plot_geo_reihe.py
import numpy as np
import matplotlib.pyplot as plt
from matplotlib.widgets import Slider
fig, ax = plt.subplots()
plt.title(r'$s_{n}=a\frac{q^{n+1}-1}{q-1}$')
plt.subplots_adjust(left=0.12, bottom=0.25)
plt.xlim(0,11)
plt.xlabel('n')
plt.ylabel('$s_{n}$')
n = np.arange(0,11,1)

def f(n,a,q):
    if q==1:
        q=1e-6
    return a*(q**(n+1)-1)/(q-1)

y, = plt.plot(n,f(n,1,0.5),'rx')
#x-, y-Position, Laenge, Hoehe
```

```
20 xyA = plt.axes([0.1, 0.10, 0.8, 0.03])
21 xyB = plt.axes([0.1, 0.05, 0.8, 0.03])
22 #Slider Objekte erzeugen
23 sldA=Slider(xyA,'a',0.5,4.0,valinit=1,valstep=0.1)
24 sldB=Slider(xyB,'q',-0.8,1.1,valinit= 0.5,valstep=0.01)
25 
26 def update(val):
27     a = sldA.val
28     q = sldB.val
29     y.set_data(n,f(n,a,q))
30     ax.relim()
31     ax.autoscale_view()
32     fig.canvas.draw_idle()
33 #Aenderungen abfragen
34 sldA.on_changed(update)
35 sldB.on_changed(update)
36 ax.grid(True)
37 plt.show()
```

Listing 10.12 Simulation einer geometrischen Reihe

Analyse

In Zeile 11 legt das NumPy-Array den Definitionsbereich der geometrischen Reihe von 0 bis 11 fest. Die Schrittweite beträgt 1. Die Funktionsdefinition der geometrischen Reihe erfolgt in den Zeilen 13 bis 16. Für den Fall, dass `q==1` wird, wird innerhalb der `if`-Abfrage `q` der Wert `1e-16` zugewiesen (Zeile 15).

Zeile 18 speichert die Anfangswerte in der Objektvariablen `y`.

In den Zeilen 20 und 21 werden die Slider-Objekte positioniert, und in den Zeilen 23 und 24 werden sie erzeugt. Ihre Eigenschaften werden in den Objekten `sldA` und `sldB` gespeichert.

In den Zeilen 27 bis 28 werden die aktuellen Positionen der `Slider` abgefragt und der Funktion `f(n,a,q)` in Zeile 29 übergeben. Neu ist die Aktualisierung der Skalierung der y-Achse in Zeile 30 mit der eingebauten Methode von `matplotlib` `ax.relim()`. Wenn die Funktionswerte der geometrischen Reihe den vorgegebenen Wertebereich überschreiten, wird die Skalierung auf der y-Achse angepasst. Man erkennt, dass die Reihe umso schneller konvergiert, je kleiner `q` ist.

In den Zeilen 34 und 35 rufen die Methoden `sldA.on_changed(update)` und `sldB.on_changed(update)` die Funktion `update(val)` auf und veranlassen für jede Positionsänderung der Slider `sldA` und `sldB` das Neuzeichen des Funktionsplots.

10.4 Potenzreihen und die Taylor-Entwicklung

Bisher wurden nur die mathematischen Konstanten π und e mithilfe von Reihen approximiert. Nun stellt sich die Frage, ob es auch möglich ist, Funktionen durch Reihen zu approximieren. Diese Frage kann positiv beantwortet werden, wenn man Potenzreihen verwendet. Potenzreihen haben die allgemeine Form:

$$a_0 + a_1x + a_2x^2 + a_3x^3 + \ldots = \sum_{n=0}^{\infty} a_n x^n$$

Mit dem Satz von Taylor können die Koeffizienten a_n berechnet werden.

Potenzreihen sind nützlich, denn mit ihnen können

- Funktionswerte mit beliebiger geforderter Genauigkeit numerisch berechnet werden.
- die ersten Glieder einer Potenzreihe als Näherung verwendet werden.
- Funktionen gliedweise integriert werden, wenn sie nicht geschlossen integrierbar sind.

10.4.1 Potenzreihen

Betrachten wir zunächst eine Potenzreihe, deren Koeffizienten bereits bekannt sind. Die geometrische Reihe

$$1 + x + x^2 + x^3 + \ldots = \frac{1}{1-x}$$

ist ein Spezialfall einer *Potenzreihe*. Die Koeffizienten a_n haben alle den Wert 1. Die Summenformel gilt nur für den Definitionsbereich $-1 < x < 1$. Auf der linken Seite der Gleichung stehen unendlich viele Glieder, auf der rechten Seite steht dagegen nur ein Term: die Summenformel der unendlichen geometrischen Reihe. Alle Glieder auf der linken Seite sind Potenzen von x. Deshalb bezeichnet man eine solche Reihe auch als Potenzreihe.

Abbildung 10.6 zeigt dazu den Verlauf der Funktionsgraphen für die Summenformel $1/(1-x)$ und den linksseitigen Term der Gleichung.

Für jeden Wert auf der x-Achse kann die Summe der Potenzreihe auf der y-Achse abgelesen werden. Durch das Hinzufügen weiterer Glieder kann man die Approximation optimieren. Mit Listing 10.13 können Sie den Funktionsplot für die unendliche Potenzreihe und die Approximation erstellen:

```
01 #13_plot_potenzreihe.py
02 import numpy as np
03 import matplotlib.pyplot as plt
04 x=np.linspace(-1,0.999,100)
05 y=1/(1-x)
06 ya=1+x+x**2+x**3+x**4+x**5
07 plt.ylim(0,5)
08 plt.plot(x,y,'b',lw=2,label='genau')
09 plt.plot(x,ya,'r--',lw=2,label='approximiert')
10 plt.xlabel('x')
11 plt.ylabel('y')
12 plt.legend(loc='best')
13 plt.show()
```

Listing 10.13 Funktionsplot einer Potenzreihe

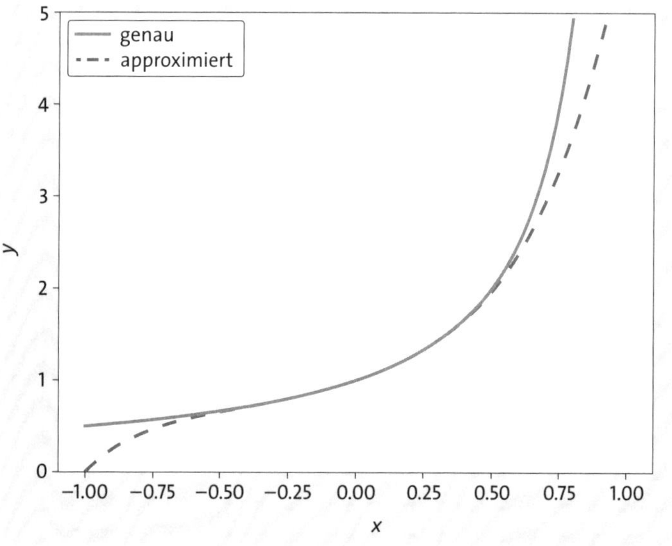

Abbildung 10.6 Funktionsplot einer Potenzreihe im Entwicklungspunkt $x_0 = 0$

Analyse

Da x nicht den Wert 1 annehmen darf, wird in Zeile 04 als obere Grenze der Wert `0.999` festgelegt. In Zeile 05 steht die Formel für die unendliche Summe der Potenzreihe. In Zeile 06 steht die Näherungsformel für eine unendliche Summe. Durch Hinzufügen oder Auskommentieren von Reihengliedern kann die Genauigkeit der Approximation demonstriert werden.

Berechnung eines Funktionswertes mit einer Potenzreihe

Listing 10.14 berechnet näherungsweise den *Funktionswert* der Exponentialfunktion für das Argument $x = 2$

$$e^2 \approx \sum_{n=0}^{20} \frac{x^n}{n!}$$

mit $m = 20$ Schleifendurchläufen.

```
01 #14_potenzreihe.py
02 from math import *
03 x=2   #Entwicklungspunkt
04 m=20  #Anzahl der Summanden
05
06 def a(n):
07     return 1/factorial(n) #e-Funktion
08
09 summe=0
10 for n in range(m):
11     summe=summe + a(n)*x**n
12 print(summe)
13 print(exp(x),"genau")
```

Listing 10.14 Potenzreihenentwicklung für die eulersche Zahl e an der Stelle x=2

Ausgabe

```
7.3890560989301735
7.38905609893065 genau
```

Analyse

Die Folge für die eulersche Zahl e wird in den Zeilen 06 und 07 definiert. In Zeile 11 wird mit dem Summenalgorithmus der Wert für exp(2) mit der Potenzreihe berechnet. Das Ergebnis erreicht eine Genauigkeit von 12 Nachkommastellen.

Konvergenzradius

Der *Konvergenzradius* einer Potenzreihe macht eine Aussage darüber, für welche x-Werte eine Potenzreihe konvergiert. Potenzreihen werden um einen Punkt x_0 entwickelt. Die Approximation einer Funktion ist nur in der Nähe dieser Entwicklungsstelle genau. Je weiter man sich von dieser Stelle entfernt, desto ungenauer wird die

Approximation. Diese Ungenauigkeit kann auch nicht durch eine Vergrößerung von n kompensiert werden. Die Approximation einer Funktion ist also nur in einer bestimmten Umgebung von x_0 genau, die durch den Konvergenzradius bestimmt wird.

Um eine Formel für den Konvergenzradius zu erhalten, betrachten wir das vorletzte Glied a_n und das letzte Glied a_{n+1} einer allgemeinen Potenzreihe:

$$f(x) = a_0 + a_1x + a_2x^2 + a_3x^3 + \ldots + a_nx^n + a_{n+1}x^{n+1}$$

Damit eine Potenzreihe konvergiert, muss das letzte Glied betragsmäßig immer kleiner sein als das vorletzte. Wenn man a_n durch a_{n+1} dividiert und den Grenzwert aus dem Betrag dieses Quotienten bildet, dann erhält man die Definition für den Konvergenzradius:

$$R = \lim_{n \to \infty} \left| \frac{a_n}{a_{n+1}} \right|$$

Nur wenn alle x-Werte der Reihenglieder innerhalb $-R$ und $+R$ liegen, konvergiert die Reihe. Je größer dieser Bereich ist, desto besser ist das Konvergenzverhalten. Ein Konvergenzradius von ∞ wäre demnach das Optimum.

Konvergenzradius

Der Konvergenzradius gibt den Konvergenzbereich an, in dem die Potenzreihe konvergiert. Die Werte der unabhängigen Variablen x dürfen nur in diesem Bereich liegen, damit die Reihe konvergiert.

Dieses Konvergenzkriterium ist nicht sicher. Es gibt auch Ausnahmen, für die es nicht gilt.

An den Rändern des Konvergenzradius ist keine sichere Aussage möglich.

Die Bezeichnung *Radius* beruht auf der Tatsache, dass auch für die Reihenentwicklung komplexe Zahlen zugelassen werden. Für diesen Fall liegt der Konvergenzradius in der gaußschen Zahlenebene.

Abbildung 10.7 veranschaulicht den Begriff des Konvergenzradius.

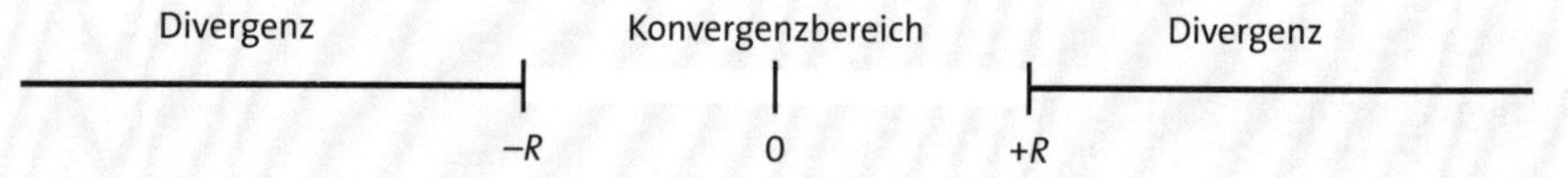

Abbildung 10.7 Veranschaulichung des Konvergenzradius

Listing 10.15 berechnet den Konvergenzradius für verschiedene Potenzreihenentwicklungen mit SymPy:

```
01 #15_konvergenzradius.py
02 from sympy import *
03 n=symbols('n')
04
05 def a(n):
06     return 1/factorial(n)             #e-Funktion
07     #return (-1)**n/factorial(2*n+1) #Sinus
08     #return (-1)**n/factorial(2*n)   #Kosinus
09     #return 1/factorial(2*n+1) #Sinushyperbolikus
10     #return 1/factorial(2*n)   #Cosinushyperbolikus
11     #return (-1)**n/(2*n+1)    #Arkustangens |x|<1
12
13 R=limit(abs(a(n)/a(n+1)),n,oo)
14 print("Konvergenzradius:",R)
```

Listing 10.15 Konvergenzradien für verschiedene Potenzreihen

Ausgabe

```
Konvergenzradius: oo
```

Analyse

Ab Zeile 05 werden verschiedene Folgen definiert. In Zeile 13 wird der Konvergenzradius mit `limit(abs(a(n)/a(n+1)),n,oo)` berechnet. Für die Reihe der e-Funktion wird ein Konvergenzradius von ∞ ausgegeben. Das bedeutet, dass für alle x-Werte die Reihe in dem Bereich von $-\infty$ bis $+\infty$ konvergiert. Diese Reihe zeigt also ein sicheres Konvergenzverhalten.

Für weitere Testzwecke können Sie die Kommentare entfernen und die Konvergenzradien für die anderen Reihen berechnen lassen.

10.4.2 Taylor-Entwicklung

Für eine beliebig oft differenzierbare Funktion $f(x)$ können die Koeffizienten a_n der Folgenglieder einer Potenzreihe

$$f(x) = a_0 + a_1 x + a_2 x^2 + a_3 x^3 + \ldots = \sum_{n=0}^{\infty} a_n x^n$$

mit dem Satz von Taylor bestimmt werden.

In [Weltner: 165ff] finden Sie die Herleitung der Koeffizienten a_n für den Entwicklungspunkt $x_0 = 0$:

$$a_n = \frac{f^{(n)}(0)}{n(n-1)(n-2)\ldots 2\cdot 1}$$

Damit erhält man die Taylor-Reihe für den Entwicklungspunkt $x_0 = 0$:

$$f(x) = f(0) + \frac{f'(0)}{1!}x + \frac{f''(0)}{2!}x^2 + \ldots + \frac{f^{(n)}(0)}{n!}x^n = \sum_{n=0}^{\infty}\frac{f^{(n)}(0)}{n!}x^n$$

Wird eine Funktion an der Stelle x=0 entwickelt, dann wird die obige Reihenentwicklung in der Fachliteratur auch als die *maclaurinsche Form* der Taylor-Reihe bezeichnet.

Soll eine Funktion an der Stelle x=x_0 entwickelt werden, gilt die Berechnungsvorschrift:

$$f(x) = \sum_{n=0}^{\infty}\frac{f^{(n)}(x_0)}{n!}(x-x_0)^n$$

Listing 10.16 berechnet mit der SymPy-Methode `series(...)` für verschiedene trigonometrische und hyperbolische Funktionen die Taylor-Entwicklung für die Entwicklungsstelle $x_0 = 0$:

```
#14_sympy_taylor.py
from sympy import *
x=symbols('x')
f1=cos(x)
f2=sin(x)
f3=exp(x)
f4=sinh(x)
f5=cosh(x)
f6=atan(x)
print("cos(x) =",series(f1,x,n=10))
print("sin(x) =",series(f2,x,n=10))
print("exp(x) =",series(f3,x,n=6))
print("sinh(x)=",series(f4,x,n=6))
print("cosh(x)=",series(f5,x,n=10))
print("atan(x)=",series(f6,x,n=11))
```

Listing 10.16 Taylor-Entwicklung für verschiedene Funktionen

Ausgabe

```
cos(x) = 1 - x**2/2 + x**4/24 - x**6/720 + x**8/40320 + O(x**10)
sin(x) = x-x**3/6 + x**5/120 - x**7/5040 + x**9/362880 + O(x**10)
exp(x) = 1 + x + x**2/2 + x**3/6 + x**4/24 + x**5/120 + O(x**6)
sinh(x)= x + x**3/6 + x**5/120 + O(x**6)
cosh(x)= 1 + x**2/2 + x**4/24 + x**6/720 + x**8/40320 + O(x**10)
atan(x)= x - x**3/3 + x**5/5 - x**7/7 + x**9/9 + O(x**11)
```

Analyse

Als ersten Parameter erwartet die Methode `series(f,x,n)` eine mathematische Funktion `f`, für die die Reihe berechnet werden soll. Der zweite Parameter `x` steht für die unabhängige Variable, und der dritte Parameter `n` legt die Anzahl der Reihenglieder fest. Alle Reihen werden im Entwicklungspunkt $x_0 = 0$ berechnet. Die Angabe `O(...)` (engl. *order*, dt.: *Reihenfolge* oder *Ordnung*) steht für die Potenz des als Nächstes zu erwartenden Reihenglieds.

Die Richtigkeit der Ausgaben lässt sich anhand der Fachliteratur verifizieren.

Anwendungsbeispiel

Die Taylor-Entwicklung kann auch dazu benutzt werden, die Gültigkeit der eulerschen Formel

$$e^{ix} = \cos x + i \sin x$$

zu demonstrieren. Listing 10.17 zeigt die Umsetzung:

```
#17_sympy_taylor.py
from sympy import *
x=symbols('x')
r1=series(cos(x),n=8)
r2=series(I*sin(x),n=8)
r3=series(exp(I*x),n=6)
r4=series(cos(x)+I*sin(x),n=6)
#r4=r1+r2
print("eulersche Formel")
print("cos(x)\t\t=",r1)
print("i*sin(x)\t=",r2)
print("exp(i*x)\t=",r3)
print("cos(x)+i*sin(x) =",r4)
```

Listing 10.17 Beweis der eulerschen Formel

Ausgabe

```
eulersche Formel
cos(x)   = 1 - x**2/2 + x**4/24 - x**6/720 + O(x**8)
i*sin(x) = I*x-I*x**3/6 + I*x**5/120 - I*x**7/5040 + O(x**8)
exp(i*x)         =1+I*x-x**2/2-I*x**3/6+x**4/24+I*x**5/120+O(x**6)
cos(x)+i*sin(x)=1+I*x-x**2/2-I*x**3/6+x**4/24+I*x**5/120+O(x**6)
```

Analyse

In Zeile 04 wird die Kosinusreihe entwickelt. Das Ergebnis wird in der Objektvariablen r1 gespeichert. In Zeile 05 wird die komplexe Sinusreihe entwickelt. Das I steht für die imaginäre Einheit. Das Ergebnis wird in der Objektvariablen r2 gespeichert. In Zeile 06 wird die komplexe Exponentialreihe exp(I*x) entwickelt. Das Ergebnis wird in der Objektvariablen r3 gespeichert. In Zeile 07 wird die Summe aus der Kosinus- und der komplexen Sinusreihe gebildet und in der Objektvariablen r4 gespeichert.

Die Ausgabe der Reihenglieder für die Kosinus- und die komplexe Sinusreihe erfolgt in den Zeilen 10 und 11. In Zeile 12 wird die komplexe Exponentialreihe ausgegeben. In Zeile 13 wird die Summe aus der Kosinus- und der komplexen Sinusreihe ausgegeben. Die Ausgaben der letzten beiden Zeilen sind gleich, auch wenn man beliebig andere Werte für n einsetzt. Was gezeigt werden sollte!

Approximation einer Sinusfunktion

In dem nächsten Programm soll die Approximation einer Sinusfunktion mit einer Taylor-Entwicklung anhand eines Funktionsgraphen veranschaulicht werden. Abbildung 10.8 zeigt die Approximation dieser Funktion an der Entwicklungsstelle $x_0 = \pi/2$ für zwei Glieder.

Listing 10.18 zeigt, wie eine Taylor-Reihe an einem bestimmten Entwicklungspunkt mit der SymPy-Methode series(...) berechnet und mit der SymPy-Methode plot(...) grafisch dargestellt werden kann. Mit dem Programm können Sie die Genauigkeit der Approximation simulieren, indem Sie in Zeile 04 die Anzahl der Glieder n verändern. In Zeile 05 können Sie auch den Entwicklungspunkt x0 variieren. Außerdem können Sie in Zeile 06 andere beliebig oft differenzierbare Funktionen eintragen, z. B. cos(x), exp(x), sinh(x), cosh(x), atan(x) und ln(x+1).

```
01 #18_entwicklungspunkt.py
02 from sympy import *
03 x=symbols('x')
04 n=3     #Anzahl der Glieder
05 x0=pi/2 #Entwicklungspunkt
```

```
06 f1=sin(x)
07 r=series(f1,x,x0,n)
08 f2=r.removeO()
09 print("sin(x) =",r)
10 print("sin(x) =",f2)
11 p1=plot(f1,(x,0,pi),show=False,line_color='blue')
12 p2=plot(f2,(x,0,pi),show=False,line_color='red')
13 p1.extend(p2)
14 p1.show()
```

Listing 10.18 Entwicklung der Taylor-Reihe für $x_0 = \pi/2$

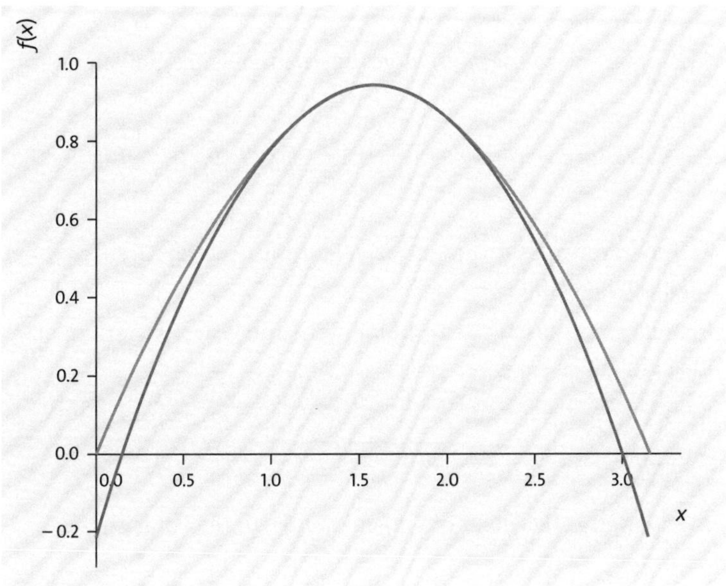

Abbildung 10.8 Approximation um den Entwicklungspunkt π/2

Ausgabe

```
sin(x) = 1 - (x - pi/2)**2/2 + O((x - pi/2)**3, (x, pi/2))
sin(x) = 1 - (x - pi/2)**2/2
```

Analyse

Die Zeilen 04 und 05 legen die Anzahl n der Reihenglieder und den Entwicklungspunkt x0 der Reihe fest. In Zeile 06 steht die mathematische Funktion f1, für die die Reihe entwickelt werden soll. In Zeile 07 wird die Reihe mit der SymPy-Methode `series(f1,x,x0,n)` erzeugt. Der dritte Parameter legt den Entwicklungspunkt `x0` fest. Alle Daten der Reihenentwicklung werden in dem Objekt `r` gespeichert.

Damit der Funktionsgraph der Reihenglieder gezeichnet werden kann, muss die Methode `r.removeO()` das letzte Glied `O((x - pi/2)**3, (x, pi/2))` aus der Reihe entfernen (Zeile 08).

Die Daten für die Funktionsgraphen werden in den Objekten `p1` und `p2` gespeichert (Zeile 11 und 12). Die Methode `p1.extend(p2)` fügt beide Objekte zusammen. Die Methode `p1.show()` sorgt für die Bildschirmausgabe.

10.5 Aufgaben

1. Schreiben Sie ein Programm, das das Konvergenzverhalten der Leibniz-Reihe

   $$4\sum_{k=0}^{n}\left(\frac{(-1)^k}{2k+1}\right)$$

   visualisiert.
2. Schreiben Sie ein Programm, das die unendliche Summe und den Grenzwert der Reihe $\sum 1/n^2$ symbolisch berechnet.
3. Schreiben Sie ein Programm, das mit dem Quotienten- und Wurzelkriterium überprüft, ob folgende Reihen konvergieren:

   $$\sum_{n=0}^{\infty}\frac{n^2}{e^n} \qquad \sum_{n=0}^{\infty}n^{-n} \qquad \sum_{n=0}^{\infty}\left(\frac{-1}{\ln(n+2)}\right)^n$$

4. Schreiben Sie ein Programm, das den Konvergenzradius für die Potenzreihe

   $$\sum_{n=0}^{\infty}\frac{2^n}{n!}x^n$$

   berechnet.
5. Schreiben Sie ein SymPy-Programm, das die Taylor-Reihe für $1/(1-x)$ berechnet.

Kapitel 11
Integralrechnung

In diesem Kapitel lernen Sie ausgewählte Verfahren der numerischen Integration kennen. Es werden Simulationen durchgeführt, bestimmte und uneigentliche Integrale sowie Zweifachintegrale berechnet.

Die Integralrechnung bildet zusammen mit der Differenzialrechnung das Fundament der Analysis. Sie wurde von Newton (1642–1726) und Leibniz (1646–1716) entwickelt. Sie umfasst zwei Aspekte: die Berechnung von Stammfunktionen und die Flächenberechnung unter Funktionsgraphen.

11.1 Die Stammfunktion

Wenn man von einer Funktion F die 1. Ableitung f berechnet, dann nennt man diese Funktion F die Stammfunktion der 1. Ableitung. Es gilt:

$$F'(x) = f(x)$$

Diese mathematische Operation, mit der für eine Funktion f die Stammfunktion F berechnet wird, bezeichnet man als *Integration*. Die Integration kann also als Umkehroperation der Differenziation interpretiert werden. Tabelle 11.1 verdeutlicht den Zusammenhang zwischen der Funktion $f(x) = x^4$ und ihren Ableitungen.

Funktion	1. Ableitung	2. Ableitung	3. Ableitung	4. Ableitung
$f(x) = x^4$	$4x^3$	$12x^2$	$24x$	24

Tabelle 11.1 Höhere Ableitungen einer Potenzfunktion

Liest man die 2. Zeile der Tabelle von links nach rechts, so steht in der vorhergehenden Spalte das Integral dieser Ableitung. Also: In der 4. Spalte steht das Integral der 5. Spalte, in der der 3. Spalte steht das Integral der 4. Spalte usw. Wenn der Exponent einer Ableitung den Wert n hat, dann hat die Stammfunktion den Wert $n + 1$.

Für die Funktion $f(x) = x^3$ soll exemplarisch das Integral berechnet werden. Sie wissen schon, dass bei der Integration einer Potenzfunktion der Exponent um 1 erhöht werden muss. In den Ableitungen kommen aber auch noch Koeffizienten a vor, die zusätzlich noch bei der Integration ermittelt werden müssen. Für die 1. Ableitung der Stammfunktion $F(x) = x^4$ gilt:

$$\frac{\mathrm{d}x^4}{\mathrm{d}x} = 4x^3$$

Das Differenzial dx wird auf die rechte Seite gebracht, und beide Seiten der Gleichungen werden integriert:

$$\int \mathrm{d}x^4 = \int 4x^3\,\mathrm{d}x$$

Auf der linken Seite heben sich die Operationen des Differenzierens und Integrierens auf:

$$x^4 = 4\int x^3\,\mathrm{d}x$$

Werden beide Seiten der Gleichung vertauscht und durch 4 dividiert, ergibt das Integral für x^3:

$$\int x^3\,\mathrm{d}x = \frac{x^4}{4}$$

Der Koeffizient a hat also den Wert 1/4. Für die Integration einer Potenzfunktion gilt allgemein folgende Berechnungsvorschrift:

$$\int x^n\,\mathrm{d}x = \frac{x^{n+1}}{n+1} + C$$

Bei jeder Integration entsteht noch eine Konstante C, die durch vorgegebene Randbedingungen noch ermittelt werden muss. In vielen Fällen kann für diese Konstante der Wert 0 angenommen werden. Rechts vom Gleichheitszeichen steht die sogenannte Stammfunktion.

Stammfunktion

Eine Funktion F heißt Stammfunktion von f, wenn gilt:

$$F'(x) = f(x)$$

Das Beispiel der gleichförmigen Bewegung visualisiert den Begriff der Stammfunktion noch anschaulicher. In Abbildung 11.1 sehen Sie eine linear ansteigende Funktion

$s = vt$, das ist die Stammfunktion der konstanten Geschwindigkeit v. Sie stellt hier die zurückgelegte Strecke s in Abhängigkeit von der Zeit t und der Geschwindigkeit v dar.

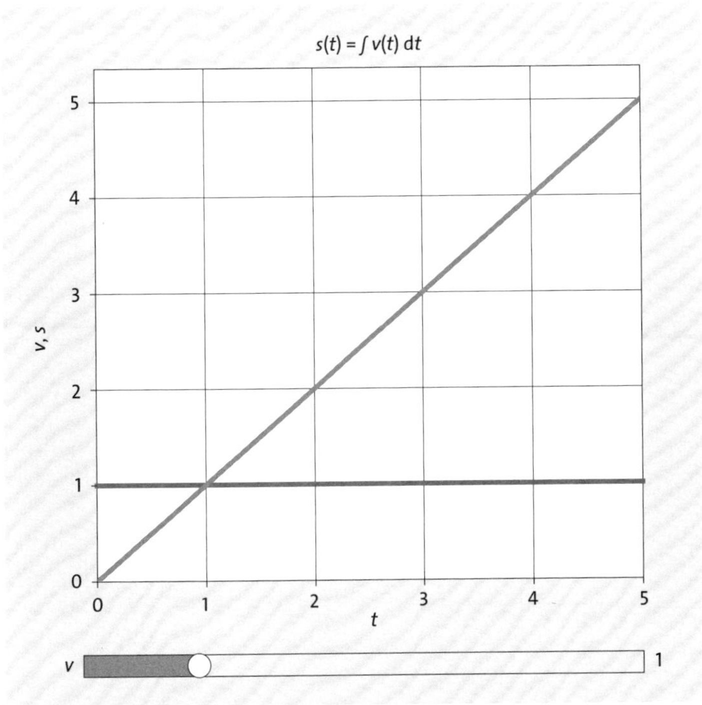

Abbildung 11.1 Stammfunktion für eine konstante Geschwindigkeit

Wenn Sie die Slider-Stellung nach rechts bewegen, dann vergrößert sich die Geschwindigkeit v und damit auch die Steigung der Wegfunktion $s(t)$. Mit zunehmender Geschwindigkeit wird also eine längere Strecke zurückgelegt. Für jeden Zeitpunkt kann aus dem Diagramm der zurückgelegte Weg abgelesen werden.

Mit Listing 11.1 können Sie den Verlauf des Graphen der Stammfunktion $s(t)$ simulieren:

```
#01_stammfunktion.py
import numpy as np
import matplotlib.pyplot as plt
from matplotlib.widgets import Slider
fig, ax = plt.subplots(figsize=(6,6))
plt.title(r'$s\left( t\right) =\int v\left( t\right)dt$')
plt.subplots_adjust(left=0.12,bottom=0.22)
plt.xlim(0,5)
plt.ylim(0,5.5)
```

```
10 plt.xlabel('t')
11 plt.ylabel('v, s')
12 t = np.arange(0,5,0.001)
13
14 def f(t,v=1):
15     return 0*t+v
16
17 def F(t,v=1):
18     return v*t
19
20 fx,Fx = plt.plot(t,f(t),t,F(t))
21 fx.set(color='red',lw=2)
22 Fx.set(color='blue',lw=2)
23 #x-, y-Position, Laenge, Hoehe
24 xyA = plt.axes([0.1, 0.10, 0.8, 0.03])
25 #Slider-Objekt erzeugen
26 sldA=Slider(xyA,'v', 0, 5.0,valinit=1,valstep=0.1)
27
28 def update(val):
29     v = sldA.val
30     fx.set_data(t,f(t,v))
31     Fx.set_data(t,F(t,v))
32 #Aenderungen abfragen
33 sldA.on_changed(update)
34 ax.grid(True)
35 plt.show()
```

Listing 11.1 Simulation einer Stammfunktion

Analyse

In Zeile 12 legt die NumPy-Methode `arange(...)` den Definitionsbereich für die unabhängige Variable `t` im Intervall [0,5] fest.

In den Zeilen 14 und 15 wird die Python-Funktion `f(t,v=1)` für die Geschwindigkeit `v` definiert. Die ungewöhnlich erscheinende Multiplikation der Zeit mit null `0*t` in Zeile 15 bewirkt, dass die Geschwindigkeit `v` als Konstante festgelegt wird.

In den Zeilen 17 und 18 wird die Python-Funktion `F(t,v=1)` (Stammfunktion) für die Berechnung des zurückgelegten Weges `v*t` definiert. Weil `v` eine Konstante ist, gibt die Funktion `F(..)` die numerischen Werte für eine linear ansteigende Gerade mit der Steigung `v` zurück.

In Zeile 20 erfolgt die Initialisierung der Funktion `f(t)` und der Stammfunktion `F(t)`. Die Anfangswerte werden in das Tupel `fx, Fx` gespeichert. Die Eigenschaften (Linienbreite, Farbe) dieser Funktionen können Sie in den Zeilen 21 und 22 ändern.

Zeile 24 legt die Position des `Sliders` auf der Programmoberfläche fest. In Zeile 26 wird das `Slider`-Objekt `sldA` mit der Methode `Slider(...)` erzeugt.

In den Zeilen 28 bis 31 wird die Python-Funktion `update(val)` definiert. Das Argument `val` enthält den Wert der Einstellung des Schiebereglers `sldA(...)`. Dieser Wert wird in Zeile 29 der Variablen `v` zugewiesen und den Funktionen `f(t,v)` und `F(t,v)` übergeben. Die Matplotlib-Methoden `set_data(...)` in den Zeilen 30 und 31 sind für die Darstellung der Funktionsgraphen zuständig.

In Zeile 33 ruft die Methode `on_changed(update)` die Funktion `update(...)` auf und übergibt ihr die aktuelle Schieberegler-Stellung.

Die `matplotlib`-Methode `show()` (Zeile 35) bewirkt, dass alle Grafikelemente des Programms auf dem Bildschirm dargestellt werden.

11.2 Flächenberechnung

Mithilfe des bestimmten Integrals können Sie die Fläche zwischen dem Graphen einer Funktion, der x-Achse und den begrenzenden Parallelen zur y-Achse berechnen. Soll die Fläche A unter einer Normalparabel $f(x) = x^2$ von 0 bis zur oberen Grenze a berechnet werden, so lautet die Berechnungsvorschrift:

$$A = \int_0^a x^2 \, \mathrm{d}x = F(a) - F(0) = \left. \frac{x^3}{3} \right|_0^a = \frac{a^3}{3}$$

Flächenberechnung

Die Fläche unter einer Kurve wird mit dem bestimmten Integral berechnet. Es gilt die Gleichung:

$$\int_a^b f(x) \, \mathrm{d}x = F(b) - F(a) = F(x)|_a^b$$

Mit dem Programm aus Abbildung 11.2 können Sie die Berechnung des Flächeninhalts A unter der Parabel $y = f(x) = x^2$ für verschiedene Obergrenzen a simulieren. Der Flächeninhalt wird links oben auf der Programmoberfläche angezeigt.

Der Punkt markiert die Obergrenze. Durch Verschieben der Slider-Stellung können Sie für die eingestellte Obergrenze a den Flächeninhalt unter der Parabel berechnen lassen.

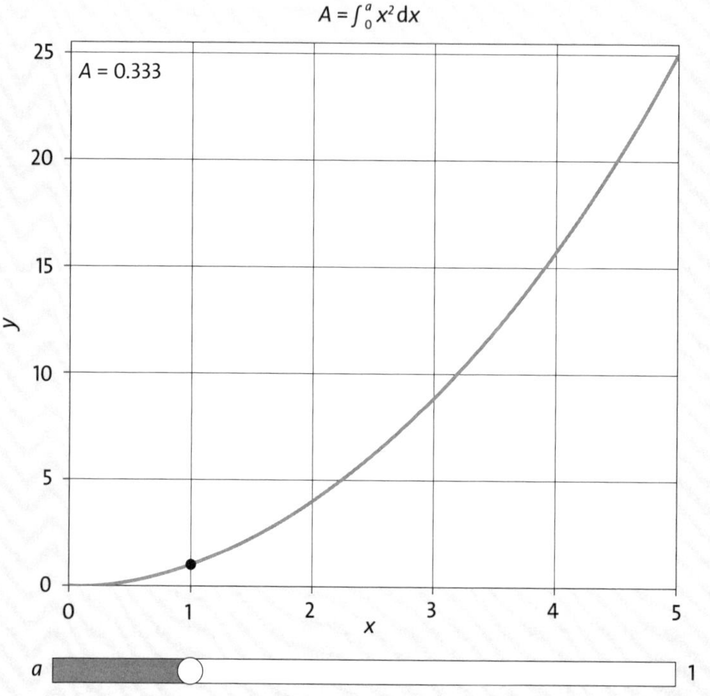

Abbildung 11.2 Simulation einer Flächenberechnung unter einer Parabel

Listing 11.2 zeigt, wie die Programmoberfläche aus Abbildung 11.2 realisiert wird:

```
#02_plot_integral_0_a.py
import numpy as np
import matplotlib.pyplot as plt
from matplotlib.widgets import Slider
fig, ax = plt.subplots(figsize=(6,6))
plt.title(r'$A=\int^{a}_{0} x^{2}dx$')
plt.subplots_adjust(left=0.1,bottom=0.22)
plt.xlim(0,5)
plt.ylim(0,25.5)
plt.xlabel('x')
plt.ylabel('y')
```

```
12 txtA=ax.text(0.1,24,'A=0.333')
13 x = np.arange(0,5,0.001)
14
15 def f(x):
16     return x**2
17
18 def F(x):
19     return x**3/3
20
21 fx, = plt.plot(x,f(x),color='b',lw=2)
22 pa, = plt.plot(1,f(1),'ro')
23 va, = plt.plot([],[],color='g',lw=1)
24 #x-, y-Position, Laenge, Hoehe
25 xyA = plt.axes([0.1, 0.10, 0.8, 0.03])
26 #Slider-Objekt erzeugen
27 sldA=Slider(xyA,'a', 0, 5.0,valinit=1,valstep=0.1)
28
29 def update(val):
30     a = sldA.val
31     fx.set_data(x,f(x))
32     pa.set_data(a,f(a))
33     va.set_data(a,f(a)-f(x))
34     A=F(a)
35     txtA.set_text(f'A = {A:2.3f}')
36 #Aenderungen abfragen
37 sldA.on_changed(update)
38 ax.grid(True)
39 plt.show()
```

Listing 11.2 Flächeninhalt unter einer Parabel

Analyse

Die Python-Funktionen für die mathematischen Funktionen `f(x)` und `F(x)` werden in den Zeilen 15 und 16 sowie in den Zeilen 18 und 19 definiert.

In den Zeilen 29 bis 35 wird die Funktion `update(val)` definiert. Die obere Integrationsgrenze wird in die Variable `a` gespeichert (Zeile 30). Die Anweisung in Zeile 32 positioniert einen roten Punkt auf dem Funktionsgraphen als Markierung für die obere Integrationsgrenze `a`, und die Anweisung in Zeile 33 markiert die obere Grenze durch eine senkrechte Linie.

11.3 Verfahren der numerischen Integration

Für viele Funktionen f existieren keine Stammfunktionen F, oder sie lassen sich nur mit einem hohen Aufwand ermitteln. Bei vielen Fragestellungen aus den Ingenieur- und Naturwissenschaften ist nur der Flächeninhalt von Interesse – die Stammfunktion ist nur Mittel zum Zweck. Numerische Verfahren ermöglichen es, den Flächeninhalt näherungsweise und ohne die aufwendige Bestimmung der Stammfunktion zu ermitteln.

Die Grundidee der numerischen Integration besteht darin, die Gesamtfläche in sehr viele Teilflächen aus Rechtecken, Trapezen oder Parabelbögen aufzuteilen. Die einzelnen Teilflächen $\Delta x \cdot f(x)$ werden berechnet und dann aufsummiert.

In diesem Kapitel behandele ich nur die leicht verständlichen Verfahren der Rechteck- und Trapezsummen sowie das Simpson-Verfahren. SciPy stellt mit der Methode `quad(...)` effektivere Verfahren zur numerischen Integration zur Verfügung. Diese Methode und die Methode `integrate (...)` von SymPy werden wir benutzen, um die Genauigkeit der selbst erstellten Algorithmen zu überprüfen.

11.3.1 Rechtecksummen

Das einfachste Verfahren, um die Fläche unter einer Kurve zu berechnen, besteht darin, die Fläche durch Rechtecke anzunähern. Abbildung 11.3 zeigt ein einzelnes Rechteck, dessen beiden vertikalen Seiten symmetrisch um den Punkt $(x_i+x_{i+1})/2$ angeordnet sind. Die linke vertikale Seite befindet sich an dem Punkt x_i und die rechte vertikale Seite liegt am Punkt x_{i+1}. Die Höhe entspricht dem Funktionswert $f((x_i+x_{i+1})/2)$.

Der Abstand zwischen x_i und x_{i+1} beträgt $h = x_{i+1} - x_i$. Der Flächeninhalt einer Teilfläche kann also mit $\Delta A = h \cdot f((x_i+x_{i+1})/2)$ berechnet werden.

Durch Aufsummieren erhält man einen Wert für den Flächeninhalt A unter dem Funktionsgraphen:

$$A \approx h \sum_{i=0}^{n-1} f\left(\frac{x_i + x_{i+1}}{2}\right)$$

Mit $x_i = a + i \cdot h$ und $x_{i+1} = a + (i + 1) \cdot h$ ergibt sich für die Höhe eines Teilrechtecks $f(x + h/2 + i \cdot h)$. Es hat den Flächeninhalt $\Delta A = f(x + h/2 + i \cdot h) \cdot h$. Weil die Funktionswerte genau in der Mitte von x_i und x_{i+1} gewählt werden, bezeichnet man dieses Verfahren auch als Mittelpunktsregel. Je kleiner der Abstand h (die Schrittweite) gewählt wird, desto genauer wird die Fläche berechnet.

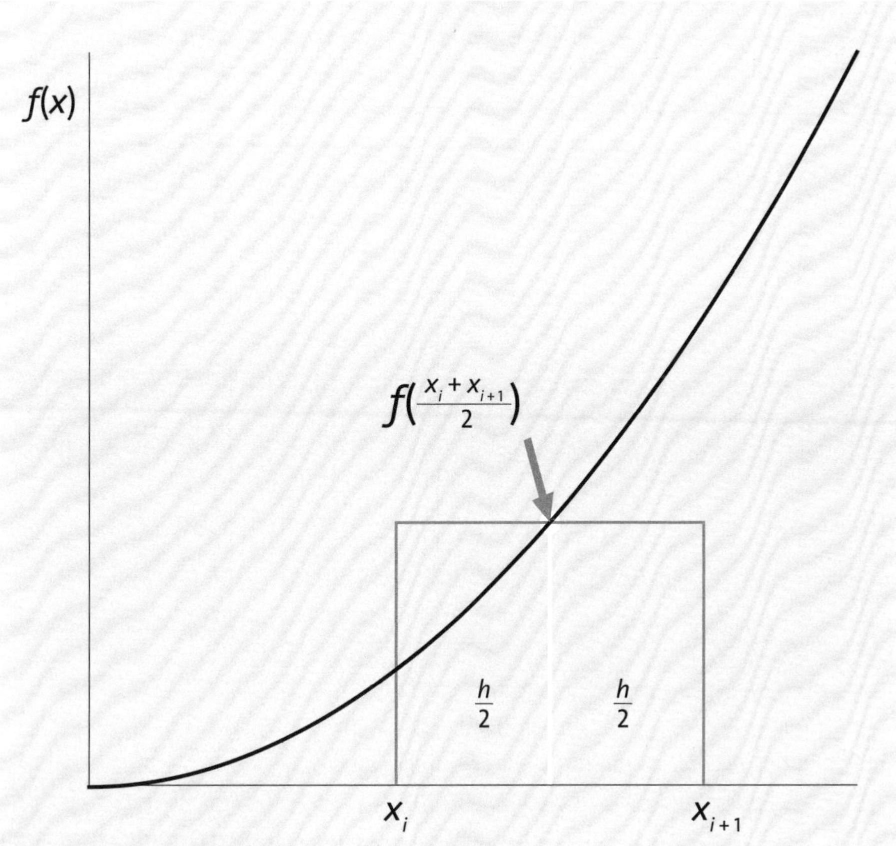

Abbildung 11.3 Mittelpunktsregel

Zerlegung

Die Zerlegung heißt *äquidistant*, wenn alle Teilintervalle auf der x-Achse dieselbe Länge $h = (b\text{–}a)/n$ haben.

Abbildung 11.4 zeigt für die Normalparabel $y = x^2$ die Rechtecksummen in den Grenzen von 0 bis 10. In dem Intervall $[a, b]$ von $a = 0$ bis $b = 10$ wird die x-Achse in 10 gleiche Abschnitte $\Delta x = h$ aufgeteilt. Diese Aufteilung wird auch als *Zerlegung* bezeichnet [Walter:197]. Die Schrittweite, d. h. der Abschnitt auf der x-Achse, beträgt also $h = 1$.

Die zu großen Flächenanteile, die oberhalb der Parabel liegen, werden durch die zu kleinen Flächenanteile, die unterhalb der Parabel liegen, näherungsweise wieder ausgeglichen.

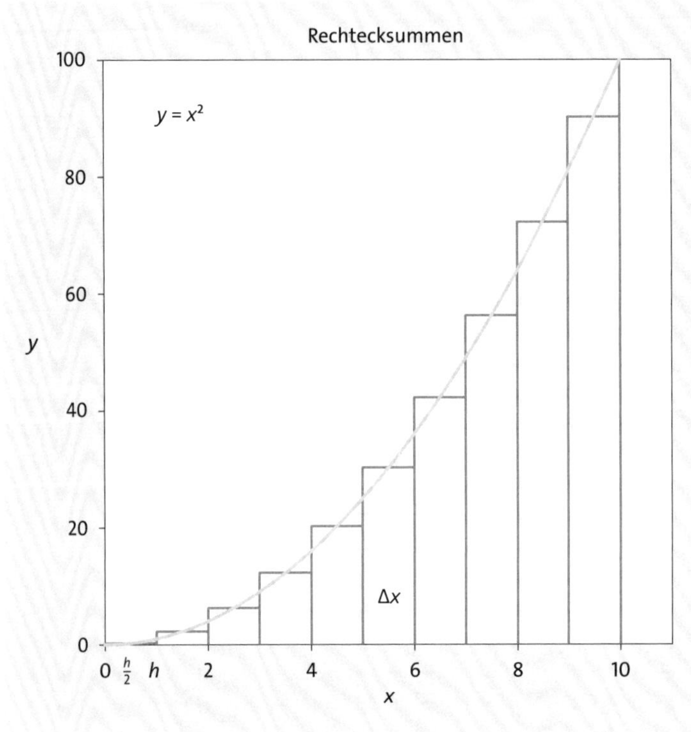

Abbildung 11.4 Rechtecksummen für eine Normalparabel

Listing 11.3 zeigt, wie das Rechtecksummenverfahren programmiert werden kann. Den genauen Wert des Integrals berechnet die SymPy-Methode `integrate(y,(x,a,b))`.

```
#04_rechtecksummen2.py
from sympy import *
x=symbols('x')

def f(x):
    y=x**2
    #y=sqrt(x)
    #y=x**3
    #y=sin(x)
    #y=cos(x)
    #y=tan(x)
    #y=1/x
    #y=exp(x)
    return y
```

```
15 #Grenzen
16 a,b=0,10
17 n=10
18
19 def rechteck(f,a,b,n=10):
20     h=(b-a)/n
21     summe=0
22     for i in range(0,n):
23         x=a+h/2+i*h
24         summe=summe+f(x)
25     return summe*h
26
27 A1=rechteck(f,a,b,n)
28 y=f(x)
29 A2=integrate(y,(x,a,b))
30 #Ausgabe
31 print("f(x)=",y)
32 print("Grenzen: a = %2.1f, b = %2.1f" %(a,b))
33 print("Anzahl der Zerlegungen n =",n)
34 print("A =",N(A1,15))
35 print("A =",N(A2,15),"SymPy")
36 print("A =",A2,"SymPy genau")
```

Listing 11.3 Optimierte Rechtecksummen

Ausgabe

```
f(x)= x**2
Grenzen: a = 0.0, b = 10.0
Anzahl der Zerlegungen n = 10
A = 332.500000000000
A = 333.333333333333 SymPy
A = 1000/3 SymPy genau
```

Analyse

Zeile 02 importiert alle Methoden des Moduls sympy. In Zeile 03 wird vereinbart, dass x als symbolische Variable verwendet werden kann.

Über die Python-Funktionsdefinition (Zeile 05 bis 14) können Sie die optimierten Rechtecksummen mit den auskommentierten mathematischen Funktionen testen. Gegebenenfalls müssen Sie die Integrationsgrenzen in Zeile 16 anpassen.

In Zeile 23 wird das Funktionsargument x um eine halbe Schrittweite h/2 auf der x-Achse nach rechts verschoben.

In Zeile 27 wird das bestimmte Integral mit den optimierten Rechtecksummen berechnet. Das Ergebnis wird in die Objektvariable `A1` gespeichert.

Die Zuweisung in Zeile 28 bewirkt, dass alle Daten der Python-Funktion aus Zeile 19 in die Objektvariable `y` gespeichert werden.

In Zeile 29 berechnet die SymPy-Methode `integrate(y,(x,a,b))` das bestimmte Integral von `y` in den Grenzen von `a` bis `b`.

Der Wert des bestimmten Integrals von 332.5 liefert im Vergleich zu dem Ober- und Untersummen-Algorithmus eine verbesserte Genauigkeit.

Wenn Sie die Integrationsgrenzen `a` und `b` in Zeile 16 und die Anzahl der Zerlegungen `n` in Zeile 17 ändern, haben Sie vielfältige Möglichkeiten, die Genauigkeit des Algorithmus der optimierten Rechtecksummen zu testen.

11.3.2 Trapezsummen

Die Flächenberechnung kann durch Sekanten-Trapezsummen noch weiter präzisiert werden. Abbildung 11.5 zeigt, wie 10 Sekanten-Trapezflächen den Flächeninhalt einer Normalparabel annäherungsweise bestimmen.

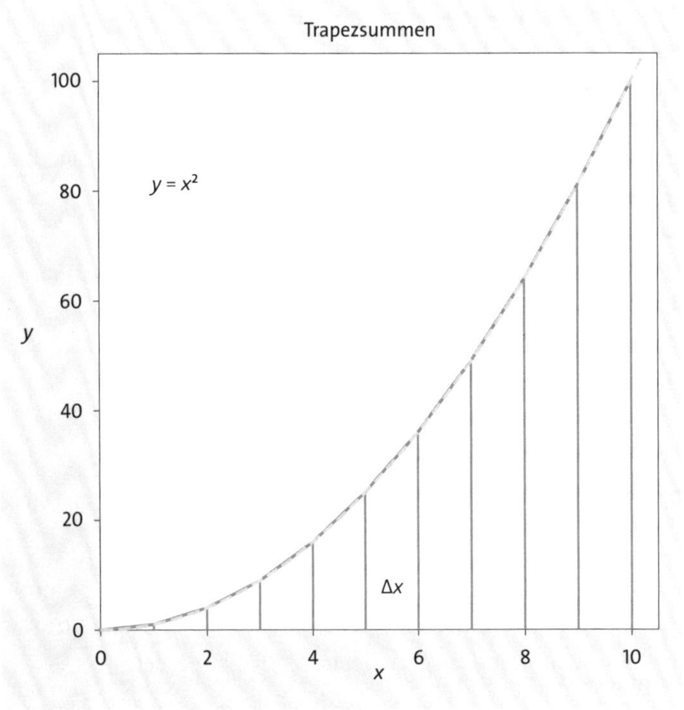

Abbildung 11.5 Trapezsummen

Es ist deutlich zu erkennen, dass die Approximation der Teilflächen gegenüber den Rechteckflächen weiter verbessert wird. Allerdings liegen die Sekanten bei konvexen Funktionen (nach *oben* geöffneter Funktionsgraph) über den Kurvenabschnitten. Es ist also ein etwas größerer Flächeninhalt zu erwarten. Bei konkaven Funktionen (nach *unten* geöffneter Funktionsgraph) werden die Ergebnisse etwas kleiner ausfallen.

Innerhalb der Grenzen von $a = 0$ bis $b = 10$ können Sie die Fläche unterhalb der Normalparabel nun annähern:

$$A = \frac{f(0) + f(1)}{2} \cdot 1 + \ldots + \frac{f(9) + f(10)}{2} \cdot 1 \approx 335$$

Die Verallgemeinerung ergibt die Trapezformel:

$$A = \sum_{i=1}^{n} \frac{f(x_{i-1}) + f(x_i)}{2} \cdot h = \frac{h}{2}\left(f(a) + 2\sum_{i=1}^{n-1} f(x_i) + f(b) \right)$$

$$A = \int_a^b f(x)\,\mathrm{d}x \approx \frac{b-a}{2n}\left(f(a) + 2\sum_{i=1}^{n-1} f(x_i) + f(b) \right)$$

Diese Berechnungsvorschrift lässt sich leicht in einen Algorithmus übersetzen. Die Summe $\sum f(x_i)$ wird innerhalb einer Schleife berechnet. Für das Funktionsargument wird im Programm $x_i = a + i \cdot h$ eingesetzt. Diese Summe wird außerhalb des Schleifenrumpfs mit dem Faktor 2 multipliziert. Danach wird aus dieser Summe eine neue Summe aus den Funktionswerten der unteren und oberen Integrationsgrenzen gebildet. Dieses Zwischenergebnis wird mit der halben Schrittweite multipliziert. Als Python-Anweisung geschrieben, sieht es so aus:

```
A=(f(a)+2*summe+f(b))*h/2
```

Listing 11.4 zeigt, wie die Trapezsummen der Normalparabel für die Grenzen von 0 bis 9 berechnet werden. Für die Schrittweite wird wieder $h = 1$ gesetzt.

```
#05_trapez.py
from sympy import *
x=symbols('x')

def f(x):
    return x**2
    #y=sqrt(x)
    #y=x**3
    #y=sin(x)
    #y=cos(x)
```

```
11         #y=tan(x)
12         #y=1/x
13         #y=exp(x)
14         #return exp(x)
15     #Grenzen
16     a,b=0,10
17     n=10
18
19     def trapez(f,a,b,n=10):
20         h=(b-a)/n
21         summe=0
22         for i in range(1,n):
23             x=a+i*h
24             summe=summe+f(x)
25         return (f(a)+2*summe+f(b))*h/2
26
27     A1=trapez(f,a,b,n)
28     y=f(x)
29     A2=integrate(y,(x,a,b))
30     #Ausgabe
31     print("f(x)=",y)
32     print("Grenzen: a = %2.1f, b = %2.1f" %(a,b))
33     print("Anzahl der Zerlegungen n =",n)
34     print("A =",N(A1,15))
35     print("A =",N(A2,15),"SymPy")
36     print("A =",A2,"SymPy genau")
```

Listing 11.4 Trapezsummen

Ausgabe

```
f(x)= x**2
Grenzen: a = 0.0, b = 10.0
Anzahl der Zerlegungen n = 10
A = 335.000000000000
A = 333.333333333333 SymPy
A = 1000/3 SymPy genau
```

Analyse

Das Programm ist bis auf die Zeilen 23 und 25 genau so aufgebaut wie die Vorgängerversion. In Zeile 25 wird der mit Trapezsummen `(f(a)+2*summe+f(b))*h/2` berechnete Flächeninhalt zurückgegeben.

Die Genauigkeit der Flächenberechnung kann in Zeile 17 durch eine höhere Anzahl `n` der Zerlegungen weiter verbessert werden.

11.3.3 Das Simpson-Verfahren

Beim Simpson-Verfahren wird der zu berechnende Flächeninhalt durch Teilflächen unter Parabelbögen angenähert. Die Berechnungsvorschrift lautet [Sedgewick: 637]:

$$A \approx \frac{h}{6}\sum_{i=0}^{n-1} f(x_i) + 4f\left(\frac{x_i + x_{i+1}}{2}\right) + f(x_{i+1})$$

Mit $x_i = a + i \cdot h$ und $x_{i+1} = a + (i+1) \cdot h$ lässt sich aus dieser Formel ein Algorithmus für das Simpson-Verfahren entwickeln:

```
#berechne die Summe für i=0 bis n-1
h*f(a+i*h)+4*f(a+h/2+i*h)+f(a+(i+1)*h)/6
```


Ausführlichere Informationen mit einem vollständig durchgerechneten Beispiel zum Flächeninhalt unter der Sinuskurve $\sin(x^2)$ finden Sie in [Maas:194].

Listing 11.5 berechnet die Fläche unter der Normalparabel in den Grenzen von 0 bis 10 mit einer selbst erstellten Python-Funktion `simpson(...)` und zur Kontrolle mit der SymPy-Methode `integrate(...)`.

```
#06_simpson.py
from sympy import *
x=symbols('x')
def f(x):
    y=x**2
    #y=sqrt(x)
    #y=x**3
    #y=sin(x)
    #y=cos(x)
    #y=tan(x)
    #y=1/x
    #y=exp(x)
    return y
#Grenzen
a,b=0,10
n=10

def simpson(f,a,b,n=10):
    summe=0
```

```
20       h=(b-a)/n
21       for i in range(0,n):
22           summe=summe+f(a+i*h)+4*f(a+h/2+i*h)+f(a+(i+1)*h)
23       return h*summe/6
24
25   A1=simpson(f,a,b,n)
26   y=f(x)
27   A2=integrate(y,(x,a,b))
28   #Ausgabe
29   print("f(x)=",y)
30   print("Grenzen: a = %2.1f, b = %2.1f" %(a,b))
31   print("Anzahl der Zerlegungen n =",n)
32   print("A =",N(A1,15))
33   print("A =",N(A2,15),"SymPy")
34   print("A =",A2,"SymPy genau")
```

Listing 11.5 Das Simpson-Verfahren

Ausgabe

```
f(x)= x**2
Grenzen: a = 0.0, b = 10.0
Anzahl der Zerlegungen n = 10
A = 333.333333333333
A = 333.333333333333 SymPy
A = 1000/3 SymPy genau
```

Analyse

In den Zeilen 18 bis 23 wird die Python-Funktion `simpson(...)` des Simpson-Algorithmus definiert. Der Summenalgorithmus wird innerhalb der `for`-Schleife (Zeile 21 bis 22) ausgeführt.

In Zeile 22 steht nur ein Teil der Simpson-Formel ohne den Faktor für die Berechnung des Flächeninhalts `h/6`: `f(a+i*h)+4*f(a+h/2+i*h)+f(a+(i+1)*h)`. In Zeile 23 wird dieser Term außerhalb der `for`-Schleife mit den Faktor `h/6` multipliziert. Beim Funktionsaufruf (Zeile 25) wird der numerische Wert des Flächeninhalts in die Objektvariable `A1` gespeichert.

Zur Kontrolle berechnet die SymPy-Methode in Zeile 27 den genauen Wert des Flächeninhalts. Er wird in die Objektvariable `A2` gespeichert.

Es ist auf den ersten Blick erstaunlich, dass das Simpson-Verfahren bei nur `n=10` Zerlegungen und einer Schrittweite von `h=1` den numerisch genauen Wert von

A = 333.333333333333 berechnet. Die Genauigkeit lässt sich aber damit erklären, dass die Abschnitte des Funktionsgraphen zwischen $f(x_i)$ und $f(x_{i+1})$ beim Simpson-Verfahren durch Parabelsegmente approximiert werden und die approximierte Funktion selbst eine Parabel ist.

11.3.4 Vergleich der Verfahren

Um die bisher vorgestellten Verfahren zu vergleichen, sollen für die folgenden bestimmten Integrale

$$1.\int_1^2 \frac{dx}{x} \quad 2.\int_0^{\pi/2} \sin x\,dx \quad 3.\int_0^1 x^2\,dx \quad 4.\int_0^1 x^4\,dx$$

die Flächeninhalte mit Rechteck- und Trapezsummen sowie dem Simpson-Verfahren berechnet werden. Die in Tabelle 11.2 dargestellten Ergebnisse wurden mit Listing 11.6 berechnet.

11

	1	2	3	4
Rechtecksummen	0.693069	1.000257	0.333125	0.199583
Trapezsummen	0.693303	0.999485	0.333750	0.200833
Simpson	0.693147	1.000000	0.333333	0.200000
quad	0.693147	0.999999	0.333333	0.2
SymPy	log(2)	1	1/3	1/5

Tabelle 11.2 Vergleich der Verfahren für n = 20

Der Vergleich zeigt, dass das Simpson-Verfahren für die hier betrachteten Beispiele die genaueren Ergebnisse liefert. Die Ergebnisse der Rechteck- und Trapezsummen sind noch akzeptabel. Wenn aber die Integrationsgrenzen weiter auseinanderliegen, dann fallen die Flächenberechnungen, je nach Funktionsmerkmal (konkav, konvex, Steigung), mitunter wesentlich ungenauer aus.

Aus dieser kleinen vergleichenden Untersuchung können wir folgendes Fazit ziehen:

> *»Grundsätzlich gibt es keine in allen Fällen günstige Allround-Formel. Optimalität kann immer nur in Bezug auf spezielle Merkmale erzielt werden.« [Walter:298]*

Für die folgenden Programme werde ich daher den besonders einfach zu handhabenden Algorithmus der Rechtecksummen verwenden.

Mit Listing 11.6 werden die bestimmten Integrale Nr. 1, 2, 3 und 4 mit den Algorithmen aus Tabelle 11.2 berechnet. Die Überprüfung erfolgt mit den SciPy- und SymPy-Methoden `quad(...)` und `integrate(...)`.

```
#07_vergleich.py
from sympy import *
from scipy.integrate import quad
x=symbols('x')
def f(x):
    y=1/x
    #y=sin(x)
    #y=x**2
    #y=x**4
    return y

a,b=1,2
n=20

def rechteck(f,a,b,n=100):
    h=(b-a)/n
    summe=0
    for i in range(n):
        summe=summe+f(a+h/2+i*h)
    return summe*h

def trapez(f,a,b,n=100):
    h=(b-a)/n
    summe=0
    for i in range(1,n):
        x=a+i*h
        summe=summe+f(x)
    return (f(a)+2*summe+f(b))*h/2

def simpson(f,a,b,n=100):
    summe=0
    h=(b-a)/n
    for i in range(0,n):
        summe=summe+f(a+i*h)+4*f(a+h/2+i*h)+f(a+(i+1)*h)
    return h*summe/6

y=f(x)
A1=rechteck(f,a,b,n)
```

```
39 A2=trapez(f,a,b,n)
40 A3=simpson(f,a,b,n)
41 A4=quad(f,a,b) [0]
42 A5=integrate(y,(x,a,b))
43 #Ausgaben
44 print("Funktion f(x) =",y)
45 print("Grenzen a = %2.2f b = %2.2f" %(a,b))
46 print("Anzahl der Zerlegungen n =",n)
47 print(N(A1,15),"Rechtecksummen")
48 print(N(A2,15),"Trapezsummen")
49 print(N(A3,15),"Simpson")
50 print(A4,"SciPy quad")
51 print(A5,"SymPy")
```

Listing 11.6 Vergleich der Verfahren

Ausgabe

```
Funktion f(x) = 1/x
Grenzen a = 1.00 b = 2.00
Anzahl der Zerlegungen n = 20
0.693069098225587 Rechtecksummen
0.693303381792694 Trapezsummen
0.693147192747956 Simpson
0.6931471805599454 SciPy quad
log(2) SymPy
```

Analyse

Der natürliche Logarithmus (*Logarithmus naturalis*) ln(2) hat einen näherungsweise genauen Wert von 0,6931471805599453. Die SciPy-Methode `quad(...)` erreicht eine Genauigkeit von 15 Nachkommastellen. Das Simpson-Verfahren berechnet den ln(2) bis auf 5 Nachkommastellen genau. Die anderen beiden Verfahren (Rechteck- und Trapezsummen) erreichen nur eine Genauigkeit von 3 Nachkommastellen.

Die Ergebnisse der übrigen Testfunktionen aus den auskommentierten Zeilen 07 bis 09 werden in Tabelle 11.2 zusammengestellt.

11.3.5 Der Flächeninhalt zwischen zwei Funktionsgraphen

Abbildung 11.6 stellt zwei Parabeln dar:

$$f_1(x) = (x-2)^2 + 1, \qquad f_2(x) = -(x-2)^2 + 6$$

Es soll der durch die zwei Schnittpunkte eingeschlossene Flächeninhalt A_{21} berechnet werden.

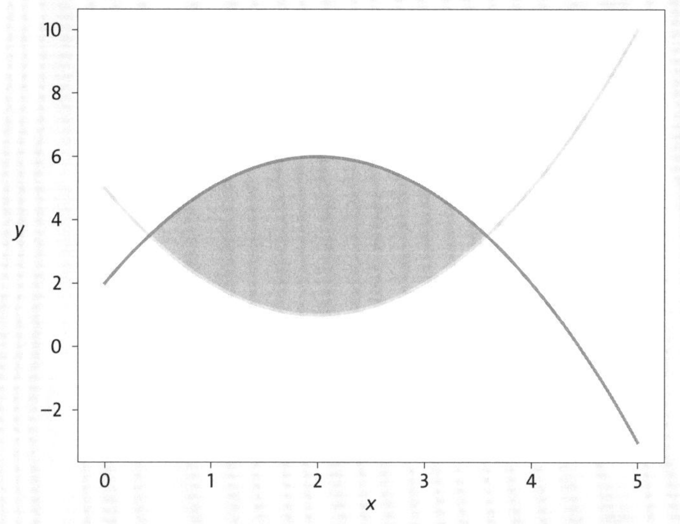

Abbildung 11.6 Flächeninhalt zwischen zwei Funktionsgraphen

Dazu müssen die Schnittpunkte der Funktionen und die bestimmten Integrale von y_1 und y_2 berechnet werden.

Die Schnittpunkte sind die Nullstellen der Differenz $f_1(x) - f_2(x) = 0$ aus beiden Funktionstermen. Die Nullstellen sollen mit dem Newton-Verfahren berechnet werden. Als Startwerte können aus Abbildung 11.6 für $x_{01} = 0{,}4$ und $x_{02} = 3{,}5$ abgelesen werden.

Für den Flächeninhalt A_{21} gilt:

$$A_{21} = A_2 - A_1 = \int_{x_{01}}^{x_{02}} [-(x-2)^2 + 6]\,\mathrm{d}x - \int_{x_{01}}^{x_{02}} [(x-2)^2 + 1]\,\mathrm{d}x$$

Die beiden Integrale können zu einem bestimmten Integral zusammengefasst werden:

$$A_{21} = \int_{x_{01}}^{x_{02}} [f_2(x) - f_1(x)]\,\mathrm{d}x$$

Mit Listing 11.7 können Sie beide Lösungsmöglichkeiten ausprobieren:

```
#08_zwischen_flaechen.py
import numpy as np
```

```
03 import matplotlib.pyplot as plt
04 from scipy.optimize import newton
05 from scipy.integrate import quad
06
07 def f1(x):
08     return (x-2)**2 + 1
09
10 def f2(x):
11     return -(x-2)**2 + 6
12
13 def f3(x):
14     return f2(x)-f1(x)
15
16 x=np.linspace(0,5,100)
17 x01,x02=newton(f3,[0,3])
18 A1=quad(f1,x01,x02)[0]
19 A2=quad(f2,x01,x02)[0]
20 A21=A2-A1
21 #A21=quad(f3,x01,x02)[0]
22 print("Nullstellen  :",x01,",",x02)
23 print("Flächeninhalt:",A21)
24 plt.plot(x,f1(x),'r-',lw=2)
25 plt.plot(x,f2(x),'b-',lw=2)
26 plt.fill_between(x,f2(x),f1(x),where=f2(x)>f1(x),facecolor='b',alpha=0.2)
27 plt.xlabel('x')
28 plt.ylabel('y',rotation=True)
29 plt.show()
```

Listing 11.7 Flächeninhalt zwischen zwei Funktionsgraphen

Ausgabe

```
Nullstellen  :  0.41886116991581024 , 3.58113883008411
Flächeninhalt: 10.5409255338946
```

Analyse

In Zeile 17 berechnet die SciPy-Methode `newton(f3,[0,3])` für die mathematische Funktion `f3` (Zeile 13) die zwei Nullstellen `x01` und `x02` mit den Startwerten 0 und 3.

In Zeile 18 berechnet die SciPy-Methode `quad(f1,x01,x02)[0]` den Flächeninhalt unter dem Funktionsgraphen der mathematischen Funktion `f1` (Zeile 07) zwischen den Nullstellen und der x-Achse. In Zeile 19 wird die gleiche Operation für die mathematische Funktion f2 (Zeile 10) durchgeführt.

Die Differenz der beiden Flächeninhalte ergibt die Fläche zwischen den Schnittpunkten der beiden Funktionen f1 und f2.

Alternativ können Sie durch Entfernen des Kommentars in Zeile 21 den Flächeninhalt zwischen den Schnittpunkten von f1 und f2 mit der mathematischen Funktion f3 (Zeile 13) berechnen lassen.

11.3.6 Uneigentliches Integral

Der Begriff *uneigentliches Integral* soll andeuten, dass ein bestimmtes Integral eigentlich nicht berechnet werden kann. Das ist der Fall, wenn die Integrationsgrenzen unendlich sind. Wenn das Integral $f(x)$ für $x \to \infty$ einen Grenzwert hat, lässt sich die Integration trotzdem durchführen. Wenn dieser Grenzwert

$$\int_a^\infty f(x)\,\mathrm{d}x = \lim_{c\to\infty} \int_a^c f(x)\,\mathrm{d}x$$

existiert, dann existiert auch das uneigentliche Integral [Walter:323].

Ein uneigentliches Integral mit SciPy berechnen

Das Integral der e-Funktion exp($-x$) hat für $x \to \infty$ einen endlichen Wert:

$$\int_0^\infty \mathrm{e}^{-x}\,\mathrm{d}x = [-\mathrm{e}^{-x}]_0^\infty = 0 - (-1) = 1$$

Listing 11.8 berechnet mit der SciPy-Methode quad(f,a,b) den Flächeninhalt unter der e-Funktion exp($-x$) in den Grenzen von 0 bis $x \to \infty$:

```
#09_uneigentlich_scipy.py
import numpy as np
import matplotlib.pyplot as plt
from scipy.integrate import quad

def f(x):
    return np.exp(-x)

x=np.linspace(0,5,100)
A=quad(f,0,np.inf)[0]
print("Flächeninhalt:",A)
plt.plot(x,f(x),'b-',lw=2)
```

```
13 plt.fill_between(x,f(x),where=f(x)>0,facecolor='b',alpha=0.2)
14 plt.xlabel('x')
15 plt.ylabel('y',rotation=True)
16 plt.show()
```

Listing 11.8 Uneigentliches Integral

Ausgabe

```
Flächeninhalt: 1.0000000000000002
```

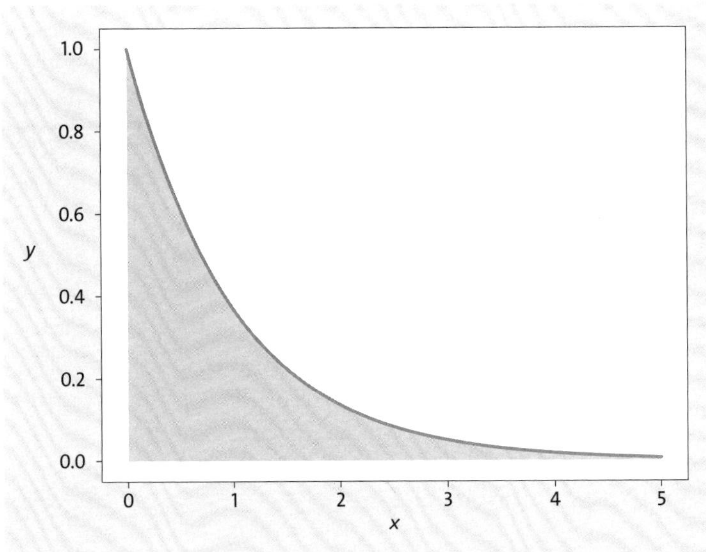

Abbildung 11.7 Flächeninhalt unter einer e-Funktion

Analyse

In Zeile 10 berechnet die SciPy-Methode `quad(f,0,np.inf)[0]` das uneigentliche Integral von $\exp(-x)$ in den Grenzen von 0 bis ∞. Das Listenelement `[0]` unterdrückt die Ausgabe des abgeschätzten Fehlers, der bei der Integration entsteht. Wenn Sie dieses Element entfernen, erhalten Sie als Ausgabe das Tupel `(1.0000000000000002, 5.842606742906004e-11)`. Mit `print(A[1])` können Sie sich den abgeschätzten Fehler und mit `print(A[0])` können Sie sich den numerischen Wert eines Integrals ausgeben lassen.

Für das Symbol ∞ nutzt das Modul NumPy die Eigenschaft `np.inf`. Bis auf die letzte Nachkommastelle berechnet `quad(...)` das uneigentliche Integral fast genau.

Eine exakte Berechnung von uneigentlichen Integralen ist mit SymPy möglich.

Uneigentliche Integrale mit SymPy berechnen

Bestimmte und auch uneigentliche Integrale können Sie mit der SymPy-Methode `integrate(y,(x,a,b))` genau berechnen. Die Variablen `a` und `b` repräsentieren die unteren und oberen Integrationsgrenzen einer mathematischen Funktion. Das mathematische Symbol ∞ wird in SymPy durch die zwei Buchstaben `oo` ersetzt.

Listing 11.9 berechnet das uneigentliche Integral für $y = \exp(-x)$ in den Grenzen von 0 bis ∞:

```
01 #10_uneigentlich_sympy.py
02 from sympy import *
03 x=symbols('x')
04 a,b=0,oo
05 y=exp(-x)
06 A=integrate(y,(x,a,b))
07 print("Flächeninhalt unter der Funktion y =",y)
08 print("in den Grenzen von",a,"bis",b)
09 print("A =",A)
```

Listing 11.9 Uneigentliches Integral, mit SymPy berechnet

Ausgabe

```
Flächeninhalt unter der Funktion y = exp(-x)
in den Grenzen von 0 bis oo
A = 1
```

Analyse

Zeile 04 `a,b=0, oo` legt die untere und obere Integrationsgrenze fest. In Zeile 06 berechnet die Methode `integrate(y,(x,a,b))` das uneigentliche Integral für die mathematische Funktion aus Zeile 05.

Die Ausgabe des Funktionsterms, der Integrationsgrenzen und des symbolischen Wertes des uneigentlichen Integrals erfolgt in den Zeilen 07 bis 09.

11.4 Bogenlängen

Das Integral kann auch zur Bestimmung von *Bogenlängen* verwendet werden. Die Berechnung der Bogenlänge eines Funktionsgraphen erfordert die Integration einer Wurzelfunktion und die Berechnung der 1. Ableitung der Funktionsgleichung des Graphen. Eine Kurve, deren Länge so berechnet werden kann, heißt *rektifizierbar*.

Abbildung 11.8 zeigt einen linearisierten Kurvenabschnitt Δs eines Funktionsgraphen.

Anhand dieser Abbildung soll die Vorschrift für die Berechnung von Bogenlängen hergeleitet werden.

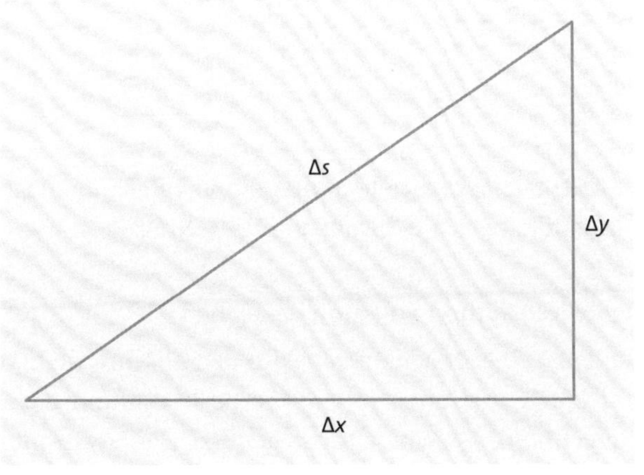

Abbildung 11.8 Linearisierter Kurvenabschnitt Δs

Für kleine Bogenabschnitte kann die Bogenlänge durch eine Gerade angenähert werden. Dann gilt nach dem Satz des Pythagoras:

$$\Delta s^2 = \Delta x^2 + \Delta y^2$$

Auf der rechten Seite der Gleichung wird Δx^2 ausgeklammert:

$$\Delta s^2 = \left(1 + \frac{\Delta y^2}{\Delta x^2}\right) \Delta x^2$$

Auf beiden Seiten wird die Wurzel gezogen:

$$\Delta s = \sqrt{\left(1 + \frac{\Delta y^2}{\Delta x^2}\right)} \Delta x$$

Für den Grenzwert $\Delta x \to 0$ erhält man für den Bogenabschnitt zwischen den Grenzen a und b das bestimmte Integral:

$$s = \int_a^b \sqrt{1 + [f'(x)]^2}\, \mathrm{d}x$$

Für die Normalparabel $f(x) = x^2$ soll die Bogenlänge zwischen 0 und 1 berechnet werden. Wenn Sie die Ableitung $f'(x) = 2x$ in die obige Formel einsetzen, erhalten Sie das bestimmte Integral:

$$s = \int_0^1 \sqrt{1+4x^2}\,dx = \left[\frac{1}{2}x\sqrt{1+4x^2} + \frac{1}{4}\ln\left(2x + \sqrt{1+4x^2}\right)\right]_0^1$$

$$s = \frac{\sqrt{5}}{2} + \frac{1}{4}\ln\left(2+\sqrt{5}\right) \approx 1.4789428575445975$$

Das Integral können Sie mit der Methode der partiellen Integration berechnen [Hairer:125] oder Sie benutzen eine Integraltabelle z. B. [Bronstein:1094, Nr. 185].

Bogenlängen mit einer selbst erstellten Python-Funktion berechnen

Listing 11.10 berechnet die Bogenlänge einer Normalparabel für den Abschnitt von 0 bis 1. Dabei werden die selbst erstellten Funktionen `df(...)` für die Berechnung der 1. Ableitung und `dl(...)` für die Berechnung des Wurzelterms genutzt. Das bestimmte Integral wird mit der selbst erstellten Funktion `rechteck(...)` berechnet.

```
#11_bogenlaenge.py
from math import *
def f(x):
    return x**2

def df(f,x,h=1e-3):
    return (f(x+h)-f(x-h))/(2*h)

def dl(x):
    return (1+(df(f,x))**2)**(1/2)

def rechteck(f,a,b,n=100):
    h=(b-a)/n
    summe=0
    for i in range(n):
        summe=summe+f(a+h/2+i*h)
    return summe*h

a,b=0,1
s=rechteck(dl,a,b)
print("Bogenlänge einer Normalparabel")
```

```
22 print(s)
23 print(sqrt(5)/2+log(2+sqrt(5))/4,"genau")
```

Listing 11.10 Bogenlänge einer Normalparabel

Ausgabe

```
Bogenlänge einer Normalparabel
1.4789354039742368
1.4789428575445975 genau
```

Analyse

In den Zeilen 03 und 04 wird die mathematische Funktion `f(x)` definiert, von der die Bogenlänge berechnet werden soll.

In den Zeilen 06 und 07 steht die Funktionsdefinition `df(x)` für die Berechnung der 1. Ableitung mit dem zentralen Differenzenquotienten.

In den Zeilen 09 und 10 wird die Python-Funktion für den Wurzelterm definiert.

In den Zeilen 12 bis 17 steht die selbst definierte Python-Funktion `rechteck(f,a,b,n=100)` für die Berechnung des bestimmten Integrals. Es wurde das optimierte Verfahren mit verschobenen Rechtecksummen ausgewählt. Dieser Funktion wird als erster Parameter die Funktion `f` übergeben, von der die Bogenlänge berechnet werden soll. Der 2. und der 3. Parameter stehen für die untere und die obere Integrationsgrenze. Die Integrationsgrenzen werden in 100 gleiche (äquidistante) Teile zerlegt. Bei einem neuen Funktionsaufruf kann der Wert für `n` noch verändert werden.

In Zeile 20 erfolgt der Funktionsaufruf der Funktion `rechteck(...)` mit den aktuellen Parametern. Das Ergebnis für die Länge des Bogenabschnitts von 0 bis 1 wird in die Objektvariable `s` gespeichert.

Die Ausgabe in Zeile 22 zeigt, dass mit selbst erstellten Funktionen eine Genauigkeit von vier Nachkommastellen erreicht wird. Ein Vorteil des Programms besteht darin, dass es mit wenigen Ressourcen auskommt und schneller ausgeführt wird als die SymPy- oder SciPy-Version.

In der Praxis sollten Sie dennoch die Methoden von SymPy oder SciPy verwenden, weil sie einerseits garantiert genauere Ergebnisse liefern und andererseits Fehler, die bei den Berechnungen entstehen können, durch eingebaute Routinen abfangen.

Bogenlängen mit SymPy berechnen

Zum Vergleich berechnet Listing 11.11 die Bogenlänge der Normalparabel mit SymPy. Das Programm eignet sich auch für die Berechnung von Bogenlängen komplexerer

Funktionen. In Zeile 04 können Sie andere Funktionsgleichungen eingeben, und in Zeile 05 können Sie die Grenzen anpassen.

```
01 #12_sympy_bogenlaenge.py
02 from sympy import *
03 x=symbols('x')
04 y=x**2
05 a,b=0,1
06 z=sqrt(1+diff(y,x)**2)
07 s=integrate(z,(x,a,b))
08 print("Bogenlänge für y =",y)
09 print("Grenzen: a = %2.1f, b = %2.1f" %(a,b))
10 print("Bogenlänge s =",N(s,7))
```

Listing 11.11 Bogenlänge, mit SymPy berechnet

Ausgabe

```
Bogenlänge für y = x**2
Grenzen: a = 0.0, b = 1.0
Bogenlänge s = 1.478943
```

Analyse

Das SymPy-Programm benötigt nur 10 Zeilen. In Zeile 07 könnte direkt der Wurzelausdruck aus Zeile 06 eingesetzt werden:

```
s=integrate(sqrt(1+diff(y,x)**2),(x,a,b))
```

So lässt sich zwar der Quelltext um eine Programmzeile reduzieren, er wird dadurch aber etwas unübersichtlicher.

Das SymPy-Programm ist im Vergleich zu Listing 11.10 wesentlich kompakter, dafür ist die Laufzeit aber auch erheblich höher.

11.5 Rotationskörper

Wenn sich eine ebene Fläche um die x- oder y-Achse dreht, entsteht ein *Rotationskörper*. (Im Folgenden möchte ich nur Körper betrachten, die um die x-Achse rotieren.)

Wenn eine Gerade $f(x) = a$, die parallel zur x-Achse verläuft, um die x-Achse rotiert, dann entsteht ein Zylinder. Wenn eine ansteigende Gerade $f(x) = mx$ um die x-Achse rotiert, dann entsteht ein Kegel. Wenn die Umkehrfunktion einer Normalparabel, die

Wurzelfunktion $y = \sqrt{x}$, um die x-Achse rotiert, dann entsteht ein Rotationsparaboloid wie in Abbildung 11.9.

Für Rotationskörper können das Volumen und die Mantelfläche durch Integration berechnet werden.

Da sich die Querschnittsflächen senkrecht zur x-Achse aus Kreisscheiben mit dem Radius $r(x)$ und der Breite Δx zusammensetzen, wird die Volumenberechnung auch als *Scheibenmethode* bezeichnet [Thomas1:416]. Das Volumen V wird aus der Summe der Teilvolumen $\Delta V = \pi r^2(x)\Delta x$ berechnet.

Die Oberfläche eines Rotationskörpers abzüglich der beiden Stirnflächen bezeichnet man auch als *Mantelfläche*. Sie entsteht aus der Rotation der Begrenzungskurve der ebenen Fläche. Die Mantelfläche M wird aus der Summe der Teilmantelflächen $\Delta M = 2\pi r(x)\Delta s$ berechnet. An der Stelle x hat der Radius den Wert $f(x)$.

Rotationsparaboloid

Das Rotationsvolumen und die Mantelfläche sollen für ein Rotationsparaboloid (siehe Abbildung 11.9 und Abbildung 11.10), der um die x-Achse rotiert, mit selbst erstellten Python-Funktionen berechnet werden. In beiden Fällen muss in Richtung der x-Achse innerhalb der Grenzen von a bis b integriert werden.

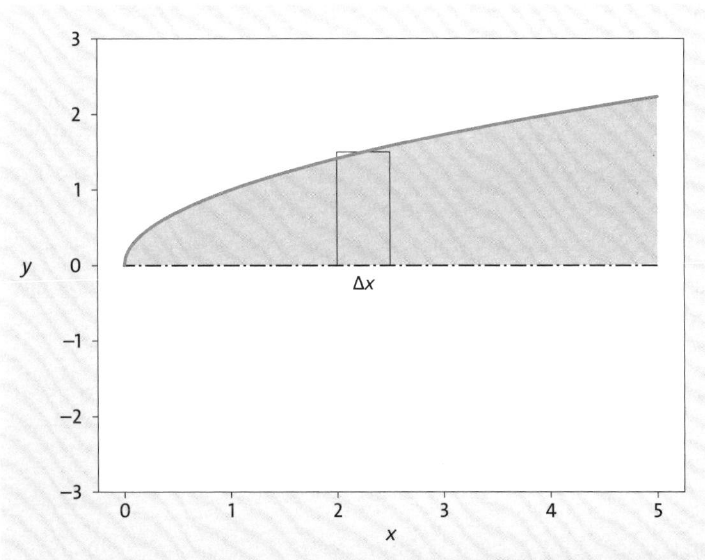

Abbildung 11.9 2D-Darstellung eines Rotationsparaboloids

In Abbildung 11.10 sehen Sie die 3D-Darstellung des Rotationskörpers als Drahtmodell.

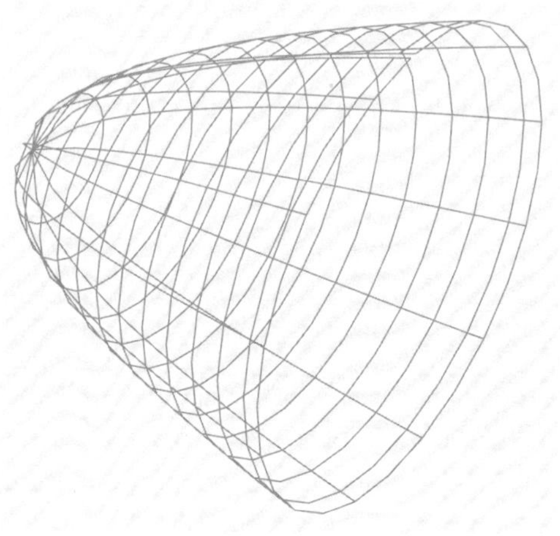

Abbildung 11.10 3D-Darstellung eines Rotationsparaboloids

Für das Volumen eines Rotationskörpers, der um die x-Achse rotiert, gilt:

$$V = \pi \int_a^b [f(x)]^2 \mathrm{d}x$$

Für die Mantelfläche gilt:

$$M = 2\pi \int_a^b f(x)\sqrt{1 + [f'(x)]^2}\mathrm{d}x$$

Mantelfläche

Unter der Mantelfläche versteht man die Oberfläche eines Rotationskörpers abzüglich der beiden Stirnflächen an der unteren Integrationsgrenze a und der oberen Integrationsgrenze b.

Die äußere Begrenzung des Rotationsparaboloids wird durch die Gleichung

$$y = f(x) = \sqrt{x}$$

beschrieben.

Für die Grenzen von 0 bis 5 ergibt sich ein Volumen von:

$$V = \pi \int_a^b [f(x)]^2 \mathrm{d}x = \pi \int_0^5 x\,\mathrm{d}x = \pi \frac{x^2}{2}\Big|_0^5 = 39{,}26990817$$

Für die Mantelfläche erhalten Sie:

$$M = 2\pi \int_a^b f(x)\sqrt{1+[f'(x)]^2}\mathrm{d}x = 2\pi \int_0^5 \sqrt{x}\sqrt{1+\frac{1}{4x}}\mathrm{d}x$$

$$M = 2\pi \left[\frac{x\sqrt{4x+1}}{3} + \frac{\sqrt{4x+1}}{12}\right]_0^5$$

$$M = 2\pi \left[\frac{5\sqrt{21}}{3} + \frac{\sqrt{21}}{12} - \frac{1}{12}\right] = 49.86445271$$

Listing 11.12 berechnet das Volumen und die Mantelfläche eines Rotationsparaboloids in den Grenzen von 0 bis 5 mit selbst erstellten Python-Funktionen:


```
#13_rotationskoerper.py
from math import *
def f(x):
    return sqrt(x)

def f2(x):
    return f(x)**2

def df(f,x,h=1e-3):
    return (f(x+h)-f(x-h))/(2*h)

def m(x):
    return f(x)*(1+(df(f,x))**2)**(1/2)

def rechteck(f,a,b,n=100):
    h=(b-a)/n
    summe=0
    for i in range(n):
        summe=summe+f(a+h/2+i*h)
    return summe*h
#Grenzen
a,b=0,5
V=pi*rechteck(f2,a,b)
M=2*pi*rechteck(m,a,b)
print("Volumen.....:",V)
print("Mantelfläche:",M)
```

Listing 11.12 Rotationskörper

Ausgabe

```
Volumen.....: 39.269908169872416
Mantelfläche: 49.86499947208503
```

Analyse

In den Zeilen 03 und 04 wird die Funktion `f(x)` als Wurzelfunktion `sqrt(x)` definiert. Bei einem Funktionsaufruf wird sie in Zeile 07 quadriert.

Die selbst definierte Python-Funktion `df(...)` aus Zeile 09 und 10 berechnet in Zeile 13 die 1. Ableitung der Funktion `f(x)` aus Zeile 03, wenn `df(...)` im Hauptprogramm aufgerufen wird.

Mit der Python-Funktion `rechteck(...)` (Zeile 15 bis 20) kann die Integration mit Rechtecksummen durchgeführt werden.

Das Volumen `V` und die Mantelfläche `M` werden in den Zeilen 23 und 24 berechnet. Das Programm berechnet das Volumen mit einer Genauigkeit von 7 Nachkommastellen und die Mantelfläche mit einer Genauigkeit von 3 Nachkommastellen.

Torricellis Trompete

Einen Körper, der durch Rotation einer ebenen Fläche erzeugt wird, die durch die Hyperbel $y = 1/x$ begrenzt wird, bezeichnet man als *Torricellis Trompete* [Acheson:59]. Abbildung 11.11 zeigt eine 3D-Darstellung der Trompete.

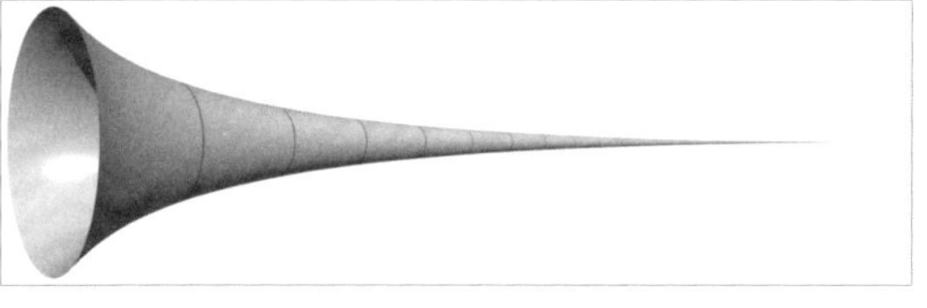

Abbildung 11.11 Torricellis Trompete (Quelle: Wikipedia, https://de.wikipedia.org/wiki/Gabriels_Horn#/media/Datei:GabrielHorn.png)

Evangelista Torricelli entdeckte 1643, dass dieser Körper ein endliches Volumen und eine unendlich große Mantelfläche hat. Der Philosoph Thomas Hobbes (1588–1678) kommentierte diese sonderbare Eigenschaft mit völligem Unverständnis:

> *»Um den Sinn dessen zu verstehen, muss ein Mensch kein Geometer oder Logiker sein, sondern er muss verrückt sein.«*

Dass Torricellis Entdeckung keineswegs verrückt ist, können wir mit SymPy nachweisen.

Für die Begrenzungskurve gilt:

$$y = f(x) = \frac{1}{x}$$

Durch Integration der Funktion $f(x) = 1/x^2$ von 1 bis ∞ und Multiplikation mit π erhält man das Volumen:

$$V = \pi \int_1^{\infty} \frac{1}{x^2} \mathrm{d}x = \pi$$

Durch Anwendung der Formel für die Berechnung der Mantelfläche ergibt sich:

$$M = 2\pi \int_a^b f(x)\sqrt{1 + [f'(x)]^2} \mathrm{d}x = 2\pi \int_1^{\infty} \frac{1}{x}\sqrt{1 + \left(-\frac{1}{x^2}\right)^2} \mathrm{d}x = \infty$$

Listing 11.13 berechnet mit der SymPy-Methode `integrate(...)` das Volumen und die Mantelfläche des trompetenförmigen Rotationskörpers für $x \to \infty$:

```
01 #14_trompete.py
02 from sympy import *
03 x=symbols('x')
04 y=1/x
05 V=pi*integrate(y**2,(x,1,oo))
06 z=y*sqrt(1+diff(y,x,1)**2)
07 M=2*pi*integrate(z,(x,1,oo))
08 print("Volumen     :",V)
09 print("Mantelfläche:",M)
```

Listing 11.13 Torricellis Trompete

Ausgabe

```
Volumen     : pi
Mantelfläche: oo
```

Analyse

In Zeile 05 berechnet die SymPy-Metode `integrate(y**2,(x,1,oo))` das Volumen `V` des Rotationskörpers für die Integrationsgrenzen zwischen 1 und ∞. Die Ausgabe `pi` bestätigt das erwartete Ergebnis.

Die gleiche Methode `integrate(...)` berechnet in Zeile 07 die Mantelfläche `M`. Die Ausgabe `oo` bestätigt das erwartete Ergebnis.

11.6 Zweifachintegrale

Wenn nicht nur in Richtung der x-Achse integriert wird, sondern zusätzlich auch noch in Richtung der y-Achse, dann heißt diese Operation Zweifachintegration $\int\int dxdy$. Mit *Zweifachintegralen* können Sie Volumen, Flächeninhalte, Schwerpunkte von homogenen ebenen Flächen und Flächenträgheitsmomente berechnen [Papula2:282]. Zweifachintegrale können Sie mit der SciPy-Methode `dblquad(..)` und mit der SymPy-Methode `integrate(...)` berechnen. Außerdem zeige ich Ihnen noch, wie Sie mit selbst erstellten Python-Funktionen Zweifachintegrale berechnen können.

11.6.1 Zweifachintegrale mit konstanten Integrationsgrenzen

Das Zweifachintegral mit konstanten Grenzen für die Funktion $z = f(x,y)$ hat die allgemeine Form:

$$\int_{y_1}^{y_2} \int_{x_1}^{x_2} f(x, y)\,\mathrm{d}x\,\mathrm{d}y$$

Es müssen zwei Integrationen nacheinander durchgeführt werden.

Ein Zweifachintegral wird wie folgt berechnet:

1. Berechne das innere Integral $\int x dx$. Die Variable y wird als Konstante betrachtet. Das Ergebnis wird in das äußere Integral $\int y dy$ eingesetzt.
2. Berechne das äußere Integral $\int y dy$.

Geometrische Deutung

Die Berechnung eines Zweifachintegrals kann geometrisch als Berechnung des Volumens eines Körpers gedeutet werden, dessen Grundfläche in der x,y-Ebene liegt. Das Teilvolumen $\Delta V = z\Delta A = z\Delta x\Delta y$ setzt sich aus n Quadern mit der Grundfläche $\Delta x\Delta y$ und der Höhe $z = f(x,y)$ zusammen.

Wie ein Zweifachintegral mit konstanten Grenzen berechnet werden muss, soll im Folgenden an einem einfachen Beispiel der Funktion

$$z = f(x, y) = 5 - x - y$$

demonstriert werden.

In Richtung der x-Achse soll von 0 bis 2 integriert werden, und in Richtung der y-Achse soll von 0 bis 1 integriert werden. Abbildung 11.12 zeigt den Integrationsbereich in der x-y-Ebene.

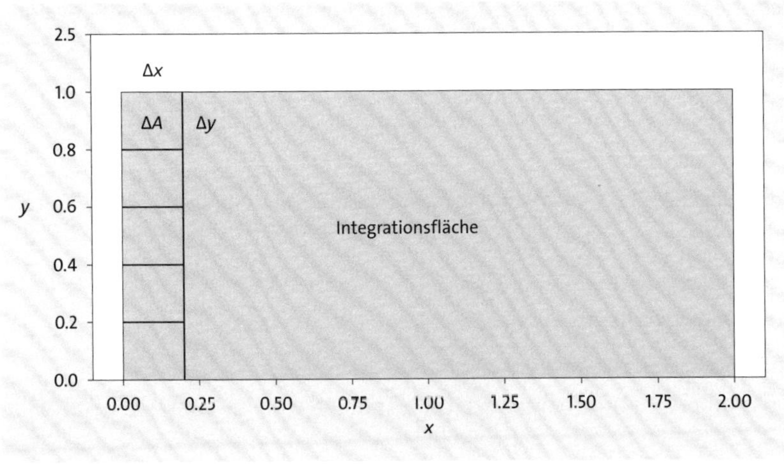

Abbildung 11.12 Rechteckförmiger Integrationsbereich für konstante Integrationsgrenzen

Abbildung 11.13 zeigt die 3D-Darstellung des Körpers $z = f(x,y) = 5 - x - y$.

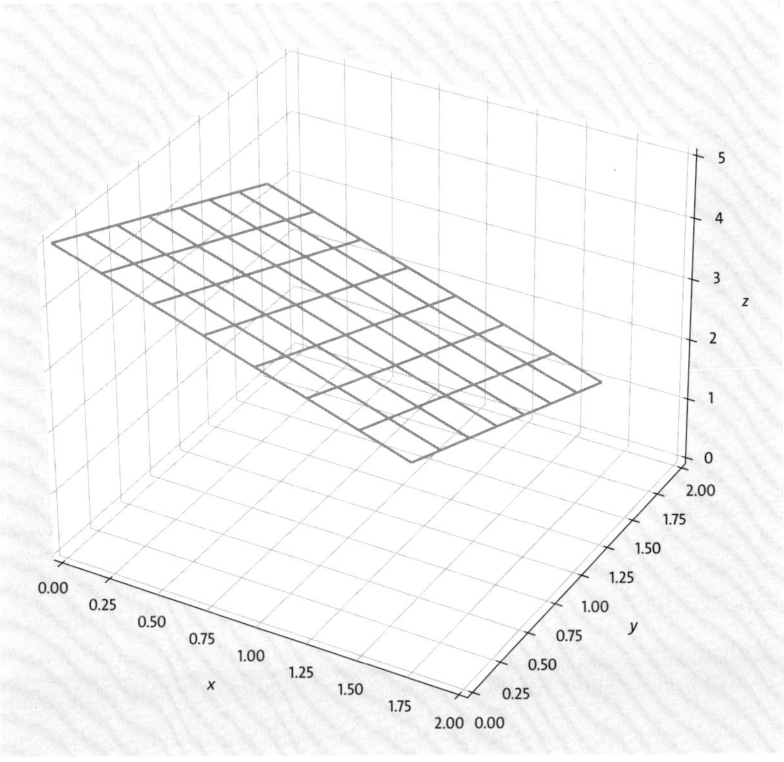

Abbildung 11.13 3D-Darstellung für $f(x,y) = 5 - x - y$

Das Zweifachintegral mit konstanten Integrationsgrenzen berechnet das Volumen unter der durch die Funktion $f(x,y)$ beschrieben rechteckförmigen Fläche. Die durch die Integrationsgrenzen festgelegte Grundfläche des Körpers besteht aus der Projektion der Dachfläche in die x-y-Ebene. Die vier Kanten des Körpers verlaufen parallel zur z-Achse.

Wird die Gleichung $f(x,y) = 5 - x - y$ in das Zweifachintegral eingesetzt, ergibt sich für das Volumen:

$$V = \int_0^1 \int_0^2 (5 - x - y)\, \mathrm{d}x\mathrm{d}y$$

Zuerst wird das innere Integral berechnet. Die Variable y wird als konstant betrachtet.

$$\int_0^2 (5 - x - y)\, \mathrm{d}x = \left[5x - \frac{x^2}{2} - yx\right]_0^2 = 8 - 2y$$

Das Ergebnis wird in das äußere Integral eingesetzt:

$$V = \int_0^1 (8 - 2y)\, \mathrm{d}y = [8y - y^2]_0^1 = 7$$

Merke

Wenn die Integrationsgrenzen konstant sind, dann wird über einen rechteckförmigen Bereich in x- und y-Richtung integriert. Das heißt, die Grundfläche des Körpers ist ein Rechteck.

Zweifachintegrale mit einer selbst erstellten Python-Funktion berechnen

Der Algorithmus besteht aus zwei ineinander verschachtelten Schleifen. In der inneren Schleife wird das innere Integral mit dem Summenalgorithmus berechnet, und in der äußeren Schleife wird das äußere Integral mit dem Summenalgorithmus berechnet. Bei zwei ineinander verschachtelten Schleifen beträgt die Laufzeitkomplexität $O(n^2)$. Wenn also die Anzahl der Schleifendurchläufe verdoppelt wird, vervierfach sich die Laufzeit.

Die Genauigkeit der Berechnung mit der von Ihnen erstellten Python-Funktion `zweifach(...)` soll mit der SciPy-Methode `dblquad(...)` überprüft werden.

Zweifachintegrale können Sie auch mit der SciPy-Methode `dblquad(f,x1,x2,y1,y2)` berechnen. Als erster Parameter wird eine mathematische Funktion $f(x,y)$ übergeben. Die Funktionsargumente *x*, *y* dürfen nicht mit angegeben werden. Es folgen die unteren und oberen Grenzen des inneren Integrals *x*. Danach müssen die unteren und oberen Grenzen des äußeren Integrals *y* übergeben werden.

Listing 11.14 berechnet Zweifachintegrale für das bereits durchgerechnete Beispiel. Durch Entfernen der Kommentare können Sie auch andere mathematische Funktionen testen. Die Variablen für die äquidistante Zerlegung werden mit `dx` und `dy` bezeichnet.

```
#15_zweifach_integral.py
from math import *
from scipy.integrate import dblquad
def f(x,y):
    z=5-x-y
    #z=x**2+y
    #z=x*exp(y)
    #z=exp(-(x**2+y**2))
    return z

def zweifach(f,y1,y2,x1,x2,n=200,m=200):
    dx=(x2-x1)/n
    dy=(y2-y1)/m
    sy=0
    for i in range(n):
        y=y1+i*dy+dy/2
        sx=0
        for j in range(m):
            x=x1+j*dx+dx/2
            sx=sx+f(x,y)
        sy=sy+sx
    return sy*dx*dy

#Grenzen der x-Achse
x1,x2=0,2
#Grenzen der y-Achse
y1,y2=0,1
V1=zweifach(f,y1,y2,x1,x2)
V2= dblquad(f,y1,y2,x1,x2)[0]
print("Volumen:",V1)
print("Volumen:",V2,"dblquad")
```

Listing 11.14 Berechnung von Zweifachintegralen mit selbst definierter Python-Funktion

Ausgabe

```
Volumen: 7.0
Volumen: 7.0 dblquad
```

Analyse

Zeile 03 importiert die SciPy-Methode `dblquad`. Sie wird benötigt, um die Genauigkeit der selbst erstellten Python-Funktion aus Zeile 04 zu testen.

In den Zeilen 06 bis 08 können Sie durch Entfernen und Setzen von Kommentaren weitere mathematische Funktionen testen.

Die selbst erstellte Python-Funktion `zweifach(f,y1,y2,x1,x2, ...)` erwartet beim Funktionsaufruf (Zeile 28) die Übergabe des Funktionsnamens `f` ohne Parameter, die Integrationsgrenzen `x1,x2` des inneren Integrals und die Integrationsgrenzen `y1,y2` des äußeren Integrals.

Die innere Schleife (Zeile 18 bis 20) berechnet das innere Integral `sx`. In Zeile 20 wird bei jedem neuen Schleifendurchlauf der aktuelle `y`-Wert aus Zeile 16 der Funktion `f(x,y)` übergeben.

Die äußere Schleife (Zeile 15 bis 21) berechnet das äußere Integral `sy`.

Beide Schleifen werden bei den voreingestellten Werten (`n=200`, `m=200`) insgesamt 40.000-mal durchlaufen. Dieser sehr hohe Wert garantiert zwar die Genauigkeit der Berechnung, der selbst entwickelte Algorithmus ist aber bei einer so großen Laufzeitkomplexität von $O(n^2)$ nicht praxistauglich.

Wenn die Integrationsgrenzen weiter vergrößert werden, dann berechnet die selbst erstellte Python-Funktion `zweifach(...)` zu ungenaue Werte.

Zweifachintegrale mit SymPy berechnen

Mit SymPy gestaltet sich die Berechnung eines Zweifachintegrals wesentlich einfacher. Der SymPy-Methode `integrate(z, (x, x1, x2), (y, y1, y2))` werden nur das Objekt `z`, das alle Daten des Funktionsterms enthält, und die Integrationsgrenzen übergeben.

Listing 11.15 zeigt, wie Sie mit SymPy Zweifachintegrale berechnen können:

```
#16_zweifach_integral2.py
from sympy import *
x,y =symbols('x y')
z=5-x-y
#z=x*y
#z=x**2+y
```

```
07 #z=x*exp(y)
08 #z=exp(-(x**2+y**2))
09 x1,x2=0,2
10 y1,y2=0,1
11 V=integrate(z, (x, x1, x2), (y, y1, y2))
12 print("Volumen:",N(V,17))
```

Listing 11.15 Zweifachintegral mit SymPy

Ausgabe

```
Volumen: 7.0000000000000000
```

Analyse

In Zeile 03 wird vereinbart, dass `x` und `y` als symbolische Variablen wirken sollen.

Mit den auskommentierten mathematischen Funktionen in den Zeilen 05 bis 08 können Sie die Ergebnisse aus Listing 11.14 überprüfen.

Die SymPy-Methode `integrate(z, (x, x1, x2), (y, y1, y2))` berechnet das Zweifachintegral der Funktion `z` für die vorgegebenen Integrationsgrenzen aus Zeile 09 und 10.

11.6.2 Zweifachintegrale mit variablen Integrationsgrenzen

Zweifachintegrale mit variablen Integrationsgrenzen haben die allgemeine Form [Papula2: 274]:

$$\int_{y=a}^{b} \int_{x=g_1(y)}^{g_2(y)} f(x,y)\,\mathrm{d}x\,\mathrm{d}y$$

Die Integrationsbereich in der x-y-Ebene soll diesmal kein Rechteck sein, sondern ein Dreieck. Eine Integrationsgrenze ist also nicht konstant. Abbildung 11.14 zeigt den dreieckförmigen Integrationsbereich. Die Grundfläche des Körpers ist also ein Dreieck.

Aus Abbildung 11.14 können Sie die Funktionsgleichung

$$y = -2x + 2$$

für die Eingrenzung des Integrationsbereichs ablesen.

Um die obere Grenze des inneren Integrals zu bestimmen, muss diese Gleichung nach x aufgelöst werden:

$$x = 1 - \frac{y}{2}$$

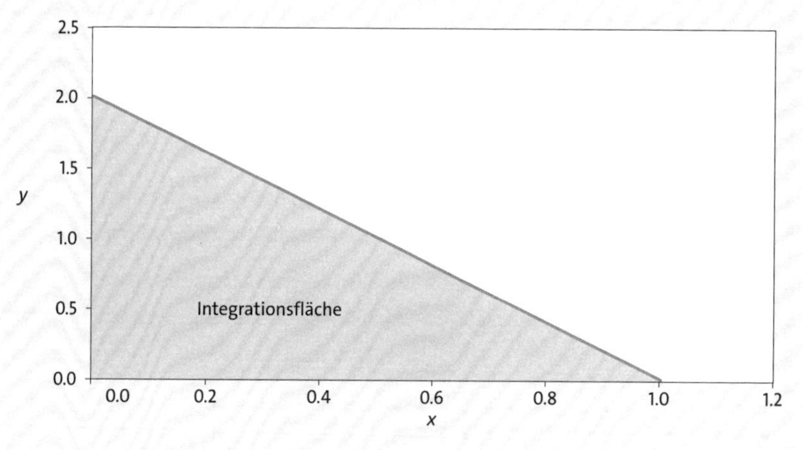

Abbildung 11.14 Dreieckförmiger Integrationsbereich

Für die Funktion

$$z = f(x, y) = x + y^2$$

soll exemplarisch das Zweifachintegral

$$V = \int_0^2 \int_0^{1-\frac{y}{2}} (x + y^2)\,\mathrm{d}x\,\mathrm{d}y$$

berechnet werden.

Die Berechnung des inneren Integrals ergibt:

$$\int_0^{1-\frac{y}{2}} (x + y^2)\,\mathrm{d}x = \left[\frac{x^2}{2} + y^2 x\right]_0^{1-\frac{y}{2}} = \frac{1}{2} - \frac{y}{2} + \frac{9}{8}y^2 - \frac{y^3}{2}$$

Die Berechnung des äußeren Integrals ergibt:

$$V = \int_0^2 \left(\frac{1}{2} - \frac{y}{2} + \frac{9}{8}y^2 - \frac{y^3}{2}\right)\mathrm{d}y = \left[\frac{y}{2} - \frac{y^2}{4} + \frac{3}{8}y^3 - \frac{y^4}{8}\right]_0^2 = 1$$

Listing 11.16 berechnet das Zweifachintegral für die Funktion $z = x + y^2$ mit SymPy:

```
#17_sympy_zweifach2.py
from sympy import *
x,y =symbols('x y')
z=x+y**2
```

```
05 x1,x2=0,1-y/2
06 y1,y2=0,2
07 print("Zweifachintegral von z =",z)
08 print("in den inneren Grenzen von",x1,"bis",x2)
09 print("in den äußeren Grenzen von",y1,"bis",y2)
10 V=integrate(z, (x, x1, x2), (y, y1, y2))
11 print("I2:",N(V,6))
```

Listing 11.16 Zweifachintegral mit variablen Grenzen

Ausgabe

```
Zweifachintegral von z = x + y**2
in den inneren Grenzen von 0 bis 1 - y/2
in den äußeren Grenzen von 0 bis 2
V: 1.00000
```


Analyse

In Zeile 05 wird für die obere Grenze `x2` des inneren Integrals der Funktionsterm `1-y/2` eingegeben. Ansonsten arbeitet das Programm genauso wie Listing 11.15. Das Ergebnis stimmt mit dem manuell berechneten Wert überein.

11.7 Aufgaben

1. Der Flächeninhalt soll unter dem Funktionsgraphen $f(x) = x^2$ zwischen den Grenzen von $a = 0$ bis 2.5 und von $b = 2.5$ bis 5 dynamisch mithilfe des Sliders von Matplotlib berechnet werden. Erweitern Sie Listing 11.1 um einen zweiten Slider `b`.

2. Berechnen Sie mit SymPy die Stammfunktion $F(x)$ der Funktion:

$$f(x) = \frac{1}{x} + \mathrm{e}^{2x} + \sin 3x + \ln 4x$$

3. Berechnen Sie mit SymPy das bestimmte Integral für die folgende Kosinus-hyperbolicus-Funktion:

$$\int_1^5 \cosh 2x \, \mathrm{d}x$$

4. Berechnen Sie mit SymPy das uneigentliche Integral für die Gauß-Verteilung:

$$\varphi(x) = \frac{1}{\sqrt{2\pi}} \int_{-\infty}^{\infty} \mathrm{e}^{-\frac{x^2}{2}} \, \mathrm{d}x$$

5. Berechnen Sie mit SymPy eine allgemeine Formel für das Volumen einer Kugel.
6. Berechnen Sie mit der SciPy-Methode `quad(...)` das Volumen und die Mantelfläche für den Rotationskörper, dessen Umrandung mit der Funktion

   $$y = f(x) = (x-5)^2 + 5$$

   beschrieben wird. Es soll gelten: $x = [2, 8]$.
7. Berechnen Sie mit der SciPy-Methode `dblquad(...)` das Zweifachintegral für die Grenzen $x = [0,2]$ und $y = [-1,1]$:

   $$z = f(x,y) = 100 - 6x^2y$$

Kapitel 12
Differenzialgleichungen

In diesem Kapitel lernen Sie, wie Sie mit dem Euler-Verfahren und SymPy Differenzialgleichungen und Differenzialgleichungssysteme lösen können. Das Heun- und das Runge-Kutta-Verfahren werden kurz skizziert.

Eine *Differenzialgleichung* (DGL) ist eine Gleichung, in der neben der sonst üblichen Variablen auch Ableitungen dieser Variablen vorkommen. Elementare Zusammenhänge und Gesetze in den Natur- und Ingenieurwissenschaften lassen sich mit Differenzialgleichungen und Differenzialgleichungssystemen mathematisch modellieren. Die unabhängige Variable ist hierbei häufig die Zeit t. Damit die durch Differenzialgleichungen beschriebenen mathematischen Modelle für uns verständlich werden, müssen diese Gleichungen analytisch oder numerisch gelöst werden. Die Lösung einer DGL ist keine Zahl, sondern eine Funktion.

Eine *implizite* DGL hat die allgemeine Form:

$$f(t, y, y', y'', \dots, y^{(n)}) = 0$$

Wenn sie nach der höchsten Ableitung aufgelöst werden kann, erhält man die *explizite* Form:

$$y^{(n)} = \tilde{f}(t, y', y'', \dots, y^{(n-1)})$$

Ordnung einer DGL

Die höchste Ableitung einer DGL bestimmt ihre Ordnung.

Bei der numerischen Lösung einer DGL erhält man allerdings keine Funktionsgleichung, sondern Wertepaare (t_i, y_i) der unabhängigen und abhängigen Variablen. Diese Wertepaare können Sie entweder in eine Wertetabelle eintragen oder als Funktionsgraph darstellen. Wenn eine DGL numerisch gelöst werden soll, muss die implizite Form in eine explizite Form umgewandelt werden.

Exemplarisch werden in diesem Kapitel Differenzialgleichungen ausgewählt, die elementare biologische Wachstumsprozesse und nichtlineare Schwingungsverläufe physikalischer Pendel beschreiben. Es müssen also lineare und nichtlineare Differenzialgleichungssysteme gelöst werden. Als numerisches Lösungsverfahren wird das besonders einfach zu verstehende eulersche Polygonzugverfahren ausgewählt.

12.1 Das eulersche Polygonzug-Verfahren

Das eulersche Polygonzugverfahren (kurz: *Euler-Verfahren*) ist das einfachste Verfahren zur numerischen Lösung von Differenzialgleichungen (DGL). Es wurde von Leonhard Euler 1768 in seinem Buch *Institutiones Calculi Integralis* veröffentlicht.

Mit diesem Verfahren lassen sich sowohl lineare als auch nichtlineare Differenzialgleichungen und Differenzialgleichungssysteme erster und höherer Ordnung lösen. Wenn die Differenzialgleichungen in höherer Ordnung vorliegen, dann müssen sie in ein System 1. Ordnung umgewandelt werden.

Das Euler-Verfahren ist zwar einfach zu implementieren und universell anwendbar, es hat aber den Nachteil der Ungenauigkeit. Dieser Nachteil kann bei Simulationen von Wachstumsprozessen jedoch akzeptiert werden, da die Annahmen, auf denen die Wachstumsprozesse beruhen sollen, relativ wage sind. Der Nachteil der Ungenauigkeit kann in gewissen Grenzen durch eine Verkleinerung der Schrittweite h kompensiert werden.

Da die verbesserten Verfahren von Heun und Runge-Kutta ohnehin eine Weiterentwicklung des Polygonzugverfahrens von Euler sind, ist es sinnvoll, das Verfahren von Euler als Einstieg für die numerische Lösung von Differenzialgleichungen zu verwenden.

Die Differenzialgleichung

$$y'(t) = \frac{\mathrm{d}y}{\mathrm{d}t} = f(t, y)$$

lässt sich näherungsweise an der Stelle t_0 und y_0 durch ein Steigungsdreieck

$$\frac{y_1 - y_0}{t_1 - t_0} = f(t_0, y_0)$$

approximieren.

Durch Umstellung erhält man:

$$y_1 = y_0 + f(t_0, y_0)(t_1 - t_0)$$

Für die einzelnen Zeitpunkte gilt mit der Schrittweite $h = t_1 - t_0$

$$t_i = t_0 + i \cdot h, \quad i = 0, 1, 2, 3, \ldots$$

die rekursive Berechnungsvorschrift

$$y_{i+1} = y_i + f(t_i, y_i)h, \qquad i = 1, 2, 3, \ldots.$$

mit der an der Stelle t_i ein Funktionswert der Lösung der DGL an der Stelle y_{i+1} berechnet werden kann. Wenn die Berechnungen von t_0 bis t_n durchgeführt werden, dann ergeben sich als Lösung der DGL diskrete Werte, die in einer Wertetabelle eingetragen oder als Funktionsgraph dargestellt werden können. Je kleiner die Schrittweite h gewählt wird, desto genauer nähert sich der Polygonzug einer Kurve an.

Am Beispiel der DGL

$$y'(t) = \dot{y} = \frac{\mathrm{d}y}{\mathrm{d}t} = a \cdot t$$

soll die Wirkungsweise des Euler-Verfahrens demonstriert werden. Der Punkt über dem y ist eine Notation, die von Physikern bevorzugt wird. Er symbolisiert, dass die Ableitung nach der Zeit gemeint ist.

Zur Einschätzung der Genauigkeit des Euler-Verfahrens wird die DGL analytisch gelöst. Durch Trennung der Variablen und Integration auf beiden Seiten ergibt sich die *allgemeine Lösung*:

$$y = \frac{a}{2} \cdot t^2 + C$$

Da bei jeder Integration eine Integrationskonstante C berücksichtigt werden muss, gibt es theoretisch unendlich viele allgemeine Lösungen einer DGL. In der Praxis benötigt man aber nur eine einzelne Lösung, die als *spezielle* oder *partikulare Lösung* bezeichnet wird. Sie wird ermittelt, indem man den Anfangswert von $y(t_0)$ für den Zeitpunkt t_0 festlegt. Wenn zum Zeitpunkt $t_0 = 0$ der Funktionswert $y(t_0)$ einen Wert von 10 haben soll, dann ergibt sich durch Einsetzen

$$10 = \frac{a}{2} \cdot 0 + C$$

und somit $C = 10$.

Anfangswertproblem

Wenn für die Lösung einer DGL ein Anfangswert vorgegeben werden muss, heißt diese Aufgabe *Anfangswertproblem*. Bei einem Anfangswertproblem wird genau eine Lösung der DGL ausgewählt.

Wertetabelle für die Lösung einer DGL

Listing 12.1 demonstriert die Funktionsweise des Euler-Verfahrens. Die Lösung der DGL $y'(t) = a \cdot t$ wird als Wertetabelle zusammen mit dem lokalen Fehler ausgegeben. Gezeigt werden soll, wie sich der Fehler ausgehend vom Anfangswert bis zum Ende des Intervalls entwickelt. In Zeile 03 können Sie auch eine andere DGL $y'(t) = f(t,y)$ eintragen. In den Zeilen 06 und 09 können Sie die Intervallgröße und die Anzahl der Berechnungsschritte ändern.

```
01 #01_euler1.py
02 def f(t,a):
03     dy_dt=a*t
04     return dy_dt
05 #Lösung der DGL
06 a=1
07 t0,y0=0,10  #Anfangswerte
08 h=0.2       #Schrittweite
09 n=10        #Anzahl der Rechenschritte
10 y=y0
11 print("Anzahl der Schritte n =",n)
12 print("Schrittweite        h =",h)
13 print("Euler \t genau \tFehler")
14 for i in range(n):
15     t = t0 + i*h
16     y = y + f(t,a)*h #Euler-Verfahren
17     yg=a*t**2/2 + y0 #genau
18     print("%2.4f %2.4f %2.4f" %(y,yg,y-yg))
```

Listing 12.1 Wertetabelle für das Euler-Verfahren

Ausgabe

```
Anzahl der Schritte n = 10
Schrittweite        h = 0.2
Euler    genau  Fehler
10.0000 10.0000 0.0000
10.0400 10.0200 0.0200
10.1200 10.0800 0.0400
10.2400 10.1800 0.0600
10.4000 10.3200 0.0800
10.6000 10.5000 0.1000
10.8400 10.7200 0.1200
11.1200 10.9800 0.1400
11.4400 11.2800 0.1600
11.8000 11.6200 0.1800
```

Analyse

In den Zeilen 02 bis 04 wird eine Python-Funktion für die DGL definiert. In Zeile 03 können Sie auch andere Differenzialgleichungen eintragen.

In Zeile 07 werden die Anfangswerte festgelegt. Durch Änderung der Schrittweite h in Zeile 08 können Sie die Genauigkeit des Euler-Verfahrens testen.

In den Zeilen 14 bis 16 wird das Euler-Verfahren implementiert. In Zeile 17 steht die analytische Lösung der DGL.

In Zeile 18 werden die numerische Lösung, die exakte Lösung und der Fehler ausgegeben. Es ist deutlich zu erkennen, dass der lokale Fehler mit zunehmendem Abstand vom Anfangswert linear steigt. Wegen des linearen ansteigenden Fehlers hat das Euler-Verfahren eine Konvergenzordnung von $q = 1$.

Funktionsplot für die Lösung einer DGL

Listing 12.2 zeichnet den Funktionsgraphen für die Lösung einer DGL. Damit die Ungenauigkeit des Euler-Verfahrens auch optisch sichtbar wird, wurden in Zeile 08 nur `n=10` Stützstellen vorgegeben. In dieser Zeile können Sie andere Werte einsetzen. Wenn Sie z. B. 1000 Schritte vorgeben, dann werden Sie keinen sichtbaren Unterschied mehr zur genauen Lösung feststellen können. Die Koordinaten der Anfangswerte werden mit einem Kreuz markiert.


```
01 #02_euler2.py
02 import matplotlib.pyplot as plt
03 #Definition der DGL
04 def dgl(t,a):
05     dy_dt=a*t
06     return dy_dt
07 #Lösung der DGL
08 n=10         #Anzahl der Schritte
09 t0,tn=0,10   #Intervall
10 a=1
11 y=y0=10        #Anfangswert
12 h=(tn-t0)/n #Schrittweite
13 lt,ly,lyg =[t0],[y0],[y0]
14 for i in range(n):
15     t=t0 + i*h
16     y = y + dgl(t,a)*h #Euler-Verfahren
17     yg=a*t**2/2 + y0   #genau
18     lt.append(t)
19     ly.append(y)
20     lyg.append(yg)
21 #Darstellung
22 plt.plot(lt,ly, "b--",label="ungenau")
23 plt.plot(lt,lyg,"r",  label="genau")
24 plt.plot(t0,y0,"kx")
25 plt.title(r"$\dot{y} =a\cdot t$")
```

```
26 plt.xlabel("t")
27 plt.ylabel("y(t)")
28 plt.legend(loc='best')
29 plt.grid(True)
30 plt.show()
```

Listing 12.2 Numerische Lösung einer DGL 1. Ordnung mit dem Euler-Verfahren

Ausgabe

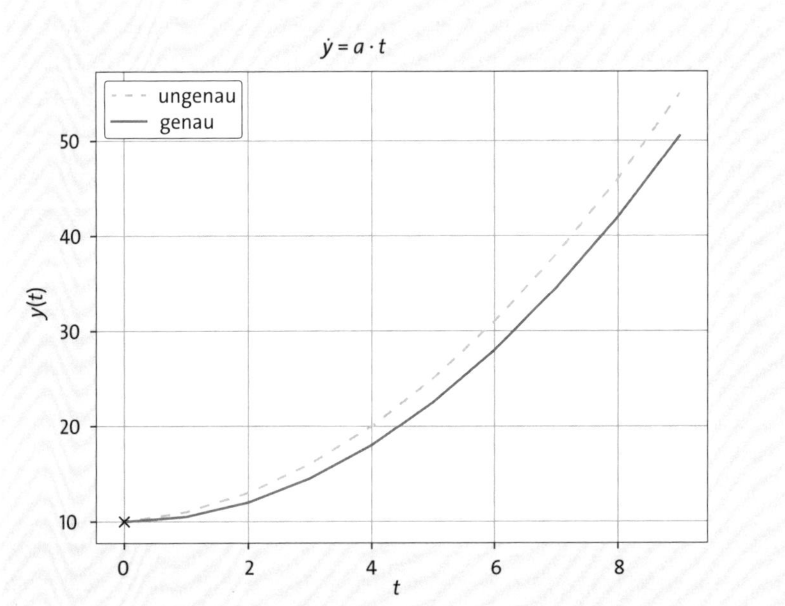

Abbildung 12.1 Vergleich der genauen Lösung mit der numerischen Lösung

Analyse

Die Anzahl der Schritte `n` wird in Zeile 08 vorgegeben. Ich habe bewusst wenige Schritte gewählt, damit der Fehlereffekt deutlich sichtbar wird. Wenn Sie `n` vergrößern, dann wird der lokale Fehler verkleinert. Ab etwa 200 Schritten sind mit dem bloßen Auge keine Abweichungen wahrnehmbar.

In Zeile 12 wird die Schrittweite `h` berechnet. Je größer `n` gewählt wird, desto kleiner wird die Schrittweite. Die Genauigkeit ist auch von der Größe des Intervalls zwischen `t0` und `tn` abhängig.

In Zeile 13 werden drei Listen mit den Anfangswerten initialisiert.

In den Zeilen 18 bis 20 werden die aktuellen Werte in die Listen angehängt.

12.2 Richtungsfelder

Richtungsfelder veranschaulichen die Lösung einer DGL. Sie geben beim Betrachten auch »ein Gefühl« dafür, wie der Verlauf der Kurve je nach Anfangswert aussieht und in welchen Bereichen der Verlauf besonders interessante Eigenschaften hat. Für ausgewählte Punkte (x_i,y_i) werden in der x,y-Ebene eines kartesischen Koordinatensystems Tangenten mit der Steigung $\Delta y/\Delta x$ gezeichnet. Die Steigungen der Tangenten deuten den Verlauf der Lösungskurve einer DGL an. Die Position der Lösungskurve wird durch den Anfangswert $y(0)$ festgelegt. Sie »schmiegt« sich an die Tangenten an (siehe Abbildung 12.2).

Die Tangenten können mit $y' = f(x,y)$ in den Positionen x und y berechnet werden.

Das Modul `matplotlib` stellt die Methode

```
quiver([x, y], dx, dy, width=0.002, headwidth=0,color='r')
```

für die Darstellung von Vektoren (Pfeilen) zur Verfügung.

Die Koordinaten `x` und `y` legen die aktualisierten Anfangspositionen der Pfeile fest. Die Parameter `dx` und `dy` bestimmen die Pfeilrichtungen. Die Eigenschaft `width` legt die Schaftbreite eines Pfeils fest, und die Eigenschaft `headwidth` definiert die Breite einer Pfeilspitze. Wenn keine Pfeilspitzen gezeichnet werden sollen, muss die Eigenschaft `headwidth=0` als Argument übergeben werden. Der Default-Wert von `headwidth` ist das Dreifache der Schaftbreite von `width`.

Listing 12.3 stellt das Richtungsfeld für DGL $y'(t) = b \cdot y$ dar. Außerdem wird die Lösung $y(t) = a \cdot e^{b \cdot t}$ für den Anfangswert $y(0) = 1$ gezeichnet.

```
#03_richtungsfeld.py
import numpy as np
import matplotlib.pylab as plt
a=1  #Anfangswert
b=-2 #Wachstumskonstante
Nx,Ny = 20,20  #Anzahl der Tangenten
x1,x2 = 0,2
y1,y2 = 0,1
plt.figure(figsize=(8,6))
#die Steigungsfunktion
def f(t,y):
    dy_dt = b*y
    return dy_dt
#Gitter des Richtungsfeldes
t = np.linspace(x1,x2,200)
```

```
16 x12 = np.linspace(x1,x2,Nx)
17 y12 = np.linspace(y1,y2,Ny)
18 x,y = plt.meshgrid(x12,y12)
19 #Richtungsfeld zeichnen
20 plt.quiver(x,y,np.ones_like(x),f(x,y),width=0.002,headwidth=0,color='r')
21 #Lösungskurve zeichnen
22 f_t=a*np.exp(b*t)
23 plt.plot(t,f_t,'b--',lw=2)
24 #Beschriftungen
25 plt.title("Richtungsfeld")
26 plt.xlabel("t")
27 plt.ylabel(r"$\dot{y}$",rotation=0)
28 plt.show()
```

Listing 12.3 Richtungsfelder zeichnen

Ausgabe

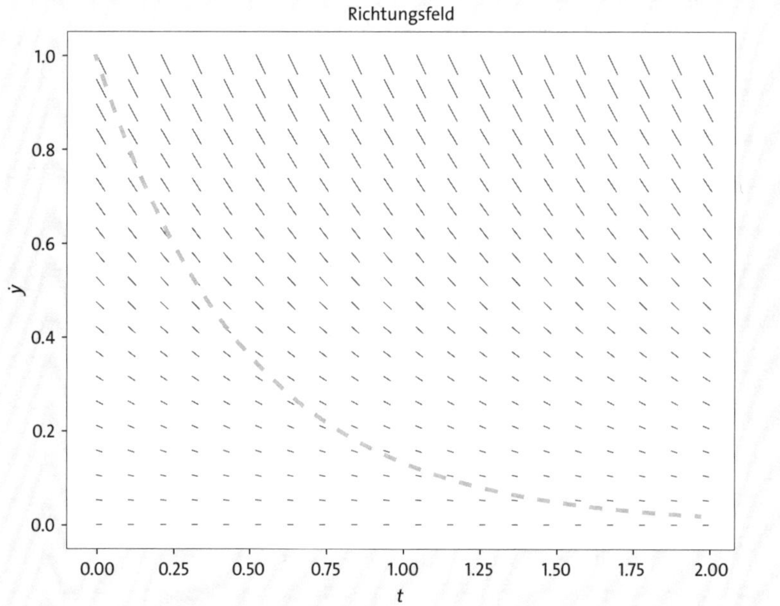

Abbildung 12.2 Richtungsfeld für negatives Wachstum

Analyse

In Zeile 18 erzeugt die NumPy-Methode `meshgrid(...)` ein Gitternetz aus $20 \times 20 = 400$ Punkten.

In Zeile 20 zeichnet die Matplotlib-Methode `quiver(...)` 400 Tangenten des Richtungsfeldes.

In Zeile 22 steht die analytische Lösung der DGL. Der Verlauf der Lösungskurve beginnt mit dem Anfangswert `a=1`.

12.3 Differenzialgleichungen 1. Ordnung

In Differenzialgleichungen 1. Ordnung kommen nur die 1. Ableitungen einer Funktion vor.

Sie können biologische Wachstumsprozesse durch Differenzialgleichungen 1. Ordnung beschreiben. Da diese Prozesse sehr anschaulich nachvollziehbar sind, möchte ich sie im Folgenden exemplarisch heranziehen, um zu zeigen, wie dieser Typ von Differenzialgleichungen numerisch gelöst werden kann.

12

Ein Wachstumsvorgang wird durch die Wachstumsrate w als Verhältnis der Wachstumsgeschwindigkeit $y'(t)$ zu einer vorhandenen Population $y(t)$

$$w = \frac{y'(t)}{y(t)}$$

definiert.

Aus dieser Definition ergibt sich die Grundgleichung der Populationsdynamik:

$$y'(t) = w \cdot y(t)$$

Im Folgenden werden Wachstumsprozesse mit konstanter und logistischer Wachstumsrate untersucht.

12.3.1 Die konstante Wachstumsrate

Eine konstante Wachstumsrate führt zu einem exponentiellen Wachstum. Das wirkt zunächst überraschend, da Menschen sich aufgrund ihrer Alltagserfahrung daran gewöhnt haben, linear zu denken. Mit Wachstumsprozessen assoziieren sie in der Regel keinen exponentiellen Anstieg einer Wachstumskurve. Exponentielles Wachstum ist aber der Regelfall für alle Wachstumsprozesse in der Natur. Allerdings ist jedes Wachstum wegen der Begrenztheit aller Ressourcen limitiert. Unter günstigen Bedingungen können Populationen zunächst so lange exponentiell wachsen, bis ihre Ressourcen, die sie zum Überleben benötigen, erschöpft sind.

Jedes exponentielle Wachstum wird durch die DGL

$$y'(t) = \frac{dy}{dt} = b \cdot y(t)$$

beschrieben, wobei hier die Wachstumsrate w die Konstante b ist. Sie gibt an, wie schnell der Wachstumsprozess voranschreitet. Sie kann positiv oder negativ sein. Wenn z. B. eine Population keinen Nachwuchs mehr erzeugt und langsam ausstirbt, ist die Wachstumskonstante negativ. Wir haben es dann mit dem Paradox des negativen Wachstums zu tun. Ein typisches Beispiel für eine negative Wachstumskonstante ist der radioaktive Zerfall von Atomkernen.

Hinweis

Biologische Wachstumsprozesse müssten eigentlich durch ein diskretes Modell beschrieben werden. Aufgrund der hohen Anzahl der Individuen einer Population (z. B. einer Bakterienkultur) wird hier vereinfachend ein kontinuierliches Modell angenommen.

Bei der DGL $y'(t) = y(t)$ kann die Lösung direkt angegeben werden. Sie lautet: $y(t) = e^t$, denn die Ableitung der e-Funktion ist diese Funktion selbst. Um zu zeigen, wie die Integrationskonstante aus der Anfangsbedingung berechnet wird, soll der vollständige Lösungsweg dargestellt werden.

Die DGL vom Typ $y'(t) = b \cdot y(t)$ wird durch die Trennung der Variablen gelöst. Durch Umstellen ergibt sich:

$$\frac{dy}{y} = b \cdot dt$$

Beide Seiten werden integriert:

$$\ln y = b \cdot t + C_1$$

Durch Potenzierung mit $e^{()}$ auf beiden Seiten wird der natürliche Logarithmus auf der linken Seite eliminiert:

$$y = e^{b \cdot t + C_1} = e^{b \cdot t} e^{C_1}$$

Mit der Substitution

$$a = e^{C_1}$$

ergibt sich dann die allgemeine Lösung:

$$y = a e^{b \cdot t}$$

Um die spezielle Lösung zu erhalten, muss aus der Anfangsbedingung $y(0)$ die Konstante a bestimmt werden. Die Wachstumskonstante b ist vorgegeben.

Merke

Eine konstante Wachstumsrate erzeugt exponentielles Wachstum!

Mit Listing 12.4 können Sie für verschiedene Anfangswerte a (Zeile 03) und Wachstumskonstanten b (Zeile 04) exponentielle Wachstumsprozesse simulieren. Gelöst wird die DGL $y'(t) = b \cdot y(t)$ mit dem Euler-Verfahren (Zeile 15 bis 19).

```
01 #04_exponentiell.py
02 import matplotlib.pyplot as plt
03 a=1 #Anfangswert
04 b=1 #Wachstumskonstante
05 plt.figure(figsize=(8,6))
06 def dgl(t,y):
07     dy_dt=b*y
08     return dy_dt
09
10 n=100     #Anzahl der Schritte
11 t0,tn=0,2 #Zeitintervall
12 y=a       #Anfangswert
13 h=(tn-t0)/n
14 lt,ly=[t0],[y]
15 for i in range(n):
16     t = t0 + i*h
17     y = y + dgl(t,y)*h #Euler-Verfahren
18     lt.append(t)
19     ly.append(y)
20 #Darstellung
21 plt.plot(lt,ly, "b")
22 plt.plot(t0,a,'ro',label="Anfangswert")
23 plt.title(r"$\dot{y} =b\cdot y$")
24 plt.xlabel("t")
25 plt.ylabel("y(t)")
26 plt.legend(loc='best')
27 plt.grid(True)
28 plt.show()
```

Listing 12.4 Lösung der DGL für exponentielles Wachstum

Ausgabe

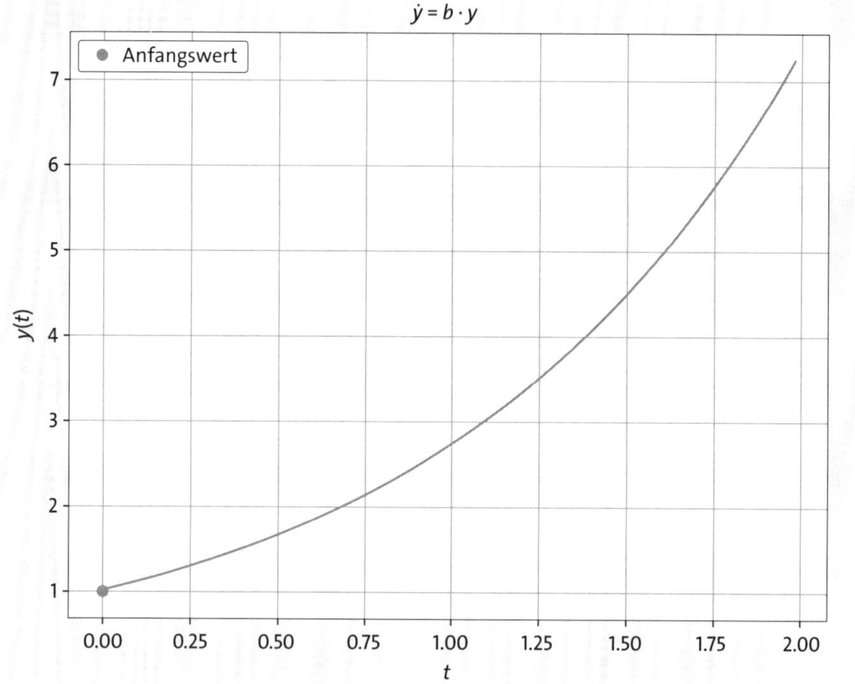

Abbildung 12.3 Lösung der DGL für exponentielles Wachstum

Analyse

In Zeile 07 können Sie die Wachstumsfunktion mit anderen Wachstumskonstanten `b` testen oder auch andere Differenzialgleichungen eintragen.

Durch Variation von `n` in Zeile 10 lässt sich die Genauigkeit der Lösungskurve beeinflussen.

12.3.2 Die konstante Wachstumsrate mit oberer Wachstumsschranke

Folgende DGL beschreibt einen Typ von exponentiellem Wachstum, das durch eine obere Schranke a begrenzt wird:

$$\frac{\mathrm{d}y}{\mathrm{d}t} = a - b \cdot y$$

Listing 12.5 löst diese DGL näherungsweise mit dem Euler-Verfahren und stellt die Lösungskurve als Funktionsplot grafisch dar. In Zeile 03 können Sie die obere Grenze ändern.

```
01 #05_begrenzt.py
02 import matplotlib.pyplot as plt
03 a=10
04 b=1
05 plt.figure(figsize=(8,6))
06 def dgl(t,y):
07     dy_dt=a-b*y
08     return dy_dt
09
10 def euler(f,t0,tn,y0,n=500):
11     y=y0  #Anfangswert
12     h=(tn-t0)/n
13     lt,ly =[t0],[y0]
14     for i in range(n):
15         t=t0 + i*h
16         y = y + f(t,y)*h
17         lt.append(t)
18         ly.append(y)
19     return lt,ly
20
21 y0=0 #Anfangswert
22 t1,t2=0,5
23 t,y=euler(dgl,t1,t2,y0)
24 #Darstellung
25 plt.plot(t,y,"b")
26 plt.plot(t1,y0,"ro",label="Anfangswert")
27 plt.title(r"$\dot{y}=a-b\cdot y$")
28 plt.xlabel("t")
29 plt.ylabel("y")
30 plt.legend(loc='best')
31 plt.grid(True)
32 plt.show()
```

Listing 12.5 Lösung der DGL für begrenztes Wachstum

Ausgabe

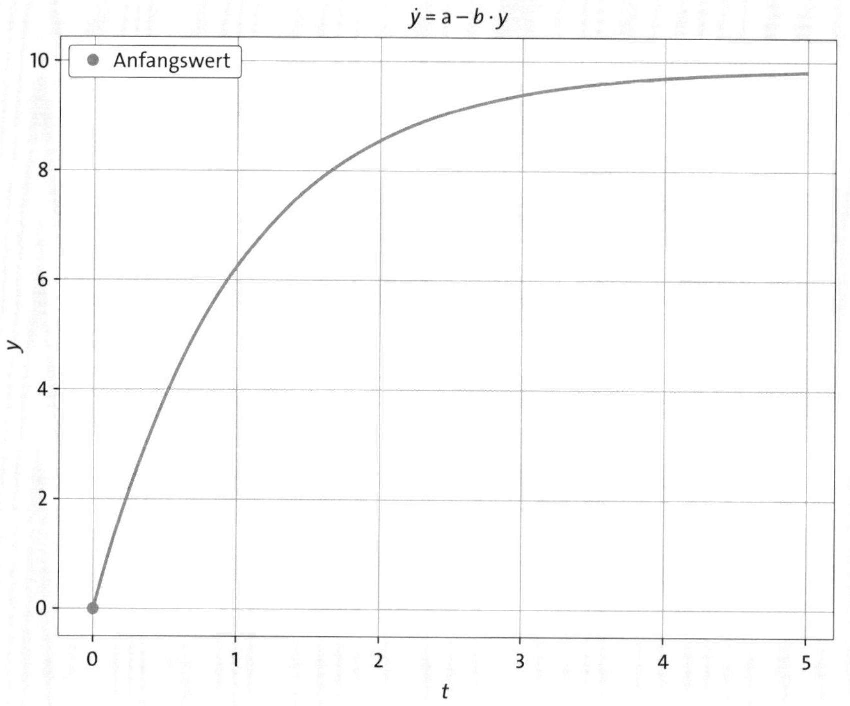

Abbildung 12.4 Begrenztes Wachstum

Analyse

In den Zeilen 10 bis 19 wird das Euler-Verfahren als Python-Funktion `euler(...)` implementiert. Jetzt kann diese Funktion in anderen Programmen verwendet werden. Für die Anzahl der Schritte wird ein Standardwert von `n = 500` vorgegeben. Beim Funktionsaufruf können Sie bei Bedarf hier auch andere Werte übergeben.

Beim Aufruf der der Funktion `euler(...)` in Zeile 23 werden die Listeneinträge `lt` und `ly` dem Tupel `t,y` zugewiesen. Die `plot`-Methode kann diese Koordinatendaten direkt verwenden (Zeile 25).

12.3.3 Die logistische Wachstumsrate

Wenn man in die Grundgleichung der Populationsdynamik

$$y'(t) = w \cdot y(t)$$

die Wachstumsrate

$$w = a - b \cdot y(t)$$

einsetzt, dann erhält man die DGL

$$y'(t) = y(t)[a - b \cdot y(t)]$$

für logistisches Wachstum.

Listing 12.6 löst die DGL 1. Ordnung für logistisches Wachstum. In den Zeilen 03 und 04 können Sie die Parameter a und b ändern. Sie werden feststellen, dass das Wachstum für große t gegen a/b strebt.

```
01 #06_logistisch.py
02 import matplotlib.pyplot as plt
03 a=10 #Grenze a/b
04 b=0.2
05 plt.figure(figsize=(8,6))
06 def dgl(t,y):
07     dy_dt=y*(a-b*y)
08     return dy_dt
09
10 def euler(f,t0,tn,y0,n=500):
11     y=y0  #Anfangswert
12     h=(tn-t0)/n
13     lt,ly =[t0],[y0]
14     for i in range(n):
15         t=t0 + i*h
16         y = y + f(t,y)*h
17         lt.append(t)
18         ly.append(y)
19     return lt,ly
20
21 y0=0.1 #Anfangswert
22 t1,t2=0,2
23 t,y=euler(dgl,t1,t2,y0)
24 #Darstellung
25 plt.plot(t,y,"b")
26 plt.plot(t1,y0,"ro",label="Anfangswert")
27 plt.title(r"$\dot{y}= y \cdot \left( a- b \cdot y\right)$")
28 plt.xlabel("t")
29 plt.ylabel("y")
```

```
plt.legend(loc='best')
plt.grid(True)
plt.show()
```

Listing 12.6 Logistisches Wachstum

Ausgabe

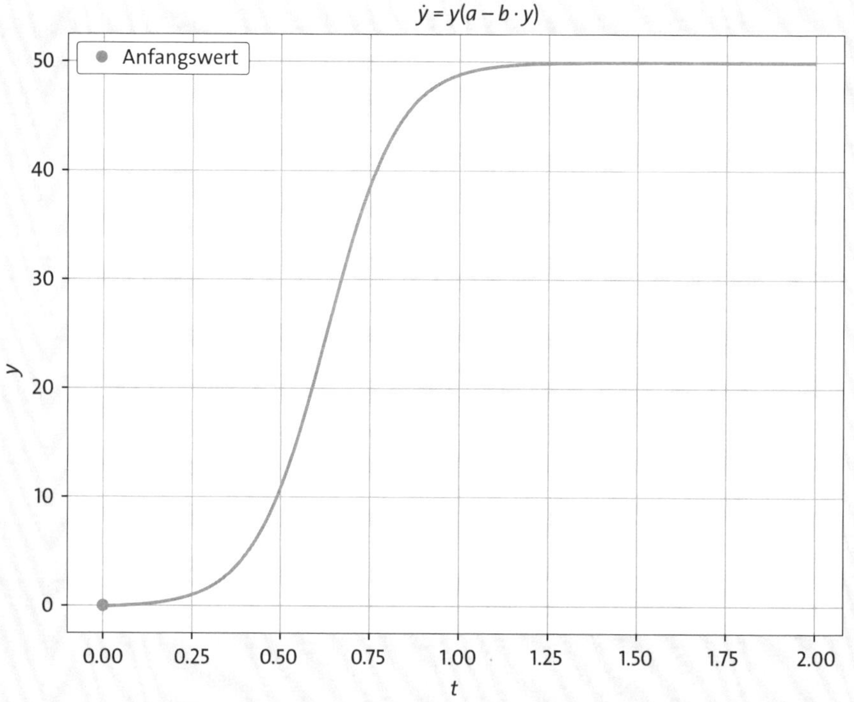

Abbildung 12.5 Logistisches Wachstum

Analyse

Es ist deutlich zu erkennen, dass das logistische Wachstum gegen a/b konvergiert.

12.4 Nichtlineare Differenzialgleichungen 2. Ordnung

Ein Fadenpendel besteht aus einer Masse m, die an einem Ende eines Fadens der Länge l befestigt wird. Der Faden ist an seinem anderen Ende an einer Wand oder einem Stativ befestigt. Abbildung 12.6 zeigt ein um den Winkel φ ausgelenktes Fadenpendel.

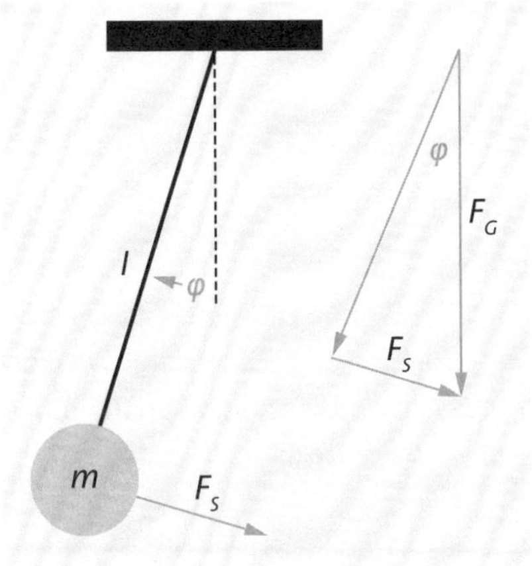

Abbildung 12.6 Fadenpendel

Durch die Auslenkung um den Auslenkwinkel φ nach links wird der Masse m des Pendels potenzielle Energie zugeführt. Nach dem Loslassen bewegt sich die Masse nach rechts. Ursache der Bewegung ist die Rückstellkraft F_S. Die potenzielle Energie wird in kinetische Energie umgewandelt. Im tiefsten Punkt hat die kinetische Energie ihren maximal möglichen höchsten Wert. Die potenzielle Energie hat hier den Wert 0. Bedingt durch die Trägheit bewegt sich die Masse so weit, bis sie die nahezu gleiche Höhe auf der rechten Seite erreicht hat. Die Bewegungsenergie hat jetzt den Wert 0, und die potenzielle Energie erreicht wieder ihren höchstmöglichen Wert. Der Vorgang wiederholt sich so lange, bis sich wegen der Reibung die Energien in Wärme umgewandelt haben. Das Pendel kehrt in seine Ruhelage zurück.

Bei der Pendelbewegung handelt es sich um eine beschleunigte Bewegung auf einer Kreisbahn. Die Beschleunigungskraft F_B ist proportional zur Masse m und der Tangentialbeschleunigung a der Kreisbewegung:

$$F_B = m \cdot a = m \cdot l \cdot \alpha = m \cdot l \cdot \dot{\omega} = m \cdot l \cdot \ddot{\varphi}$$

Die Tangentialbeschleunigung ist proportional zur Pendellänge l und der Winkelbeschleunigung α, d. h. der ersten Ableitung der Winkelgeschwindigkeit $\omega'(t)$ oder der zweiten Ableitung des Auslenkwinkels $\varphi''(t)$.

Die Masse m wird in Richtung der Ruhelage durch die Rückstellkraft

$$F_S = -F_G \sin\varphi = -m \cdot g \cdot \sin\varphi$$

beschleunigt. Das Minuszeichen ist dadurch begründet, dass die Masse bei der ersten Auslenkung nach links bewegt wird, die Rückstellkraft wirkt aber nach rechts. Die Rückstellkraft hat immer die entgegengesetzte Richtung wie der Auslenkwinkel.

Es gilt also:

$$m \cdot l \cdot \ddot{\varphi} = -m \cdot g \cdot \sin\varphi$$

Auf beiden Seiten kann die Masse gekürzt werden, und man erhält die folgende DGL:

$$\ddot{\varphi} + \frac{g}{l} \cdot \sin\varphi = 0$$

Diese DGL berücksichtigt nicht die Dämpfung der Pendelbewegungen. Die Dämpfung wird durch die Abklingkonstante D beschrieben. Sie ist proportional zur Winkelgeschwindigkeit $\omega = d\varphi/dt$ und hat die Einheit $1/s$. Der Schwingungsverlauf eines gedämpften Fadenpendels lässt sich durch die DGL

$$\ddot{\varphi} + D\dot{\varphi} + \frac{g}{l} \cdot \sin\varphi = 0$$

beschreiben. Diese DGL ist nichtlinear, weil die abhängige Variable φ als Argument der nichtlinearen Sinusfunktion vorkommt. Bei dem Ausdruck g/l handelt es sich um das Quadrat der Kreisfrequenz (Eigenfrequenz), mit der das Pendel schwingt. Für die Kreisfrequenz gilt:

$$\omega_0 = \sqrt{\frac{g}{l}}$$

Daraus kann die Periodendauer

$$T = 2\pi\sqrt{\frac{l}{g}}$$

einer Schwingung berechnet werden.

Hinweis

Differenzialgleichungen höherer Ordnung können mit dem Euler-Verfahren nur gelöst werden, wenn sie in ein System aus Differenzialgleichungen erster Ordnung umgewandelt werden.

Durch die Substitutionen

$$\dot{\varphi} = \omega \text{ und } \ddot{\varphi} = \dot{\omega}$$

ergibt sich das DGL-System in expliziter Form:

$$\frac{d\varphi}{dt} = \omega$$

$$\frac{d\omega}{dt} = -D\omega - \omega_0^2 \cdot \sin\varphi$$

Listing 12.7 löst dieses DGL-System durch Integration mit dem Summenalgorithmus (Zeile 18 und 19). Es müssen zwei Anfangswerte vorgegeben werden: ein Wert für den Auslenkwinkel (Zeile 08) und ein Wert für die Anfangswinkelgeschwindigkeit (Zeile 13).

```
01 #07_pendel1.py
02 from math import degrees,radians,sin
03 import matplotlib.pyplot as plt
04 plt.figure(figsize=(8,6))
05 g=9.81     #kgm/s^2
06 l=0.92     #Länge des Pendels in m
07 D=0.2      #Abklingkonstante in 1/s
08 phi=60     #Auslenkwinkel in Grad
09 phi=radians(phi)
10 n=500
11 t1,t2=0,5
12 dt=(t2-t1)/n
13 w=0       #Anfangswinkelgeschwindigkeit
14 w02=g/l
15 lt,lw,lphi =[],[],[]
16 for i in range(n):
17     t=t1+i*dt
18     phi=phi+w*dt
19     w=w-w02*sin(phi)*dt - D*w*dt
20     lt.append(t)
21     lw.append(w)
22     lphi.append(degrees(phi))
23 #Auslenkung
24 plt.subplot(2,1,1)
25 plt.plot(lt,lphi,'r')
26 plt.title("Fadenpendel")
27 plt.ylabel(r"$\varphi \left(t\right)$")
28 plt.grid()
29 #Winkelgeschwindigkeit
30 plt.subplot(2,1,2)
31 plt.plot(lt,lw,'b')
32 plt.xlabel("t")
33 plt.ylabel(r"$\omega \left(t\right)$")
34 plt.grid()
35 plt.show()
```

Listing 12.7 Lösung einer nichtlinearen DGL für ein Fadenpendel

Ausgabe

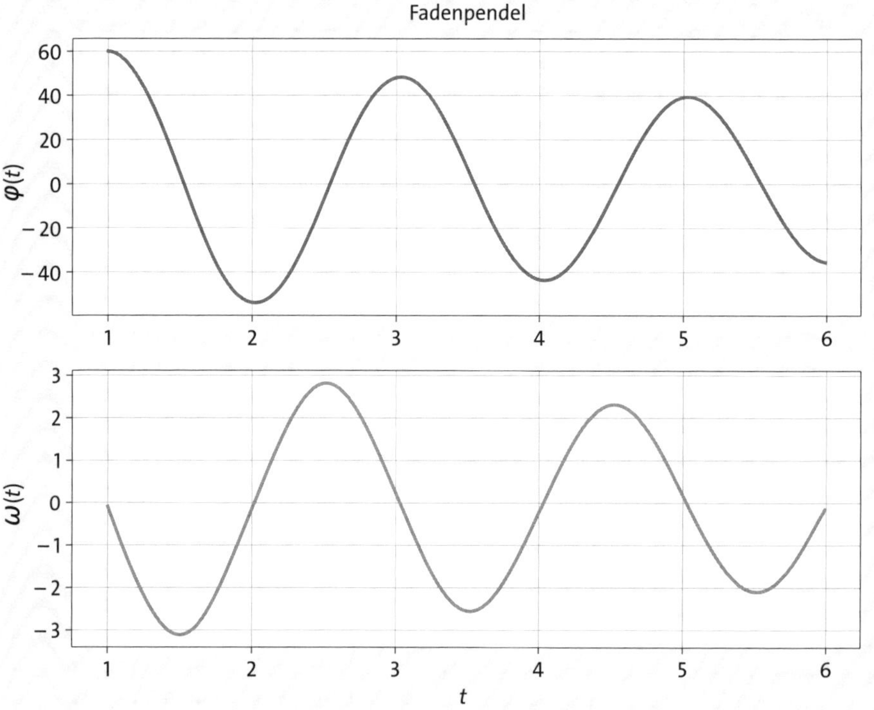

Abbildung 12.7 Gedämpfte Schwingungen eines Fadenpendels

Analyse

In Zeile 06 können Sie die Länge des Pendels ändern und dadurch die Frequenz der Pendelschwingungen beeinflussen. Die Dämpfung können Sie in Zeile 07 ändern.

Die nichtlineare DGL 2. Ordnung wird mit zwei Summenalgorithmen gelöst. In Zeile 18 wird der Auslenkwinkel `phi` und in Zeile 19 wird die Winkelgeschwindigkeit `w` integriert. Die diskreten Teillösungen werden wieder in Listen `lw` und `lphi` abgespeichert (Zeile 21 und 22).

Die Nichtlinearität der Lösungskurve können Sie deutlich sichtbar machen, wenn Sie in Zeile 08 einen Auslenkwinkel von 179° eintragen. Dann müsste die Masse m der Kugel allerdings an einen Stab befestigt sein, dessen Masse gegenüber der Masse der Kugel sehr viel kleiner sein muss.

12.5 DGL-System für ein gekoppeltes Fadenpendel

Bei einem gekoppelten Fadenpendel sind die Massen von zwei Fadenpendeln mit einer Schraubenfeder verbunden. Die Feder bewirkt, dass die Schwingungen beider Fadenpendel durch die Eigenfrequenz des Feder-Masse-Systems beeinflusst werden. Abbildung 12.8 zeigt ein gekoppeltes Fadenpendel mit den Massen *m*, den Fadenlängen *l* und den Auslenkwinkeln φ_1 und φ_2.

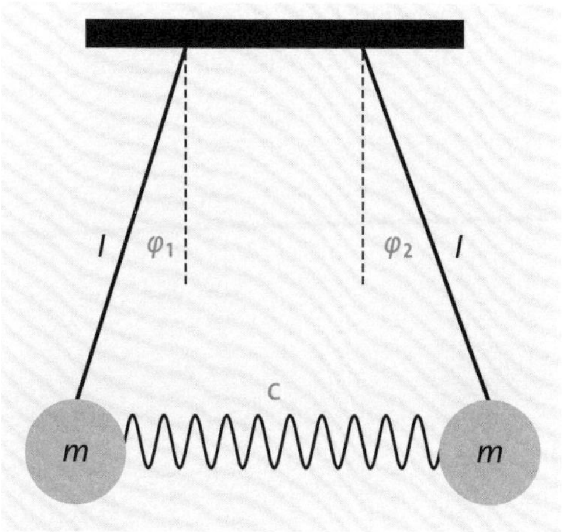

Abbildung 12.8 Gekoppeltes Fadenpendel

Der Schwingungsverlauf eines gekoppelten Fadenpendels kann mit folgendem expliziten DGL-System beschrieben werden [Arens:1052]:

$$\frac{\mathrm{d}\varphi_1}{\mathrm{d}t} = \omega_1$$

$$\frac{\mathrm{d}\omega_1}{\mathrm{d}t} = -\frac{g}{l}\varphi_1 - \frac{c}{m}(\varphi_1 - \varphi_2)$$

$$\frac{\mathrm{d}\varphi_2}{\mathrm{d}t} = \omega_2$$

$$\frac{\mathrm{d}\omega_2}{\mathrm{d}t} = -\frac{g}{l}\varphi_2 + \frac{c}{m}(\varphi_1 - \varphi_2)$$

Die Frequenzen der Pendelschwingungen werden außer von den Pendellängen auch noch durch die Federkonstante *c* beeinflusst. Die Dämpfungseinflüsse sollen nicht berücksichtigt werden.

Mit den Abkürzungen

$$\omega_0^2 = \frac{g}{l}$$

und

$$k = \frac{c}{m}$$

löst Listing 12.8 das DGL-System mit dem Summenalgorithmus (Zeile 18 bis 23). Die Anfangswerte für die beiden Winkel betragen 3° und 6° (Zeile 09). Beide Kreisfrequenzen haben einen Anfangswert von 0 (Zeile 14).

```
01 #08_pendel2.py
02 from math import degrees,radians
03 import matplotlib.pyplot as plt
04 plt.figure(figsize=(8,6))
05 g=9.81 #kgm/s^2
06 l=0.2  #Länge des Pendels in m
07 m=0.2  #Masse in kg
08 c=1.0  #N/m Federkonstante
09 phi1,phi2= 3,6 #Auslenkwinkel in °
10 phi1,phi2=radians(phi1),radians(phi2)
11 n=500
12 t1,t2=0,10
13 dt=(t2-t1)/n
14 w1=w2=0
15 w02=g/l
16 k=c/m
17 lt,lw1,lphi1,lw2,lphi2 =[],[],[],[],[]
18 for i in range(n):
19     t=t1+i*dt
20     phi1=phi1+w1*dt
21     w1=w1-w02*phi1*dt - k*(phi1-phi2)*dt
22     phi2=phi2+w2*dt
23     w2=w2-w02*phi2*dt + k*(phi1-phi2)*dt
24     lt.append(t)
25     lphi1.append(degrees(phi1))
26     lphi2.append(degrees(phi2))
27     lw1.append(w1)
28     lw2.append(w2)
```

```
29 plt.title("gekoppeltes Pendel")
30 plt.plot(lt,lphi1,'r',  label=r"$\varphi_1 \left(t\right)$")
31 plt.plot(lt,lphi2,'b--',label=r"$\varphi_2 \left(t\right)$")
32 plt.xlabel("t")
33 plt.ylabel(r"$\varphi \left(t\right)$")
34 plt.grid()
35 plt.legend(loc='best')
36 plt.show()
```

Listing 12.8 Lösung eines DGL-Systems für ein gekoppeltes Fadenpendel

Ausgabe

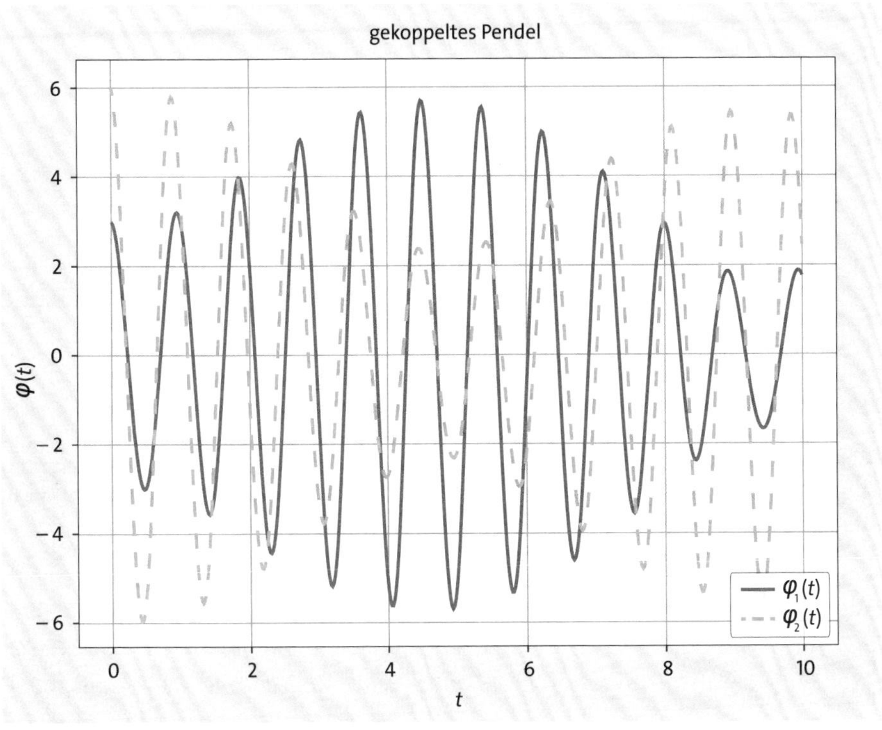

Abbildung 12.9 Schwingungen eines gekoppelten Fadenpendels

Analyse

Das System der zwei Differenzialgleichungen wird wieder mit dem Summenalgorithmus (Zeile 18 bis 23) gelöst. Bis auf die zusätzlichen Anweisungen in Zeile 22 und 23 für das zweite Pendel sind gegenüber Listing 12.7 keine wesentlichen Änderungen erkennbar. Die beiden Differenzialgleichungen sind über die zwei Auslenkwinkel `phi1` und `phi2` miteinander gekoppelt (Zeile 20 und 22).

12.6 DGL-System mit zwei Unbekannten

Wenn zwei Differenzialgleichungen miteinander gekoppelt werden, dann entsteht ein DGL-System mit zwei Unbekannten. Das ist z. B. der Fall, wenn eine Population y_2 (Räuber) sich ausschließlich von einer anderen Population y_1 (Beute) ernährt. Die Beziehung zwischen der Beute und dem Räuberkann durch folgendes DGL-System beschrieben werden:

$$\dot{y}_1 = c_1 y_1 - d_1 y_1 y_2$$

$$\dot{y}_2 = -c_2 y_2 + d_2 y_1 y_2$$

Darin bedeutet:

- c_1: Wachstumskoeffizient der Beute
- d_1, d_2: Wahrscheinlichkeit, mit der Beute und Räuber zusammentreffen
- c_2: Sterberate der Räuber

Der zweite Term $d_1 y_1 y_2$ in der 1. DGL besagt, dass die Anzahl der Beutetiere abnimmt, je größer die Wahrscheinlichkeit ist, dass sich Räuber und Beute treffen. Wenn die Räuber aussterben würden oder es zu keiner erfolgreichen Jagd kommen würde, dann würden sich die Beutetiere exponentiell vermehren.

Der zweite Term $d_2 y_1 y_2$ in der 2. DGL besagt, dass sich mit jeder erfolgreichen Jagd die Bedingungen für eine Fortpflanzung der Räuber verbessern. Wenn die Räuber keine Beute mehr finden, würden sie aussterben.

Diese idealisierte Beschreibung durch zwei miteinander gekoppelte Differenzialgleichungen gilt generell für jede Räuber-Beute-Beziehung. Aufgestellt wurden die Gleichungen 1925 von Alfred J. Lotka und, unabhängig von ihm, 1926 von Vito Volterra. Sie werden heute als *lotka-volterrasches Räuber-Beute-Modell* bezeichnet [Arens:1034].

Listing 12.9 simuliert für 500 Beutetiere und 50 Raubtiere die zeitliche Entwicklung einer Räuber-Beute-Beziehung:

```
#09_raeuber_beute.py
import matplotlib.pyplot as plt
plt.figure(figsize=(8,6))
y1=500    #Beute
y2=50     #Räuber
```

```
c1=0.25  #Reproduktionsrate der Beute
c2=0.5   #Sterberate der Räuber
d1=0.001 #Beutewahrscheinlichkeit
d2=0.001
def dgl(t,y1,y2):
    dy1_dt= c1*y1 - d1*y1*y2  #Beute
    dy2_dt=-c2*y2 + d2*y1*y2  #Räuber
    return dy1_dt,dy2_dt

n=500
t1=0
t2=50
dt=(t2-t1)/n
lt,ly1,ly2=[t1],[y1],[y2]
for i in range(n):
    t=t1+i*dt
    dy1,dy2=dgl(t,y1,y2)
    y1 = y1 + dy1*dt #Beute
    y2 = y2 + dy2*dt #Räuber
    lt.append(t),
    ly1.append(y1)
    ly2.append(y2)

plt.subplot(2,1,1)
plt.plot(lt,ly1,'b--',label='Beute')
plt.plot(lt,ly2,'r',label='Räuber')
plt.legend(loc='best')
plt.xlabel('Zeit')
plt.grid()
plt.subplot(2,1,2)
plt.plot(ly1,ly2,'g')
plt.xlabel('Beute')
plt.ylabel('Räuber')
plt.grid()
plt.tight_layout()
plt.show()
```

Listing 12.9 Simulation einer Räuber-Beute-Beziehung

Ausgabe

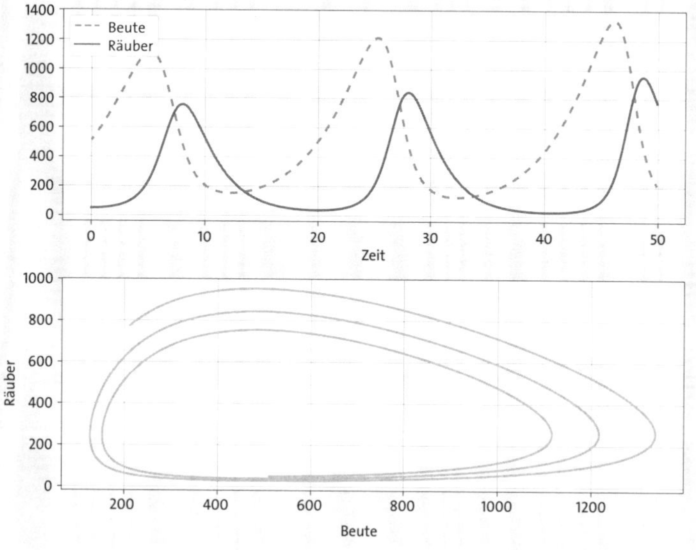

Abbildung 12.10 Entwicklung einer Räuber-Beute-Beziehung

Analyse

In den Zeilen 10 bis 13 steht die Definition des Differenzialgleichungssystems. Die Python-Funktion `dgl(...)` gibt die 1. Ableitungen für die DGL der Beute und die DGL der Räuber zurück. Das DGL-System muss in expliziter Form vorliegen, sonst kann es mit dem Euler-Verfahren nicht gelöst werden. In der englischen Fachliteratur wird solch ein System auch häufig als `rhs(...)` bezeichnet, was als Abkürzung für *right hand side* steht.

In Zeile 22 wird die Python-Funktion `dgl(...)` mit den Anfangswerten aufgerufen und dem Tupel `dy1`, `dy2` zugewiesen. In den Zeilen 23 bis 24 wird das DGL-System mit Summenalgorithmus gelöst. Die diskreten Lösungen werden in die Listen `ly1` und `ly2` gespeichert und in den Zeilen 30 und 31 als Funktionsplot ausgegeben.

In Zeile 36 zeichnet die Matplotlib-Methode `plot(ly1,ly2,...)` das Phasendiagramm.

12.7 DGL-System mit drei Unbekannten

Es gibt auch Problemstellungen, bei denen drei oder mehr Unbekannte als Ableitungen in einem Differenzialgleichungssystem vorkommen können. Das ist z. B. der Fall, wenn der Verlauf einer Epidemie innerhalb einer Population N untersucht werden soll. Gesunde, also Ansteckbare y_1 (engl. *susceptible*) werden zu Infizierten y_2 (engl. *infected*), wenn sie sich anstecken. Nach überstandener Infektion werden die Genesenen y_3 aus dem Infektionsgeschehen entfernt (engl. *removed*). Für jede Gruppe wird eine DGL aufgestellt. Die einzelnen Differenzialgleichungen sind miteinander gekoppelt. Die drei Differenzialgleichungen mit den Parametern b und g

$$\dot{y}_1 = -b\frac{y_1 y_2}{N}$$

$$\dot{y}_2 = b\frac{y_1 y_2}{N} - g y_2$$

$$\dot{y}_3 = g y_2$$

beschreiben das Infektionsgeschehen. Dieses DGL-System wird als SIR-Modell bezeichnet. Es wurde 1927 von William Ogilvy Kermack und Anderson Gray McKendrick aufgestellt.

Der Parameter b steht für die Infektionsrate. Sein Wert liegt zwischen 0 und 1. Der Parameter g beschreibt die Genesungsrate. Dieser Wert liegt ebenfalls zwischen 0 und 1.

Folgende idealisierten Voraussetzungen sollen gelten:

- Geburten und Sterbefälle werden nicht berücksichtigt. Es gilt also zu jedem Zeitpunkt: $N = y_1(t) + y_2(t) + y_3(t)$.
- Infizierte sind sofort ansteckend.

Listing 12.10 simuliert den Infektionsverlauf für eine Population von $N = 1000$ Individuen über einen Zeitraum von 120 Tagen. Für die Infektionsrate wird $b = 0.4$ und für die Genesungsrate wird $g = 0.04$ angenommen.

```
#10_epidemie.py
import numpy as np
import matplotlib.pyplot as plt
plt.figure(figsize=(9,6))
b=0.4  #Infektionsrate
g=0.04 #Genesungsrate
#SIR-Modell
def dgl(t,y1,y2,y3,N):
    dy1_dt=-b*y1*y2/N       #Gesunde
    dy2_dt=b*y1*y2/N-g*y2 #Infizierte
    dy3_dt=g*y2             #Genesene
    return dy1_dt,dy2_dt,dy3_dt

n=500   #Anzahl der Schritte
t1,t2=0,120
```

```
dt=(t2-t1)/n #Schrittweite
t=np.linspace(t1,t2,n+1)
y10=997 #Gesunde
y20=3   #Infizierte
y30=0   #Genesene
N=y10+y20+y30
y1,y2,y3=np.empty(n+1),np.empty(n+1),np.empty(n+1)
y1[0],y2[0],y3[0]=(y10,y20,y30) #Anfangswerte
for i in range(n):
    dy1,dy2,dy3 = dgl(t,y1[i],y2[i],y3[i],N)
    y1[i+1] = y1[i] + dy1*dt
    y2[i+1] = y2[i] + dy2*dt
    y3[i+1] = y3[i] + dy3*dt
#Darstellung
plt.plot(t,y1,'b--',label='Gesunde')
plt.plot(t,y2,'r-.',label='Infizierte')
plt.plot(t,y3,'g',  label='Genesene')
plt.legend(loc='best')
plt.xlabel('Zeit')
plt.grid()
plt.show()
```

Listing 12.10 Simulation einer Epidemie mit dem SIR-Modell

Ausgabe

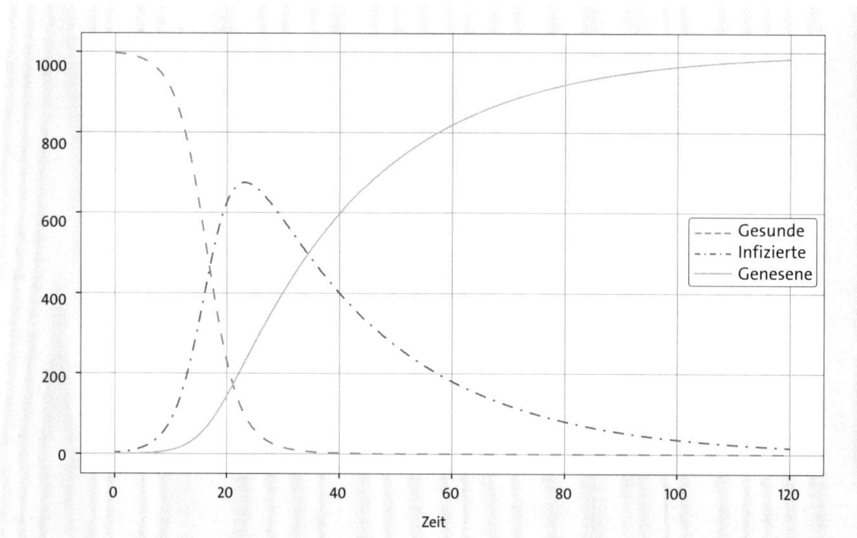

Abbildung 12.11 Verlauf einer Epidemie

Analyse

In den Zeilen 08 bis 12 wird die Python-Funktion für das DGL-System definiert. Zurückgegeben wird ein Tupel aus den 1. Ableitungen für die Gesunden `dy1_dt`, die Infizierten `dy2_dt` und die Genesenen `dy3_dt`.

Die Zeilen 18 bis 20 legen die Anfangswerte fest.

In Zeile 22 werden drei leere NumPy-Arrays `y1`, `y2` und `y3` initialisiert.

In Zeile 23 werden die Anfangswerte `y10`, `y20` und `y30` in die ersten Positionen (Index 0) der Arrays `y1[0]`, `y2[0]` und `y2[0]` gespeichert. In den Zeilen 24 bis 28 wird das DGL-System innerhalb einer `for`-Schleife mit dem Summenalgorithmus (Zeile 26 bis 28) gelöst. Auf der linken Seite des rekursiven Gleichungssystems stehen die aktualisierten Werte `y1[i+1]` und auf der rechten Seite stehen die Vorgänger `y1[i]`.

12.8 Optimierungen des Euler-Verfahrens

Das Euler-Verfahren ist zwar sehr einfach zu implementieren, es hat aber den Mangel der Ungenauigkeit. Bisher wurden die Lösungen nur grafisch dargestellt, dabei sind die Abweichungen von der exakten Lösung optisch kaum wahrnehmbar.

Aus mathematischer Sicht erfüllt das Euler-Verfahren nicht den Anspruch an bekannte Konvergenzkriterien. Es hat nämlich nur die Konvergenzordnung von $q = 1$. Das heißt, wenn die Schrittweite halbiert wird, halbiert sich auch der Fehler. Dagegen hat das Heun-Verfahren eine Konvergenzordnung von $q = 2$, und das vierstufige Runge-Kutta-Verfahren bietet eine Konvergenzordnung von $q = 4$.

12.8.1 Das Heun-Verfahren

Das Heun-Verfahren wird durch folgendes rekursives Gleichungssystem beschrieben [Knorrenschild:156]:

$$k_1 = f(t_i, y_i)$$

$$k_2 = f(t_i + h, y_i + h \cdot k_1)$$

$$y_{i+1} = y_i + \frac{h}{2}(k_1 + k_2)$$

Anstatt wie beim Euler-Verfahren eine Tangente aus dem Richtungsfeld zu erfassen, wird aus zwei benachbarten Tangentensteigungen der Mittelwert aus k_1 und k_2 berechnet. Dadurch werden die Fehler reduziert, die bei jedem Rechenschritt zwangsläufig entstehen.

12.8.2 Das vierstufige Runge-Kutta-Verfahren

Das vierstufige Runge-Kutta-Verfahren verallgemeinert die Idee der Mittelwertbildung. Es werden jeweils die Mittelwerte aus vier Tangenten des Richtungsfeldes berechnet [Knorrenschild:157]:

$$k_1 = f(t_i, y_i)$$

$$k_2 = f\left(t_i + \frac{h}{2}, y_i + \frac{h}{2} \cdot k_1\right)$$

$$k_3 = f\left(t_i + \frac{h}{2}, y_i + \frac{h}{2} \cdot k_2\right)$$

$$k_4 = f(t_i + h, y_i + h \cdot k_3)$$

$$y_{i+1} = y_i + \frac{h}{6}(k_1 + 2k_2 + 2k_3 + k_4)$$

Es ist plausibel, dass so die Fehler weiter reduziert werden. Allerdings steigt dabei im Vergleich zum Euler-Verfahren auch der Rechenaufwand.

12.8.3 Vergleich der Verfahren

Im Folgenden sollen das Euler-, das Heun- und das Runge-Kutta-Verfahren miteinander verglichen werden.

Als Testbeispiel wird die DGL

$$y'(t) = y \cdot t$$

als Testfunktion gewählt. Für die Anfangsbedingung $y(0) = 1$ lautet die Lösung:

$$y(t) = e^{\frac{t^2}{2}}$$

Listing 12.11 löst die DGL mit dem Euler-, dem Heun- und dem Runge-Kutta-Verfahren. Zum Vergleich wird die exakte Lösung mit ausgegeben.

```
#11_heun_runge.py
from math import exp
def dgl(t,y):
    dy_dt=t*y
    return dy_dt
#Euler-Verfahren
def euler(f,t0,tn,y0,n):
    y=y0
```

```
    h=(tn-t0)/n
    lt,ly=[],[y0]
    for i in range(n):
        t=t0 + i*h
        y = y + f(t,y)*h
        lt.append(t)
        ly.append(y)
    return lt,ly
#Heun-Verfahren
def heun(f,t0,tn,y0,n):
    y=y0
    h=(tn-t0)/n
    lt,ly=[],[y0]
    for i in range(n):
        t=t0 + i*h
        k1=f(t,y)
        k2=f(t+h,y+h*k1)
        y = y + h*(k1+k2)/2
        lt.append(t)
        ly.append(y)
    return lt,ly
#Runge-Kutta-Verfahren
def runge(f,t0,tn,y0,n):
    y=y0
    h=(tn-t0)/n
    lt,ly=[],[y0]
    for i in range(n):
        t=t0 + i*h
        k1=f(t,y)
        k2=f(t+h/2,y+h*k1/2)
        k3=f(t+h/2,y+h*k2/2)
        k4=f(t+h,y+h*k3)
        y = y + h*(k1+2*k2+2*k3+k4)/6
        lt.append(t)
        ly.append(y)
    return lt,ly

n=6
t0,tn=0,1.2
y0=1         #Anfangswert
h=(tn-t0)/n  #Schrittweite
t,y1= euler(dgl,t0,tn,y0,n)
```

```
t,y2= heun(dgl,t0,tn,y0,n)
t,y3= runge(dgl,t0,tn,y0,n)
print("Schrittweite h =",round(h,3))
print("t \tEuler \t Heun\t Runge\tgenau")
for i in range(n):
    print("%2.2f %2.6f %2.6f %2.6f %2.6f"\ %(t[i],y1[i],y2[i],y3[i],
exp(t[i]**2/2)))
```

Listing 12.11 Vergleich der Verfahren

Ausgabe

```
Schrittweite h = 0.2
t     Euler     Heun      Runge     genau
0.00 1.000000 1.000000 1.000000 1.000000
0.20 1.000000 1.020000 1.020201 1.020201
0.40 1.040000 1.082832 1.083287 1.083287
0.60 1.123200 1.196313 1.197217 1.197217
0.80 1.257984 1.375281 1.377126 1.377128
1.00 1.459261 1.644836 1.648717 1.648721
```

Analyse

Der Vergleich zeigt deutlich, dass das Runge-Kutta-Verfahren im Vergleich zu den anderen Verfahren wesentlich genauer ist. Allerdings wurde absichtlich eine relativ große Schrittweite von `h = 0.2` gewählt, um die Fehler besser sichtbar zu machen. Wenn es auf eine verbesserte Genauigkeit ankommt, können Sie in Listing 12.5 und Listing 12.6 das Euler-Verfahren durch das Runge-Kutta-Verfahren ersetzen.

Für den professionellen Einsatz stellt das Modul SciPy die Methode `solve_ivp(...)` zur Verfügung. In der SciPy-Dokumentation finden Sie auch ein Beispiel, wie das DGL-System für eine Räuber-Beute-Beziehung mit der Methode `solve_ivp(...)` gelöst werden kann.

12.9 Lösung von Differenzialgleichungen mit SymPy

Mit dem Modul SymPy lassen sich Differenzialgleichungen auch symbolisch lösen. Allerdings stößt SymPy schnell an seine Grenzen. Die nichtlineare DGL eines mathematischen Pendels kann SymPy nicht lösen.

Deshalb wird ein Federpendel (siehe Abbildung 12.12) gewählt. Das Federpendel besteht aus einer Schraubenfeder und einer Masse m. Das linke Ende der Feder ist an der Wand befestigt, und an ihrem rechten Ende ist sie mit einer Masse verbunden.

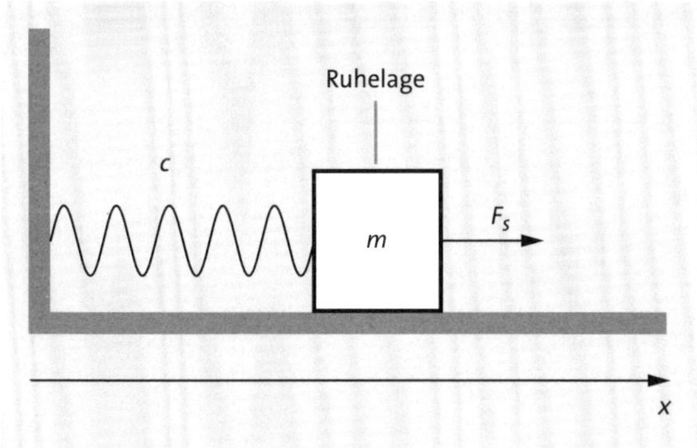

Abbildung 12.12 Feder-Masse-Schwinger

Wenn die Masse um die Strecke x_0 nach rechts ausgerichtet und anschließend losgelassen wird, schwingt sie in Richtung der x-Achse hin und her. Die Frequenz der Schwingung ist von der Masse m und der Federkonstanten c abhängig. Die Dämpfung d bestimmt, wie lange der Schwingvorgang andauert.

Das Pendel wird mit der Kraft

$$F_B = -m \cdot a = -m \cdot \ddot{x}$$

beschleunigt. Die Kraft F_B hat ein negatives Vorzeichen, weil sie in die entgegengesetzte Richtung der Spannkraft F_S wirkt.

Der Einfluss der Dämpfung d ist proportional zur Geschwindigkeit:

$$F_R = d \cdot v = d \cdot \dot{x}$$

Die Spannkraft F_S der Feder wird durch das hookesche Gesetz

$$F_S = c \cdot x$$

bestimmt.

Während des Schwingvorgangs muss die Summe der drei Kräfte 0 sein. Die Pendelschwingungen können also durch die DGL

$$m \cdot \ddot{x} + d \cdot \dot{x} + c \cdot x = 0$$

beschrieben werden. Wenn beide Seiten der DGL durch die Masse m geteilt werden, dann erhält man Ausdrücke für die Abklingkonstante $2\delta = d/m$ und die Kreisfrequenz ω_0 der Pendelschwingungen:

$$\ddot{x} + \frac{d}{m} \cdot \dot{x} + \frac{c}{m} \cdot x = 0$$

Der Ausdruck vor der 1. Ableitung von y wird als *Abklingkonstante* bezeichnet:

$$2\delta = \frac{d}{m}$$

Die Wurzel aus dem Quotienten der Federkonstante c und der Masse m

$$\omega_0 = \sqrt{\frac{c}{m}}$$

ist die *Kreisfrequenz* der Pendelschwingung.

Für die Anzahl der Schwingungen pro Sekunde gilt:

$$f = \frac{1}{2\pi}\sqrt{\frac{c}{m}}$$

Daraus kann die *Periodendauer* einer Schwingung

$$T = 2\pi\sqrt{\frac{m}{c}}$$

berechnet werden.

Listing 12.12 berechnet für die DGL des Federpendels die allgemeine und die spezielle Lösung. Gelöst wird eine DGL mit der SymPy-Methode `dsolve(dgl)`. Für die Anfangsbedingungen $x(0)$ und $x'(0)$ werden die Integrationskonstanten in Zeile 14 berechnet. Anschließend wird der Verlauf der Pendelschwingungen als Funktionsplot (Zeile 15) dargestellt.

```
01 #12_sympy_dgl.py
02 from sympy import *
03 t = symbols('t')
04 x = Function('x')
05 m=1.0   #Masse in kg
06 d=0.2   #Dämpfung
07 c=9.87  #Federkonstante in N/m
08 x0=5    #Anfangswert x(0)
09 x_0=0   #x'(0)
10 #dgl=Eq(diff(x(t),t,2) + d/m*diff(x(t),t) + c/m*x(t),0)
11 #dgl=Eq(x(t).diff(t,2) + d/m*x(t).diff(t) + c/m*x(t),0)
12 dgl=diff(x(t),t,2) + d/m*diff(x(t),t) + c/m*x(t)
13 aL=dsolve(dgl)    #allgemeine Lösung der DGL
14 C=solve([aL.rhs.subs(t,x_0) - x0, diff(aL.rhs,t).subs(t,x_0)])
15 sL=aL.rhs.subs(C) #spezielle Lösung
16 print("allgemeine Lösung\n",aL)
17 print("Konstanten\n",C)
```

```
18  print("spezielle Lösung\n",sL)
19  plot(sL,(t,0,5),ylabel='x(t)')
```

Listing 12.12 Lösung einer DGL 2. Ordnung mit SymPy

Ausgabe

```
allgemeine Lösung
 Eq(y(t), (C1*sin(3.14006369362152*t) + C2*cos(3.14006369362152*t))*exp(-0.1*t))
Konstanten
 {C1: 0.159232438824620, C2: 5.00000000000000}
spezielle Lösung
 (0.15923243882462*sin(3.14006369362152*t) + 5.0*cos(3.14006369362152*t))*exp(-0.1*t)
```

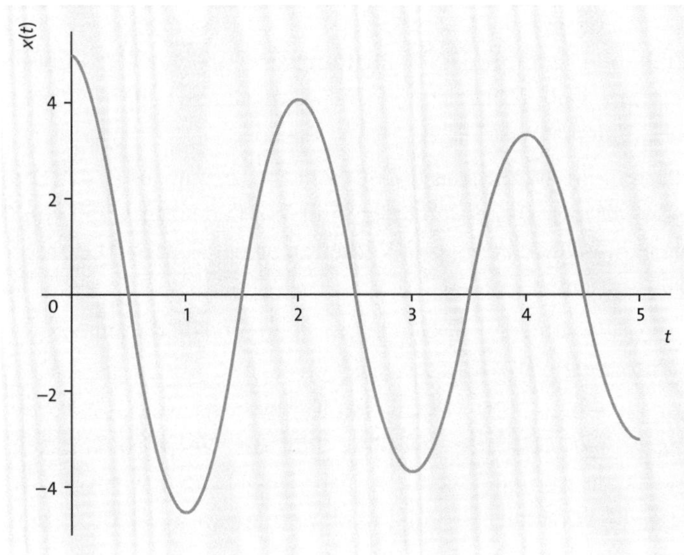

Abbildung 12.13 Verlauf der Pendelschwingung

Analyse

In den Zeilen 03 und 04 werden die unabhängige Variable t und die abhängige Variable x vereinbart. Die Variable x repräsentiert die Auslenkung der Pendelmasse in Richtung der *x*-Achse.

In den Zeilen 05 bis 07 können Sie die Daten des Feder-Masse-Systems ändern.

In den Zeilen 08 und 09 stehen die Anfangsbedingungen: die Auslenkung $x(0) = 5$ und die Anfangsgeschwindigkeit $x'(t) = 0$.

In Zeile 12 wird die DGL definiert. Die auskommentierten Zeilen 10 und 11 sind alternative Syntaxnotationen.

In Zeile 13 berechnet die Methode `dsolve(dgl)` die allgemeine Lösung `aL` der DGL.

In Zeile 14 löst die Methode `solve(...)` ein Gleichungssystem mit zwei Unbekannten, den Integrationskonstanten `C1` und `C2`. Mit der Methode `rhs.subs(...)` werden die Anfangsbedingungen in das Gleichungssystem eingesetzt. Dabei steht die Abkürzung `rhs` (engl. *right hand side*) für den Term, der auf der rechten Seite einer Gleichung steht.

In Zeile 15 werden die Konstanten in die allgemeine Lösung `aL` eingesetzt.

12.10 Aufgaben

1. Schreiben Sie ein Python-Programm, das das Richtungsfeld für die DGL 1. Ordnung $y'(x) = 0{,}3x^2$ auf dem Intervall $[-2{,}2]$ zeichnet. Die Lösungskurve soll für $y(0) = 0$ ebenfalls gezeichnet werden.
2. Schreiben Sie ein Python-Programm, das die numerische Lösung der DGL 1. Ordnung $y'(x) = \sin(x)$ diskret mit 20 Kreuzen (oder Punkten) in dem Intervall von 0 bis 2π zeichnet. Die DGL soll mit dem Euler-Verfahren gelöst werden. Die exakte Lösung soll ebenfalls gezeichnet werden.
3. Lösen Sie die DGL $y' = x^2 + y^2$ für $y(0) = -0{,}5$ mit dem Heun- und dem Runge-Kutta-Verfahren auf dem Intervall $[-1{,}1]$.
4. Das SIR-Modell kann zu einem SIRD-Modell erweitert werden, wenn die Todesfälle D (engl. *death*) berücksichtigt werden. Für die Verstorbenen gilt: $v'(t) = m \cdot y$ (für $m < 1$). Es werden folgende Annahmen getroffen: $N = 1000$, Genesungsrate $g = 0{,}04$, Infektionsrate $b = 0{,}4$ und Mortalitätsrate $m = 0{,}005$. Simulieren Sie den Infektionsverlauf.
5. Berechnen Sie mit SymPy die allgemeinen Lösungen folgender Differenzialgleichungen:

   a) $y' + 2y - 1 = 0$

   b) $y'' - 4y' + 3y = 5 \cdot e^{3x}$

   c) $y''' - 2y'' - 8y' = 0$

   d) $y^{(4)} + 2y'' + y = 0$

Kapitel 13
Ausgleichsrechnungen

In diesem Kapitel lernen Sie, wie Sie aus Messdaten Parameter für das lineare und nichtlineare Ausgleichsproblem mit linearen Gleichungssystemen und dem Vektoransatz lösen können.

In der Praxis der Natur- und Ingenieurwissenschaften kommen Aufgabenstellungen vor, bei denen aus vorliegenden Messdaten *Parameter* berechnet werden müssen, die den Verlauf einer bekannten mathematischen Funktion bestimmen. Beispielsweise weiß der Astronom, dass sich Planeten auf elliptischen Bahnen bewegen. Will er die beiden Halbachsen der elliptischen Umlaufbahn eines Planeten bestimmen, so muss er zu unterschiedlichen Zeitpunkten die zugehörigen Planetenpositionen messen, diese Daten in x,y-Koordinaten umrechnen und aus diesen Wertepaaren die gesuchten Parameter berechnen. Da Messdaten prinzipiell fehlerbehaftet sind, muss er mit der Methode der *Ausgleichsrechnung* die Parameter so bestimmen, dass der Funktionsgraph möglichst genau an die Wertepaare der Messdaten angepasst wird.

Ein anderes Beispiel für eine nützliche Anwendung ist die *Prognose* eines Bremsweges. Für kleine Geschwindigkeiten sind die Parameter der mathematischen Bremsfunktion bekannt. Die Frage lautet nun: Welcher Bremsweg ist bei höheren Geschwindigkeiten zu erwarten?

Neben diesen linearen Ausgleichsproblemen gibt es auch nichtlineare Ausgleichsprobleme. Dazu zählt z. B. das exponentielle Wachstum der Population einer Bakterienkultur oder die Entwicklung einer Epidemie. Das exponentielle Wachstum kann anhand der *Wachstumsrate* vorausgesagt werden, wenn sich die Wachstumsbedingungen nicht ändern. Aus den Messdaten des bisherigen Infektionsgeschehens kann mit der Ausgleichsrechnung die Wachstumsrate bestimmt werden, um damit den zukünftigen Verlauf der Epidemie vorauszusagen.

13.1 Lineare Ausgleichsprobleme

Nehmen Sie an, dass Messdaten in Form von Wertepaaren (x, y) vorliegen. Mit der Methode der kleinsten *Fehlerquadrate* wird aus diesen Messdaten ein lineares Gleichungssystem mit n Unbekannten aufgestellt. Bei den Unbekannten handelt es sich um die Parameter einer bekannten Funktion. Bei der Lösung eines linearen Ausgleichsproblems müssen also lineare Gleichungssysteme aufgestellt und gelöst werden.

Neben dieser Methode gibt es noch die Möglichkeit, direkt aus den Messdaten ein überbestimmtes Gleichungssystem aufzustellen, das mit Matrizenoperationen, wie Transponieren, Bildung der Inversen und Multiplikation, gelöst werden kann.

13.1.1 Lösung mit linearen Gleichungssystemen

Am Beispiel einer linearen Funktion und eines Polynoms 2. Grades soll gezeigt werden, wie für die vorgegebenen Messdaten ein lineares Gleichungssystem aufgestellt werden muss und wie dieses Gleichungssystem mit der NumPy-Methode `solve(...)` gelöst werden kann. Ich kann jedoch bereits vorwegnehmen, dass diese Methode sehr aufwendig wird, wenn mehr als drei Parameter berechnet werden müssen. Der Vektoransatz, bei dem überbestimmte Gleichungssysteme gelöst werden müssen, ist dagegen wesentlich einfacher zu handhaben, verlangt aber einen größeren maschinellen Rechenaufwand.

Ausgleichsgerade

Bei der Bestimmung einer linearen Ausgleichsgeraden geht es darum, für eine Messreihe eine Gerade der Form

$$y = ax + b$$

zu finden. Diese Gerade soll zu allen Messpunkten jeweils den kleinsten möglichen Abstand haben (siehe Abbildung 13.1).

Betrachten Sie die Messreihe aus Tabelle 13.1.

x_i	1	2	3	4	5
y_i	6	6,8	10	10,5	10,2

Tabelle 13.1 Wertetabelle für einen linearen Zusammenhang

Ein erster Blick auf die Messwerte lässt die Vermutung zu, dass hier ein annähernd linearer Zusammenhang zwischen x und y besteht.

Die Fehlerquadratsumme

$$E = \sum_{i=1}^{n} [y_i - f(x_i)]^2 = \sum_{i=1}^{n} [y_i - (ax_i + b)]^2 \rightarrow \text{Minimum}$$

liefert den Ansatz zur Bestimmung der Parameter a und b. Sie wird auch als *Fehlerfunktional* [Knorrenschild: 98] bezeichnet.

Um den kleinsten Wert der Fehlerquadratsumme zu bestimmen, müssen die partiellen Ableitungen $\partial E/\partial a$ und $\partial E/\partial b$ gleich 0 gesetzt werden:

$$\frac{\partial E}{\partial a} = 2\sum_{i=1}^{n}\left(-x_i y_i + a x_i^2 + b x_i\right) = 0$$

$$\frac{\partial E}{\partial b} = 2\sum_{i=1}^{n}\left(-y_i + a x_i + b\right) = 0$$

Daraus erhalten Sie ein lineares Gleichungssystem mit den beiden unbekannten Parametern a und b:

$$\begin{pmatrix} \sum_{i=1}^{n} x_i^2 & \sum_{i=1}^{n} x_i \\ \sum_{i=1}^{n} x_i & n \end{pmatrix}\begin{pmatrix} a \\ b \end{pmatrix} = \begin{pmatrix} \sum_{i=1}^{n} x_i y_i \\ \sum_{i=1}^{n} y_i \end{pmatrix}$$

Dieses Gleichungssystem wird als das System der *Normalgleichungen* bezeichnet. Die 2×2-Matrix bezeichnet man auch als *Koeffizientenmatrix*. Der Spaltenvektor $(a, b)^T$ heißt *Lösungsvektor*, und der *Spaltenvektor* auf der rechten Seite des Gleichungssystems wird als *Inhomogenitätsvektor* bezeichnet.

Wenn Sie die Werte aus Tabelle 13.1 in die Gleichung einsetzen, erhalten Sie das lineare Gleichungssystem

$$\begin{pmatrix} 55 & 15 \\ 15 & 5 \end{pmatrix}\begin{pmatrix} a \\ b \end{pmatrix} = \begin{pmatrix} 142{,}6 \\ 43{,}5 \end{pmatrix}$$

mit den Lösungen $a = 1{,}21$ und $b = 5{,}07$.

Listing 13.1 berechnet aus den Messdaten die Parameter a und b der Ausgleichsgerade. Die Messdaten werden dann in ein NumPy-Array `np.array([...])` gespeichert. Die NumPy-Methode `np.sum(...)` berechnet die Summen. Das lineare Gleichungssystem wird anschließend mit der NumPy-Methode `solve(A,b)` gelöst.

```
#01_lin_ausgleich1.py
import numpy as np
from numpy.linalg import solve
import matplotlib.pylab as plt
xi=np.array([1,2,3,4,5])
yi=np.array([6,6.8,10,10.5,10.2])
```

```
n=len(xi)
#Koeffizientenmatrix
A=np.array([[np.sum(xi**2) ,np.sum(xi)],
            [np.sum(xi),n]])
#Inhomogenitätsvektor
y=np.array([np.sum(xi*yi),np.sum(yi)])
#Lösungsvektor
L=solve(A,y)
a,b=L[0],L[1]
E=0 #Fehlerfunktional
for i in range(n):
    E = E + (yi[i] - (a*xi[i] + b))**2
#Ausgaben
print("Fehlerfunktional\n E =",E)
print("Koeffizientenmatrix")
print(A)
print("Inhomogenitätsvektor")
print(y)
print("Lösungsvektor")
print(L)
print("Steigung        a=",a)
print("Achsenabschnitt b=",b)
#Funktionsplot
xa=np.linspace(0,np.max(xi),500)
ya=a*xa+b
plt.title(r"$y=ax+b$")
plt.plot(xi,yi,'r+')
plt.plot(xa,ya,'b')
plt.ylim(0,15)
plt.xlabel("x")
plt.ylabel("y")
plt.show()
```

Listing 13.1 Linearer Ausgleich

Ausgabe

```
Fehlerfunktional
 E = 3.439000000000002
Koeffizientenmatrix
[[55 15]
```

```
 [15  5]]
Inhomogenitätsvektor
[142.6  43.5]
Lösungsvektor
[1.21 5.07]
Steigung         a= 1.2099999999999998
Achsenabschnitt b= 5.070000000000007
```

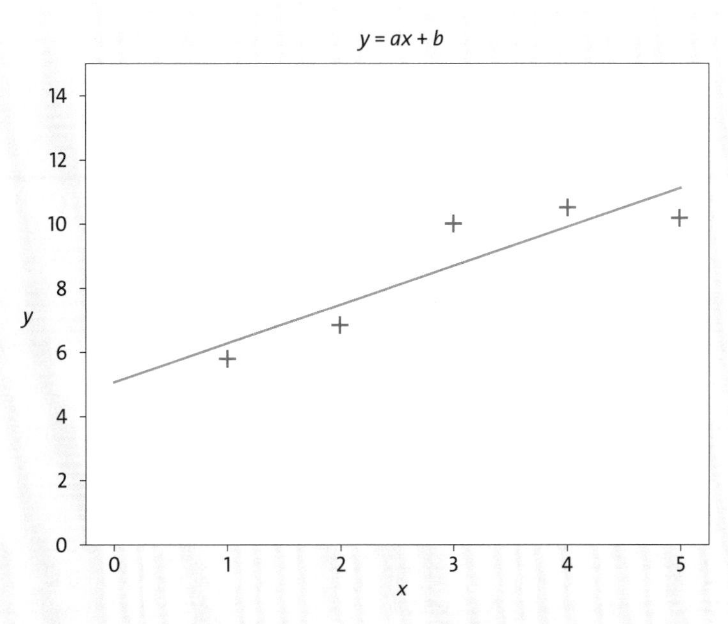

Abbildung 13.1 Funktionsplot für den linearen Ausgleich

Analyse

In den Zeilen 02 bis 04 werden die erforderlichen Module importiert. Aus dem Untermodul `linalg` wird nur die Methode `solve(...)` für die Lösung von linearen Gleichungen importiert.

In den Zeilen 05 und 06 werden die Messdaten in die Objektvariablen `xi` und `yi` gespeichert.

Zeile 07 ermittelt die Anzahl `n` der Messdaten.

Die Koeffizientenmatrix `A` steht in den Zeilen 09 bis 10. Die NumPy-Methode `sum(...)` berechnet die Summen aus den Messwerten der unabhängigen Variablen `xi`.

In Zeile 12 werden die Messwerte des Inhomogenitätsvektors in die Objektvariable `y` gespeichert.

In Zeile 14 löst die Methode `solve(A,y)` das lineare Gleichungssystem und speichert den Lösungsvektor in die Objektvariable `L`.

In Zeile 15 werden die Einträge des Lösungsvektors `L[0]` und `L[1]` in die Variablen `a` und `b` gespeichert.

In den Zeilen 17 und 18 berechnet der Summenalgorithmus das Fehlerfunktional `E`.

Die numerischen Ausgaben erfolgen in den Zeilen 20 bis 28.

Die Zeilen 30 bis 38 sind für den Funktionsplot der Messpunkte (Zeile 33) und der Ausgleichsgeraden (Zeile 34) zuständig.

Polynom 2. Grades

Für das Polynom 2. Grades

$$y = ax^2 + bx + c$$

sollen die Parameter bestimmt werden. In dem Funktionsterm kommt das Quadrat der Variablen x vor.

Für ein Polynom 2. Grades lassen sich mit dem Ansatz der Methode der kleinsten Quadrate folgende Normalgleichungen aufstellen [Papula3: 716]:

$$\begin{pmatrix} \left(\sum_{i=1}^{n} x_i^4\right) & \left(\sum_{i=1}^{n} x_i^3\right) & \left(\sum_{i=1}^{n} x_i^2\right) \\ \left(\sum_{i=1}^{n} x_i^3\right) & \left(\sum_{i=1}^{n} x_i^2\right) & \left(\sum_{i=1}^{n} x_i\right) \\ \left(\sum_{i=1}^{n} x_i^2\right) & \left(\sum_{i=1}^{n} x_i\right) & n \end{pmatrix} \begin{pmatrix} a \\ b \\ c \end{pmatrix} = \begin{pmatrix} \sum_{i=1}^{n} x_i^2\, y_i \\ \sum_{i=1}^{n} x_i\, y_i \\ \sum_{i=1}^{n} y_i \end{pmatrix}$$

Für die Messdaten aus Tabelle 13.2 sollen die Parameter a, b und c bestimmt werden.

x_i	1	2	3	4	5
y_i	5,1	2,1	1	1,8	5,2

Tabelle 13.2 Messwerte für ein Polynom 2. Grades

Listing 13.2 berechnet diese Parameter mit der NumPy-Methode `solve(...)` aus den Normalgleichungen:

```
#02_parabel_ausgleich1.py
import numpy as np
from numpy.linalg import solve
import matplotlib.pylab as plt
xi=np.array([1,2,3,4,5])
yi=np.array([5.1,2.1,1,1.8,5.2])
n=len(xi)
#Koeffizientenmatrix
A=np.array([[np.sum(xi**4),np.sum(xi**3),np.sum(xi**2),],
            [np.sum(xi**3),np.sum(xi**2),np.sum(xi)],
            [np.sum(xi**2), np.sum(xi),n]])
#Inhomogenitätsvektor
y=np.array([np.sum(xi**2*yi),np.sum(xi*yi),np.sum(yi)])
#Lösungsvektor
L=solve(A,y)
a,b,c=L[0],L[1],L[2]
#Ausgabe der numerischen Werte
print(" a\t b\tc")
print(L)
print("%2.3fx^2 %2.3fx %2.3f" %(a,b,c))
#Funktionsplot
xa=np.linspace(0,np.max(xi+1),500)
ya=a*xa**2 + b*xa + c
plt.title(r"$y=ax^2 + bx +c$")
plt.plot(xi,yi,'r+')
plt.plot(xa,ya,'b')
plt.xlim(0,6)
plt.ylim(0,12)
plt.xlabel("x")
plt.ylabel("y")
plt.show()
```

Listing 13.2 Ausgleichsproblem für ein Polynom 2. Grades

Ausgabe

```
   a       b       c
[ 1.05 -6.31 10.42]
1.050x^2 -6.310x 10.420
```

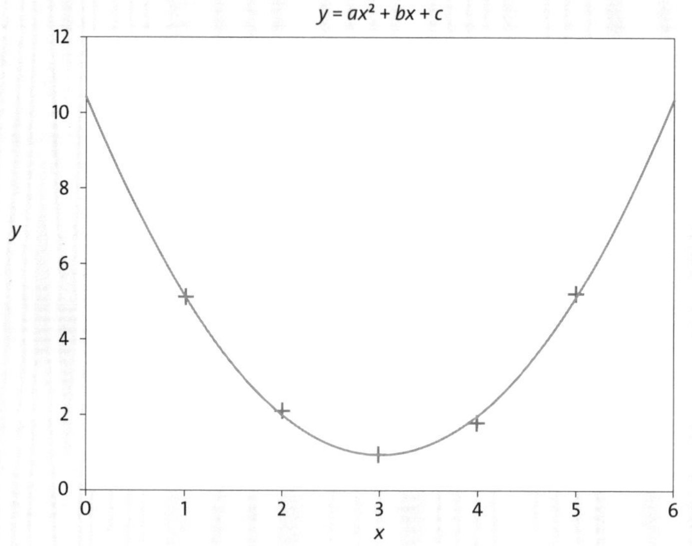

Abbildung 13.2 Polynom 2. Grades

Analyse

Das Programm ist im Prinzip genauso aufgebaut wie Listing 13.1. An der Koeffizientenmatrix in Zeile 09 bis 11 zeigt sich, dass der Python-Interpreter einen vergleichsweisen höheren Aufwand für die Berechnung der Koeffizientenmatrix und für die Lösung des Gleichungssystems (Zeile 15) zu bewältigen hat.

13.1.2 Lösung mit dem Vektoransatz

Sollen mehr als drei Parameter mit einem linearen Gleichungssystem berechnet werden, dann steigt der Aufwand unverhältnismäßig stark an. Mit dem Matrix-Vektor-Ansatz kann der Aufwand für das Aufstellen der Gleichungssysteme erheblich reduziert werden. Das System der Normalgleichungen kann mit der Matrix-Vektor-Schreibweise direkt aus den Wertetabellen als Koeffizientenmatrix und Inhomogenitätsvektor notiert werden. Allerdings erhält man so ein überbestimmtes lineares Gleichungssystem, das mit einem höheren Rechenaufwand gelöst werden muss.

Für das überbestimmte Gleichungssystem gilt der Ansatz:

$$\begin{pmatrix} x_1 & 1 \\ \vdots & \vdots \\ x_n & 1 \end{pmatrix} \begin{pmatrix} a \\ b \end{pmatrix} = \begin{pmatrix} y_1 \\ \vdots \\ y_n \end{pmatrix}$$

Mit dem Lösungsvektor

$$\lambda = \binom{a}{b}$$

erhält man das überbestimmte Gleichungssystem in Matrix-Schreibweise:

$$A\lambda = y$$

Dieses Gleichungssystem wird auch als *Fehlergleichungssystem* [Knorrenschild: 101] bezeichnet. Das Fehlergleichungssystem enthält n Gleichungen und 2 Unbekannte. Es ist also überbestimmt und muss deshalb auf beiden Seiten der Gleichung mit der transponierten Matrix $\mathbf{A}^\mathrm{T}$ multipliziert werden:

$$A^\mathrm{T} A\lambda = A^\mathrm{T} y$$

Die Lösungsmenge λ erhält man durch Bildung der Inversen:

$$\lambda = \left(A^\mathrm{T} A\right)^{-1} A^\mathrm{T} y$$

Normalgleichung

Man nennt $\mathbf{A}^\mathrm{T}\mathbf{A}\,\lambda = \mathbf{A}^\mathrm{T}\mathbf{y}$ die Normalgleichung von $\mathbf{A}\,\lambda = \mathbf{y}$. Das lineare Ausgleichsproblem hat eine eindeutige Lösung λ, die durch $\mathbf{A}^\mathrm{T}\mathbf{A}\,\lambda = \mathbf{A}^\mathrm{T}\mathbf{y}$ gegeben ist.

Algorithmus für den Lösungsweg

1. Schritt: Aufstellen der Koeffizientenmatrix
2. Schritt: Transponieren der Koeffizientenmatrix
3. Schritt: Multiplikation der transponierten Koeffizientenmatrix mit der Koeffizientenmatrix $\mathbf{A}^\mathrm{T}\mathbf{A}$. Es entsteht eine quadratische Koeffizientenmatrix.
4. Schritt: Berechnen des Inhomogenitätsvektors $\mathbf{A}^\mathrm{T}\mathbf{y}$
5. Schritt: Berechnen der inversen Matrix $(\mathbf{A}^\mathrm{T}\mathbf{A})^{-1}$
6. Schritt: Berechnen der Lösung $\lambda = (\mathbf{A}^\mathrm{T}\mathbf{A})^{-1}\,\mathbf{A}^\mathrm{T}\mathbf{y}$

Mit dem Modul NumPy können Sie die erforderlichen Matrizenoperationen besonders einfach ohne großen Programmieraufwand durchführen. Die Matrizenmultiplikation wird am einfachsten mit dem at-Operator `@` durchgeführt. Transponiert wird eine Matrix mit `A.T`. Mit NumPy können Sie die Matrizenmultiplikation zusammen mit der Invertierung `inv(...)` in einer Anweisung unterbringen: `L=inv(A.T@A)@A.T@y`.

Listing 13.3 berechnet mit dem Vektoransatz die Parameter a und b einer linearen Funktion für die Messdaten aus Tabelle 13.1.

```
#03_vektor_gerade.py
import numpy as np
from numpy.linalg import inv
x=np.array([1,2,3,4,5])
y=np.array([6,6.8,10,10.5,10.2])
n=len(x)
A=np.array([x,np.ones(n)]).T
L=inv(A.T@A)@A.T@y
print("1. Koeffizientenmatrix des überbestimmten Gleichungssystems\n",A)
print("2. transponierte Koeffizientenmatrix\n",A.T)
print("3. Koeffizientenmatrix der Normalgleichungen\n",A.T@A)
print("4. normalisierter Inhomogenitätsvektor\n",A.T@y)
print("5. invertierte Koeffizientenmatrix der Normalgleichung\n",
inv(A.T@A))
print("6. Lösungsvektor\n",L)
a,b=L[0],L[1]
print("Steigung        a =",a)
print("Achsenabschnitt b =",b)
```

Listing 13.3 Lösen eines überbestimmten linearen Gleichungssystems

Ausgabe

```
1. Koeffizientenmatrix des überbestimmten Gleichungssystems
 [[1. 1.]
 [2. 1.]
 [3. 1.]
 [4. 1.]
 [5. 1.]]
2. transponierte Koeffizientenmatrix
 [[1. 2. 3. 4. 5.]
 [1. 1. 1. 1. 1.]]
3. Koeffizientenmatrix der Normalgleichungen
 [[55. 15.]
 [15.  5.]]
4. normalisierter Inhomogenitätsvektor
 [142.6  43.5]
5. invertierte Koeffizientenmatrix der Normalgleichung
 [[ 0.1 -0.3]
 [-0.3  1.1]]
6. Lösungsvektor
```

```
[1.21 5.07]
Steigung         a = 1.21
Achsenabschnitt b = 5.070000000000006
```

Analyse

Zeile 03 importiert die Methode `inv` aus dem Unterpaket `linalg` von NumPy. Diese Methode invertiert Matrizen.

In Zeile 07 wird die Koeffizientenmatrix mit den Einträgen der x-Werte und dem Einheitsvektor `np.ones(n)` aufgestellt. Sie muss mit dem Operator `T` transponiert werden, weil das NumPy-`array(...)` nur Zeilenvektoren erzeugt.

Für die Berechnung des Lösungsvektors `L` ist nur Zeile 08 notwendig. Alle anderen Ausgaben dienen nur dazu, die Abfolge der einzelnen Rechenoperationen zu verdeutlichen.

Der Vektoransatz berechnet den gleichen Wert wie Listing 13.1.

13.1.3 Lösung mit dem erweiterten Vektoransatz

Für lineare Ausgleichsprobleme, bei denen mehr als zwei Parameter berechnet werden müssen, kann allgemein der Ansatz

$$A = \begin{pmatrix} f_1(x_1) & \cdots & f_m(x_1) \\ \vdots & \cdots & \vdots \\ f_1(x_n) & \cdots & f_m(x_{n1}) \end{pmatrix}, \quad y = \begin{pmatrix} y_1 \\ \vdots \\ y_n \end{pmatrix}, \quad \lambda = \begin{pmatrix} \lambda_1 \\ \vdots \\ \lambda_m \end{pmatrix}$$

gewählt werden [Knorrenschild: 101].

Oder kürzer notiert:

$$A\lambda = y$$

Da mehr Wertepaare als Unbekannte vorliegen, muss die $n \times m$-Matrix in eine quadratische Matrix mit $\mathbf{A}^\mathrm{T}\mathbf{A}$ umgewandelt werden. Die Anzahl der Zeilen des Inhomogenitätsvektors $\mathbf{y}$ wird mit $\mathbf{A}^\mathrm{T}\mathbf{y}$ der quadratischen Matrix angepasst. Es gilt also:

$$A^\mathrm{T}A\lambda = A^\mathrm{T}y$$

Beispiel: Für das Polynom 2. Grades

$$y = ax^2 + bx + c$$

sollen die Parameter a, b und c mit dem erweiterten Vektoransatz berechnet werden. Die Daten für den Inhomogenitätsvektor $\mathbf{y}$ werden aus Tabelle 13.2 entnommen.

Die Koeffizientenmatrix $\mathbf{A}$ beschreibt den funktionalen Zusammenhang:

$$A = \begin{pmatrix} 1 & 1 & 1 \\ 4 & 2 & 1 \\ 9 & 3 & 1 \\ 16 & 4 & 1 \\ 25 & 5 & 1 \end{pmatrix}$$

In der 1. Spalte stehen die Quadrate der x-Werte, in der 2. Spalte stehen die x-Werte aus der Wertetabelle und in der 3. Spalte steht der Einheitsvektor **e**.

Für die transponierte Koeffizientenmatrix gilt:

$$A^T = \begin{pmatrix} 1 & 4 & 9 & 16 & 25 \\ 1 & 2 & 3 & 4 & 5 \\ 1 & 1 & 1 & 1 & 1 \end{pmatrix}$$

Die Multiplikation der transponierten Koeffizientenmatrix $\mathbf{A}^\mathrm{T}$ mit der Koeffizientenmatrix **A** ergibt die Koeffizientenmatrix der Normalgleichungen:

$$A^T A = \begin{pmatrix} 1 & 4 & 9 & 16 & 25 \\ 1 & 2 & 3 & 4 & 5 \\ 1 & 1 & 1 & 1 & 1 \end{pmatrix} \begin{pmatrix} 1 & 1 & 1 \\ 4 & 2 & 1 \\ 9 & 3 & 1 \\ 16 & 4 & 1 \\ 25 & 5 & 1 \end{pmatrix} = \begin{pmatrix} 979 & 225 & 55 \\ 225 & 55 & 15 \\ 55 & 15 & 5 \end{pmatrix}$$

Der Inhomogenitätsvektor wird wie folgt berechnet:

$$A^\mathrm{T} y = \begin{pmatrix} 1 & 4 & 9 & 16 & 25 \\ 1 & 2 & 3 & 4 & 5 \\ 1 & 1 & 1 & 1 & 1 \end{pmatrix} \begin{pmatrix} 5{,}1 \\ 2{,}1 \\ 1 \\ 1{,}8 \\ 5{,}2 \end{pmatrix} = \begin{pmatrix} 181{,}3 \\ 45{,}5 \\ 15{,}2 \end{pmatrix}$$

Die Koeffizientenmatrix der Normalgleichungen muss noch invertiert werden:

$$(A^T A)^{-1} = \begin{pmatrix} 979 & 225 & 55 \\ 225 & 55 & 15 \\ 55 & 15 & 5 \end{pmatrix}^{-1} = \begin{pmatrix} 0{,}0714 & -0{,}4286 & 0{,}5 \\ -0{,}4286 & 2{,}6714 & -3{,}3 \\ 0{,}5 & -3{,}3 & 4{,}6 \end{pmatrix}$$

Den Lösungsvektor λ erhält man durch Multiplikation der Inversen der Koeffizientenmatrix mit dem Inhomogenitätsvektor:

$$\lambda = \left(A^\mathrm{T} A\right)^{-1} A^\mathrm{T} y = \begin{pmatrix} 0{,}0714 & -0{,}4286 & 0{,}5 \\ -0{,}4286 & 2{,}6714 & -3{,}3 \\ 0{,}5 & -3{,}3 & 4{,}6 \end{pmatrix} \begin{pmatrix} 181{,}3 \\ 45{,}5 \\ 15{,}2 \end{pmatrix} = \begin{pmatrix} 1{,}05 \\ -6{,}31 \\ 10{,}42 \end{pmatrix}$$

Die einzelnen Lösungsschritte wurden zur besseren Nachvollziehbarkeit hier ausführlich dargestellt. NumPy berechnet den Lösungsvektor des linearen Gleichungssystems in einer einzigen Programmzeile mit der Anweisung `L=inv(A.T@A)@A.T@y`. Die einzelnen Operationen werden von links nach rechts ausgeführt: Als Erstes wird das Matrizenprodukt `A.T@A` invertiert, dann wird dieses Produkt mit der transponierten Koeffizientenmatrix A.T multipliziert und zum Abschluss noch mit dem Inhomogenitätsvektor y multipliziert. Es werden also insgesamt drei Operationen benötigt: die Invertierung mit der Methode inv(...), die Transponierung mit A.T und die Matrizenmultiplikation mit dem Operator @. Die Reihenfolge der Multiplikationen darf nicht vertauscht werden.

Listing 13.4 gibt alle sechs Zwischenergebnisse einzeln aus, damit Sie den Lösungsweg besser nachvollziehen können. Der Lösungsvektor wird in die Objektvariable L gespeichert.

```
#04_vektor_parabel.py
import numpy as np
from numpy.linalg import inv
x=np.array([1,2,3,4,5])
y=np.array([5.1,2.1,1,1.8,5.2])
n=len(x)
A=np.array([x**2,x,np.ones(n)]).T
L=inv(A.T@A)@A.T@y #Lösungsvektor
print("1. Koeffizientenmatrix des überbestimmten Gleichungssystems\n",A)
print("2. transponierte Matrix\n",A.T)
print("3. Koeffizientenmatrix der Normalgleichungen\n",A.T@A)
print("4. normalisierter Inhomogenitätsvektor\n",A.T@y)
print("5. invertierte Koeffizientenmatrix der Normalgleichung\n",
 inv(A.T@A))
print("6. Lösungsvektor\n",L)
a,b,c=L[0],L[1],L[2]
print("   a  \t   b\t c")
print("%2.3fx^2 %2.3fx %2.3f" %(a,b,c))
```

Listing 13.4 Ausgleichsproblem für Polynom 2. Grades, mit dem Vektoransatz gelöst

Ausgabe

```
1. Koeffizientenmatrix des überbestimmten Gleichungssystems
 [[ 1.  1.  1.]
 [ 4.  2.  1.]
 [ 9.  3.  1.]
 [16.  4.  1.]
 [25.  5.  1.]]
2. transponierte Koeffizientenmatrix
 [[ 1.  4.  9. 16. 25.]
 [ 1.  2.  3.  4.  5.]
```

```
 [ 1.  1.  1.  1.  1.]]
3. Koeffizientenmatrix der Normalgleichungen
 [[979. 225.  55.]
 [225.  55.  15.]
 [ 55.  15.   5.]]
4. normalisierter Inhomogenitätsvektor
 [181.3  45.5  15.2]
5. invertierte Koeffizientenmatrix der Normalgleichung
 [[ 0.07142857 -0.42857143  0.5       ]
 [-0.42857143  2.67142857 -3.3       ]
 [ 0.5        -3.3         4.6       ]]
6. Lösungsvektor
 [ 1.05 -6.31 10.42]
   a      b   c
1.050x^2 -6.310x 10.420
```

Analyse

Das Programm hat prinzipiell den gleichen Aufbau wie Listing 13.3.

Die berechneten Parameter a, b und c stimmen mit den Ergebnissen aus Listing 13.2 überein.

13.1.4 Anwendungsbeispiel: Bremsweg

Schauen Sie sich ein weiteres Beispiel an, das den Prognoseaspekt und die praktische Relevanz der Ausgleichsrechnung betont und das Verständnis für das Verfahren des Vektoransatzes noch weiter festigt. Für den Verlauf eines Bremsweges sind die Messdaten aus Tabelle 13.4 ermittelt worden:

v_i in km/h	10	20	30	40	50
s_i in m	1,2	3,8	9,2	17	24,9

Tabelle 13.3 Bremswege in Abhängigkeit von den Geschwindigkeiten

Die Daten stammen aus [Meister: 218]. Es wurden absichtlich die gleichen Werte übernommen, damit eine Vergleichbarkeit der Ergebnisse gewährleistet ist.

Es wird angenommen, dass der Bremsweg quadratisch mit der Geschwindigkeit steigt. Ein Polynom 2. Grades

$$s(v) = av^2 + bv$$

kann also als Ansatzfunktion gewählt werden. Es sind die Parameter a und b zu bestimmen.

Listing 13.5 berechnet die Parameter a und b sowie die zu prognostizierenden Bremswege s für die Geschwindigkeiten 80 km/h, 100 km/h und 150 km/h (siehe Tabelle 13.4).

v in km/h	80	100	150
s in m	63,9	99,44	222,56

Tabelle 13.4 Prognosewerte für höhere Geschwindigkeiten

Außerdem wird der Bremsweg $s(v)$ als Funktionsplot dargestellt.

```
#05_bremsweg.py
import numpy as np
from numpy.linalg import inv
import matplotlib.pylab as plt
v=np.array([10,20,30,40,50])
s=np.array([1.2,3.8,9.2,17,24.9])
n=len(v)
A=np.array([v**2,v]).T
L=inv(A.T@A)@A.T@s
print("Lösungsvektor L\n",L)
a,b =L[0],L[1]
#Ausgleichsfunktion für Bremsweg
def sa(a,b,v):
    return a*v**2 +b*v
#Prognose
v1,v2,v3=80,100,150
print("s = %3.4fv^2 + %3.4fv"%(a,b))
print("Bremswege für:")
print("v = %3.2f km/h s = %3.2f m"%(v1,sa(a,b,v1)))
print("v = %3.2f km/h s = %3.2f m"%(v2,sa(a,b,v2)))
print("v = %3.2f km/h s = %3.2f m"%(v3,sa(a,b,v3)))
#Funktionsplot
va=np.linspace(0,np.max(v),500)
plt.title(r"$s\left( v\right) = av^{2}$ + bv")
plt.plot(v,s,'r+')
plt.plot(va,sa(a,b,va),'b')
```

```
27 plt.xlabel("Geschwindigkeit v")
28 plt.ylabel("Bremsweg s")
29 plt.show()
```

Listing 13.5 Funktionsparameter für den Bremsweg ermitteln

Ausgabe

```
Lösungsvektor L
[0.00978571 0.01585714]
s = 0.0098v^2 + 0.0159v
Bremswege für:
v = 80.00 km/h s = 63.90 m
v = 100.00 km/h s = 99.44 m
v = 150.00 km/h s = 222.56 m
```

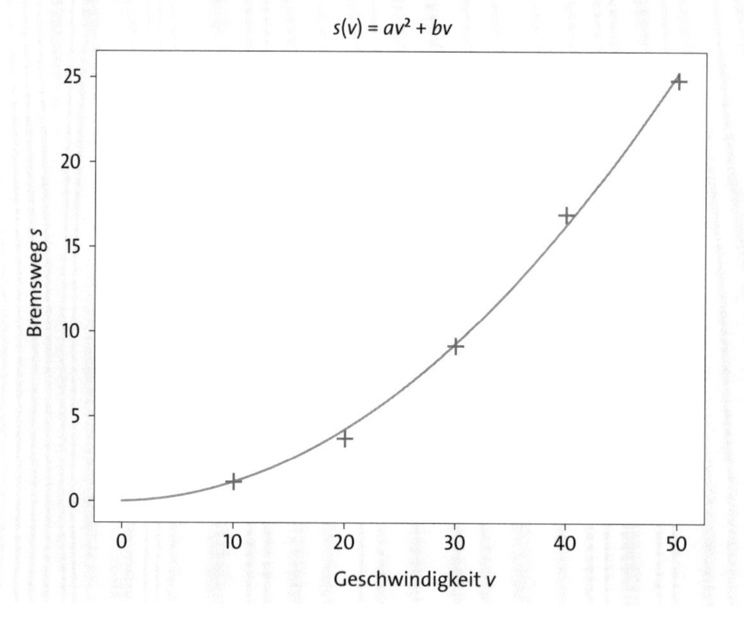

Abbildung 13.3 Bremsweg als Funktion der Geschwindigkeit

Analyse

Entscheidend sind die Einträge in Zeile 08: `np.array([v**2, v]).T`. Das erste Element repräsentiert das Quadrat der Geschwindigkeit. Das zweite Element repräsentiert die Geschwindigkeit selbst. Die Reihenfolge der Einträge legt fest, in welcher Reihenfolge die Parameter `a` und `b` berechnet werden.

Die Bremswege für die Geschwindigkeiten von 80 km/h, 100 km/h und 150 km/h werden in den Zeilen 19 bis 21 berechnet und ausgegeben. Als Faustformel sollte sich der Autofahrer merken, dass sich der Bremsweg vervierfacht, wenn sich die Geschwindigkeit verdoppelt.

13.1.5 Anwendungsbeispiel: Planetenbahn

Das zweite Anwendungsbeispiel zeigt, wie die Halbachsen einer Ellipse mit dem Vektoransatz bestimmt werden können. Es stammt aus [Richter: 122].

Der Italiener Giuseppe Piazzi (1746–1826) aus Palermo beobachtete im Jahr 1801 die Positionen des Kleinplaneten Ceres innerhalb eines Zeitraums von 40 Tagen. Danach verlor er die Position des Planeten wegen dessen Nähe zur Sonne [Meister: 215]. Carl Friedrich Gauß (1777–1855) übernahm Piazzis Daten und berechnete mit der Methode der kleinsten Quadrate die Achsen *a* und *b* der elliptischen Umlaufbahn von Ceres.

Die Daten für die *x*,*y*-Koordinaten sind in Tabelle 13.5 aufgelistet.

x_i	0,2	−0,7	−0,3	1,2	2,0	−2,4
y_i	1,8	1,6	−1,8	−1,6	1,1	0,5

Tabelle 13.5 Koordinatendaten des Kleinplaneten Ceres

13

Eine Ellipse wird durch die Gleichung

$$\frac{x^2}{a^2}+\frac{y^2}{b^2}=1$$

beschrieben.

Mit den Daten aus Tabelle 13.5 kann mit der Substitution $c = 1/a^2$ und $d = 1/b^2$ folgendes überbestimmtes Gleichungssystem aufgestellt werden. Allgemein gilt für das lineare Gleichungssystem in Matrizenschreibweise:

$$A\lambda = \boldsymbol{e}$$

In der 1. Spalte der Koeffizientenmatrix **A** werden die Quadrate der *x*-Werte und in der 2. Spalte die Quadrate der *y*-Werte aus Tabelle 13.5 eingesetzt:

$$\begin{pmatrix} 0,04 & 3,24 \\ 0,49 & 2,89 \\ 0,09 & 3,24 \\ 1,44 & 2,56 \\ 4,00 & 1,21 \\ 5,76 & 0,25 \end{pmatrix} \begin{pmatrix} c \\ d \end{pmatrix} = \begin{pmatrix} 1 \\ 1 \\ 1 \\ 1 \\ 1 \\ 1 \end{pmatrix}$$

Dieses Gleichungssystem ist überbestimmt und muss deshalb noch mit der Matrizenmultiplikation $\mathbf{A}^\mathrm{T}\mathbf{A}$ aus der transponierten Koeffizientenmatrix mit sich selbst in eine quadratische Form gebracht werden. Das NumPy-Programm aus Listing 13.6 führt diese aufwendige Operation durch.

$$A^\mathrm{T}A = \begin{pmatrix} 51{,}501 & 11{,}642 \\ 11{,}642 & 35{,}629 \end{pmatrix}$$

Für den Inhomogenitätsvektor berechnet das Programm:

$$A^\mathrm{T}\boldsymbol{e} = \begin{pmatrix} 11{,}82 \\ 13{,}06 \end{pmatrix}$$

Das Programm löst das lineare Gleichungssystem durch Matrizenmultiplikation:

$$\begin{pmatrix} c \\ d \end{pmatrix} = \left(A^\mathrm{T}A\right)^{-1} A^\mathrm{T}\boldsymbol{e} = \begin{pmatrix} 51{,}501 & 11{,}642 \\ 11{,}642 & 35{,}629 \end{pmatrix}^{\mathbf{-1}} \begin{pmatrix} 11{,}82 \\ 13{,}06 \end{pmatrix} = \begin{pmatrix} 0{,}15834493 \\ 0{,}31481513 \end{pmatrix}$$

Aus dem Kehrwert des Lösungsvektors wird die Wurzel gezogen:

$$\begin{pmatrix} a \\ b \end{pmatrix} = \begin{pmatrix} \dfrac{1}{\sqrt{c}} \\ \dfrac{1}{\sqrt{d}} \end{pmatrix} = \begin{pmatrix} \dfrac{1}{\sqrt{0{,}15834493}} \\ \dfrac{1}{\sqrt{0{,}31481513}} \end{pmatrix} = \begin{pmatrix} 2{,}513 \\ 1{,}782 \end{pmatrix}$$

Die große Halbachse hat einen Wert $a = 2{,}513$ AE, und der Wert der kleinen Halbachse beträgt $b = 1{,}783$ AE (astronomische Einheit).

Listing 13.6 berechnet die Halbachsen der elliptischen Umlaufbahn des Kleinplaneten Ceres mit der NumPy-Datenstruktur `array[...]`. Die Matrizenmultiplikation wird mit dem Operator @ durchgeführt.

```
#06_planetenbahn.py
import numpy as np
from numpy.linalg import inv
import matplotlib.pylab as plt
#Koordinatendaten
x=np.array([0.2,-0.7,-0.3,1.2,2.0,-2.4])
y=np.array([1.8,1.6,-1.8,-1.6,1.1,0.5])
n=np.size(x)
#Koeffizientenmatrix
A=np.array([x**2,y**2]).T
#Inhomogenitätsvektor
e=np.ones(n)
#Lösung des Gleichungssystems
L=inv(A.T@A)@A.T@e
```

```
#Halbachsen berechnen
a,b=1./np.sqrt(L[0]),1./np.sqrt(L[1])
#Ausgabe
print("Koeffizientenmatrix des überbestimmten Gleichungssystems\n",A)
print("Koeffizientenmatrix der Normalgleichung\n",A.T@A)
print("Inhomogenitätsvektor der Normalgleichung\n",A.T@e)
print("Lösungsvektor\n",L)
print("Halbachsen der Ellipse")
print("a =",a)
print("b =",b)
#grafische Darstellung
t=np.linspace(0,2*np.pi,500)
xa=a*np.sin(t)
ya=b*np.cos(t)
plt.title(r"$\frac{x^{2}}{a^{2}} +\frac{y^{2}}{b^{2}} =1$")
plt.plot(x,y,'ro',lw=2)
plt.plot(xa,ya,'b--')
plt.xlabel("x")
plt.ylabel("y")
plt.show()
```

Listing 13.6 Berechnung der Halbachsen der elliptischen Umlaufbahn für den Kleinplaneten Ceres

Ausgabe

```
Koeffizientenmatrix des überbestimmten Gleichungssystems
 [[0.04 3.24]
 [0.49 2.56]
 [0.09 3.24]
 [1.44 2.56]
 [4.   1.21]
 [5.76 0.25]]
Koeffizientenmatrix der Normalgleichung
 [[51.501 11.642]
 [11.642 35.629]]
Inhomogenitätsvektor der Normalgleichung
 [11.82 13.06]
Lösungsvektor
 [0.15834493 0.31481513]
Halbachsen der Ellipse
```

```
a = 2.5130314219781282
b = 1.7822646805095228
```

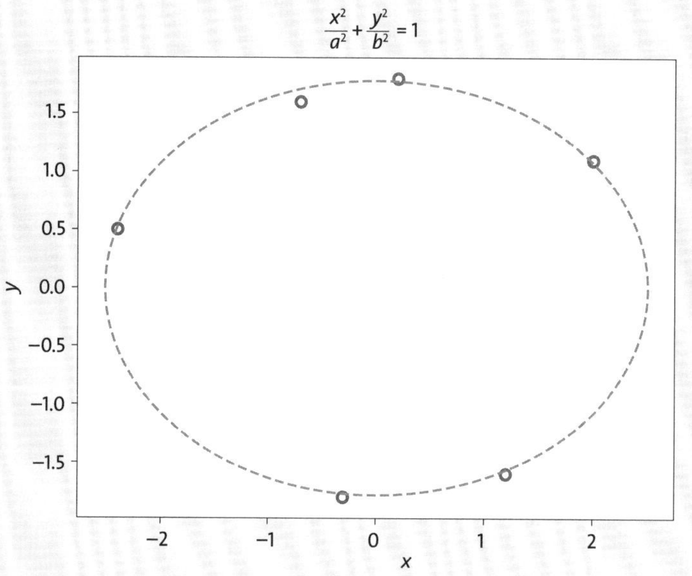

Abbildung 13.4 Planetenbahn des Zwergplaneten Ceres

Analyse

Die Einträge für die Koeffizientenmatrix A in Zeile 10 enthalten die Quadrate der *x*,*y*-Koordinaten.

In Zeile 12 erzeugt die NumPy-Methode `ones(n)` den Inhomogenitätsvektor e als Einheitsmatrix mit 6 Einträgen. In der Spalte des Vektors stehen also 6 Einsen.

In Zeile 14 wir der Lösungsvektor L für die Ersatzvariablen c und d berechnet.

In Zeile 16 erfolgt die Umrechnung in die Halbachsen a und b.

13.2 Nichtlineare Ausgleichsprobleme

Ein nichtlineares Ausgleichsproblem liegt vor, wenn die Parameter einer Funktion z. B. als höhere Potenzen oder als Exponenten in Exponentialfunktionen vorkommen. Nichtlineare Ausgleichsprobleme sind in der Regel nur mit einem sehr hohen numerischen Aufwand lösbar. Deshalb werden hier nur solche Probleme behandelt, die sich durch Logarithmieren linearisieren lassen.

13.2.1 Exponentialfunktion

Bei der exponentiellen Ausgleichsrechnung geht es darum, die Koeffizienten a und b der Exponentialfunktion

$$y = ae^{bx}$$

zu bestimmen. Der Koeffizient b hat eine besondere Bedeutung für die Beschreibung von Wachstumsprozessen. Er wird deshalb auch als Wachstumsrate bezeichnet. Dieses Ausgleichsproblem ist nichtlinear, weil der Parameter b als Faktor in einer Potenz vorkommt.

Um dieses nichtlineare Problem zu lösen, wird die nichtlineare e-Funktion durch Logarithmieren linearisiert:

$$\ln y = \ln a + b \cdot x$$

Es entsteht eine Geradengleichung mit der Steigung b und dem Achsenabschnitt $y_0 = \ln a$. Nach der Lösung des linearen Gleichungssystems wird das Logarithmieren wieder rückgängig gemacht:

$$\ln a = y_0 \Leftrightarrow a = e^{y_0}$$

Tabelle 13.6 enthält Messwerte, von denen vermutet wird, dass sie einem exponentiellen Wachstumsgesetz gehorchen.

x_i	1	2	3	4	5
y_i	1	3	7	9	21

Tabelle 13.6 Messwerte für einen exponentiellen Ausgleich

Es sollen der Koeffizient a und die Wachstumsrate b bestimmt werden, um den zu erwartenden weiteren Verlauf des Wachstums voraussagen zu können.

Listing 13.7 zeigt, wie diese Aufgabe gelöst werden kann. Die Ausgleichskurve wird auch als Funktionsplot zusammen mit den diskreten Messwerten dargestellt.

```
#07_exp_ausgleich.py
import numpy as np
from numpy.linalg import inv
import matplotlib.pylab as plt
xi=np.array([1,2,3,4,5])
yi=np.array([1,3,7,9,21])
ln_y=np.log(yi)
n=len(xi)
```

```
A=np.array([xi,np.ones(n)]).T
y=np.array([xi*ln_y,ln_y])
L=inv(A.T@A)@A.T@ln_y
a,b=np.exp(L[1]),L[0]
print("a=%2.3f b=%2.3f" %(a,b))
xa=np.linspace(0,np.max(xi),500)
ya=a*np.exp(b*xa)
plt.title(r"$y=ae^{bx}$")
plt.plot(xi,yi,'r+')
plt.plot(xa,ya,'b')
plt.xlabel("x")
plt.ylabel("y")
plt.show()
```

Listing 13.7 Berechnung der Parameter für exponentielles Wachstum

Ausgabe

```
a=0.607 b=0.719
```

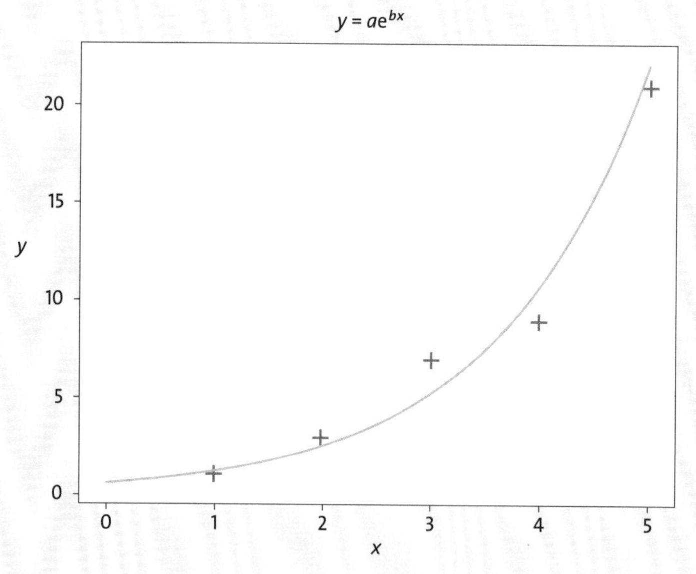

Abbildung 13.5 Ausgleichskurve für exponentielles Wachstum

Analyse

In Zeile 07 werden die y-Werte logarithmiert. In Zeile 11 löst die NumPy-Methode `inv(A.T@A)@A.T@ln_y` das linearisierte Gleichungssystem. Das Ergebnis wird in die Objektvariable `L` als `array` gespeichert.

In Zeile 12 macht die Anweisung `a,b=np.exp(L[1]),L[0]` das Logarithmieren wieder rückgängig.

13.2.2 Potenzfunktion

Bei der potenzartigen Ausgleichsrechnung geht es darum, für die Funktion

$$y = ax^b$$

die Parameter a und b zu bestimmen.

Durch Logarithmieren mit

$$\ln y = \ln a \ + b \cdot \ln x$$

kann die Gleichung linearisiert werden. Der Achsenabschnitt $y_0 = \ln a$ und die Steigung b der linearen Funktion werden wie üblich durch Lösen des linearen Gleichungssystems bestimmt. Anschließend wird die logarithmische Transformation wieder rückgängig gemacht und man erhält:

$$a = \mathrm{e}^{y_0}$$

Die Messwerte aus Tabelle 13.7 zeigen einen nichtlinearen Zusammenhang.

x_i	1	2	3	4	5
y_i	2	5	10	16,5	23,8

Tabelle 13.7 Wertetabelle für einen potenzartigen Ausgleich

Listing 13.8 berechnet aus den Messwerten der Tabelle 13.7 die Parameter a und b für die Parabel $y = a \cdot x^b$.

```
01 #08_pot_ausgleich.py
02 import numpy as np
03 from numpy.linalg import inv
04 import matplotlib.pylab as plt
05 xi=np.array([1,2,3,4,5])
06 yi=np.array([2,5,10,16.5,23.8])
07 ln_x=np.log(xi)
```

```
ln_y=np.log(yi)
n=len(xi)
A=np.array([ln_x, np.ones(n)]).T
y=np.array([ln_x*ln_y,ln_y])
L=inv(A.T@A)@A.T@ln_y
a,b=np.exp(L[1]),L[0]
print("a=%2.3f b=%2.3f" %(a,b))
xa=np.linspace(0,np.max(xi),500)
ya=a*xa**b
plt.title(r"$y=ax^{b}$")
plt.plot(xi,yi,'r+')
plt.plot(xa,ya,'b')
plt.xlabel("x")
plt.ylabel("y")
plt.show()
```

Listing 13.8 Berechnung der Koeffizienten für einen potenzartigen Ausgleich

Ausgabe

```
a=1.880 b=1.550
```

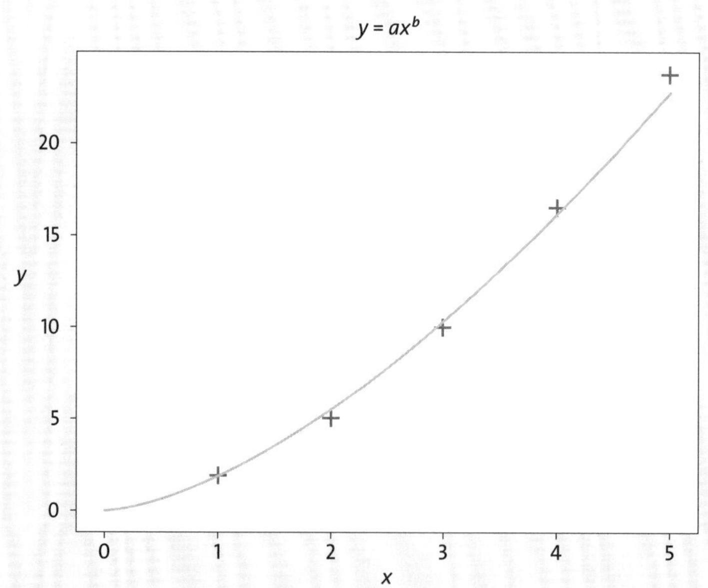

Abbildung 13.6 Ausgleichskurve für einen potenzartigen Ausgleich

Analyse

In den Zeilen 07 und 08 werden die x- und y-Werte logarithmiert. In Zeile 13 wird das Logarithmieren wieder rückgängig gemacht. Die Ausgleichskurve des potenzartigen Anstiegs steigt nicht so stark an wie bei der exponentiellen Ausgleichskurve.

13.3 Aufgaben

1. Eine Kugel wird mit der Anfangsgeschwindigkeit v_0 angestoßen. Im Verlauf des Bewegungsvorgangs verlangsamt sie ihre Geschwindigkeit und bleibt nach einer gewissen Zeit stehen. Im Laborversuch wurden folgende Daten gemessen:

t_i in s	1	2	3	4	5
v_i in m/s	9	8	4	1	0,1

   Schreiben Sie ein Programm, das die Anfangsgeschwindigkeit v_0 und die Beschleunigung a für die Ausgleichsgerade $v = v_0 - at$ berechnet und grafisch darstellt.

2. Für das Polynom 3. Grades $y = ax^3 + bx^2 + cx + d$ sollen die Parameter mit dem erweiterten Vektoransatz berechnet werden. Schreiben Sie ein entsprechendes Programm. Folgende Daten sind gegeben:

x_i	−1	0	1	2	3	4
y_i	3	2	9	21	49	81,4

3. Die Parameter a und b sollen mit dem Vektoransatz für die Wurzelfunktion

   $$y = a\sqrt{x+1} + bx$$

   berechnet werden. Folgende Daten sind gegeben:

x_i	−1	0	3	8	15	20
y_i	−1	3	10	27	42	54,7

4. Mit dem Vektoransatz sollen die Parameter a und b für die Hyperbel

   $$\frac{x^2}{a^2} - \frac{y^2}{b^2} = 1$$

berechnet werden. Folgende Koordinatendaten sind gegeben:

x_i	1,7	2	3	4	5
y_i	0	4,2	11,2	15	20,3

Schreiben Sie ein entsprechendes Programm. Alle diskreten Funktionswerte und die Ausgleichshyperbel sollen auch grafisch als Funktionsplot dargestellt werden.

5. Für den Entladevorgang eines Kondensators sollen für $u_c(t) = U_0 e^{-\tau t}$ die Ladespannung U_0 und die Zeitkonstante τ berechnet werden. Schreiben Sie ein entsprechendes Programm. Im Labor wurden folgende Messdaten ermittelt:

t in s	1	2	3	4	5
u_c in V	6	3	1	0,5	0,1

Das Programm soll auch die Ausgleichskurve grafisch darstellen.

6. Während einer Epidemie wurden folgende Infektionen pro Tag ermittelt:

t	1	2	3	4	5
n	502	995	2011	3874	8021

Schreiben Sie ein Programm, das die Wachstumsrate berechnet. Der Infektionsverlauf soll auch grafisch dargestellt werden.

Kapitel 14
Algorithmen für die Berechnung statistischer Kennzahlen

In diesem Kapitel lernen Sie Algorithmen kennen, mit denen Sie wichtige statistische Kennzahlen berechnen können, wie Mittelwerte, Streuungen, Schiefe und Wölbung.

Das deutsche Wort *Statistik* stammt von dem lateinischen Wort *statisticum* ab, was »den Staat betreffend« bedeutet. Im Italienischen heißt *statista* Staatsmann oder Politiker. Dementsprechend verwendete der Göttinger Staatswissenschaftler Gottfried Achenwall (1719–1772) das Wort *Statistik* auch im Sinne von »Staatsbeschreibung« oder »Lehre von der Staatsverfassung« [Bossek:438].

14

Es dauerte dann noch ein paar Jahre, bis der Schotte John Sinclair in seinem 21-bändigen Werk *Statistical Account of Scotland* das Wort in seiner heutigen Bedeutung gebrauchte. Er meinte damit das allgemeine Sammeln und Auswerten von Daten, was dem griechischen Wort στατίζω mit der Bedeutung von *einordnen* schon nahe kommt.

Die Statistik ist als eigenständige mathematische Disziplin Grundlagenwissenschaft jeder empirischen Forschung. Den Sozial-, Natur- und Ingenieurwissenschaften stellt sie die Instrumente für gesicherte wissenschaftliche Erkenntnisse zur Verfügung. Prinzipiell geht es immer darum, große, zufallsdeterminierte Datenmengen so zu ordnen und aufzubereiten, dass sie aussagekräftige Informationen für zukünftiges Handeln liefern. Dabei werden aus einer *Grundgesamtheit* repräsentative *Stichproben* gezogen. Die Stichproben repräsentieren ein bestimmtes *Merkmal* (statistische Variable), das durch eine *Merkmalsausprägung* (Wert der Variablen) quantitativ beschrieben werden kann. Nachdem die Stichproben mit statistischen Methoden ausgewertet wurden, kann auf die Beschaffenheit der Grundgesamtheit geschlossen werden.

Wenn z. B. bei einer Abfüllanlage die Masse des Verpackungsinhalts statistisch untersucht werden soll, dann ist die Masse das Merkmal. Die Merkmalsausprägung gibt an, welche Werte die einzelnen Massen haben und wie häufig diese in einer Messreihe vorkommen (Häufigkeitsverteilung).

Algorithmen für die Berechnung statistischer Kennzahlen wie Median, arithmetischer Mittelwert, Spannweite, Standardabweichung, Schiefe und Wölbung möchte ich anhand eines technischen Beispiels erklären, nämlich mit einer Abfüllanlage für Erdnüsse. Die hier vorgestellten Algorithmen gelten selbstverständlich nicht nur für dieses eine Beispiel der Abfüllanlage, sondern lassen sich auf alle anderen Problemstellungen mit metrischen Skalen anwenden.

Abbildung 14.1 zeigt das Etikett der Verpackung.

Abbildung 14.1 Verpackung mit 50 g Inhalt

Wichtig ist hier die Angabe der Masse von 50 g. Der Hersteller muss die versprochene Massenangabe möglichst genau einhalten. Abfüllanlagen arbeiten aber nicht genau, denn die Abfüllmengen sind in der Regel näherungsweise normalverteilt und gehorchen damit einer statistischen Gesetzmäßigkeit. Die Messeinrichtung der Abfüllanlage ermittelt die Masse auf eine Nachkommastelle genau. Anhand der berechneten statistischen Kennzahlen kann überprüft werden, ob die Vorgaben für die Abfüllmengen eingehalten werden.

14.1 Normalverteilte Zufallszahlen erzeugen

Für dieses Bespiel liegen uns keine »echten« Daten vor, aber wir gehen davon aus, dass die Abfüllmengen normalverteilt sind und dass wir sie mit einem Zufallszahlengenerator erzeugen können. NumPy lässt uns mit der Methode `random.normal(sw,s,size=n)` normalverteilte Zufallszahlen finden.

Listing 14.1 erzeugt 1000 normalverteilte Messwerte aus Zufallszahlen mit der Standardabweichung von `s=1`. Diese Zahlen werden mit der NumPy-Methode `savetxt(...)` in die Datei `daten.txt` abgespeichert und zur Kontrolle mit der Methode `loadtxt(...)` wieder ausgelesen.

```
#01_zufallszahlen.py
import numpy as np
```

```
03 sw=50  #Sollwert
04 n=1000 #Anzahl der Messungen
05 s=1    #Standardabweichung
06 x=np.random.normal(sw,s,size=n)
07 a=np.around(x,decimals=1)
08 np.savetxt("daten.txt",a,fmt='%2.1f')
09 b=np.loadtxt("daten.txt")
10 print("gespeicherte Messwerte ")
11 print(a[:n//20])
12 print("Messwerte auslesen")
13 print(b[:n//20])
```

Listing 14.1 Zufallszahlengenerator für Normalverteilung

Ausgabe

```
gespeicherte Messwerte
[48.2 49.  51.6 50.4 49.8 52.  51.  50.7 50.3 51.3 51.3 51.2 48.9 48.9 50.1 50.3
49.9 48.7 51.  50.1 49.6 51.9 50.1 50.7 50.3 51.7 50.5 49.8 50.7 49.7 49.5 48.4
51.4 50.7 49.9 49.8 49.3 48.6 49.  48.5 50.3 49.9 48.9 49.7 48.7 50.3 48.6 50.
50.6 50.2]
Messwerte auslesen
[48.2 49.  51.6 50.4 49.8 52.  51.  50.7 50.3 51.3 51.3 51.2 48.9 48.9 50.1 50.3
49.9 48.7 51.  50.1 49.6 51.9 50.1 50.7 50.3 51.7 50.5 49.8 50.7 49.7 49.5 48.4
51.4 50.7 49.9 49.8 49.3 48.6 49.  48.5 50.3 49.9 48.9 49.7 48.7 50.3 48.6 50.
50.6 50.2]
```


Analyse

In Zeile 03 wird der Sollwert `sw = 50` festgelegt. Hier können auch größere oder kleinere Werte eingetragen werden, um Fehler der Abfüllanlage zu simulieren.

Den ungewöhnlich hohen Umfang der Stichprobe mit `n=1000` habe ich gewählt, um einerseits die Leistungsfähigkeit der Algorithmen zu testen und um andererseits in dem später zu erstellenden Histogramm eine annähernd sichtbare Normalverteilung darstellen zu können (Zeile 04). Für eigene Tests können Sie diesen Wert natürlich ändern.

In Zeile 06 erzeugt die NumPy-Methode `normal(...)` die normalverteilten Zufallszahlen als NumPy-Array. Unter dem Namen des Objekts `x` kann auf das Array zugegriffen werden.

In Zeile 07 rundet die NumPy-Methode `around(...)` die Zufallszahlen auf eine dezimale Nachkommastelle. Mit dieser Genauigkeit soll die Abfüllanlage messen können.

Damit die Zufallszahlen für spätere Berechnungen zur Verfügung stehen, speichert in Zeile 08 die NumPy-Methode `savetxt(...)` die im Objekt `a` abgespeicherten Zufallszahlen in eine Textdatei mit dem Namen `daten.txt`. Der Formatierungsstring `fmt='%2.1f'` gibt an, in welchem Format die Zahlen abgespeichert werden sollen. Den Inhalt dieser Datei können Sie sich mit jedem Texteditor anschauen.

In Zeile 09 liest die NumPy-Methode `loadtxt(...)` die zuvor gespeicherten Daten wieder aus. Diese Anweisung ist nicht unbedingt notwendig. Sie dient nur zur Kontrolle, um zu überprüfen, ob die Zufallszahlen in dem richtigen Format abgespeichert wurden.

In den Zeilen 11 und 13 werden jeweils die ersten 50 simulierten Messwerte ausgegeben. Alle nachfolgenden Analysen basieren auf diesen Messwerten, die auch im Downloadbereich hinterlegt sind. Wenn Sie Ihre eigenen Messwerte verwenden, dann erhalten Sie für die hier durchgeführten Berechnungen auch andere Ergebnisse.

14.1.1 Histogramm

Mit einem Histogramm wird die Häufigkeitsverteilung von Messwerten anschaulich dargestellt. Dazu stellt das Modul `matplotlib` die Methode

```
hist(a, bins=k, edgecolor='b', color='w')
```

bereit. Der Parameter `bins` (dt. *Behälter, Klasse*) erwartet die Zuweisung einer Zahl `k`, die angibt, in wie viele Teilintervalle das Intervall zwischen dem kleinsten und dem größten Messwert eingeteilt werden soll. Die Standardeinstellung ist `bins=10`. Diese Teilintervalle werden in der Fachsprache der Statistik als *Klassen* bezeichnet.

Es ist Konvention, die Anzahl der Klassen aus dem ganzzahligen Wert der Wurzel aus n zu berechnen: $k = \sqrt{n} = \sqrt{1000} \approx 32$. Abbildung 14.2 zeigt das Histogramm für die 1000 annähernd normalverteilten Zufallszahlen.

Das Histogramm zeigt, dass bei der Abfüllung auch einige wenige Packungen mit 47 g und auch wenige mit mehr als 53 g vorkommen. Je dichter die Verteilung in der Nähe des Sollwertes von 50 g liegt, desto genauer arbeitet die Abfüllanlage. In der Sprache des Qualitätsmanagements formuliert: Sie erfüllt einen höheren Qualitätsanspruch.

Histogramm

In einem Histogramm wird die Häufigkeitsverteilung durch Rechtecke dargestellt. Die Teilflächen der einzelnen Rechtecke repräsentieren die Anzahl der Messwerte einer Klasse. Die Gesamtfläche aller Rechtecke repräsentiert die gesamte Anzahl der Messwerte (Stichprobenumfang).

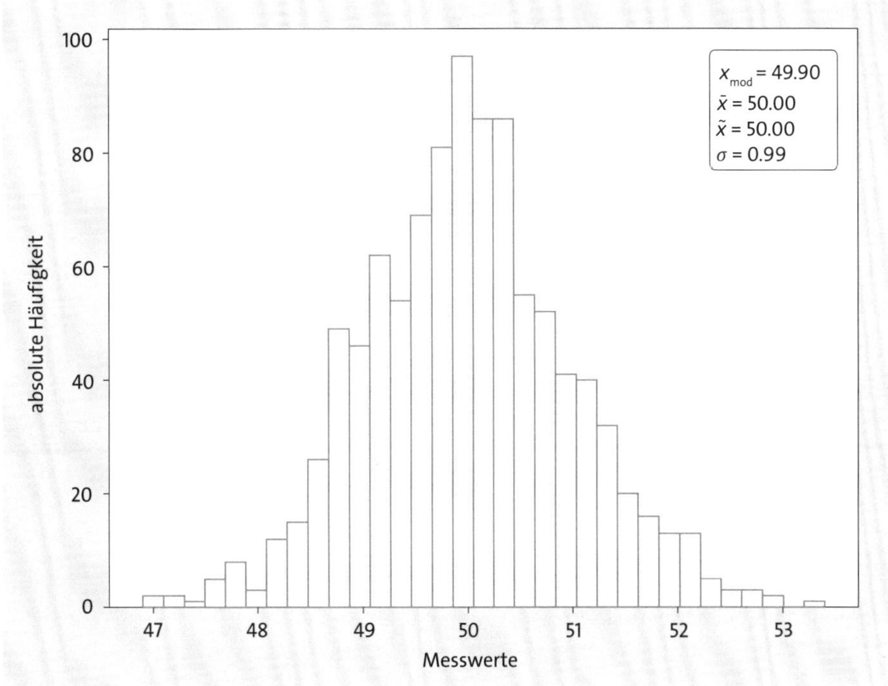

Abbildung 14.2 Verteilung der Messwerte für n = 1000

14.1.2 Normalverteilung

Wenn die Anzahl der Messungen weiter erhöht wird, dann werden die Balken des Histogramms immer schmaler. Wenn sie theoretisch gegen unendlich geht, entsteht die Dichtefunktion der Normalverteilung:

$$h(x) = \frac{1}{\sigma\sqrt{2\pi}} e^{-\frac{(x-\mu)^2}{2\sigma^2}}$$

Sie wird durch die Parameter Erwartungswert μ und die theoretische Standardabweichung σ beschrieben. Abbildung 14.2 zeigt den Verlauf der Dichtefunktion *h*(*x*) für den theoretischen Erwartungswert μ = 50 und die theoretische Standardabweichung σ = 1.

Die Standardabweichung σ = 1 bestimmt die Wendepunkte der Dichtefunktion. In dem Intervall zwischen *x* – σ und *x* + σ liegen ungefähr 68,27 % aller Messwerte. In unserem Beispiel wären das bei eintausend verkauften Portionen etwa 682. Etwa 341 Käufer müssten den um 1 g verminderten Verpackungsinhalt akzeptieren, die anderen 341 hätten Glück und können 1 g mehr verzehren.

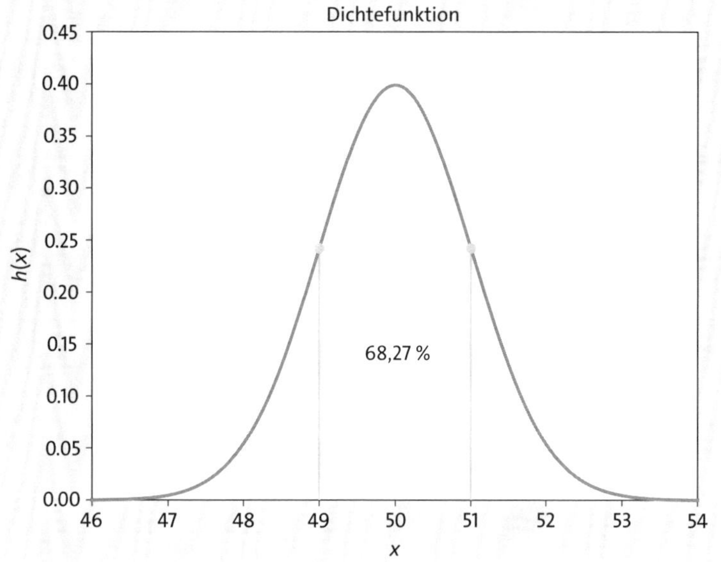

Abbildung 14.3 Normalverteilung

14.2 Lageparameter

Lageparameter sind die statistischen Kennzahlen einer Stichprobe, die das Zentrum der Daten beschreiben. Typische Lageparameter sind der Modus, der Median, der arithmetische Mittelwert, der harmonische Mittelwert und der geometrische Mittelwert. Die Verpackungsanlage müsste möglichst genau auf Mittelwerte von 50 g justiert werden.

14.2.1 Modus

Der Modus ist eine statistische Kennzahl, die angibt, welcher Messwert aus einer Messreihe am häufigsten vorkommt. Bezogen auf unser Beispiel bedeutet das: Welche Masse kommt am häufigsten in der Messreihe der eintausend Messwerte vor? Der folgende Konsolendialog zeigt, wie der Modus `m` aus der Stichprobe der tausend Einzelmassen mit der SciPy-Methode `mode(a)` ermittelt wird:

```
>>> import numpy as np
>>> from scipy.stats import mode
>>> a=np.loadtxt('../daten.txt')
>>> m=mode(a)
```

```
>>> m
ModeResult(mode=array([49.9]), count=array([54]))
>>> m[0]
array([49.9])
>>> print(m[0])
[49.9]
```

Die Masse von 49,9 g kommt also insgesamt 54-mal vor.

Modus

Der Modus ist der Messwert einer Häufigkeitsverteilung, der am häufigsten vorkommt.

14.2.2 Median

Der *Median*, auch Zentralwert genannt, gibt den mittleren Wert einer sortierten Messreihe an, wenn die Anzahl der Messwerte ungerade ist. Falls die Anzahl gerade ist, wird der Mittelwert aus den beiden mittleren Messwerten berechnet.

$$\tilde{x} = \begin{cases} x_{\left(\frac{n+1}{2}\right)}, & \text{falls } n \text{ ungerade ist,} \\ \frac{1}{2}\left(x_{\left(\frac{n}{2}\right)} + x_{\left(\frac{n}{2}+1\right)}\right), & \text{falls } n \text{ gerade ist.} \end{cases}$$

Der Median teilt die Messwerte in zwei Hälften. Die untere Hälfte ist kleiner als der Median, die obere Hälfte ist größer. Der Median ist robust gegen Ausreißer.

Median

Der Median teilt die sortierten Messwerte in zwei gleich große Hälften.

In der Regel liegen die Messwerte nicht sortiert vor. Wenn der Median berechnet werden soll, müssen die Messwerte also mit einem Sortieralgorithmus noch sortiert werden. Den folgenden Abschnitt brauchen Sie nicht zu lesen, wenn Sie bereits mit Sortieralgorithmen vertraut sind.

Exkurs: Sortieralgorithmen

Aus der Vielzahl der bekannten Sortieralgorithmen habe ich hier nur den *Bubble Sort* (Sortieren durch paarweises Vertauschen) und den *Selection Sort* (Sortieren durch Auswählen) ausgewählt. Mein Auswahlkriterium war nicht die Effektivität, sondern der einfache strukturelle Aufbau der beiden Algorithmen.

In jedem Sortieralgorithmus kommen zwei elementare Operationen vor: Vergleich und Tausch von Listenelementen. Jeder elementare Sortieralgorithmus besteht aus zwei ineinander verschachtelten Schleifen. In der äußeren Schleife erfasst eine Laufvariable `i` jede einzelne Position eines Listenelements. In der inneren Schleife erfasst eine Laufvariable `j` die nächste oder eine andere Position eines Listenelements. Mit welchem Element das ausgewählte Element verglichen wird, ist vom Sortierverfahren abhängig. In der inneren Schleife werden die Listenelemente miteinander verglichen. Wenn der Vorgänger größer ist als das ausgewählte Listenelement, dann werden die Positionen beider Elemente getauscht.

In Tabelle 14.1 werden beide Verfahren miteinander verglichen.

Bubble Sort	**Selection Sort**

`for i in range(n-1):`
`  for j in range(n-1):`
`    if a[j]>a[j+1]:`
`      a[j+1],a[j]=a[j],a[j+1]`
`      print(i,j,a)`
	`for i in range(n):`
	`  k=i`
	`    for j in range(i+1,n):`
	`      if a[j]<a[k]:`
	`        k=j`
	`        a[i],a[k] = a[k],a[i]`
	`        print(i,j,a)`

4 **3** 2 1	**4** **3** 2 1
3 **4** **2** 1	**3** 4 **2** 1
3 2 **4** **1**	**2** 4 3 **1**
3 **2** 1 4	1 **4** **3** 2
2 **3** **1** 4	1 **3** 4 **2**
2 **1** 3 4	1 2 **4** **3**
1 2 3 4	1 2 3 4

Tabelle 14.1 Vergleich von Bubble Sort und Selection Sort

- **Bubble Sort** sortiert eine Zahlenfolge durch Vergleich direkt benachbarter Zahlen. Wenn der Vorgänger größer ist als sein Nachfolger, dann werden die beiden direkt nebeneinanderstehenden Zahlen getauscht. Die fett markierten Zahlen deuten den nächsten Tauschvorgang an. Die Tauschvorgänge werden so lange wiederholt, bis die Zahlenfolge sortiert ist.
- **Selection Sort** wählt im ersten äußeren Schleifendurchlauf das erste Listenelement aus. Die innere Schleife wird so lange durchlaufen, bis das kleinste Element gefunden wird. Wenn es gefunden wurde, wird es mit dem ersten Element getauscht. Dieser Vorgang wird so lange wiederholt, bis die Zahlenfolge sortiert ist.

Listing 14.2 sortiert eine Zahlenfolge aus fünf ganzen Zahlen mit dem Bubble-Sort- und dem Selection-Sort-Verfahren in aufsteigender Reihenfolge.

Damit der Sortiervorgang deutlich wird, liegen die Zahlen in absteigender Reihenfolge vor (*worst case*). Der Sortierfortschritt wird während des Sortiervorgangs auf dem Bildschirm ausgegeben. Sie können die einzelnen Schritte also einzeln nachvollziehen und schauen, wie die Einträge verschoben werden.

```
#02_sortieren.py
def bubbleSort(a):
    n=len(a)
    for i in range(n-1):
        for j in range(n-1):
            if a[j]>a[j+1]:
                a[j+1],a[j]=a[j],a[j+1]
                print(i,j,a)

def selectionSort(a):
    n=len(a)
    for i in range(n):
        k=i
        for j in range(i+1,n):
            if a[j]<a[k]:
                k=j
                a[i],a[k] = a[k],a[i]
                print(i,j,a)
    #return a
print("Bubble Sort")
x=[5,4,3,2,1]
print("i","j",x)
print("--------------------")
bubbleSort(x)
print("Selection Sort")
x=[5,4,3,2,1]
print("i","j",x)
print("--------------------")
selectionSort(x)
```

Listing 14.2 Elementare Sortieralgorithmen

Ausgabe

```
Bubble Sort             Selection Sort
i j [5, 4, 3, 2, 1]     i j [5, 4, 3, 2, 1]
--------------------    --------------------
0 0 [4, 5, 3, 2, 1]     0 1 [4, 5, 3, 2, 1]
0 1 [4, 3, 5, 2, 1]     0 2 [3, 5, 4, 2, 1]
0 2 [4, 3, 2, 5, 1]     0 3 [2, 5, 4, 3, 1]
0 3 [4, 3, 2, 1, 5]     0 4 [1, 5, 4, 3, 2]
1 0 [3, 4, 2, 1, 5]     1 2 [1, 4, 5, 3, 2]
1 1 [3, 2, 4, 1, 5]     1 3 [1, 3, 5, 4, 2]
1 2 [3, 2, 1, 4, 5]     1 4 [1, 2, 5, 4, 3]
2 0 [2, 3, 1, 4, 5]     2 3 [1, 2, 4, 5, 3]
2 1 [2, 1, 3, 4, 5]     2 4 [1, 2, 3, 5, 4]
3 0 [1, 2, 3, 4, 5]     3 4 [1, 2, 3, 4, 5]
```

Analyse

- **Bubble Sort**: In Zeile 04 erfasst die Laufvariable `i` der äußeren Schleife die einzelnen Positionen der Listenelemente von `0` bis `n-1`. In der inneren Schleife (Zeile 06) wird überprüft, ob das direkt darauffolgende Element kleiner ist als sein Vorgänger. Wenn das der Fall ist, werden die beiden benachbarten Elemente in Zeile 07 getauscht.
- **Selection Sort**: In der äußeren Schleife erfasst die Laufvariable `i` die Elemente von `0` bis `n`. In Zeile 13 wird der Wert von `i`, also die i-te Position eines Elements, der Hilfsvariablen `k` zugewiesen. Diese Variable »merkt« sich also die *i*-te Position eines Elements.

  Innerhalb der inneren Schleife (Zeile 14) finden die Vergleichs- und Tauschvorgänge statt. Die Anzahl der inneren Schleifendurchläufe verringert sich für ein neues `i` jeweils um den Wert 1, weil der Anfangswert von `j` auf `i+1` gesetzt wird. Wenn der Nachfolger `a[j]` kleiner als das ausgewählte Element `a[k]` ist, dann wird der Hilfsvariablen `k` der Wert der Laufvariablen `j` zugewiesen. In Zeile 17 werden dann die Elemente der *i*-ten und *k*-ten Position getauscht.

Im ungünstigsten Fall (engl. *worst case*) haben beide Algorithmen eine Laufzeitkomplexität von $O(n^2)$. Für die Berechnung des Medians wird Selection Sort ausgewählt, weil bei jedem Sortiervorgang in der inneren Schleife der Wert der Laufvariablen `j` um 1 verringert wird. Intuitiv scheint dieser Algorithmus »intelligenter« zu arbeiten.

Eine Python-Funktion als Modul importieren

Wählen Sie aus Listing 14.2 die Funktion `selectionSort(a)` aus, und speichern Sie die Datei unter dem Namen `sortieren.py` in dasselbe Verzeichnis. Jetzt können Sie die Funktion als Modul mit `import sortieren as st` in andere Programme importieren. Den Alias `st` können Sie natürlich frei wählen.

Listing 14.3 berechnet mit der importierten Python-Funktion den Median aus der Datei `daten.txt`. Wenn der Import auf Ihrem Rechner nicht funktionieren sollte, können Sie die Programmzeilen 03 und 06 auskommentieren oder löschen und den Kommentar in Zeile 07 entfernen. Zur Kontrolle wird das Ergebnis mit der NumPy-Methode `median(a)` überprüft (Zeile 17).

```
01 #03_median.py
02 import numpy as np
03 import sortieren as st
04
05 def median(xu):
06     x=st.selectionSort(xu)
07     #x=np.sort(xu)
08     n=len(x)
09     if n%2!=0: #ungerade
10         return x[(n-1)//2]
11     else:      #gerade
12         return (x[n//2-1]+x[n//2])/2
13 #Messwerte laden
14 a=np.loadtxt('daten.txt')
15 print("Median")
16 print(median(a))
17 print(np.median(a),"NumPy")
```

Listing 14.3 Berechnung des Medians

Ausgabe

```
Median
50.0
50.0 NumPy
```

Analyse

In Zeile 03 wird das selbst erstellte Modul `sortieren` mit der selbst erstellten Sortierfunktion `selectionSort(...)` aus Listing 14.2 importiert. Mit dem Alias `st` kann jetzt auf diese Sortierfunktion zugegriffen werden.

Die Funktionsdefinition für die Berechnung des Medians erfolgt in den Zeilen 05 bis 12. In Zeile 06 wird auf die selbst erstellte Funktion `selectionSort(...)` mit dem Alias `st` zugegriffen. Sollte das nicht funktionieren, können Sie die Zeile 06 löschen oder auskommentieren und den Kommentar in Zeile 07 entfernen. Dann sortiert die NumPy-Methode `sort(...)` die Messwerte.

In Zeile 09 wird überprüft, ob die Anzahl der Messwerte ungerade ist. Wenn das der Fall ist, dann wird der in der Mitte stehende Messwert der sortierten Messreihe zurückgegeben (Zeile 10). Wenn die Anzahl der Messwert gerade ist, dann wird der Mittelwert aus den beiden mittleren Messwerten der sortierten Messreihe zurückgegeben (Zeile 12).

In Zeile 14 lädt die NumPy-Methode `loadtxt('daten.txt')` die eintausend Messwerte. In Zeile 16 berechnet die selbst erstellte Funktion `median(a)` den Median dieser Messreihe. In Zeile 17 wird das Ergebnis mit der NumPy-Methode `np.median(a)` kontrolliert.

14.2.3 Arithmetischer Mittelwert

Der *arithmetische Mittelwert* ist Ihnen wahrscheinlich noch aus der Schule bekannt, wenn der Notendurchschnitt einer Klassenarbeit berechnet werden musste. Die einzelnen Noten werden addiert und durch ihre Anzahl geteilt. Allgemein lautet die Berechnungsvorschrift:

$$\bar{x} = \frac{1}{n}\sum_{i=1}^{n} x_i$$

Anschaulich kann der arithmetische Mittelwert auch als Schwerpunkt des Flächeninhalts eines Histogramms interpretiert werden. Der arithmetische Mittelwert ist empfindlich gegenüber Ausreißern. Die Verpackungsanlage aus Abschnitt 14.1 sollte so eingestellt werden, dass das arithmetische Mittel möglichst nahe bei 50 g liegt.

Arithmetischer Mittelwert

Der arithmetische Mittelwert ist bildlich gesprochen der »Schwerpunkt« der Messwerte.

Listing 14.4 berechnet den arithmetischen Mittelwert mit dem Summenalgorithmus. Die Messwerte werden mit der NumPy-Methode `loadtxt('daten.txt')` aus der Datei `daten.txt` geladen.

```
#04_arithmetischer_mittelwert.py
import numpy as np
```

```
03 def arithmetischM(x):
04     n=len(x)
05     summe=0
06     for i in range(n):
07         summe=summe+x[i]
08     return summe/n
09
10 a=np.loadtxt('daten.txt')
11 print("Arithmetischer Mittelwert")
12 print(arithmetischM(a))
13 print(np.mean(a),"NumPy")
```

Listing 14.4 Berechnung des arithmetischen Mittelwertes

Ausgabe

```
Arithmetischer Mittelwert
49.99859999999998
49.998599999999996 NumPy
```


Analyse

In Zeile 12 wird der arithmetische Mittelwert mit der von Ihnen erstellten Funktion `arithmetischM(a)` berechnet und ausgegeben. Die Überprüfung des Ergebnisses erfolgt in Zeile 13 mit der NumPy-Methode `np.mean(a)`.

14.2.4 Harmonischer Mittelwert

Der *harmonische Mittelwert* wird aus der Summe der Kehrwerte einer Messreihe berechnet. Anschließend wird von dieser Summe der Kehrwert gebildet, und diese Summe wird mit der Anzahl der Messwerte multipliziert. Die Berechnungsvorschrift lautet:

$$\overline{x}_h = n\left(\sum_{i=1}^{n}\frac{1}{x_i}\right)^{-1}$$

Listing 14.5 berechnet die Summen der Kehrwerte von x_i mit dem Summenalgorithmus aus den in der Datei `daten.txt` gespeicherten Messwerten. In der Praxis wird zwar die Genauigkeit einer Abfüllanlage nicht mit dem harmonischen Mittel überprüft, die Berechnung soll aber trotzdem an unserem Beispiel durchgeführt werden, um zu zeigen, wie dieser Algorithmus implementiert wird und in welcher Größenordnung das Ergebnis liegt.

```
01 #05_harmonischer_mittelwert.py
02 import numpy as np
03 from scipy.stats import hmean
04
05 def harmonischM(x):
06     n=len(x)
07     summe=0
08     for i in range(n):
09         summe=summe+1/x[i]
10     return n/summe
11
12 a=np.loadtxt('daten.txt')
13 print("Harmonischer Mittelwert")
14 print(harmonischM(a))
15 print(hmean(a),"SciPy")
```

Listing 14.5 Berechnung des harmonischen Mittelwertes

Ausgabe

```
Harmonischer Mittelwert
49.9789402828273
49.978940282827075 SciPy
```

Analyse

In Zeile 09 wird der Kehrwert `1/x[i]` der einzelnen Messwerte aufsummiert. Bei der Rückgabe in Zeile 10 wird die Anzahl `n` der Messwerte durch diese Summe dividiert.

Der Vergleich mit der SciPy-Methode `hmean(a)` (Zeile 15) zeigt eine Übereinstimmung des selbst programmierten Algorithmus von 12 Nachkommastellen.

14.2.5 Geometrischer Mittelwert

Bei der Berechnung des geometrischen Mittelwertes werden alle n Messwerte miteinander multipliziert, und anschließend wird aus diesem Produkt die n-te Wurzel gezogen:

$$\overline{x}_g = \sqrt[n]{x_1 \cdot x_2 \cdot x_3 \cdot \ldots \cdot x_n}$$

In der Formelsprache der Mathematik lautet die Berechnungsvorschrift abgekürzt:

$$\overline{x}_g = \left(\prod_{i=1}^{n} x_i\right)^{\frac{1}{n}}$$

Bei unserem Erdnuss-Beispiel müssten eintausend Messwerte miteinander multipliziert werden. Wenn man näherungsweise annimmt, dass alle Faktoren den Wert 50 hätten, dann müsste das Programm 50^{1000} berechnen und anschließend die 1000. Wurzel ziehen. Hiermit wäre wohl der leistungsfähigste Computer überfordert. Eine direkte Umsetzung in einen rekursiven Algorithmus $p_i + 1 = p \cdot x_i$ würde also bei einer großen Anzahl von Messwerten zwangsläufig scheitern, wie der folgende Konsolendialog zeigt:

```
>>> (50**1000)**(1/1000)
Traceback (most recent call last):
  File "<pyshell>", line 1, in <module>
OverflowError: int too large to convert to float
```

Um dieses Problem zu umgehen, wird aus jedem Messwert der Logarithmus gebildet, die einzelnen logarithmierten Werte werden mit dem Summenalgorithmus aufaddiert, und anschließend wird die Summe durch die Anzahl *n* dividiert. Zum Schluss wird das Logarithmieren mit der e-Funktion wieder rückgängig gemacht. Listing 14.6 zeigt die Umsetzung:


```
#06_geometrischer_mittelwert.py
import numpy  as np
from scipy.stats import gmean

def geometrischM(x):
    n=len(x)
    s=0
    for i in range(n):
        s=s+np.log(x[i])
    gm=s/n
    return np.exp(gm)

a=np.loadtxt('daten.txt')
print("Geometrischer Mittelwert")
print(geometrischM(a))
print(gmean(a),"SciPy")
```

Listing 14.6 Berechnung des geometrischen Mittelwerts

Ausgabe

```
Geometrischer Mittelwert
49.98876495940364
49.98876495940464 SciPy
```

Analyse

In Zeile 09 werden die natürlichen Logarithmen `log(x[i])` der einzelnen Messwerte zur Summe `s` aufsummiert. In Zeile 10 wird die Summe `s` durch die Anzahl `n` der Messwerte dividiert: `gm = s/n`. In Zeile 11 berechnet die NumPy-Methode `exp(gm)` aus `gm` dann den geometrischen Mittelwert. Das Ergebnis stimmt mit dem von der SciPy-Methode `gmean(a)` berechneten Wert überein.

14.3 Streuparameter

Streuparameter sind statistische Maßzahlen, die die Streubreite einer Häufigkeitsverteilung um einen Lageparameter beschreiben. Wichtige Streuparameter sind die Spannweite und die Standardabweichung.

14.3.1 Spannweite

Die *Spannweite R* wird aus der Differenz zwischen dem größten und dem kleinsten Messwert berechnet:

$$R = x_{\text{max}} - x_{\text{min}}$$

Weil die Spannweite nur von den Extremwerten einer Stichprobe abhängt, ist sie nur ein grobes Maß, um die Streuung innerhalb einer Messreihe zu beschreiben. Sie ist deshalb auch nicht robust gegenüber Ausreißern und verliert damit bei einem großen Stichprobenumfang an Informationsgehalt. Nur ein einziger falscher Messwert kann das Ergebnis stark verfälschen.

Spannweite

Die Spannweite ist die Differenz zwischen dem größten und dem kleinsten Messwert. Sie ist sehr empfindlich gegenüber Ausreißern.

Die Spannweite wird häufig zusammen mit dem Median verwendet. Wenn die Messwerte nicht sortiert vorliegen, müssen das Minimum und das Maximum mit einem Suchalgorithmus ermittelt werden.

Exkurs: Minimum- und Maximumsuche

Für die Berechnung der Spannweite muss der kleinste und der größte Wert einer Messreihe ermittelt werden. Das geschieht mit dem Algorithmus der Min-Max-Suche. Bei der Minimumsuche wird der kleinste Wert willkürlich mit dem ersten Element einer Liste oder eines Arrays initialisiert. Dann wird innerhalb einer `for`-Schleife dieses Element mit den folgenden Elementen verglichen: Wenn es kleiner als dieses Element ist, wird sein Wert in eine Variable gespeichert. Dieser Vorgang wird bis zum letzten Element wiederholt. Die Variable enthält jetzt den kleinsten Messwert.

Die Maximumsuche benutzt im Prinzip den gleichen Algorithmus, mit dem Unterschied, dass jedes Folgeelement daraufhin überprüft wird, ob es größer ist als sein Vorgänger. Die Variable, in der das Maximum gespeichert wird, wird wieder mit dem ersten Element der Messreihe initialisiert.

Listing 14.7 ermittelt aus den eintausend Messwerten der Datei `daten.txt` das Maximum und das Minimum und berechnet daraus die Spannweite:

```
#07_min_max.py
import numpy  as np
#Minimumsuche
def minimum(x):
    n=len(x)
    k=x[0] #kleinster Wert
    for i in range(1,n):
        if x[i]<k:
            k=x[i]
    return k
#Maximumsuche
def maximum(x):
    n=len(x)
    g=x[0] #größter Wert
    for i in range(1,n):
        if x[i]>g:
            g=x[i]
    return g

a=np.loadtxt('daten.txt')
R=maximum(a)- minimum(a) #Spannweite
print("Minimum:",minimum(a))
#print(min(a))
print("Maximum:",maximum(a))
#print(max(a))
print("Spannweite R = ", R)
```

Listing 14.7 Berechnung der Spannweite

Ausgabe

```
Minimum: 46.9
Maximum: 53.4
Spannweite R =  6.5
```

Analyse

In Zeile 06 wird willkürlich angenommen, dass der erste Wert der Messreihe `x[0]` der kleinste Wert sei. Innerhalb der `for`-Schleife wird nun nacheinander überprüft, ob die folgenden Werte kleiner sind. Wenn das der Fall ist, wird der aktuell kleinste Wert in die Variable `k` gespeichert. Nachdem alle Werte der Messreihe überprüft wurden, wird in Zeile 10 das Resultat zurückgegeben.

Die Maximumsuche (Zeile 12 bis 18) hat die gleiche Struktur wie die Minimumsuche, mit dem Unterschied, dass hier überprüft wird, ob die dem Initialwert `x[0]` nachfolgenden Wert größer sind als die Vorgänger.

Durch Entfernen der Kommentare in Zeile 23 und 25 kann das Ergebnis überprüft werden.

14.3.2 Standardabweichung

Bei einer Verpackungsanlage möchte man wissen, wie stark die Messwerte um den Sollwert (Erwartungswert) herum streuen. Wenn viele Messwerte zu stark vom Sollwert von 50 g abweichen, dann ist die Verpackungsanlage nicht optimal eingestellt. Die *Standardabweichung* ist eine geeignete statistische Kennzahl, um das Ausmaß einer Streuung zu beschreiben. Sie wird berechnet, indem man zuerst den arithmetischen Mittelwert berechnet; dann wird von jedem einzelnen Messwert und dem Mittelwert die Differenz gebildet. Die einzelnen Differenzen werden anschließend quadriert und aufsummiert. Die Summe wird durch die Anzahl n–1 dividiert. Zum Schluss wird aus diesem Ergebnis die Wurzel gezogen. Die Berechnungsvorschrift lautet also:

$$s = \sqrt{\frac{1}{n-1}\sum_{i=1}^{n}(x_i - \overline{x})^2}$$

Standardabweichung

Die Standardabweichung ist die Wurzel aus den quadrierten Abweichungen vom arithmetischen Mittelwert. Bei einer Normalverteilung liegen etwa 68 % aller Messwerte innerhalb des Intervalls von 2s.

Listing 14.8 berechnet nach dem oben beschriebenen Algorithmus die Standardabweichung aus den tausend Messwerten. Das Ergebnis wird mit der NumPy-Methode `std(a,ddof=1)` überprüft. Wenn dem Parameter `ddof` eine 1 zugewiesen wird, dann wird der Summenterm durch $n-1$ geteilt.

```
01 #08_standardabweichung.py
02 import numpy as np
03
04 def standardabweichung(x):
05     n=len(x)
06     summe=0
07     for i in range(n):
08         summe=summe+x[i]
09     m=summe/n
10     v=0
11     for i in range(n):
12         v=v+(x[i]-m)**2
13     return np.sqrt(v/(n-1))
14
15 a=np.loadtxt('daten.txt')
16 print("Standardabweichung")
17 print(standardabweichung(a))
18 print(np.std(a,ddof=1),"NumPy")
```

Listing 14.8 Berechnung der Standardabweichung

Ausgabe

```
Standardabweichung
0.9927858095599807
0.9927858095599794 NumPy
```

Analyse

In den Zeilen 07 bis 09 wird der arithmetische Mittelwert `m` der Messreihe berechnet. In den Zeilen 11 bis 12 wird die Summe der Quadrate `v` aus den einzelnen Abweichungen vom Mittelwert berechnet. In Zeile 13 wird diese Summe durch `n-1` dividiert und daraus die Wurzel berechnet.

Es gibt eine Übereinstimmung zwischen der Berechnung mit der selbst erstellten Funktion `standardabweichung(a)` und der NumPy-Methode `np.std(a)` von 11 Nachkommastellen.

14.4 Strukturparameter

Strukturparameter sind statistische Kennzahlen, die die Abweichung einer Häufigkeitsverteilung von der Normalverteilung beschreiben. Unterschieden wird zwischen der Abweichung von der Symmetrie (*Schiefe*) und der Streckung oder Stauchung in Richtung der y-Achse (*Wölbung*).

14.4.1 Schiefe

Die Schiefe ist ein Strukturparameter, der eine Häufigkeitsverteilung bezüglich der Symmetrie als Abweichung von der Normalverteilung beschreibt. Abbildung 14.4 zeigt eine rechtsschiefe (linkssteile) und eine linksschiefe (rechtssteile) Häufigkeitsverteilung.

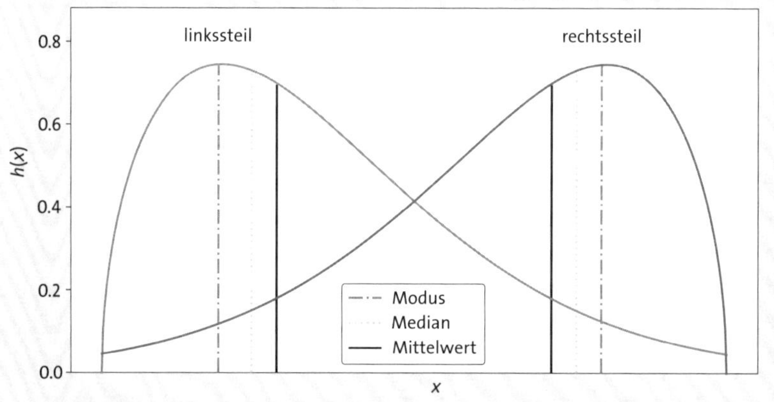

Abbildung 14.4 Linkssteile (rechtsschiefe) und rechtssteile (linksschiefe) Häufigkeitsverteilung

Ob eine Verteilung links- oder rechtsschief ist, ermitteln Sie anhand der Lageparameter Modus, Median und arithmetischer Mittelwert.

Allgemein kann für gutartige Verteilungen folgende Näherungsregel aufstellt werden:

- linkssteil (= rechtsschief): *Modus < Median < Schwerpunkt*
- symmetrisch: *Modus = Median = Schwerpunkt*
- rechtssteil (= linksschief): *Schwerpunkt < Median < Modus*

Wenn der Modus links vom Median und der Median links vom Schwerpunkt (arithmetischer Mittelwert) liegt, dann ist die Verteilung linkssteil (= rechtsschief). Wenn alle drei Lageparameter gleich sind, dann ist die Verteilung symmetrisch. Dieser Fall kommt in der Praxis allerdings nur näherungsweise vor. Wenn der Schwerpunkt links vom Median liegt und der Median links vom Modus liegt, dann ist die Verteilung rechtssteil (= linksschief).

Die obige Betrachtung kann noch vereinfacht werden, wenn man nur den arithmetischen Mittelwert und den Median betrachtet. Karl Pearson (1895–1980) stellte eine einfache Näherungsformel für die empirische Schiefe S auf:

$$S = \frac{\text{arithmetischer Mittelwert-Median}}{\text{Standardabweichung}} = \frac{\overline{x} - \tilde{x}}{s}$$

Wenn der arithmetische Mittelwert größer als der Median ist, dann ist die Verteilung linksschief (rechtssteil). Wenn der arithmetische Mittelwert kleiner als der Median ist, dann ist die Verteilung rechtsschief (linkssteil). Bei positiven S ist die Verteilung also rechtsschief (linkssteil) und bei negativen S ist sie linksschief (rechtssteil). Wenn der Median und der Mittelwert gleich sind, dann hat die Schiefe den Wert 0, d. h., sie ist symmetrisch. Es gibt aber auch Ausnahmen von dieser Regel.

Schiefe

Bei positiven S ist die Dichtefunktion einer Häufigkeitsverteilung linkssteil (rechtsschief). Bei negativen S ist die Verteilung rechtssteil (linksschief).

Listing 14.9 berechnet die Schiefe mit der Formel von Pearson und durch Vergleiche des Modalwertes, des Medians und des arithmetischen Mittelwertes. Weil nach jedem neuen Programmstart auch neue Zufallszahlen erzeugt werden, gibt das Programm auch jedes Mal andere Resultate für die Schiefe aus.

```
#09_schiefe.py
import numpy as np
from scipy.stats import mode,skew
sw=50
n=100
s=2
a=np.random.normal(sw,s,size=n)
a=np.round(a,decimals=1)
xa=np.mean(a)
xm=np.median(a)
xmod=mode(a)
s=np.std(a,ddof=1)
schiefe1=(xa-xm)/s #Pearson
schiefe2=skew(a)   #SciPy
if xmod[0] < xm < xa:
```

```
16     print("Die Verteilung ist linkssteil.")
17 elif xmod[0]==xm==xa:
18     print("Die Verteilung ist symmetrisch.")
19 elif xa < xm < xmod[0]:
20     print("Die Verteilung ist rechtssteil.")
21 else:
22     print("Keine eindeutige Entscheidung!")
23 print("Modalwert               :",xmod[0])
24 print("Median                  :",xm)
25 print("arithmetischer Mittelwert:",xa)
26 print("Schiefe",schiefe1,"Pearson")
27 print("Schiefe",schiefe2,"SciPy")
```

Listing 14.9 Berechnung der Schiefe

Ausgabe

```
Die Verteilung ist rechtssteil.
Modalwert                : [51.2]
Median                   : 50.0
arithmetischer Mittelwert: 49.86199999999999
Schiefe -0.07413132590359602 Pearson
Schiefe -0.027041877919994687 SciPy
```

Analyse

Bei der Ausgabe handelt es sich um Zufallsresultate. Auf Ihrem Rechner erscheinen zwangsläufig auch bei jedem Neustart des Programms immer andere Ergebnisse für die Schiefe.

In Zeile 07 erzeugt die NumPy-Methode `normal(...)` näherungsweise normalverteilte Zufallszahlen. Wegen der Abweichung von der idealen Normalverteilung können auch Verteilungen mit einer geringen Links- oder Rechtsschiefe vorkommen.

In den Zeilen 09 bis 11 werden der arithmetische Mittelwert, der Median und der Modus berechnet. In Zeile 12 berechnet die NumPy-Methode `np.std(...)` die Standardabweichung.

In Zeile 13 wird die Schiefe mit der Näherungsformel von Pearson berechnet. Und in Zeile 14 berechnet die SciPy-Methode `skew(a)` die Schiefe.

In den Zeilen 15 bis 22 erfolgen die Fallabfragen. Nicht bei jeder Simulation gibt es ein eindeutiges Ergebnis. Nicht selten erscheint die Meldung `"Keine eindeutige Entscheidung!"`. Es sind auch Abweichungen zwischen den Berechnungen nach Pearson und SciPy möglich.

14.4.2 Wölbung

Die *Wölbung* oder *Kurtosis* ist eine statistische Kennzahl, die beschreibt, wie eine Häufigkeitsverteilung von der Normalverteilung in Richtung der *y*-Achse abweicht. Sie gibt an, wie spitz oder flach eine Kurve der Dichtefunktion verläuft. Abbildung 14.5 zeigt die Wölbung einer Laplace-Verteilung, einer Normalverteilung und einer Gleichverteilung.

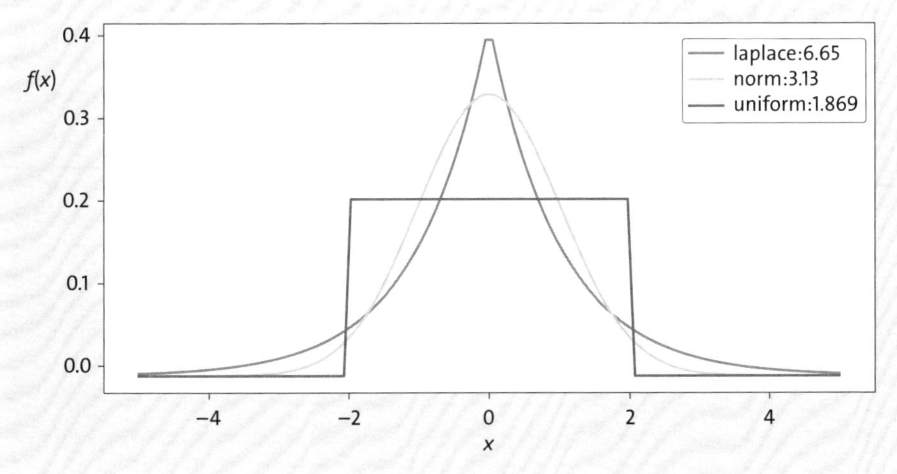

Abbildung 14.5 Wölbung für Laplace-, Normal- und Gleichverteilung

Je spitzer die Form der Dichtefunktion ist, desto größer ist die Wölbung. Wenn ihr Wert nahe bei 3 liegt, liegt näherungsweise eine Normalverteilung vor. Wenn die Wölbung kleiner 3 ist, dann verläuft die Dichtefunktion flacher als eine Normalverteilung.

Die Wölbung wird aus der Summe der einzelnen Messwerte x_i, dem arithmetischen Mittelwert und der Standardabweichung wie folgt berechnet:

$$w = \frac{1}{n}\sum_{i=1}^{n}\left(\frac{x_i - \overline{x}}{s}\right)^4$$

Um die Ausprägung einer Wölbung besser einschätzen zu können, wird sie mit einer Normalverteilung verglichen. Dazu muss von der Wölbungskennzahl *w* der Wert 3 subtrahiert werden. Wenn man von *w* den Wert 3 subtrahiert, wird das Wölbungsmaß auch als Exzess bezeichnet.

Exzess

Wenn der Exzess der Dichtefunktion einer Häufigkeitsverteilung einen größeren Wert als 0 hat, dann hat die Verteilung einen eher spitzen Verlauf (*steilgipflig*). Wenn sie gleich 0 ist, dann ist die Verteilung normalverteilt. Wenn sie kleiner 0 ist, dann hat die Verteilung einen eher flachen Verlauf (*flachgipflig*).

Listing 14.10 berechnet die Wölbung einer Laplace-, einer Normal- und einer Gleichverteilung mit der oben angegebenen Definitionsformel und mit der SciPy-Methode `kurtosis(a)`.

```
#10_woelbung.py
import numpy as np
from scipy.stats import kurtosis,norm,laplace,uniform
a1 = uniform.rvs(size=1000, random_state=3) #Gleichverteilung
a2 = laplace.rvs(size=1000, random_state=3) #Laplace-Verteilung
a3 = norm.rvs(size=1000, random_state=3)    #Normalverteilung

def woelbung(x):
    n=len(x)
    summe=0
    for i in range(n):
        summe=summe+x[i]
    m=summe/n #Mittelwert
    v=0
    for i in range(n):
        v=v+(x[i]-m)**2
    s=np.sqrt(v/(n-1)) #Standardabweichung
    w=0
    for i in range(n):
        w=w+((x[i]-m)/s)**4
    return w/n-3

print("Wölbung")
print("Gleichverteilung")
print(woelbung(a1))
print(kurtosis(a1),"SciPy")
print("Laplace-Verteilung")
print(woelbung(a2))
print(kurtosis(a2),"SciPy")
```

```
30 print("Normalverteilung")
31 print(woelbung(a3))
32 print(kurtosis(a3),"SciPy")
```

Listing 14.10 Wölbung

Ausgabe

```
Wölbung
Gleichverteilung
-1.173953863052345
-1.1702962853267092 SciPy
Laplace-Verteilung
2.5564258191851446
2.5675553623544882 SciPy
Normalverteilung
-0.07514543740673707
-0.06928694200380558 SciPy
```

Analyse

In den Zeilen 04 bis 06 generiert die Methode `rvs` der SciPy-Klassen `uniform`, `laplace` und `norm` gleichverteilte, laplaceverteilte und normalverteilte Zufallszahlen.

In den Zeilen 08 bis 21 berechnet die selbst erstellte Funktion `woelbung(x)` für die Zufallszahlen aus dem Array `x` die Wölbung. Als Erstes wird der arithmetische Mittelwert `m` (Zeile 10 bis 13) und danach die Standardabweichung `s` (Zeile 14 bis 17) berechnet. Zeile 20 berechnet die Summe aus dem Term `(x[i]-m)/s)**4`. In Zeile 21 wird dieser Term durch die Anzahl `n` der Zufallszahlen dividiert. Damit der Exzess zurückgegeben wird, muss vom Wölbungsmaß noch eine 3 subtrahiert werden.

14.5 Aufgaben

1. Schreiben Sie ein Programm, das eine Häufigkeitstabelle mit der NumPy-Methode `histogram(a, bins=32)` für den Datensatz `daten.txt` erstellt. Das Ergebnis soll als Liste ausgegeben werden. In der Liste stehen für jeden einzelnen Intervallabschnitt (Klasse) `bins` Tupel der Wertepaare `(messwert, anzahl)`.
2. Schreiben Sie ein Python-Programm, das für den Datensatz `a=[45,46,47,48,49,50,51,52,53,54,55]` den Median, den arithmetischen Mittelwert, die Spannweite und die Standardabweichung berechnet. Nehmen Sie dann folgendes an: Statt 45.1 wird irrtümlich dem Datensatz der Wert 451 hinzugefügt. Wie ändern sich die Ergebnisse?

3. Schreiben Sie ein Python-Programm, das aus dem Datensatz `a=[44,45,46,47,48,49,50,50,51,52,53,54,55,56]` den Modus, den Median, den arithmetischen, den harmonischen und den geometrischen Mittelwert mit NumPy- bzw. SciPy-Methoden berechnet.
4. Schreiben Sie ein Python-Programm, das mithilfe des harmonischen Mittels den Gesamtwiderstand aus den parallel geschalteten Widerständen 10 Ω, 20 Ω, 30 Ω, 40 Ω und 50 Ω berechnet.
5. Berechnen Sie die durchschnittliche Verzinsung für die Zinssätze 5 %, 4 %, 3 %, 2 % und 1 % mit der SciPy-Methode `gmean(p)`.
6. Schreiben Sie ein Python-Programm, das für dem Datensatz `a=[10,200]` das geometrische Mittel aus dem arithmetischen und dem harmonischen Mittelwert berechnet.
7. Mit der Formel

   $$s = \sqrt{\frac{1}{n-1}\sum_{i=1}^{n} x_i^2 - n \cdot \bar{x}^2}$$

   lässt sich die Berechnung der Standardabweichung optimieren. Schreiben Sie eine Python-Funktion, die mit dieser Formel die Standardabweichung aus dem Datensatz `daten.txt` berechnet.
8. Die Schiefe kann genauer mit der Formel

   $$s_3 = \frac{1}{n}\sum_{i=1}^{n}\left(\frac{x_i - \bar{x}}{s}\right)^3$$

   berechnet werden. Schreiben Sie eine Python-Funktion, die die Schiefe mit dieser Formel berechnet, und vergleichen Sie das Ergebnis mit der SciPy-Methode `skew(a)`. Es sollen 1000 zufallserzeugte Messwerte ausgewertet werden.
9. Schreiben Sie ein Python-Programm, das aus dem Datensatz `daten.txt` den arithmetischen Mittelwert, die Standardabweichung, die Schiefe und die Wölbung mit NumPy- bzw. SciPy-Methoden berechnet.
10. Mit der Weibull-Verteilung `np.random.weibull(n,1000)` lassen sich für verschiedene `n` Histogramme mit positiver oder negativer Schiefe simulieren. Schreiben Sie ein Matplotlib-Programm, das bei jedem Neustart für `n = 2,3,4,5` ein neues Histogramm mit `bins=20` zeichnet. Der Median, der arithmetische Mittelwert, die Standardabweichung, die Schiefe und die Wölbung sollen innerhalb der Zeichenfläche ausgegeben werden.

Kapitel 15
Fraktale

In diesem Kapitel lernen Sie, wie Sie mit der Turtle-Grafik einfache Fraktale simulieren können, z. B. die Koch-Kurve, das Sierpinski-Dreieck und den Pythagoras-Baum. Mandelbrot- und Julia-Mengen werden zum Schluss des Kapitels behandelt.

Der Begriff *Fraktal* wurde von dem Mathematiker Benoît Mandelbrot (1924–2010) eingeführt. Der Begriff ist eine Wortschöpfung, die aus dem lateinischen Wort *fractus* (dt. *gebrochen*) entstanden ist. Gemeint sind damit geometrische Figuren, deren charakteristisches Merkmal die *Selbstähnlichkeit* ist. Jeder Teil eines Ganzen hat eine bestimmte Beziehung zum Gebilde des Ganzen:

> *»Wenn jeder Teil eines Gebildes dem Ganzen geometrisch ähnlich ist, werden sowohl das Gebilde als auch die erzeugte Kaskade selbstähnlich genannt.« [Mandelbrot:46]*

Aus einer geometrischen Grundstruktur, z. B. einem Dreieck, werden nach einer vorgegebenen Konstruktionsvorschrift verkleinerte Kopien der Grundstruktur in diese Grundstruktur eingefügt. Dieses Einfügen des immer Gleichen in ein Gleiches lässt sich programmiertechnisch am einfachsten durch rekursive Funktionsaufrufe lösen.

Obwohl es auf den ersten Blick nicht so scheint, gibt es heute viele Anwendungen für Fraktale, wie etwa fraktale Antennen in Mobilfunktelefonen, fraktale Kompressionsverfahren für digitale Daten und das Aufspüren von Krebszellen [Stewart:278]. Auch Bilder von Landschaften lassen sich mit fraktaler Computergrafik erzeugen [Peitgen: Tafel 11 und 12]. Diese Möglichkeit wird ausgiebig in Computerspielen genutzt.

Aus der Vielzahl möglicher Fraktale werde ich exemplarisch die Koch-Kurve, das Sierpinski-Dreieck und den Pythagoras-Baum vorstellen. Diese Fraktale werden mit Methoden des Moduls `turtle` simuliert. Im IDLE-Menü HELP finden Sie im Untermenü TURTLE DEMO viele Programmbeispiele.

Die Mandelbrot-Menge und verschiedene Julia-Mengen werden in der komplexen Zahlenebene mit der Matplotlib-Methode `imshow(...)` und mit der Methode `putpixel(...)` aus dem Modul `PIL` (**P**ython **I**maging **L**ibrary) dargestellt.

15.1 Turtle-Grafik

Die Turtle-Grafik ist ein Programmierkonzept, um geometrische Figuren direkt mithilfe einfacher Befehle auf dem Bildschirm zu zeichnen. Dabei bewegt sich ein Zeichenstift, der traditionell als *turtle* (dt. *Schildkröte*) bezeichnet wird, über den Bildschirm. In Python wird die Schildkröte durch einen Pfeil ersetzt.

Der besondere Vorteil dieser Programmiermethode besteht darin, dass Sie die Auswirkungen der Befehle direkt auf dem Bildschirm beobachten können. Mit nur zwei grundlegenden Befehlen `forward(strecke)` und `right(winkel)` können Sie einen Großteil der Turtle-Programmierung erledigen. Der standardmäßig voreingestellte Startpunkt liegt um Ursprung des kartesischen Koordinatensystems. Mit dem Befehl `forward(100)` zeichnet der Zeichenstift eine durchgezogene gerade Linie in Richtung der Pfeilspitze mit der Länge von 100 Pixeln. Mit dem Befehl `right(90)` wird die Pfeilspitze um 90° nach rechts gedreht. In Tabelle 15.1 sind die wichtigsten Methoden des Moduls `turtle` aufgelistet.

Methoden	Beschreibung
`forward(a)`	Geht `a` Pixel in Richtung der Pfeilspitze vorwärts.
`backward(b)`	Geht `b` Pixel rückwärts.
`right(phi)`	Dreht sich um den Winkel `phi` (in °) nach rechts.
`left(phi)`	Dreht sich um den Winkel `phi` (in °) nach links.
`penup()`	Schaltet den Zeichenstift aus.
`pendown()`	Schaltet den Zeichenstift ein.
`pencolor("red")`	Legt die Linienfarbe fest.
`setpos(x1,y1)`	Geht zur Position x1, y1.
`color('blue')`	Legt die Farbe für ein Turtle-Objekt fest.
`begin_fill()`	Füllt eine Figur mit einer vorgegebenen Farbe aus.
`end_fill()`	Beendet den Ausfüllvorgang.
`speed(1 ... 10)`	Legt die Geschwindigkeit des Zeichenstiftes fest.
`tracer(False)`	Die Grafik wird als Ganzes, ohne die Bewegung des Zeichenstiftes, angezeigt.
`title("Text")`	Titel des Programms in der Fensterleiste

Tabelle 15.1 Übersicht über die Turtle-Befehle (Auswahl)

Eine vollständige Übersicht über alle Turtle-Methoden finden Sie unter *https://docs.python.org/3/library/turtle.html*.

Unser erstes Turtle-Programm soll ein Rechteck mit der Länge $a = 300$ und der Breite $b = 200$ zeichnen. Das Rechteck soll genau in die Mitte der Zeichenfläche platziert werden, so wie in Abbildung 15.1.

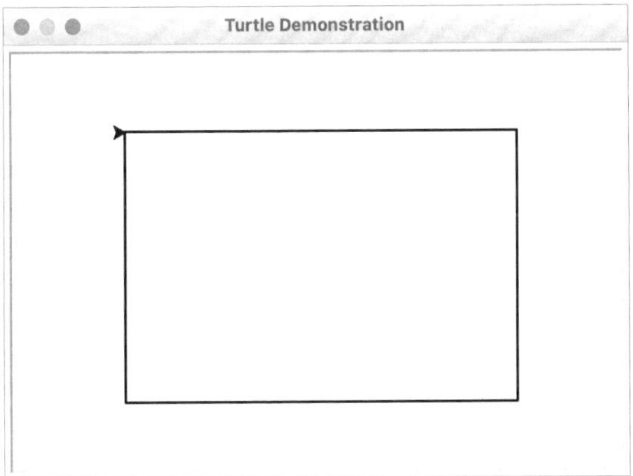

Abbildung 15.1 Ein Rechteck mit der Turtle-Grafik zeichnen

Das Rechteck setzt sich aus vier Linien zusammen, also muss auch der `forward`-Befehl viermal angewendet werden. Als Erstes muss der Startpunkt festgelegt werden. Nach jedem `forward`-Befehl muss die Pfeilspitze um 90° nach rechts gedreht werden. Listing 15.1 zeigt die Umsetzung:

```
#01_turtle_demo.py
from turtle import *
a,b=300,200
x1,y1=-a/2,b/2
phi=90 #Winkel
title("Turtle-Demonstration")
setup(width=480, height=320)
penup()
setpos(x1,y1)
pendown()
pensize(2)
speed(5) #1 bis 10
forward(a)
right(phi)
forward(b)
right(phi)
```

```
17 forward(a)
18 right(phi)
19 forward(b)
20 right(phi)
21 mainloop()
```

Listing 15.1 Ein Rechteck mit der Turtle-Grafik zeichnen

Analyse

In Zeile 02 werden alle Methoden des Moduls `turtle` importiert. Zeile 03 legt die Länge und die Breite des Rechtecks fest. Zeile 04 bestimmt den Startpunkt links oben im kartesischen Koordinatensystem. In der Zeile 07 legt die Methode `setup(...)` die Breite und Höhe der Zeichenfläche fest.

Damit die Bewegung des Zeichenstiftes vom Koordinatenursprung zum Startpunkt nicht sichtbar wird, schaltet die Methode `penup()` den Zeichenstift in Zeile 08 aus (d. h., sie hebt ihn an). In Zeile 09 bewegt die Methode `setpos(x1,y1)` den Zeichenstift an die gewünschte Position. In Zeile 10 schaltet die Methode `pendown()` den Zeichenstift wieder ein (d. h., sie senkt ihn).

In Zeile 11 legt die Methode `pensize(2)` die Linienstärke in Pixeln fest.

In Zeile 12 können Sie die Zeichengeschwindigkeit von 1 bis 10 einstellen. Beim Testen von neuen Programmen sollten Sie diese Option nutzen, um Programmier- und Denkfehler leichter zu finden.

In Zeile 13 zeichnet die Methode `forward(a)` eine waagerechte Linie mit der Länge `a`, ausgehend von der Startposition `-a/2`.

In Zeile 14 wird die Richtung des Zeichenstiftes um 90° nach rechts gedreht. Dann wird in Zeile 15 eine senkrechte Linie mit der Länge `b` nach unten gezeichnet. Dieser Vorgang wiederholt sich, bis das Rechteck vollständig gezeichnet ist.

Die Rechtsdrehung in Zeile 20 ist für das Zeichnen des Rechtecks nicht notwendig, sie soll lediglich die Ausgangsposition zeigen. Sie können diese Zeile auskommentieren.

Da sich die Anweisungen in den Zeilen 13 bis 19 wiederholen, kann ein Rechteck auch mit einer `for`-Schleife gezeichnet werden (siehe Aufgabe 1).

Die Methode `mainloop()` in Zeile 21 hat die Aufgabe, eine Endlosschleife zu erzeugen. Sie soll verhindern, dass sich das Anzeigefenster automatisch schließt, wenn im Programm Ereignisse abgefragt werden, z. B. Mausklicks oder Tastatureingaben. Sie können diese Zeile auskommentieren oder löschen und in den folgenden Turtle-Programmen auch weglassen.

15.2 Die kochsche Schneeflocke

Im Jahr 1904 veröffentlichte der schwedische Mathematiker Helge von Koch (1870–1924) ein Beispiel für eine Kurve, die überall stetig ist, sich aber an keiner Stelle differenzieren lässt (siehe Abbildung 15.2). Heute wird diese Kurve als *Koch-Kurve* bezeichnet. Sie besteht aus einer Geraden als Grundlinie mit der Gesamtlänge a. Die Gerade wird in $n = 3$ gleiche Teile zerlegt: gerade Strecke – gleichseitiges Dreieck – gerade Strecke.

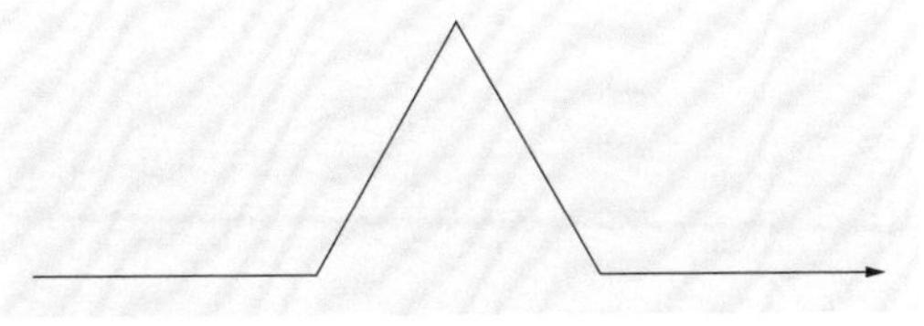

Abbildung 15.2 Erste Stufe der Koch-Kurve

In der Mitte der Geraden wird das gleichseitige Dreieck eingefügt. Alle Teilstrecken haben jetzt eine Länge $a/3$. Da die Konstruktionsvorschrift ein gleichseitiges Dreieck verlangt, müssen alle Winkel des Dreiecks 60° betragen. In der ersten Stufe hat die Koch-Kurve $k = 4$ Teilstrecken (Linienzüge). Die drei Teile n setzen sich aus den zwei waagerechten Linien und der Grundseite des gleichseitigen Dreiecks zusammen. Die Gesamtlänge des Streckenzuges beträgt also $4a/3$.

Koch-Fraktale mit höherer Entwicklungsstufe entstehen dadurch, dass man in jedem der vier geraden Linienzüge, eine um den Skalierungsfaktor 1/3 verkleinerte Grundstruktur (erste Stufe) der Koch-Kurve einfügt. Dieser Prozess des wiederholten Hineinkopierens einer einmal festgelegten Grundstruktur kann theoretisch endlos fortgesetzt werden. Praktisch scheitert er an der begrenzen Rekursionstiefe rekursiver Funktionsaufrufe. Diesen Vorgang können Sie mit Listing 15.3 simulieren.

Zwischen den Teilstrecken k und den n Teilen des Streckenzuges besteht folgender Zusammenhang:

$$k = n^D$$

Wenn n und D gegeben sind, dann kann aus diesen beiden Werten die Anzahl k der Teilstrecken berechnet werden. Der Exponent D wird als *fraktale Dimension* bezeichnet. Jedes Fraktal hat einen charakteristischen Wert für D. Dieser Wert kann für die Koch-Kurve mit

$$D = \frac{\log k}{\log n} = \frac{\log 4}{\log 3} = 1{,}261859507\ \ldots$$

berechnet werden.

Fraktale Dimension

Die fraktale Dimension ist eine Zahl, die angibt, wie stark ein Fraktal geschlängelt ist [Stewart:278].

Jede geometrische Figur mit einem nichtganzzahligen *D* ist ein Fraktal [vgl. Mandelbrot:27].

Mit Listing 15.2 können Sie die erste Stufe einer Koch-Kurve, wie in Abbildung 15.2 dargestellt, als Turtle-Grafik zeichnen:

```
01 #02_koch_kurve1.py
02 from turtle import *
03 a=600
04 penup()
05 setpos(-300,100)
06 pendown()
07 pensize(2)
08 forward(a/3)
09 left(60)
10 forward(a/3)
11 left(-120)
12 forward(a/3)
13 left(60)
14 forward(a/3)
```

Listing 15.2 1. Stufe der Koch-Kurve

Analyse

Nach dem Programmstart bewegt sich der Zeichenstift um a/3 nach rechts (Zeile 08). Die Richtung des Zeichenstiftes wird um 60° nach links gedreht (Zeile 09). Nach einer zurückgelegten Strecke von a/3 wird der Zeichenstift um –120° nach links gedreht (Zeile 11). Der Zeichenstift bewegt sich um a/3 vorwärts (Zeile 12). Jetzt wird die Richtung um 60° nach links geändert (Zeile 13), und der Stift bewegt sich um eine Länge von a/3 nach rechts (Zeile 14).

Auffällig ist, das sich die Befehlsfolgen forward() und left() wiederholen. Die Anzahl der Befehle könnte reduziert werden, wenn Sie sie innerhalb einer Schleife ausführen. Noch effektiver wäre ein rekursiver Funktionsaufruf, bei dem auch die Seitenlängen bei jedem neuen Funktionsaufruf um 1/3 gekürzt werden.

Eine kochsche Schneeflocke erzeugen

Wenn Sie aus drei Koch-Kurven (siehe Abbildung 15.2) ein gleichseitiges Dreieck konstruieren, entsteht aus der Koch-Kurve die sogenannte *kochsche Schneeflocke* der ersten Entwicklungsstufe. In Abbildung 15.3 sehen Sie eine kochsche Schneeflocke der 4. Entwicklungsstufe.

Abbildung 15.3 Kochsche Schneeflocke (4. Stufe)

Die Erzeugung einer Koch-Kurve wird mit folgendem Algorithmus beschrieben:

```
1. Zeichne eine gerade Linie mit der Länge a/3.
2. Drehe die Pfeilspitze um 60° nach links.
3. Zeichne eine gerade Linie mit der Länge a/3.
4. Drehe die Pfeilspitze um -120° nach links.
5. Zeichne eine gerade Linie mit der Länge a/3.
6. Drehe die Pfeilspitze um 60° nach links.
7. Zeichne eine gerade Linie mit der Länge a/3.
```

Dieser Algorithmus wird in den Zeilen 04 bis 11 von Listing 15.3 rekursiv ausgeführt. Aus dieser Koch-Kurve wird dann durch zweimalige Wiederholung des Algorithmus die kochsche Schneeflocke erzeugt (Zeile 28 bis 30). Dabei muss bei jeder Wiederholung die Koch-Kurve um 120° gedreht werden.

Mit Listing 15.3 lassen sich kochsche Schneeflocken von 0. bis etwa 8. Stufe als Turtle-Grafik zeichnen, wenn Sie in Zeile 24 die Entwicklungsstufe `m` ändern. Wenn Sie die Zeilen 28 bis 31 auskommentieren, erzeugen Sie anstatt einer Schneeflocke eine Koch-Kurve.

```
01 #03_koch_kurve2.py
02 from turtle import *
03
04 def koch(a, n):
05     if n>0:
06         for phi in [0, 60, -120, 60]:
07             p.left(phi)
08             koch(a/3,n-1) #Rekursion
09     else:
10         p.forward(a)
11     return
12
13 wn = Screen()
14 wn.bgcolor("white")
15 wn.setup(width = 640, height = 640)
16 wn.title("Koch-Kurve")
17 p = Turtle()
18 p.pencolor("red")
19 p.pensize(1)
20 p.penup()
21 p.setpos(-200,100)
22 p.pendown()
23 p.speed(1)
24 m = 4 #Entwicklungsstufe
25 a0=400
26 wn.tracer(False)
27 koch(a0, m)
28 p.right(120)
29 koch(a0, m)
30 p.right(120)
31 koch(a0, m)
32 wn.update()
33 wn.mainloop()
```

Listing 15.3 Simulation einer kochschen Schneeflocke

Analyse

Solange $n > 0$ (Zeile 05) ist, wird in Zeile 07 der Zeichenstift jeweils um die Winkel 60°, –120° und 60° nach links gedreht. Bei jedem neuen Schleifendurchlauf ruft die Funktion `koch(a/3,n-1)` sich selbst auf und zeichnet eine Koch-Kurve mit den neuen Parametern `a/3` und `n-1` (Zeile 08).

In Zeile 13 erzeugt die Turtle-Methode `Screen()` das Objekt `wn`. Mit diesem Objekt können die Eigenschaften der Zeichenfläche geändert werden.

In Zeile 17 erzeugt die Turtle-Methode `Turtle()` das Objekt `p`. Mit diesem Objekt können die Eigenschaften und das Verhalten des Zeichenstiftes geändert werden.

In Zeile 26 bewirkt die Screen-Methode `tracer(False)`, dass der Zeichenvorgang deaktiviert wird. Das Fraktal erscheint nach einer geringen Zeitverzögerung auf dem Bildschirm. Wenn Sie den Zeichenvorgang beobachten wollen, dann müssen Sie diese Zeile auskommentieren.

Übung

Kommentieren Sie die Zeilen 26 und 28 bis 31 aus, und erzeugen Sie für verschiedene Entwicklungsstufen `m` neue Koch-Kurven. Beobachten Sie die Bewegung des Zeichenstiftes.

Entfernen Sie Kommentare, und testen Sie das Programm für $0 \leq m \leq 8$ (Zeile 24). Wenn Sie der Variablen `m` den Wert 0 zuweisen, wird ein gleichseitiges Dreieck gezeichnet.

Die Länge und den Flächeninhalt einer kochschen Schneeflocke bestimmen

In der ersten Entwicklungsstufe wird die kochsche Schneeflocke als gleichseitiges Dreieck mit drei Streckenzügen der Länge $4a/3$ konstruiert (siehe Abbildung 15.2). Der gesamte Umfang beträgt dann das Dreifache einer Teilstrecke:

$$U_1 = 3 \cdot \frac{4}{3} a$$

Allgemein gilt für den Umfang der kochschen Schneeflocke der n-ten Stufe:

$$U_n = 3 \left(\frac{4}{3}\right)^n a$$

Wenn n gegen unendlich geht, dann geht der Umfang auch gegen unendlich. Der Umfang hat also für n gegen unendlich keinen Grenzwert.

Für die Fläche der kochschen Schneeflocke der n-ten Stufe gilt:

$$A_n = \sqrt{3} \frac{a^2}{4} \left[1 + \frac{3}{4} \sum_{k=1}^{n} \left(\frac{4}{9}\right)^k\right]$$

Für k gegen ∞ ergibt sich der Grenzwert:

$$A = \frac{2}{5}\sqrt{3}a^2$$

Listing 15.4 berechnet die Grenzwerte für den Umfang und die Fläche der kochschen Schneeflocke. In Zeile 04 wurde für die Seite a der Wert 1 angenommen.

```
01 #04_koch_sympy.py
02 from sympy import *
03 a,n=symbols('a, n')
04 Un=3*(4/3)**n
05 An=sqrt(3)*a**2/4*(1+3/4*Sum((4/9)**n,(n,1,oo)).doit())
06 gU=limit(Un,n,oo)
07 gA=limit(An,n,oo)
08 print("Kochsche Schneeflocke")
09 print("Grenzwert der Länge:",gU)
10 print("Flächeninhalt der Schneeflocke:",An)
11 print("Grenzwert der Fläche           :",gA)
```

Listing 15.4 Grenzwerte der kochschen Schneeflocke

Ausgabe

```
Kochsche Schneeflocke
Grenzwert der Länge: oo
Flächeninhalt der Schneeflocke: 0.4*sqrt(3)*a**2
Grenzwert der Fläche          : 0.4*sqrt(3)*a**2
```

Analyse

In den Zeilen 04 und 05 werden die Objekte `Un` und `An` für die Berechnung der Grenzwerte des Umfangs und des Flächeninhalts der kochschen Schneeflocke erzeugt. In den Zeilen 06 und 07 berechnet die SymPy-Methode `limit(...)` daraus die Grenzwerte. Die Ausgabe zeigt, dass die Summe einer Reihe mit ihrem Grenzwert identisch ist.

15.3 Das Sierpinski-Dreieck

Im Jahr 1915 beschrieb der polnische Mathematiker Wacław Sierpiński (1882–1968) ein Fraktal, das nur aus selbstähnlichen gleichseitigen Dreiecken besteht. Ausgangsstadium ist ein gleichseitiges Dreieck. Jede Seite wird in der Mitte geteilt und die Eckpunkte werden miteinander verbunden. Es entstehen so drei kleinere Teildreiecke, die sich um ein mittleres Dreieck gruppieren (siehe Abbildung 15.4). Das mittlere Teildreieck gehört definitionsgemäß nicht zum Fraktal.

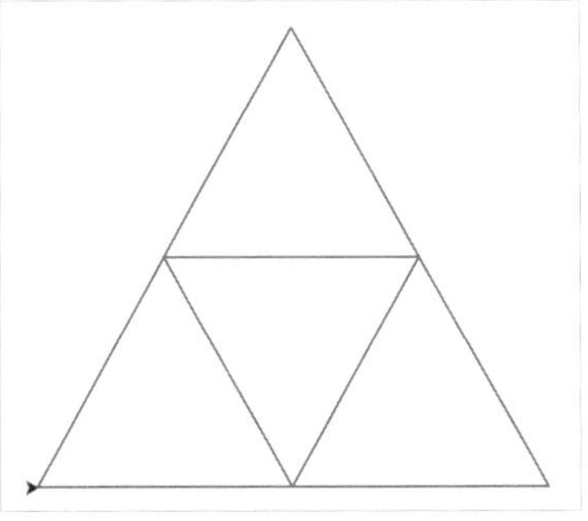

Abbildung 15.4 Sierpinski-Dreieck in der 1. Entwicklungsstufe

Die Teilung kann so lange rekursiv fortgesetzt werden, bis optisch keine Teildreiecke mehr erkennbar sind.

Nach jeder i-ten Teilung erhält man

$$\frac{3^{i+1} - 1}{2}$$

Teildreiecke. Die Anzahl der Teildreiecke wächst also exponentiell mit jeder Teilung.

Das Sierpinski-Dreieck besteht aus $n = 2$ Teilungen und $k = 3$ Teildreiecken. Es hat also die fraktale Dimension

$$D = \frac{\log k}{\log n} = \frac{\log 3}{\log 2} = 1.5849625007211563 \ldots$$

In Abbildung 15.5 sehen Sie ein Sierpinski-Dreieck der 4. Entwicklungsstufe, das mit Listing 15.5 erzeugt wurde.

Abbildung 15.5 Sierpinski-Dreieck nach der 4. Entwicklungsstufe

Das Sierpinski-Fraktal kann mit folgendem Algorithmus erzeugt werden:

1. Zeichne ein gleichseitiges Dreieck.
2. Halbiere jede Seite des Dreiecks.
3. Verbinde die Punkte.
4. Wiederhole die Schritte 2 und 3 n-mal.

Listing 15.5 generiert mit diesem Algorithmus ein Sierpinski-Fraktal. Die Entwicklungsstufe können Sie in Zeile 18 ändern.

```
01 #05_sierpinski.py
02 from turtle import *
03
04 def sierpinski(a,ai):
05     if a >= ai:
06         for i in range(3):
07             p.forward(a)
08             p.left(120)
09             sierpinski(a/2,ai) #Rekursion
10
11 wn = Screen()
12 wn.bgcolor("white")
13 wn.setup(width = 640, height = 480)
14 wn.title("Sierpinski-Dreieck")
15 p = Turtle()
16 p.pencolor("red")
17 p.pensize(2)
18 m=4  #Stufe
19 a0=400
20 ai=a0/2**m
21 p.penup()
22 p.setpos(-200, -180)
23 p.pendown()
24 wn.tracer(False)
25 sierpinski(a0,ai)
26 wn.update()
27 print("Stufe:",m,", Anzahl der Dreiecke:",(3**(m+1)-1)/2)
28 wn.mainloop()
```

Listing 15.5 Sierpinski-Dreieck

Ausgabe

```
Stufe: 4, Anzahl der Dreiecke: 121.0
```

Analyse

In den Zeilen 06 bis 08 wird ein gleichseitiges Dreieck mit der Seitenlänge `a` gezeichnet. In Zeile 09 ruft die Funktion `sierpinski(a/2,ai)` sich selbst auf. Bei jedem neuen Funktionsaufruf wird die Seite `a` halbiert. Das Beispiel zeigt deutlich, wie einfach definierte rekursive Funktionen komplexe Ergebnisse erzeugen können.

> **Übung**
>
> Testen Sie das Programm für verschiedene Entwicklungsstufen `m` (Zeile 18). Wenn Sie Zeile 24 auskommentieren, können Sie den Entwicklungsprozess beobachten.

Die Länge und Fläche eines Sierpinski-Dreiecks bestimmen

Nach der ersten Entwicklungsstufe hat das Sierpinski-Dreieck eine Länge von:

$$l_1 = 3 \cdot 3\frac{a}{2}$$

Allgemein gilt für die Gesamtlänge nach der n-ten Entwicklungsstufe:

$$l_n = 3\left(\frac{3}{2}\right)^n \cdot a$$

Für den Flächeninhalt gilt nach der ersten Entwicklungsstufe:

$$A_1 = 3\frac{\sqrt{3}}{4}\left(\frac{a}{2}\right)^2$$

Allgemein gilt für die Gesamtfläche nach der n-ten Entwicklungsstufe:

$$A_n = \frac{\sqrt{3}}{4}\left(\frac{3}{4}\right)^n a^2$$

Für n gegen unendlich hat der Flächeninhalt A_n den Wert 0.

In Listing 15.6 berechnet die SymPy-Methode `limit(...)` die Grenzwerte für die Länge und die Fläche des Sierpinski-Dreiecks:

```
#06_sierpinski_sympy.py
from sympy import *
a,n=symbols('a, n')
ln=(3/2)**n
```

```
05 An= sqrt(3)/4*(3/4)**n*a**2
06 gL=limit(ln,n,oo)
07 gA=limit(An,n,oo)
08 print("Sierpinski-Dreieck")
09 print("Grenzwert der Längen:",gL)
10 print("Grenzwert der Fläche:",gA)
```

Listing 15.6 Grenzwerte für Sierpinski-Dreieck

Ausgabe

```
Sierpinski-Dreieck
Grenzwert der Längen: oo
Grenzwert der Fläche: 0
```

Analyse

In Zeile 04 und Zeile 05 werden die Objekte `ln` und `An` erzeugt. In den Zeilen 06 und 07 berechnet die SymPy-Methode `limit(...)` daraus die Grenzwerte. Die Ausgabe bestätigt die theoretisch berechneten Resultate.

15.4 Der Pythagoras-Baum

Der Pythagoras-Baum ist ein Fraktal, das sich aus drei Quadraten zusammensetzt. Sie sehen es in Abbildung 15.6.

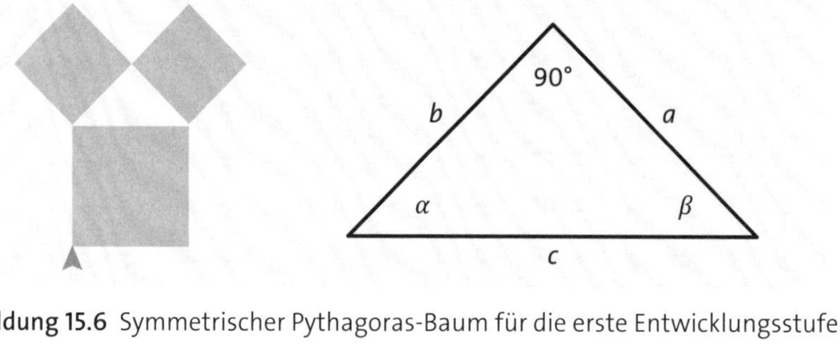

Abbildung 15.6 Symmetrischer Pythagoras-Baum für die erste Entwicklungsstufe

Über ein großes Quadrat mit der Seitenlänge c wird an der linken oberen Ecke ein um den Winkel α nach links gedrehtes Quadrat mit der Seitenlänge b gezeichnet. An der rechten oberen Ecke des großen Quadrates wird ein um den Winkel β nach rechts gedrehtes Quadrat mit der Seitenlänge a gezeichnet. Die rechte untere Ecke des linken Quadrates muss die linke untere Ecke des rechten Quadrates berühren.

Die Berührungspunkte der beiden unteren Seiten *a* und *b* müssen auf einem Thales-Kreis liegen. Sie bilden zusammen mit der Seitenlänge *c* des unteren Quadrates ein rechtwinkliges Dreieck mit den Katheten *a* und *b*.

Als Erstes wird der linke Bereich des Baumes *n*-mal gezeichnet, danach wird der rechte Bereich des Baumes *n*-mal gezeichnet. Bei jedem neuen Zeichenvorgang müssen die Längen der Hypotenusen den Längen der Katheten angepasst werden.

Der folgende rekursive Algorithmus beschreibt die Konstruktion eines Pythagoras-Baumes:

```
1. Zeichne ein Quadrat.
2. Zeichne über dieses Quadrat ein um den Winkel α
   nach links gedrehtes Quadrat mit der Kathete b.
3. Wiederhole Schritt 1 und 2 für die Kathete b n-mal.
4. Zeichne über das Quadrat aus Schritt 1 ein um den Winkel β
   nach rechts gedrehtes Quadrat mit der Kathete a.
5. Wiederhole Schritt 1 und 4 für die Kathete a n-mal.
```

In Abbildung 15.7 ist ein symmetrischer Pythagoras-Baum für 11 Rekursionen dargestellt.

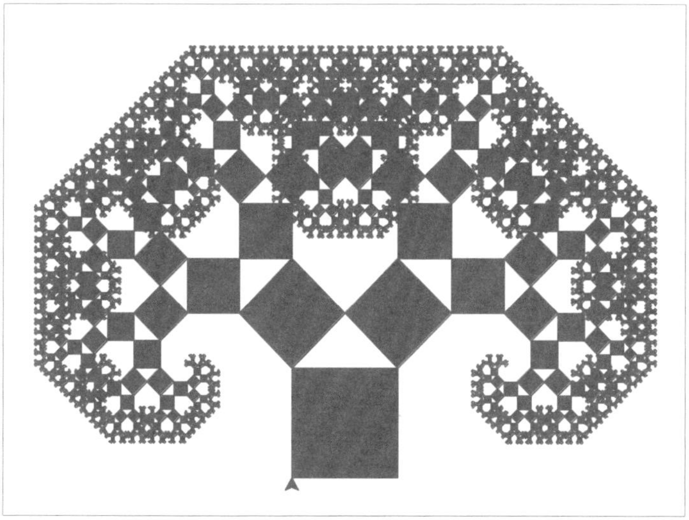

Abbildung 15.7 Symmetrischer Pythagoras-Baum

Die Längen der Katheten *a* und *b* werden mit dem Kosinus berechnet. Für die linke Kathete *b* gilt:

$$b = c \cdot \cos \alpha$$

Und für die rechte Kathete a gilt:

$$a = c \cdot \cos\beta$$

Der Winkel β muss nicht vorgegeben werden, weil im rechtwinkligen Dreieck gilt: $\beta = 90° - \alpha$.

Listing 15.7 erzeugt eine Turtle-Grafik für einen symmetrischen Pythagoras-Baum. Wenn Sie einen asymmetrischen Pythagoras-Baum darstellen wollen, dann können Sie den Winkel α in Zeile 31 ändern. Gegebenenfalls muss die Startposition des Zeichenstiftes auf der x-Achse in Zeile 42 angepasst werden.

```
01 #07_pythagoras_baum.py
02 import math as math
03 from turtle import *
04 #Quadrat zeichnen
05 def quadrat(a):
06     p.color('green')
07     p.begin_fill()
08     for _ in range(4):
09         p.forward(a)
10         p.right(90)
11     p.end_fill()
12 #Baum zeichnen
13 def baum(c,alpha,n):
14     a=c*math.cos(math.radians(90-alpha))
15     b=c*math.cos(math.radians(alpha))
16     quadrat(c)
17     if n==0:
18         return
19     else:
20         p.forward(c)
21         p.left(alpha)
22         baum(b,alpha,n-1)
23         p.right(90)
24         p.forward(b)
25         baum(a,alpha,n-1)
26         p.forward(-b)
27         p.left(90-alpha)
28         p.forward(-c)
29 #Hauptprogramm
30 n=11
31 winkel=45
```

```
32 c0=80
33 wn = Screen()
34 wn.bgcolor('white')
35 wn.setup(width = 640, height = 480)
36 wn.title("Pythagoras-Baum")
37 wn.tracer(False)
38 p = Turtle()
39 p.pencolor('green')
40 p.speed(1)
41 p.penup()
42 p.setpos(-40,-180)
43 p.pendown()
44 p.setheading(90)
45 baum(c0,winkel,n)
46 wn.update()
47 wn.mainloop()
```

Listing 15.7 Der Pythagoras-Baum

Analyse

Die Python-Funktion `quadrat(a)` zeichnet ein mit grüner Farbe gefülltes Quadrat mit der Seitenlänge `a` (Zeile 05 bis 11). Die Farbe können Sie in Zeile 06 ändern.

In den Zeilen 14 und 15 werden die Katheten `a` und `b` berechnet. In Zeile 16 wird ein Quadrat gezeichnet. Bei jedem rekursiven Funktionsaufruf (Zeile 22 und 25) wird die aktualisierte Länge der Kathete an die Funktion `quadrat(...)` übergeben. In Zeile 22 werden die Quadrate über die Kathete `b` des linken Baumzweiges gezeichnet. In Zeile 25 werden die Quadrate über die Kathete `a` des rechten Baumzweiges gezeichnet. In Zeile 22 und 25 ruft die Funktion `baum(...)` sich selbst auf. Bei jedem Funktionsaufruf wird `n` um `1` reduziert. Wenn `n==0` wird, dann wird die Rekursion abgebrochen (Zeile 17).

Übung

Kommentieren Sie Zeile 25 und Zeile 37 aus. Testen Sie das Programm mit der Rekursionstiefe von `n=4`, und beobachten Sie die Änderung.

Entfernen Sie den Kommentar in Zeile 25, und kommentieren Sie die Zeile 22 aus. Testen Sie das Programm, und beobachten Sie die Änderung.

Kommentieren Sie Zeile 37 aus, und erhöhen Sie in Zeile 30 die Rekursionstiefe `n` schrittweise von 1 bis 5. Beobachten Sie nach jedem neuen Programmstart die einzelnen Entwicklungsstufen des Fraktals.

Entfernen Sie den Kommentar in Zeile 37, und beobachten Sie die Entwicklungsstufen von 6 bis 12. Tragen Sie in Zeile 31 einen Winkel von 30° ein, und simulieren Sie einen asymmetrischen Pythagoras-Baum. Damit der Baum vollständig dargestellt wird, müssen Sie die *x*-Koordinate in Zeile 42 ändern.

15.5 Mandelbrot- und Julia-Mengen

Mandelbrot- und Julia-Mengen sind Zahlenmengen von komplexen Zahlen. Zur Veranschaulichung werden sie in der komplexen Zahlenebene grafisch dargestellt. Während von der Mandelbrot-Menge nur eine Visualisierung möglich ist, das sogenannte *Apfelmännchen*, gibt es theoretisch unendlich viele Julia-Mengen. Erzeugt werden diese Mengen durch rekursive Zahlenfolgen, deren komplexe Funktionswerte in einem Kreis mit dem Radius 2 liegen müssen. Der in den 1920er-Jahren weltberühmte französische Mathematiker Gaston Julia (1893 – 1978) beschrieb bereits 1918 die nach ihm benannten Mengen. Sein Werk geriet aber weitgehend in Vergessenheit, bis Benoît Mandelbrot um 1977 seine Ideen wieder aufgriff und so dazu beitrug, dass die Julia-Mengen wieder Gegenstand der mathematischen Forschung wurden. Erst mit der Einführung des Computers wurde es möglich, diese Mengen zu visualisieren, und durch ihre außergewöhnliche Ästhetik gewannen sie in einer breiten Öffentlichkeit an Popularität.

15.5.1 Mandelbrot-Menge

Die nach Benoît Mandelbrot benannte Menge $\mathbb{M}$ wird aus einer rekursiven Folge von komplexen Zahlen

$$z_{n+1} = z_n^2 + c$$

ermittelt. Wenn diese Zahlen z_{n+1} innerhalb eines bestimmten Radius, dem sogenannten *Fluchtradius*, mit dem Wert 2 liegen, dann gehören diese Zahlen zur Mandelbrot-Menge. Die Folge startet mit $z_0 = 0$. Für c werden komplexe Zahlen eingesetzt. Berechnet wird also: c, dann $c^2 + c$, dann $(c^2 + c)^2 + c$, dann $[(c^2 + c)^2 + c]^2 + c$ und so weiter.

Komplexe Zahlen

Komplexe Zahlen z setzen sich aus einem Real- und einem Imaginärteil zusammen: $z = a + bi$. Das Symbol i steht für *imaginäre Einheit*. Es gilt allgemein $i^2 = -1$.

Mit komplexen Zahlen können alle mathematischen Grundoperationen durchgeführt werden.

Abbildung 15.8 zeigt eine komplexe Zahl $c = 1 + \mathrm{i}$. Sie liegt ebenso wie der Punkt C im Fluchtkreis.

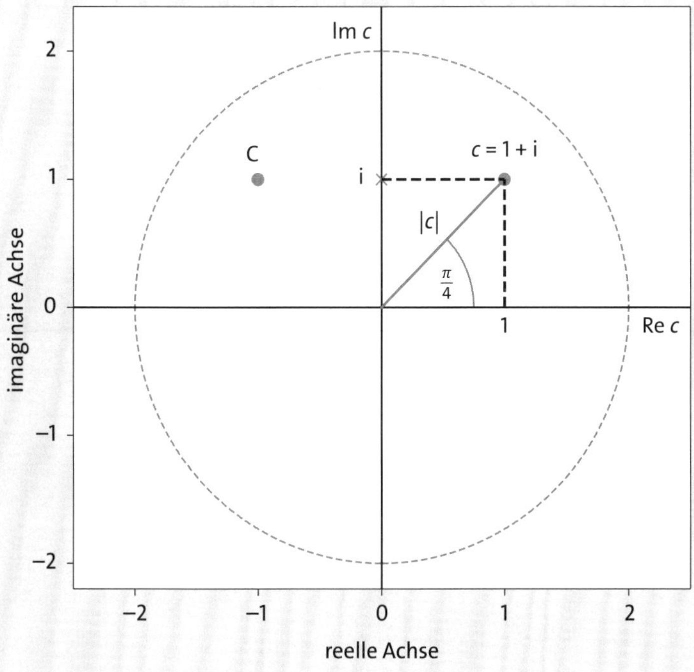

Abbildung 15.8 Komplexe Zahlenebene mit Fluchtkreis r=2

Der Fluchtkreis hat einen Radius von 2. Man könnte annehmen, dass die Folge für den Startwert von $c = 1 + \mathrm{i}$ konvergieren würde, weil c ja noch im Fluchtkreis liegt. Das ist aber nicht der Fall. Denn die komplexe Zahl c muss ja noch quadriert werden, und zu dem Quadrat muss wiederum c addiert werden usw. Nicht in allen Fällen kann mathematisch exakt vorausgesagt werden, ob eine komplexe Zahl c zur Mandelbrot-Menge gehört. Mit Listing 15.8 können Sie dieses Problem genauer untersuchen.

Mandelbrot-Menge

Bei der Mandelbrot-Rekursion wird ein Punkt C in der komplexen Zahlenebene gewählt. Dieser Punkt wird durch eine komplexe Zahl c repräsentiert. Dann wird eine Mandelbrot-Folge z_n mit diesem c gestartet. Wenn die Folge nie den Fluchtkreis verlässt, gehört der Punkt C zur Mandelbrot-Menge $\mathbb{M}$. Wenn die Folge einmal den Fluchtkreis verlässt, kehrt sie nie zurück, sondern läuft ins Unendliche. Der Punkt C gehört dann nicht zur Mandelbrot-Menge [Haftendorn:123].

Mit Listing 15.8 können Sie testen, ob mit den Startwerten c Folgenglieder erzeugt werden, die noch zur Mandelbrot-Menge gehören. In Zeile 03 sind verschiedene Startwerte mit reellen und komplexen Zahlen in eine Liste eingetragen. Der Imaginärteil einer komplexen Zahl wird definiert, indem direkt hinter einer reellen Zahl ein j angehängt wird. Sie können diese Werte ändern, um zu testen, ob die Folge z=z**2+c (Zeile 08) für diesen Wert noch konvergiert.

```
01 #08_mandelbrot1.py
02 import numpy as np
03 C=[-0.5,-1,1,-1+0.1j]
04 for c in C:
05     z=c
06     print("\nc =",c,end=':\n')
07     for i in range(1,6):
08         z=z**2+c
09         print(np.round(z,4),end=', ')
```

Listing 15.8 Wertetabelle für die Mandelbrot-Menge

Ausgabe

```
c = -0.5:
-0.25, -0.4375, -0.3086, -0.4048, -0.3362,
c = -1:
0, -1, 0, -1, 0,
c = 1:
2, 5, 26, 677, 458330,
c = (-1+0.1j):
(-0.01-0.1j), (-1.0099+0.102j), (0.0095-0.106j),
(-1.0112+0.098j), (0.0128-0.0982j),
```

Analyse

Für $c = 1$ divergiert die Folge. In den anderen Fällen scheint sie zu konvergieren. Dieses experimentelle Verfahren mit wenigen ausgewählten Werten für c verschafft nur einen ersten Zugang zur Problemantik. Bis heute konnte mathematisch noch nicht exakt geklärt werden, ob ein c zur Mandelbrot-Menge gehört. Das j hinter einer Zahl kennzeichnet den Imaginärteil einer komplexen Zahl.

Grafische Darstellung der Mandelbrot-Menge

Die Zahlen der Folgenglieder sind nicht sehr aussagekräftig. Besser wäre es, die komplexen Zahlen in der komplexen Zahlenebene zu visualisieren. In Abbildung 15.9 wird die Mandelbrot-Menge in der komplexen Zahlenebene grafisch dargestellt. Jedes Pixel steht für einen Real- und Imaginärteil von z in der komplexen Zahlenebene.

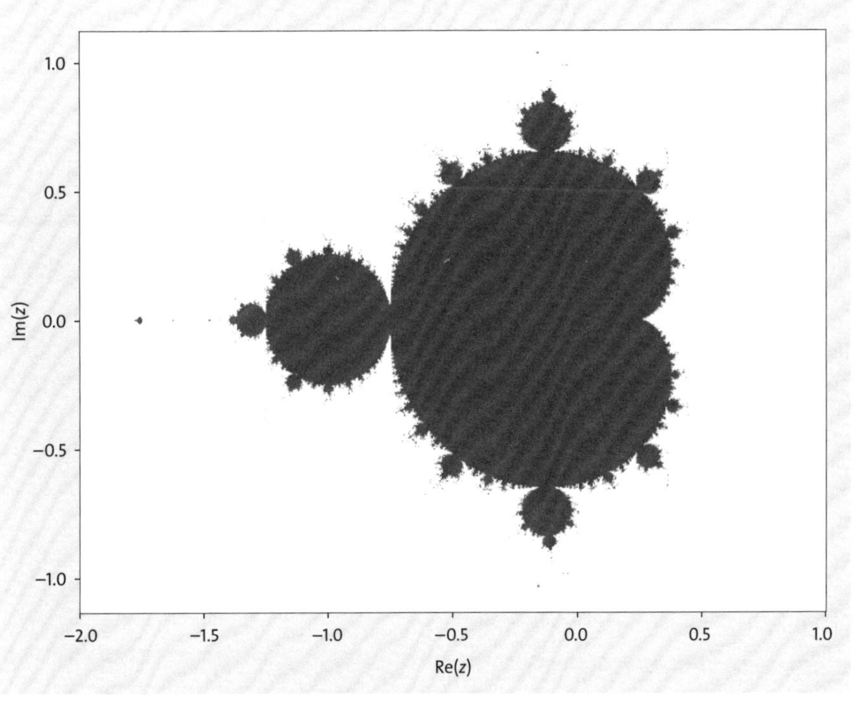

Abbildung 15.9 Mandelbrot-Menge (»Apfelmännchen«) in der komplexen Zahlenebene

Alle dunkel eingefärbten Pixel gehören zur Mandelbrot-Menge. Bei den Rändern handelt es sich um Fraktale, die aber in dieser Abbildung wegen der schlechten Auflösung nicht sichtbar sind. Im Internet finden Sie Programme, mit denen Sie die Ränder durch Zoomen sichtbar machen können (z. B.: *http://weitz.de/mandelbrot/*). Wenn Sie keine Programme auf Ihrem Rechner installieren wollen, dann können Sie unter *https://math.hws.edu/eck/js/mandelbrot/MB.html* die Mandelbrot-Fraktale sogar online simulieren.

Abbildung 15.10 zeigt einen gezoomten Bildausschnitt aus dem Randbereich einer Mandelbrot-Menge.

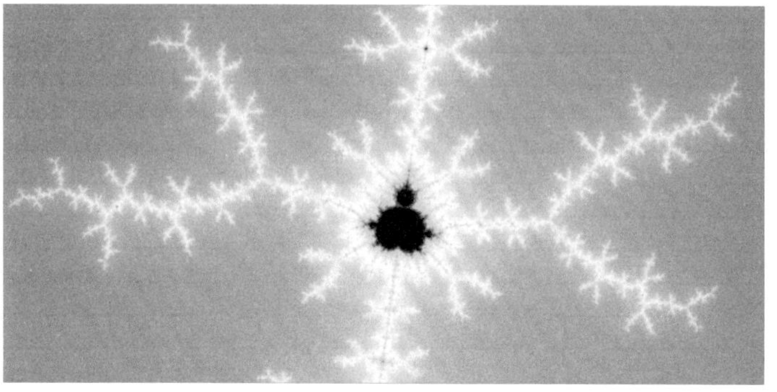

Abbildung 15.10 Ein gezoomtes Fraktal aus dem Randbereich der Mandelbrot-Menge (Baby-Mandelbrot-Menge)

Für die grafische Darstellung der Mandelbrot-Menge werden die NumPy-Methode `ogrid` und die Matplotlib-Methode `imshow` benötigt.

Mit der Methode `ogrid` können Sie eindimensionale Arrays

```
>>> from numpy import ogrid
>>> ogrid[-2:1:5j]
array([-2., -1.25,-0.5 ,0.25, 1.])
```

oder auch zweidimensionale Arrays

```
>>> ogrid[-2:1:5j,-1:1:5j]
[array([[-2.  ],
       [-1.25],
       [-0.5 ],
       [ 0.25],
       [ 1.  ]]), array([[-1. , -0.5,  0. ,  0.5,  1. ]])]
```

mit komplexen Zahlen erzeugen.

Die Matplotlib-Methode `imshow(bild, cmap='...', ...)` erzeugt Bilder, die als Pixel auf dem Bildschirm angezeigt werden. Bei dem Objekt `bild` handelt es sich um ein zweidimensionales NumPy-Array, in dem alle Bilddaten abgespeichert sind. Mit der Eigenschaft `cmap` können Sie die Darstellungsart variieren.

Mehr über `imshow` erfahren Sie unter:
https://matplotlib.org/stable/api/_as_gen/matplotlib.pyplot.imshow.html

Nachdem Sie Listing 15.9 gestartet haben, wird die Mandelbrot-Menge als farbig eingefärbte Pixel auf dem Bildschirm dargestellt (siehe Abbildung 15.9).

```
01 #09_mandelbrot2.py
02 import numpy as np
03 import matplotlib.pyplot as plt
04 fig,ax=plt.subplots(figsize=(8,8))
05 N=50
06 x1,x2=-2,1
07 y1,y2=-1.5,1.5
08 x,y = np.ogrid[x1:x2:800j,y1:y2:800j]
09 c = x + 1j*y
10 z = c
11 with np.warnings.catch_warnings():
12     np.warnings.simplefilter("ignore")
13     for _ in range(N):
14         z = z**2 + c
15     mandelbrot = (np.abs(z) < 2).T
16 plt.imshow(mandelbrot,cmap='Blues',extent=[x1, x2, y1, y2])
17 plt.xlabel("Re(z)")
18 plt.ylabel("Im(z)",rotation=90)
19 plt.tight_layout()
20 ax.set_aspect('equal')
21 plt.show()
```


Listing 15.9 Darstellung der Mandelbrot-Menge in der komplexen Zahlenebene

Analyse

In Zeile 08 erzeugt die NumPy-Methode `ogrid` ein quadratisches Array aus 800 × 800 komplexen Zahlen. Die reelle *x*-Achse hat einen Wertebereich von –2 bis +1. Die imaginäre *y*-Achse hat einen Wertebereich von –1,5 bis +1,5.

In Zeile 09 wird ein zweidimensionales Array-Objekt `c` aus komplexen Zahlen erzeugt, das alle Koordinatendaten der komplexen Zahlenebene enthält. In Zeile 10 wird das Objekt `z` mit `c` initialisiert.

Innerhalb der `for`-Schleife (Zeile 14) wird nach der Rekursionsvorschrift für die Ermittlung der Mandelbrot-Menge `z=z**2+c` eine Folge von komplexen Zahlen generiert.

Die Anweisungen in den Zeilen 11 und 12 verhindern einen Speicherüberlauf.

In Zeile 15 wird ein Objekt `mandelbrot` erzeugt, das die in Zeile 14 berechneten Daten der Mandelbrot-Menge enthält. Es werden nur diejenigen komplexen Zahlen gespeichert, die innerhalb des Fluchtradius `2` liegen. Wenn Sie in Zeile 05 die Anzahl `N` der Iterationen vergrößern (z. B. auf 1000 bis 5000), dann werden Sie keine Veränderung in der Darstellung der Mandelbrot-Menge mehr erkennen können.

Das heißt, streng genommen nähert man sich bei der Vergrößerung von N der Mandelbrot-Menge nur an. Die NumPy-Methode T transponiert die Matrix der Bilddaten.

In Zeile 16 sorgt die Matplotlib-Methode `imshow(...)` dafür, dass die Mandelbrot-Menge auf dem Bildschirm dargestellt wird.

Übung

Ändern Sie in Zeile 05 die Anzahl der Schleifendurchläufe von N in dem Bereich von 1 bis 50, und beobachten Sie, was nach einem Programmstart passiert.

Entfernen Sie das T in Zeile 15, und starten Sie das Programm neu. Was passiert?

Ändern Sie den Fluchtradius in Zeile 15. Was passiert nach einem Programmstart?

Kommentieren Sie Zeile 12 aus, und starten Sie das Programm neu. Interpretieren Sie die Fehlermeldung.

15.5.2 Julia-Menge

Die Rekursionsvorschriften für die Berechnung der Julia-Menge und der Mandelbrot-Menge stimmen formal überein:

$$z_{n+1} = z_n^2 + c$$

Der Unterschied besteht lediglich darin, dass sich die komplexe Zahl c bei der Julia-Menge für alle Iterationen nicht ändert.

Durch Variation der komplexen Konstanten c können sehr unterschiedliche Julia-Mengen erzeugt werden. Abbildung 15.11 zeigt einige Möglichkeiten.

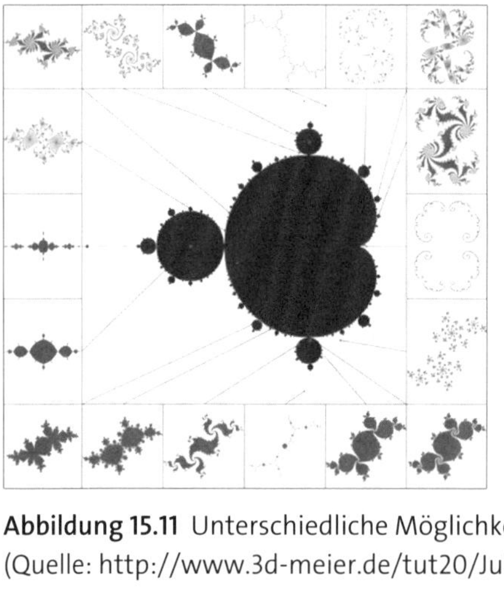

Abbildung 15.11 Unterschiedliche Möglichkeiten, um Julia-Mengen zu erzeugen (Quelle: http://www.3d-meier.de/tut20/Julia2/Seite1.html)

Für die Wahl der komplexen Konstanten *c* gilt:

- Wenn ein Wert für *c* aus der Mandelbrot-Menge gewählt wird, dann entstehen zusammenhängende Figuren.
- Wenn ein Wert für *c* außerhalb der Mandelbrot-Menge gewählt wird, dann entstehen mehrere nicht miteinander verbundene Figuren [Haftendorn:127].

Abbildung 15.12 zeigt eine visualisierte Julia-Menge, die mit der komplexen Konstanten $c = -0{,}1 + 0{,}65i$ erzeugt wurde.

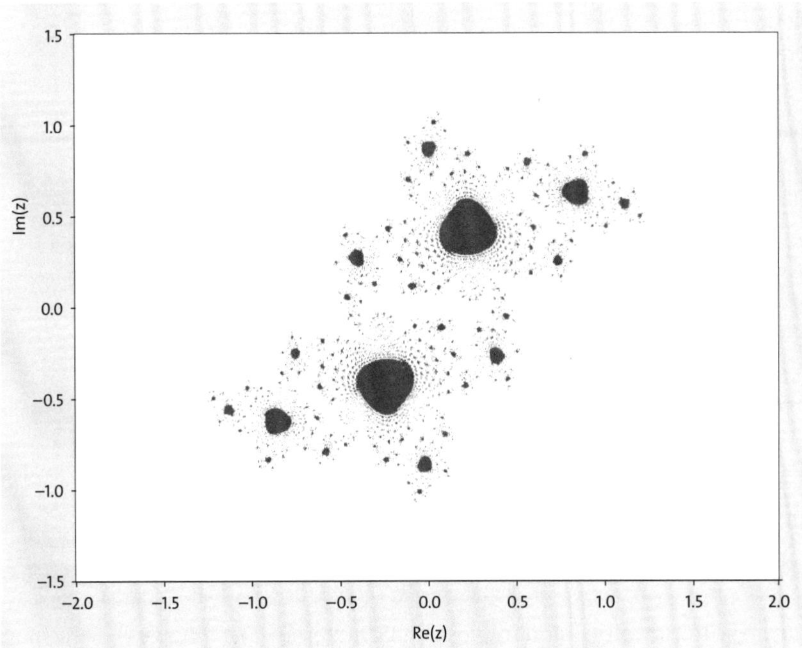

Abbildung 15.12 Julia-Menge für c = –0,1 + 0,65i

Mit Listing 15.10 können Sie verschiedene Julia-Mengen visualisieren. Dazu brauchen Sie nur die entsprechenden Kommentare in den Zeilen 08 bis 16 entfernen.

```
01 #10_julia.py
02 import numpy as np
03 import matplotlib.pyplot as plt
04 fig=plt.subplots(figsize=(8,8))
05 N=500
06 cc='Blues'#hot,Blues,plasma,gray,twilight,magma
07 c = -0.1+0.65j
```

```
08 #c = -1.2  #-1.4 bis +0.2
09 #c=-0.74543+0.1130j
10 #c= 0.909 - 0.27j
11 #c=0 + 0.8j
12 #c=0.37+0.1j
13 #c=0.355+0.355j
14 #c=-0.54+0.54j
15 #c=-0.4-0.59j
16 #c=-0.1+0.9j
17 x1,x2=-2,2
18 y1,y2=-1.5,1.5
19 x,y = np.ogrid[x1:x2:800j,y1:y2:800j]
20 z=x + 1j*y
21 with np.warnings.catch_warnings():
22     np.warnings.simplefilter("ignore")
23     for _ in range(N):
24         z = z**2 + c
25     julia = (np.abs(z) < 2).T
26 plt.imshow(julia,cmap=cc,extent=[x1, x2, y1, y2])
27 plt.xlabel("Re(z)")
28 plt.ylabel("Im(z)",rotation=90)
29 plt.tight_layout()
30 plt.show()
```

Listing 15.10 Julia-Menge für c = –0,1+0,65i

Analyse

Das Programm stimmt weitgehend mit Listing 15.9 überein. Der einzige Unterschied besteht darin, dass in Zeile 07 für `c` ein konstanter Wert vorgegeben wird. Und in Zeile 20 wird ein quadratisches Array mit komplexen Zahlen `z = x + 1j*y` erzeugt. In der Vorgängerversion stand dort `c = x + 1j*y`.

Übung

Ändern Sie die Realteile in Zeile 08 von `-1.3` bis `+0.2`, und beobachten Sie die Formen der Julia-Mengen.

Testen Sie das Programm mit den auskommentierten komplexen Konstanten in den Zeilen 09 bis 16. In einigen Fällen muss die Anzahl `N` der Schleifendurchläufe in Zeile 05 verringert oder vergrößert werden.

Testen Sie das Programm mit verschieden Einfärbungsvarianten `cc` (Zeile 06).

15.5.3 Farbige Darstellung von Julia-Mengen

In der Literatur oder im Internet finden sich häufig farbige Darstellungen von Julia-Mengen. Sie sind wegen ihrer außergewöhnlichen Farbverläufe ästhetisch ansprechender und wecken deshalb leichter das Interesse der Betrachter. Dabei sollten Sie beachten, dass diese Einfärbungen mathematisch nicht relevant sind, denn Farbe ist keine Eigenschaft der Julia-Mengen; sie codiert lediglich die Fluchtgeschwindigkeit der komplexen Folgenglieder. In Abbildung 15.13 sehen Sie eine farbige Darstellung der Julia-Menge für $c = -0{,}1 + 0{,}65i$, die mit Listing 15.11 erzeugt wurde.

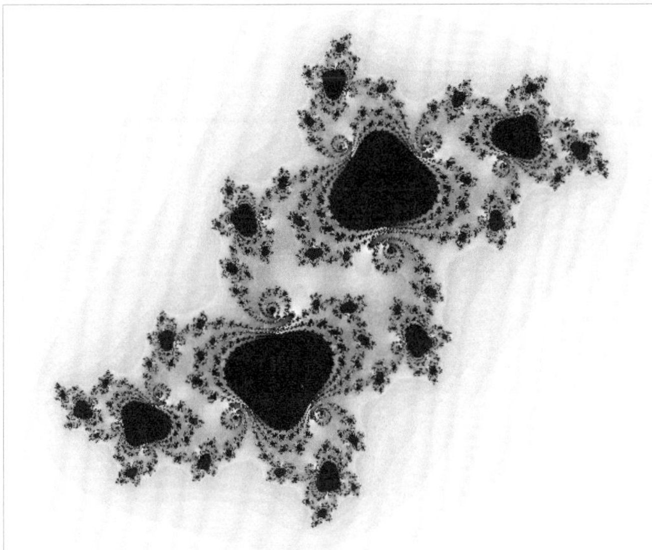

Abbildung 15.13 Julia-Menge für c = –0,1 + 0,65i (farbig)

Listing 15.11 verwendet das Modul `PIL` (**P**ython **I**maging **L**ibrary), das Sie mit `pip install Pillow` gegebenenfalls installieren müssen. Bei diesem Modul handelt es sich um eine kostenlose Open-Source-Zusatzbibliothek, die die Bearbeitung und das Speichern vieler verschiedener Bilddateiformate unterstützt.

Die Methode `Image.new("RGB",(X,Y),"white")` erzeugt ein Bildobjekt. Es verwendet RGB-Farben, es hat eine Breite von `X`-Pixeln und eine Höhe von `Y`-Pixeln, der Hintergrund ist weiß.

Die PIL-Methode `putpixel(x,y,value)` zeichnet das Fraktal. Sie ändert ein Pixel an der angegebenen Position. Die Farbe wird als Tupel für RGB-Bilder angegeben.

Das Programm verwendet zwei ineinander verschachtelte `for`-Schleifen, um die x,y-Koordinaten der komplexen Zahl $z = x + yi$ in der komplexen Zahlenebene zu erfassen. Durch Entfernen der Kommentare ab Zeile 03 können Sie verschiedene Julia-Mengen erzeugen.

```
01 #11_julia_farbe.py
02 from PIL import Image
03 c = -0.1+0.65j
04 #c = -1.2  #-1.4 bis +0.2
05 #c=-0.74543+0.1130j
06 #c= 0.909 - 0.27j
07 #c=0 + 0.8j
08 #c=0.37+0.1j
09 #c=0.355+0.355j
10 #c=-0.54+0.54j
11 #c=-0.4-0.59j
12 #c=-0.1+0.9j
13 X,Y = 800,800
14 x1,x2 = -2,2
15 y1,y2 = -1.5,1.5
16 sx=(x2-x1)/X
17 sy=(y2-y1)/Y
18 julia = Image.new("RGB",(X,Y),"white")
19 for x in range(X):
20     zx = sx*x + x1
21     for y in range(Y):
22         zy = sy*y + y1
23         z = zx + 1j*zy
24         i = 255
25         while abs(z)<2 and i>1:
26             z=z**2+c
27             i = i - 1
28             #julia.putpixel((x,y),(i%4*64,i%8*32,i%16*16))
29             #julia.putpixel((x,y),(i%16*16,i%8*32,i%4*64))
30             julia.putpixel((x,y),((i<<21)+(i<<10)+i*8))
31 #julia.save("julia_menge.png")
32 julia.show()
```

Listing 15.11 Julia-Menge in Farbe

Analyse

In Zeile 02 wird die Klasse `Image` aus dem Modul `PIL` importiert. In Zeile 03 wird die komplexe Konstante `c` die Berechnung einer Julia-Menge vorgegeben. Die folgenden auskommentierten Zeilen sind für weitere Testläufe vorgesehen.

Zeile 13 legt die Breite X und die Höhe Y des Bildes mit 800×800 Pixeln fest.

Die Zeilen 14 und 15 bestimmen den Wertebereich der *x*- und *y*-Achse in der komplexen Zahlenebene.

In den Zeilen 16 und 17 werden die Skalierungsfaktoren `sx` und `sy` berechnet.

In Zeile 18 erzeugt der Konstruktor `Image.new("RGB",(X,Y),"white")` dieser Klasse das Objekt `julia`. Das Bild wird mit RGB-Farben erstellt, es hat eine Breite von `X=800` Pixeln und eine Höhe von `Y=800` Pixeln. Die Hintergrundfarbe ist Weiß.

Die Julia-Menge wird innerhalb der drei ineinander verschachtelten Schleifen erzeugt (Zeile 19 bis 30).

In Zeile 20 werden die aktuellen Werte für die reelle Achse `zx` berechnet, und in Zeile 22 werden aktuellen Werte `zy` für die imaginäre Achse berechnet. Zeile 23 erzeugt daraus die komplexe Zahl `z=zx+1j*zy`.

In Zeile 24 wird eine Zählvariable `i` mit dem Wert `255` initialisiert. Der Fluchtradius `2` legt die Abbruchbedingung der `while`-Schleife fest. In Zeile 26 wird die Zahlenfolge der Julia-Menge berechnet.

Bei jedem Schleifendurchlauf in der `while`-Schleife wird die Zählvariable `i` um den Wert `1` verringert. Das Dekrementieren `i=i-1` beeinflusst den Farbverlauf. Wenn stattdessen inkrementiert `i=i+1` würde, dann ergäbe sich ein anderer Farbverlauf.

In Zeile 30 erzeugt die Methode `putpixel((x,y),...)` das Bildobjekt `julia`. Der zweite Parameter legt den Verlauf der RGB-Farben fest. Hierzu können Sie entweder den Modulo-Operator `%` oder den Shift-Operator `<<` benutzen. Der Operator `<<` bewirkt das Verschieben nach links, um den jeweils dahinter angegebenen Wert.

Die Anweisung `julia.show()` in Zeile 32 bewirkt, dass die Julia-Menge standardmäßig als Bild im `png`-Format in dem Standardbildbetrachter des Betriebssystems auf dem Monitor angezeigt wird.

Wenn Sie den Kommentar in Zeile 31 entfernen, können Sie das Bild auch auf der Festplatte speichern. Neben dem `png`-Bildformat werden auch noch die Formate `jpg`, `gif` und `eps` unterstützt.

Übung

Testen Sie das Programm mit verschiedenen komplexen Konstanten `c` (Zeile 04 bis 12).

Testen Sie das Programm mit verschiedenen Farbverläufen (Zeile 28 und 29).

Testen Sie das Programm mit einem Inkrement `i=i+1` (Zeile 27). Dazu müssen Sie die Laufvariable `i` in Zeile 24 mit `0` initialisieren und die Abbruchbedingung in der `while`-Schleife ändern.

15.6 Aufgaben

1. Schreiben Sie ein Turtle-Programm, das ein Quadrat mithilfe einer `for`-Schleife zeichnet.
2. Schreiben Sie ein Turtle-Programm, das ein gleichseitiges Dreieck mithilfe einer `for`-Schleife zeichnet.
3. Schreiben Sie Turtle-Programm, das in einem Linienzug ein rechtwinkliges Dreieck mit der Hypotenuse c und genau unterhalb dieses Dreiecks ein Quadrat mit der Seitenlänge c zeichnet.
4. Ändern Sie Listing 15.3 so, dass die Koch-Kurve nur mit rechtsdrehenden Winkeln `right(phi)` gezeichnet wird.
5. Ändern Sie Listing 15.7 so, dass die Rechtecke des Pythagoras-Baumes bei jedem neuen Funktionsaufruf der Python-Funktion `quadrat(a)` mit verschiedenen Farben ausgefüllt werden. Die Farben können Sie mit einer Python-Liste codieren: `farben=[('red'),('green'),('blue'), ('yellow')]`.
6. Schreiben Sie ein SymPy-Programm, das die Höhe eines symmetrischen Pythagoras-Baumes für $n \to \infty$ berechnet. Für die Höhe h gilt allgemein:

$$h = 2 \cdot a \sum_{n=0}^{\infty} \left(\frac{1}{2}\right)^n$$

7. Schreiben Sie ein Turtle-Programm, das eine einfache Baumstruktur zeichnet (siehe Abbildung 15.14).
8. Schreiben Sie ein Turtle-Programm, das eine Hilbert-Kurve zeichnet.
9. Schreiben Sie ein Turtle-Programm, das einen Sierpinski-Teppich zeichnet.
10. Ändern Sie Listing 15.11 so, dass auch die Mandelbrot-Menge farbig auf dem Bildschirm ausgegeben wird.

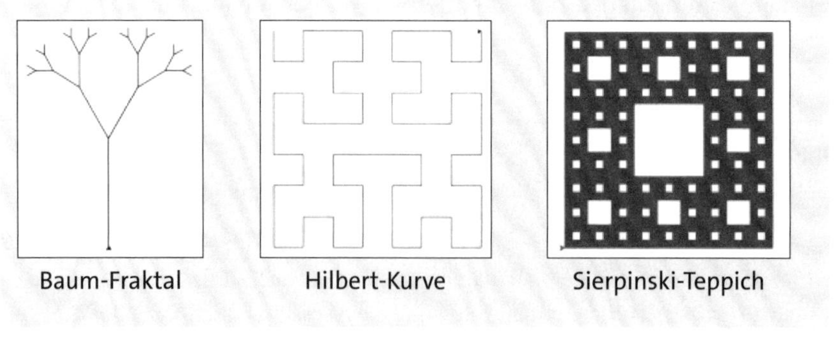

Abbildung 15.14 Bilder zu den Aufgaben 7, 8 und 9

Anhang

A.1 Wichtige mathematische Begriffe und Sätze

In diesem Abschnitt finden Sie wichtige mathematische Begriffe und Sätze kurz zusammengefasst. Damit sie anschaulicher und einfacher werden, verzichte ich auf die sonst übliche formale mathematisch Strenge.

A.1.1 Grundlegende Begriffe der Mathematik

- **Funktion**

  Eine Funktion f ist eine Zuordnungsvorschrift, die jedem Wert x aus einer Definitionsmenge D_f einen Wert y aus der Wertemenge W_f zuweist.

  Jedes Element x der Definitionsmenge D_f heißt Argument von f. Das dem Argument x zugeordnete Element y aus der Wertemenge W_f heißt Funktionswert $y = f(x)$. Der Term $f(x)$ heißt Funktionsterm, die Gleichung $y = f(x)$ Funktionsgleichung der Funktion f [Kammermeyer:11].

- **Grenzwert**

  Eine Folge konvergiert gegen einen Grenzwert g, wenn für jede Umgebung um g herum gilt, dass fast alle (alle bis auf endlich viele) Folgenglieder innerhalb dieser Umgebung liegen.

  Der Grenzwert einer unendlichen Reihe ist identisch mit ihrer Summe.

  Der Grenzwert einer Funktion an einer bestimmten Stelle ist derjenige Wert, dem sich die Funktion in der Umgebung der betrachteten Stelle annähert.

- **Stetigkeit**

  Eine Funktion ist stetig, wenn ihr Funktionsgraph in einem Linienzug ohne Lücken und Sprünge gezeichnet werden kann [vgl. Maas:66].

- **Differenzialquotient**

  Der Differenzialquotient $f'(x_0)$ gibt die Steigung einer Tangente an der Stelle x_0 der Funktion $f(x)$ an.

- **Bestimmtes Integral**

  Mit dem bestimmten Integral kann der Flächeninhalt zwischen einem Funktionsgraphen G_f und der x-Achse im Abschnitt a bis b der x-Achse berechnet werden.

- **Unbestimmtes Integral**

  Das unbestimmte Integral gibt für eine Funktion f die Menge aller Stammfunktionen F an:

$$\int f(x)\,\mathrm{d}x = F(x) + C$$

A.1.2 Wichtige Sätze der Mathematik

In der Mathematik müssen Sätze widerspruchsfrei sein und logisch korrekt aufeinander aufbauen. Ein Satz ist wahr, wenn er mit einem Beweis belegt werden kann, also wenn er aus feststehenden Axiomen, Definitionen und bereits bekannten Sätzen hergeleitet werden kann.

- **Satz des Thales**

  Alle von einem Halbkreis umschriebenen Dreiecke sind rechtwinklig.

- **Satz des Pythagoras**

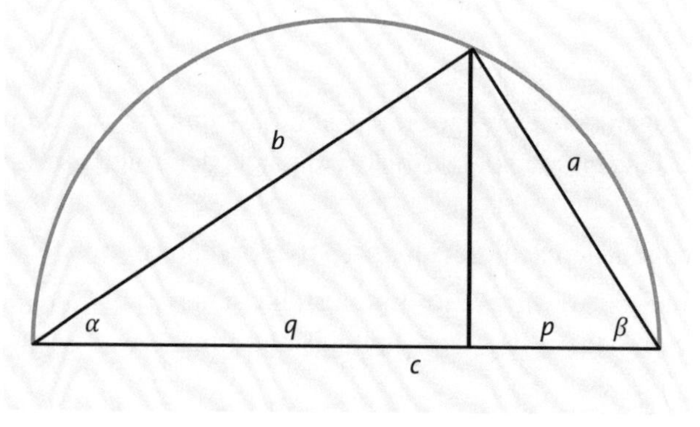

Abbildung A.1 Rechtwinkliges Dreieck mit Thales-Kreis

In rechtwinkligen Dreiecken ist die Summe der Flächeninhalte der Kathetenquadrate gleich dem Flächeninhalt des Hypotenusenquadrates.

$c^2 = a^2 + b^2$

- **Höhensatz**

$h = \sqrt{p \cdot q}$

- **Kathetensatz**

  $a = \sqrt{p \cdot c}$
  $b = \sqrt{q \cdot c}$

- **Satz des Heron**

  Für den Flächeninhalt eines Dreiecks gilt:

  $$A_\Delta = \sqrt{s(s-a)(s-b)(s-c)}$$

  mit:

  $$s = \frac{a+b+c}{2}$$

- **Kosinussatz**

  $a^2 = b^2 + c^2 - 2bc \cos \alpha$
  $b^2 = a^2 + c^2 - 2ac \cos \beta$
  $c^2 = a^2 + b^2 - 2ab \cos \gamma$

- **Hauptsatz der elementaren Zahlentheorie**

  Jede natürliche Zahl größer als 1 ist entweder selbst eine Primzahl oder ist ein Produkt von Primzahlen [Beutelspacher15:20].

- **Satz von Euler**

  Für zwei teilerfremde Zahlen $m, n \in \mathbb{N}$ gilt: $m^{\varphi(n)} \bmod n = 1$

  Die eulersche $\varphi(n)$-Funktion ordnet jeder natürlichen Zahl n die Anzahl der natürlichen Zahlen von 1 bis n zu, die zu n teilerfremd sind.

n	1	2	3	4	5	6	7	8	9	10
$\varphi(n)$	1	1	2	2	4	2	6	4	6	4

- **Fundamentalsatz der Algebra**

  Im Bereich $\mathbb{C}$ der komplexen Zahlen hat jedes Polynom n-ten Grades n Nullstellen.

- **Nullstellensatz von Bolzano**

  Eine stetige Funktion f hat in dem Intervall $[a,b]$ mindestens eine Nullstelle, wenn gilt $f(a) < 0$ und $f(b) > 0$ (oder auch $f(a) > 0$ und $f(b) < 0$) [Heuser:223].

- **Hauptsatz der Differenzial- und Integralrechnung**

  Die Operationen von Differenziation und Integration verhalten sich invers zueinander. Jede differenzierbare Funktion $f(x)$ hat eine Stammfunktion $F(x)$. Es gilt: $F'(x) = f(x)$

Für den Flächeninhalt A_{ab} zwischen dem Graphen einer stetigen Funktion $f(x)$ und der x-Achse gilt im Intervall $[a,b]$:

$$A_{ab} = \int_a^b f(x)\mathrm{d}x = F(b) - F(a)$$

A.2 Matplotlib-Eigenschaften

Funktionsgraphen werden mit der Methode `plot(...)` gezeichnet. Es können umfangreiche Einstellungen bei den Eigenschaften vorgenommen werden. Es wird nur eine Auswahl vorgestellt. Die vollständige Dokumentation finden Sie unter:

https://matplotlib.org/stable/api/_as_gen/matplotlib.pyplot.plot.html#matplotlib.pyplot.plot

`plot(x,y,fmt,**kwargs)`

- `x,y` sind Arrays mit den x,y-Koordinatendaten.
- `fmt` ist ein Formatstring. Formatstrings sind Abkürzungen zum schnellen Festlegen grundlegender Linieneigenschaften (siehe Tabelle A.1, Tabelle A.2 und Tabelle A.3).
- `**kwargs` wird verwendet, um Eigenschaften wie Linienbeschriftung (Legenden), Linienbreite usw. anzugeben (siehe Tabelle A.4).

Tabelle A.1 listet die Einzelbuchstabencodes für die Farbabkürzungen auf.

Zeichen	Farbe
'b'	blau
'g'	grün
'r'	rot
'c'	cyan
'm'	magenta
'y'	gelb
'k'	schwarz
'w'	weiß

Tabelle A.1 Einzelbuchstabencodes für Farbabkürzungen

Tabelle A.2 gibt eine Übersicht möglicher Markierungen für Linien.

Zeichen	Beschreibung
'.'	Punktmarkierungen
','	Pixelmarkierungen
'o'	Kreismarkierungen
's'	Quadratmarkierungen
'*'	Sternmarkierungen
'^'	Dreiecksmarkierungen
'+'	Plusmarkierungen
'x'	Kreuzmarkierungen

Tabelle A.2 Markierungen (Auszug)

Tabelle A.3 listet mögliche Linienstile auf.

Zeichen	Beschreibung
'-'	durchgezogene Linie
'--'	gestrichelte Linie
'-.'	Strichpunktlinie
':'	gepunktete Linie

Tabelle A.3 Linienstile

Tabelle A.4 enthält mögliche Argumente für `**kwargs`.

Eigenschaft	Beschreibung
`linewidth (lw)`	Linienbreite
`linestyle (ls)`	Linienstil
`label`	Beschriftung (Legende)
`alpha`	Transparenz (Durchsichtigkeit) 0 bis 1

Tabelle A.4 Wichtige »plot«-Eigenschaften (Auszug)

A.3 Literaturverzeichnis

Die Literatur wird im Text mit der Notation [Autor:Seite] zitiert. Wenn ein Autor mehrfach im Literaturverzeichnis aufgelistet ist, dann werden hinter seinem Namen die letzten beiden Ziffern des Erscheinungsjahres angegeben.

- Acheson, David: Die Calculus-Story. Ein mathematisches Abenteuer. Anaconda. 2018.
- Arens, Tilo u. a.: Mathematik. Springer Spektrum. 2015.
- Barth, Armin P.: Algorithmik für Einsteiger. Für Studierende, Lehrer und Schüler in den Fächern Mathematik und Informatik. Springer Spektrum. 2013.
- Beutelspacher, Albert: Kryptologie. Eine Einführung in die Wissenschaft vom Verschlüsseln, Verbergen und Verheimlichen. Vieweg 2002.
- Beutelspacher, Albert: Zahlen. Geschichte, Gesetze, Geheimnisse. Verlag C.H.Beck. 2015.
- Bossek, Hubert (Hrsg.): Basiswissen Schule. Mathematik. Abitur. Duden. 2020.
- Bronstein, I. N.; Semendjajew, K. A.: Musiol, G.; Mühlig, H.: Taschenbuch Mathematik. Verlag Europa-Lehrmittel. 2018.
- Brückler, Franka Miriam: Geschichte der Mathematik kompakt. Das Wichtigste aus Analysis, Wahrscheinlichkeitstheorie, angewandter Mathematik, Topologie und Mengenlehre. Springer Spektrum. 2018.
- Engeln-Müllges, Gisela u.a: Numerik-Algorithmen. Verfahren, Beispiele, Anwendungen. Springer-Verlag. 2005.
- Euklid: Die Elemente. Übersetzt und herausgegeben von Clemens Thaer. Wissenschaftliche Buchgesellschaft Darmstadt. 1991.
- Faires, J. Douglas; Burden, Richard L.: Numerische Methoden. Näherungsverfahren und ihre praktische Anwendung. Spektrum Akademischer Verlag. 1994.
- Fischer, Gerd: Lineare Algebra. Springer Spektrum. 2014.
- Gericke, Helmuth: Mathematik im Abendland. Von den römischen Feldmessern bis Descartes. Marix Verlag. 2005.
- Gramlich, Günter M.: Lineare Algebra. Eine Einführung. Hanser Verlag. 2009.
- Greefrath, Gilbert u. a.: Didaktik der Analysis. Aspekte und Grundvorstellungen zentraler Begriffe. Springer Spektrum. 2016.
- Gumm, Heinz-Peter, Sommer, Manfred: Einführung in die Informatik. Oldenbourg Verlag. 2013.
- Haftendorn, Dörte: Mathematik sehen und verstehen. Schlüssel zur Welt. Springer Spektrum 2016.

- Hairer, Ernst; Wanner, Gerhard: Analysis in historischer Entwicklung. Springer-Verlag. 2011.
- Heuser, Harro: Lehrbuch der Analysis. Teil 1. Vieweg+Teubner. 2009.
- Kammermeyer, Fritz; Zerpies, Roland: Mathematik. Kompaktwissen Oberstufe. Cornelsen. 2013.
- Knorrenschild, Michael: Numerische Mathematik. Eine beispielorientierte Einführung. Hanser Verlag. 2017.
- Kofler, Michael: Python. Der Grundkurs. Rheinwerk Verlag. 2020.
- Mandelbrot, Benoît: Die fraktale Geometrie der Natur. Springer-Verlag. 1987.
- Maas, Christoph: Wiley-Schnellkurs Analysis. Wiley-VCH Verlag. 2015.
- Meister, Andreas; Sonar, Thomas: Numerik. Eine lebendige und gut verständliche Einführung mit vielen Beispielen. Springer-Verlag. 2019.
- Oldenburg, Reinhard: Mathematische Algorithmen im Unterricht. Mathematik aktiv erleben durch Programmieren. Vieweg+Teubner. 2011.
- Papula, Lothar: Mathematik für Ingenieure und Naturwissenschaftler. Bd. 1 u. 2. Springer Vieweg. 2015.
- Peitgen, Heinz-Otto; Jürgens, Hartmut; Saupe, Dietmar: Bausteine des Chaos: Fraktale. Springer-Verlag. 1992.
- Richter, Thomas; Wick, Thomas: Einführung in die Numerische Mathematik. Begriffe, Konzepte und zahlreiche Anwendungsbeispiele. Springer-Verlag. 2017.
- Scheid, Harald; Frommer, Andreas: Zahlentheorie. Springer Spektrum. 2013.
- Sedgewick, Robert: Algorithmen. Addison-Wesley. 2014.
- Stewart, Ian: Unglaubliche Zahlen. Rowohlt Taschenbuchverlag. 2018.
- Strang, Gilbert: Lineare Algebra. Springer-Verlag. 2003.
- Thomas, George B.; Weir, Maurice D.; Hass, Joel: Analysis 1 u. 2. Pearson. 2013.
- Walter, Wolfgang: Analysis 1. Springer-Verlag. 2004.
- Weigend, Michael: Python 3. Schnelleinstieg. mitp Verlag. 2021.
- Weitz, Edmund: Konkrete Mathematik (nicht nur) für Informatiker. Mit vielen Grafiken und Algorithmen in Python. Springer Spektrum. 2020.
- Weltner, Klaus: Mathematik für Ingenieure und Naturwissenschaftler. Bd. 1 u. 2. Springer-Verlag. 2013.
- Ziegenbalg, Jochen: Elementare Zahlentheorie. Beispiele, Geschichte, Algorithmen. Springer Spektrum. 2015

Index

E

F

G

H

I

Z